服装实用技术·应用提高

经典女装纸样设计与应用

（第2版）

孙兆全　编著

国家一级出版社　中国纺织出版社　全国百佳图书出版单位

内容提要

本书参照当前流行的各类女装款式，采用文字描述与图片展示相结合的方式，重点讲述了日本文化式女装新原型的应用方法。书中包含了大量实例，从服装效果图到结构特点解析，再到成品规格制订、制图步骤讲解及重点细节图分解，具体而详尽。

通过阅读本书，读者可以快速掌握女装纸样设计方法，并能够较为完整地理解日本文化式女装新原型的制图原理、优势及应用技巧。

本书既可以作为高等院校服装专业学生的学习用书，也可供服装行业技术人员及广大服装爱好者学习、参考。

图书在版编目（CIP）数据

经典女装纸样设计与应用 / 孙兆全编著. --2版. --北京：中国纺织出版社，2019.3

（服装实用技术. 应用提高）

ISBN 978-7-5180-5642-2

Ⅰ. ①经… Ⅱ. ①孙… Ⅲ. ①女装—纸样设计—高等学校—教材 Ⅳ. ①TS941.717

中国版本图书馆CIP数据核字（2018）第265000号

策划编辑：张晓芳　责任编辑：朱冠霖　特约编辑：朱佳媛
责任校对：楼旭红　责任设计：何　建　责任印制：何　建

中国纺织出版社出版发行
地址：北京市朝阳区百子湾东里A407号楼　邮政编码：100124
销售电话：010—67004422　传真：010—87155801
http：//www.c-textilep.com
E-mail：faxing@c-textilep.com
中国纺织出版社天猫旗舰店
官方微博http：//weibo.com/2119887771
北京玺诚印务有限公司印刷　各地新华书店经销
2015年2月第1版　2019年3月第2版　2019年3月第4次印刷
开本：787×1092　1/16　印张：20.75
字数：360千字　定价：68.00元

第2版前言

服装结构纸样是服装产品设计的重要组成部分，它既是款式造型设计的延伸和发展，又是工艺设计的基础和前提。因此学习和从事服装专业，纸样设计与工艺是不能绕过的一个重要环节。

现代人对服装款式造型的要求之高，是过去无法比拟的。这和近年经济高速发展、生活标准提高相关。服装设计技术是高品质服装的依托点，因此必然随着人们的需求，在此环节不断更新、提高。要达到这样的要求，从事服装专业的学习者的学习方法和起点也必须高。基于这一考虑，本教材同时结合作者在北京服装学院服装专业的多年教学经验和教学大纲的要求，在2015年撰写了《经典女装纸样设计与应用》这本书。

书中力求全面正确借鉴较为先进的日本女装文化式新原型的服装造型手段，并与中国人体的特点相结合，展开现代流行女装结构纸样的构成学习与研究。通过经典女装多个款式实例的讲授和正确学习方法的指导，帮助学习者尽快掌握女装纸样设计的方法，能够比较完善地理解先进的文化式女装新原型制图原理及二次成型应用技巧。

通过近几年在服装专业教学上的反复实践应用，本书受到教学使用者和学习者的一致肯定，确实起到了促进专业学习的作用。也因此在2016年被中国纺织工业联合会评为优秀出版物三等奖。作者备受鼓励，为了更好更科学地促进女装纸样设计与应用教学的进一步提升，第2版对原书进行了重新修订，根据新的实际教学应用需要，增加了纸样设计与缝制工艺的章节，重点以一款婚礼服为实例，较详尽地讲授了婚纱的设计、结构制图方法、缝制熨烫工艺。之所以选择婚纱做实例，是因为相对于女时装缝制工艺，婚纱与其有较多不同，且难度也大，一般教材涉及很少。在最后章节，通过总结式的举一反三的学习，使学习者能充分理解、掌握女装纸样设计与最终服装成品成型的应用技术技能。

相信学习者通过本书的学习并加之反复实际动手练习，一定能在女装纸样设计与应用方面更上一层楼。

编著者

2018年10月

第1版前言

现代女装造型呈多元化的形式，从服装款式设计效果图到一件成品的完成，纸样设计起着重要的桥梁作用。尤其作为实用性较强的服装学科，在基本掌握了服装结构设计原理的基础上，如何能够在实际应用中准确、快速地完成纸样设计就成为关键。

要达到这样的要求，就必须有正确技术方法的支持。本教材基于这样的考虑，针对目前时尚流行女装款式合体度较高及整体造型更要有较强的立体状态的要求，结合国内外先进的纸样设计方法，选择了科学性强、应用体系非常成熟的日本文化式女装新原型作为主要的设计手段，其中原型的构成及如何正确使用就至关重要。

目前全面正确讲授女装原型制图方法的教材并不多，因此本书参照当前较流行的各种女装款式，以上装女衬衫、女上装、连身结构的裙装、裤装、礼服、大衣、风衣及裙子、裤子为例，采用文字结合制图的方式，重点进行原型应用方法的讲授。通过详尽、正确学习方法的指导，帮助读者较快掌握女装纸样设计方法，能够较完整地理解日本文化式女子新原型制图原理的优势及应用技巧。

此教材的特点是集中了大量典型性实例，从服装效果图到结构特点分析，再到成品规格的制订、制图步骤及重点细节的图示分解，详尽具体。并对每一类型款式作举一反三的应用和研究，使读者在正确把控服装结构设计原理的立体塑造基础上，全面掌握二次成型的女装原型制图法。在此基础上，同时开展成衣推板应用技术的学习，加强理解服装工业样板的构成要素，为服装工艺技术的提高夯实基础。

本书是作者在北京服装学院多年教学经验的总结，也是作者主编的《成衣纸样与服装缝制工艺》（中国纺织出版社出版）一书的辅助教材，弥补了该书女装纸样设计部分的不足。

相信读者通过图文并茂、简单易懂的解说性教学形式能较快找到正确的女装纸样学习途径，掌握女装纸样设计方法，进入实际制板工作时加以灵活应用，一定会使设计出的服装作品更加完美。

编著者

2014年10月

目录

第一章　女装结构与纸样设计基本方法

第一节　女装结构与纸样设计基本概念

现代女装造型呈多元化的特点，强调完美性，因此正确掌握女装的结构特点及服装纸样构成基本概念非常重要。在结构设计中，要想把女性人体体积的准确性与现代女装的造型特点结合好，除需要通过系统的理论学习之外，更重要的是结合具体的流行款式，进行实际纸样设计方法的应用研究与练习，这样才能较快地进入状态，深入认识纸样设计方法。

女装与男装有较大的区别，这是由女性人体的结构所决定的，另外女装的款式造型较之男装变化复杂，同时受时尚流行因素影响较大，其结构设计的方法也是在时时求新求变之中。因此充分理解女装结构的科学性和相应的技术原则，才可能全面掌握女装纸样设计的理论和制板手段。

一、女装结构设计

现代女装强调要有完美的立体感，这是因为人体本身外形呈现的是既复杂又完美的一个形体，是由三维自由曲面构成的，具有复杂的体表结构，尤其在运动状态下体表会有很大的变化。衣服包裹人体，是按照人体归纳了几个大的主要形体部位进行理想化的设计。因此必须从人体工程的角度来科学地认识与分析人体，除了对人体结构外形状态有了解外，还应增加对人体体积立体状态的正确认识，才可能按照人体结构的特点展开服装结构设计，使服装真正符合人体体型。

在服装结构设计中，除了通过长度测量各部位尺寸时对人体的体表曲面变化有直观的了解外，还应采用三维计测方法，更深层次地了解人体最主要的横截面的形状及纵向部位的截面形状，如颈部、胸宽部、胸围部、腰部、臀部、大腿根部、上臂部等横截面，及臂根部、躯干中部的臀裆部的纵向截面的形状，通过这些截面能深入了解标准人体的体积及个体差、性别差和年龄差的特征。

从男女人体的横截面对比图（图 1-1）中不难看出男女人体横截面确有不同，例如男体胸部截面呈长方形，上衣则必须按照其形状来设计服装的结构线，因此要想取得立体型，就要把衣片分割成前后左右几个面来组成三维空间的立体服装；再根据腰部的截面形状，并通过胸腰差度关系，理解掌握纵向曲面变化规律，将多余的量准确地分散到各个边线和角度中

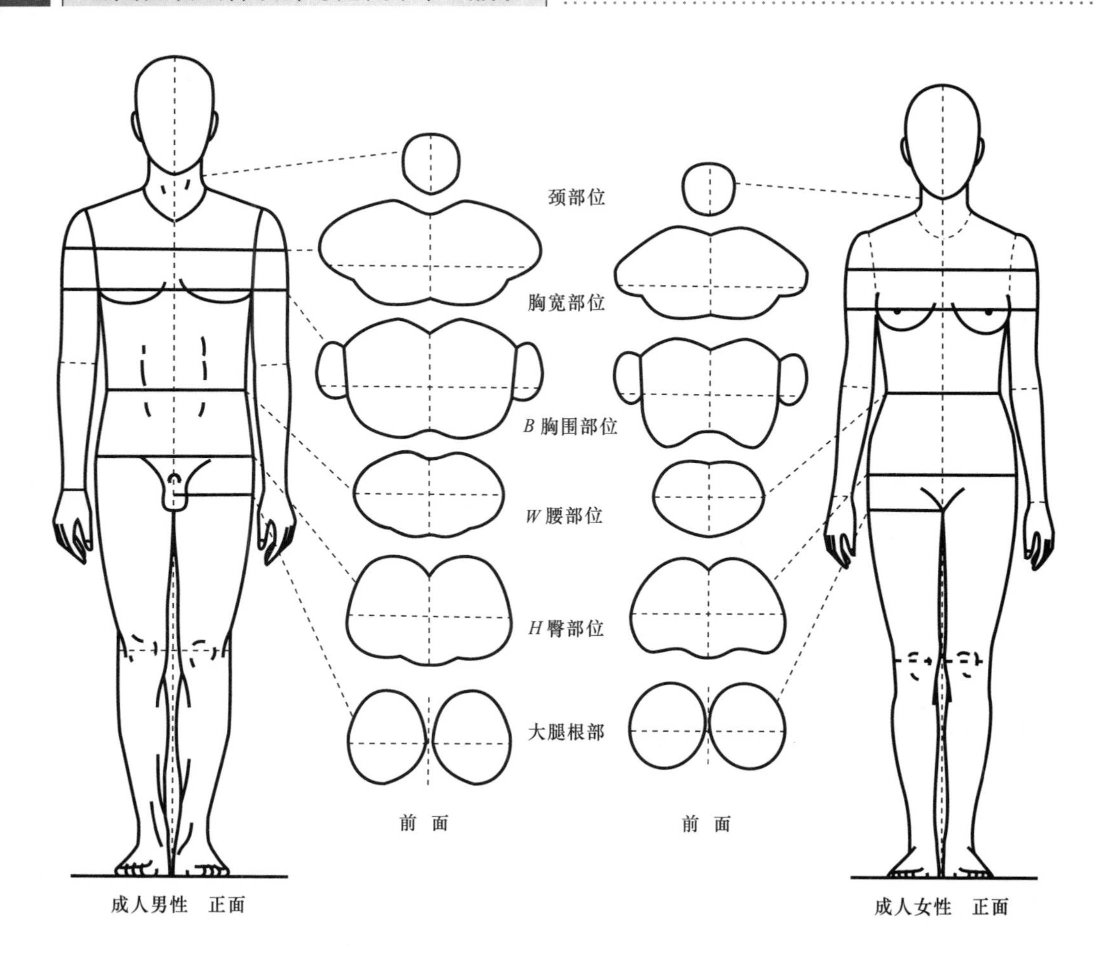

图1-1 男女人体的横截面

加以处理，获得二维平面的结构图，最终组成理想的上身立体型。

通过对上肢臂围横截面、臂根纵截面的深入了解，针对不同立体状态的胳膊，可以利用袖山高、袖肥与袖窿设计出合理的立体感袖型。参照腰部、臀部及大腿根部的横、纵截面形体关系，可以加强对下肢体型、形态的理解。这将对裤子结构线中的比例分配有较正确的认识。

因此在结构设计中，把握人体体积的准确到位是塑型的关键。无论何种裁剪方法，都必须对人体立体状态有充分理解。只有加深对女式服装造型的认识，才可能找到结构设计的正确途径。

二、女性人体与服装结构

女性体形平滑柔和，肩窄小，胸廓体积小，盆骨阔而厚，总体呈梯形。另外，女性肌肉没有男性发达，皮下脂肪也比男性多，因而显得光滑圆润，整体特征起伏较大。由于生理上的原因，女性乳房隆起，背部稍向后倾斜，使颈部前伸，造成肩胛骨突出。由于骨盆厚，使臀大肌高耸，促成后腰部凹陷，腹部前挺，显出优美的“S”形曲线。如图 1–2 所示，即为标准女性人体的外形。

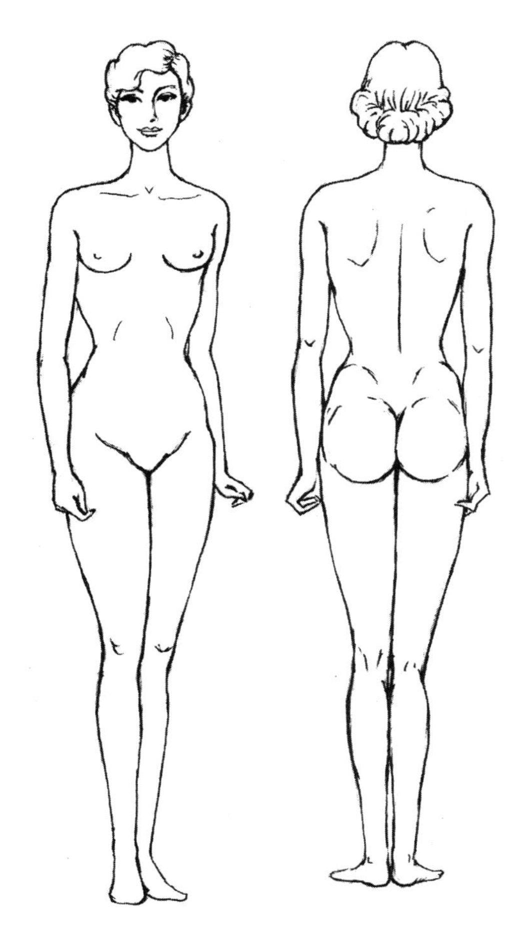

图1–2　女性标准人体外形

从女体颈部、肩部、胸部、肋背、腹部和臀部的变化来看，变化最大的是肩部截面、胸部截面和臀部截面，这些部位的凸点最高，即人体穿着服装时的支撑点，具有确定性，是结构设计的关键部位，是结构造型理论依据的要素位置点。这对服装造型准确、合理、美观的结构把握是至关重要的。

人由出生至成年有很大变化。童年时期头大身小，下肢短上身长，其头身的比例约为 1 ∶ 4；随着年龄增长，身体不断发育，全身的比例逐渐改变，主要是下肢在全身的比例增大，头身比增至 1 ∶ 5、1 ∶ 6，甚至 1 ∶ 7，1 ∶ 7.5 为成人标准体，另外胸围、腰围、臀围比差均衡。符合国家号型体型标准状态，其服装结构制图方法无论采用何种手段都较容易取得平衡。

（一）女装胸部构成

女性人体乳胸部是上衣的造型基础，为了更好地展现女性上半身完美的形体变化，必须加强乳胸的塑造，有意识地控制好上半身曲面厚度，这是因为女性人体总体曲面起伏都是围绕这一中心展开的。因此胸部空间体量度的把握，人体与服装之间空隙量的设计，是决定女装基本型的关键。

礼服类的服装由于对合体度有较高的要求，故胸部的造型及松量设计要非常严谨，必须依据特定人体形态和款式特点而制订。例如旗袍类的礼服，造型贴体度非常高，因此胸凸省量的准确度与衣片之间的前后腰节差量关系就极其重要。对正常体而言，乳胸塑造得越高，在省量加大的同时需要加长前腰节尺寸，以保持上半身的结构平衡。相反，日常装胸部空间量都比较宽松，乳胸塑造不要太高，在省量减少的同时，前腰节尺寸也需要减少，才可能取得结构平衡。这是因为服装在包裹人体的时候有两条线，一条是横向围度线即胸围线，还有一条是纵向围度线即前后腰节线。这两条线要结合具体的款式，制订相应的理想松量比差关系，由此产生一种完美的均衡节奏感，这一总体构成效果是女上装结构基础的关键。

（二）女装肩背部构成

从塑造理想女性人体美的要求来看，结构设计中后背形态的完美构筑也是一个非常重要的方面。人体肩胛骨的曲面结构复杂，但起伏节奏有序，是组成西式服装形体美的一个主要方面。后背衣片样板视肩胛骨为体积的中心点，由此通过肩胛省的正确处理（一般要采取分散转省或隐藏省的工艺手段）而使后背部位产生立体、平伏、饱满的体积感。背部的凸凹曲面变化、塑型的好坏，也是评价一件服装款式造型是否完美的关键。背部牵扯运动机能的同时还决定着总肩宽的尺度，而女装肩部的宽窄对款式外形起着控制整体造型的作用。

（三）女装腰腹部构成

女体腰部截面呈椭圆形，是服装上下装结构中的关键结合部位，外形呈双曲面状态。上身结构的曲面、曲线都要围绕腰腹部位的特点进行塑造。由于女装款式变化复杂，腰部曲线的形态特征便成为构成款型的最重要方面。这就需要依据特定不同人体的体型进行综合设计，而腰部省的合理设置是关键，其量与胸围及臀围的差值设计有关，要进行统筹规划。腰腹部省由于牵扯人体的前、后、侧等不同部位，因此需要有意识地根据款式特点强化、优化上下体各个不同曲面立体态势，这也是结构设计非常重要的一个方面。

女装腰腹部结构设计一般是通过纵向十二条基础省的分割线来实现，具体操作是根据不同款式要求，在结构设计中依据三开身或四开身的形式，将省量、省的位置、省长、省形准确分配，以便能通过结构处理将人体修饰到最佳状态。

（四）女装臀、胯部构成

女体骨盆相对男体宽而深，臀、胯部丰厚，女下装根据这一结构特点与腰部结构相结合，主要围绕臀、胯的体面关系塑造出不同的裤、裙型，另外裆部的形态特征对于裤子的外形及功能性处理非常重要，尤其是从前腰开始绕前下裆底再沿臀沟凹形线至后腰节所构成的U字形的围裆状态，不同的裤形有不同的变化。这条弯线中上部的横向距离为腹臀部位的厚度，下部为横裆的宽度，躯干下部的宽窄及大腿的粗细决定着两横向距离的尺寸。弯线底部的曲线前高后低、前缓后弯，这是由于坐骨低于耻骨的原因。弯线转折深度取决于人体腰节至大腿根的深度，同时还要结合特定的裤形来决定上裆的深浅。

（五）纸样与工艺构成

1. 以省塑型是女装纸样设计的关键

省的产生是源于将二维的布料置于三维的人体上，由于人体凹凸起伏围度的落差比、宽松度的大小以及适体程度要求等决定了人体的许多部位呈现松余状态，将这些松余量进行集约或分割处理，使之成为吻合人体形态的体面转折线。省奠定了服装设计师在服装结构设计中，依据人体体型、服装面料特征及服装造型、款式设计要求，在衣片结构上设立工艺缝合部位及裁剪部位的基础。

省不仅具有将服装面料从平面转化为吻合人体基本立体形态的功能，同时它也是服装设计师实现服装造型、款式设计以及重塑人体形态必不可少的手段之一。

省的构成包括省量、省形、省位、省长四个要素。其中省量是服装为适合人体曲面、塑造人体体型轮廓所要处理的余量，省量的大小与位置的合适与否直接决定着服装的造型轮廓与外观特征。如腰省就是胸围与腰围的差量，省量的取值大小，由取省部位人体的围度落差与服装具体的塑型要求而定。

省的位置是服装造型中最为活跃的因素，由省量起始点、省量消失点、省的边缘线等要素控制。省量消失点指向人体前胸横向力支点、乳胸凸点和后背横向力支点、肩胛骨凸点等。考虑到人体的所有凸起部位均为尖端圆润平和的形体，因而省终点通常会偏离体表的最高点一些。省量的起始点则可以分布在以造型部位的最高点为圆心的圆周上的广泛区域内，通常取在衣片的外周轮廓线上，如胸省的起点可在腋下侧缝线、袖窿弧线、肩缝线、领窝弧线、腰围线、前中线上等。

省的形状依据省所在的位置、部位、指向，根据服装造型的需要、边缘线的走向有不同的变化与调整，可以是丁字省、直线省、曲线形、弧线形、枣核形等。

省长依据所在起始点至凸点的距离而长短不等，但不论省的形状与走向如何，必须确保对称的两条省的长度相等，这是考虑工艺制作的要求。省在工艺设计中起着关键性的作用。

2. 省的转移和分解与工艺相结合

服装上的省或分割线是因人体的形态特征需要而设计的，其目的一是使服装穿着适体的同时能活动自如，二是使服装具有科学的符合人体体表的艺术结构，为工艺创造条件并与工艺结合达到实用与艺术的完美组合。设计省道或分割线时，可通过对设置的胸凸省、肩胛省及胸腰差所形成的基本省进行重新组合，方法是在新省道与原省道有交点的前提下，通过纸样的剪开与移动而将省道设计在衣片的任何位置。正是运用了这种手法，才使得女装在纸样设计上有着千变万化的艺术效果。

人体体表凹凸曲面极其复杂，仅靠纸样难于塑造出完美的形体，很大程度上还要靠服装结构纸样设计中所形成的曲面破开线和省道边缘线为工艺塑型提供相应条件，采用特定工艺手段即通过对边缘线的热塑处理（推、归、拔烫工艺）或专用定型塑型机来完成，高级时装还要经过精湛的覆衬、缝制、立体整烫等工艺技术处理手段，才能使塑型达到炉火纯青的境界。

（六）成衣纸样构成基本方法

成衣纸样构成的方法有很多，从裁剪方式上可分为“平面裁剪”和“立体裁剪”两大类。平面裁剪多用于批量生产的男女成衣，平面裁剪又可分为比例裁剪与原型裁剪。这也是本教材纸样设计所采用的构成方法。

服装结构设计经历了原始立裁、平面比例裁剪、原型裁剪、现代立体裁剪、立体与平面相结合裁剪等过程。我国最早接触的西式裁剪方法基本上是平面比例裁剪，至今仍被广泛使用，所以也被称为“传统比例裁剪”，是一种实用的纸样设计方法。

近十年来，随着理论研究的深入，各种学术观点相继产生，表现在服装结构设计方面认为比例裁剪太经验化，不适应现代服装造型的需要。其实比例裁剪、原型裁剪、立体裁剪是三种不同的服装造型构成方法，至于哪种方法获得的结构更理想，除了方法本身的适应性外更主要的还是看设计者对这种方法的研究深度，每一种方法都有一定的优点和不足。正确的做法是吸收各种方法的优点，避免局限性，建立一套更加科学、变化灵活的结构设计理论和实用方法。

1. 比例裁剪

比例裁剪的基本原则是以人体测量数据为依据，根据款式设计的整体造型状态，首先制订好服装各部位的成品规格，例如上衣包括衣长、胸围、腰围、臀围、总肩宽、领大、腰节、袖长、袖口等尺寸。然后根据成品规格各部位的尺寸，参照人体变化规律设计出合理的计算公式，上衣主要以胸围的成品规格为依据，推算出前胸宽、后背宽、袖窿深、落肩等公式。领深、领宽一般也可参照成品规格尺寸进行推算，而构成人体体积的前胸省、后肩胛省，其省量根据所在位置大多采用经验估量或参照胸围尺寸用技术方法确定出来。

较定型的服装像标准衬衫、西服、西裤及宽松式的夹克，特别是男士服装中款式较规范的造型，其结构变化规律通过多年的应用，完全可以采用比较成熟的经验公式，将立体的人体转化成平面结构图，再转化为立体的服装。在制板中构成衣片的结构线、块面无不与人体的特征及造型的需要紧密结合，当然要真正较好地完成造型，满足穿着的舒适性、功能性的各种条件，比例裁剪法还需要靠调整计算公式的经验数值来完成。由于人体形态变化极为复杂，构成人体的体块都是不规则体，所以必须寻找平面构成的规律，利用最简洁的方法融合各部位的结构原理，通过深入理解服装与人体之间的对应关系，如袖窿与袖山的配合关系、省和褶的构成变化规律、省的移位与变形、领子与领围的配合关系等，反映出平面状态下的衣片结构的准确性、结构的平衡性。

由于现代服装较过去有着很大的不同，因此平面比例裁剪必须去除经验裁剪的保守思想，将经验性的感性知识上升为理论，改变比例裁剪多年来一直停留在感性与理性边缘地带的状态，较好地发挥它的作用。

比例裁剪与原型法的最大区别在于样板成型的过程。原型法是二次成型制图，而传统比例裁剪是一次成型制图，故受其定型性的影响有局限性。本教材将在应用部分结合原型与立裁，力图扩展比例裁剪的优势，克服缺陷，最大限度地满足现代服装制板的需要。操作者要根据不同女时装的特点决定不同的构成形式。

2. **原型裁剪**

（1）服装原型揭示了人体构造与服装构成要素间的关系，也揭示了服装造型与平面结构设计的关系和规律。原型制图法是一种以人体为本的平面制图方法，根据服装款式的要求对原型纸样进行结构以及放松量的调整，最终得到服装纸样。其特点为所需测量部位少，计算简单并且数据可靠；制图过程简单，方法简便易懂；能准确体现人体形态特征，穿着适应性强；结构变化逻辑性强，对款式的适应性强；适应成衣生产标准化、批量化的要求。

（2）原型是一种先进的制板技术，在服装业发达的国家或地区均有相应的理论，例如英国、美国、日本等国家都有较成熟的原型及应用方法。尤其日本的原型流派很多，像文化式、登丽美式等原型经过几十年的发展，已形成了一套较为完整的体系。其中，文化式原型在长期教学和实际制板应用中具有较高的实用价值。近期，日本文化女子大学研究出了新文化式原型理论，它建立在先进的人体测量基础上，具有科学、精确以及与人体体型相吻合的特点，是我们可借鉴的经验。

（3）原型是生成具体服装纸样的工具，可作用于单件或工业生产。中国人体体型由于地域和民族的跨度，差异性远比日本人复杂，和西方人的差距则更大。在学习国内外的先进经验的过程中，掌握原型的构成原理，确立适合中国人体细分化系统的各种基本纸样，并通过分析建立起适应各类服装结构设计所需要的简洁、快速、准确的实用纸样技术方法是十分重要的。

服装称为人体的第二皮肤，因此纸样设计的直接依据是人。人的客观生理条件和主观思想意识观念因素决定了如何进行纸样设计。客观生理条件是指人的生理结构、运动机能等方面，这是关系纸样设计的主要因素，原型必须以此为结构基础；主观思想意识观念因素主要是指人的传统文化习惯、个性表现、审美趣味、流行时尚等方面，原型也要最大限度地满足这些要求。

（4）原型是通过解剖学研究影响人体外形的骨骼、肌肉、脂肪、人体体积、人体各部位的长、宽、高比例、空间及男女体型差异后结合现代流行服装款式造型的风格、时尚要求而建立起的基本纸样，它是静态状的人体基本立体结构的体现。

原型不是具体的服装衣片，但它在研究了人体的结构、人体的动态及静态特征、变化规律后，借助最科学简洁的数学计算方法，将立体的人体主要部位数据化，确立出各服装结构的关键部位。例如上衣的胸围、前胸宽、后背宽、前后领宽、前后领深、肩斜度（落肩）、肩胛省、胸凸省等部位，这其中也包含对人体的基本修饰、矫正体型不足、美化外观造型的处理。它的立足点是按服装塑型的要求，在保持结构平衡与均衡的基础上体现出人体的最佳立体状态的形体美。

通过原型纸样可以非常便利地根据服装款式的变化需要，展开服装结构的再设计，即通过原型所创造的塑型基础，运用款式和造型线及胸腰差、臀腰差的省道处理，最终使服装更完美地体现出人体体型。

因此，原型的构成及如何正确使用、利用原型是现代服装技术研究的趋向。

第二节　服装制图名称术语

一、服装制图工具和制图符号

服装制图有专业的制图画线的标准，为保证服装结构的准确性要熟练掌握服装裁剪制图工具和制图中的符号。

二、手工制图工具

（1）纸张：制图纸、牛皮纸、拷贝纸。

（2）工具：铅笔、绘图笔、圆规、橡皮、胶水、双面胶、剪刀、滚轮。

（3）尺子：直尺、弧线尺、方格尺、软尺。

三、计算机制图

在服装CAD辅助设计系统中，服装制图手段更加科学化，其精确程度是手工无法比拟的。目前服装CAD已广泛应用于服装行业，各企业设计、技术人员根据需要使用不同的国内外软件，极大地提高了服装制图的效率。国内软件价格较低且针对性较强，如富怡、日升、爱科等服装CAD系统，并有相应的学习版，不失为一种很好的学习方法。

企业公司实际制图时，在进行基础纸样设计时大都还是先采用手工制图方法，这是因为首样设计时，人手的感觉非常重要，尤其要把握好造型线、结构线的设计。然后再输入计算机进行修正、推放系列样板和排料。

四、制图规则和符号

（一）制图规则

服装制图应按一定的规则和符号，以确保制图格式的统一、规范，一定形式的制图线能正确表达一定的制图内容（服装 CAD 制图规则和符号与此相同）。

（二）制图符号

制图符号是在进行服装绘图时，为使服装纸样统一、规范、标准、便于识别及防止差错而制订的标记。而从成衣国际标准化的要求出发，通常也需要在纸样符号上加以标准化、系列化和规范化。这些符号不仅用于绘制纸样本身，许多符号也应用于裁剪、缝制、后整理和质量检验过程中。

1. **纸样绘制符号**

在把服装结构图绘制成纸样时，若仅用文字说明缺乏准确性和规范化，也不符合简化和快速理解的要求，甚至会造成理解的错误，这就需要用一种能代替文字的手段，使之既直观又便捷。服装裁剪制图图线形式及用途如表 1-1 所示。

表1-1　纸样绘制符号

序号	名称	符号	说明
1	粗实线	━━━━━━━	又称为轮廓线、裁剪线，通常指纸样的制成线，取纸样时按照此线裁剪，线的宽度为0.5 ~ 1.0mm
2	细实线	————————	表示制图的基础线、辅助线，线的宽度为粗实线宽度的一半
3	点画线	━━ · ━━ · ━━ · ━━	线条宽度与粗实线相同，表示连折或对折线
4	双点画线	——— ·· ——— ·· ———	线条宽度与细实线相同，表示折转线，如驳口线、领子的翻折线等
5	长虚线	— — — — —	线条宽度与细实线相同，表示净缝线
6	短虚线	- - - - - - - - - - - -	线条宽度与细实线相同，表示缝纫明线和背面或叠在下层不能看到的轮廓影示线
7	等分线	⌒⌒	用于表示将某个部位分成若干相等的距离，线条宽度与细实线相同
8	距离线	|←　→|	表示纸样中某部位起点到终点的距离，箭头应指到部位净缝线处

续表

序号	名称	符号	说明
9	直角符号		一般用在两线相交的部位，表示两线交角呈90°直角
10	重叠符号		表示相邻裁片的交叉重叠部位，如下摆前后片在侧缝处的重叠
11	完整（拼合）符号		当基本纸样的结构线因款式要求，需将一部分纸样与另一纸样合二为一时，就要使用完整（拼合）符号
12	相等符号	○ ● □ ■ ◎	表示裁片中的尺寸相同的部位，根据使用次数可选用图示各种记号或增设其他记号
13	省略符号		省略裁片中某一部位的标记，常用于表示长度较长而结构图中无法画出的部分
14	橡筋符号		也称罗纹符号、松紧带符号，是服装下摆或袖口等部位缝制橡筋或罗纹的标记
15	切割展开符号		表示该部位需要进行分割并展开

2. 纸样生产符号

纸样生产符号在国际和国内服装行业中是通用的，是具有标准化生产的、权威性的符号（表1–2）。

表1–2 常用纸样生产符号

序号	名称	符号	说明
1	纱向符号		又称布纹符号，表示服装材料的经纱方向，纸样上纱向符号的直线段在裁剪时应与经纱方向平行，但在成衣化工业排料中，根据款式和节省材料的要求，可稍作倾斜调整，但不能偏移过大，否则会影响产品的质量
2	对折符号		表示裁片在该部位不可裁开的符号，如男衬衫过肩后中线
3	顺向符号		当服装材料有图案花色和毛绒方向时，用以表示方向的符号，裁剪时一件服装的所有裁片应方向一致
4	拼接符号		表示相邻裁片需要拼接缝合的标记和拼接部位

续表

序号	名称		符号	说明
5	省道符号	枣核省		省的作用是使服装合体，省的余缺指向人体的凹点，省尖指向人体的凸点，裁片内部的省用细实线表示
		锥形省		
		宝塔省		
6	对条符号			当服装材料有条纹时，用以表示裁剪时裁片某部位应将条纹对合一致
7	对花符号			当服装材料有花形图案时，用以表示裁剪时裁片某部位应将花形对合一致
8	对格符号			当服装材料有格形图案时，用以表示裁剪时裁片某部位应将格形对合一致
9	纽扣及扣眼符号			表示纽扣及扣眼在服装裁片上的位置
10	明线符号			表示裁剪时服装裁片上需要缝制明线的位置
11	拉链符号			表示服装上缝制拉链的部位

3. 服装专用名称缩写

服装制图中的专业用术语可以采用英文字母替代（表 1–3）。

表1–3 服装专用术语英文字母替代表

序号	英文字母	替代服装专用术语的缩写内容
1	*B*	Bust（胸围）
2	UB	Under Bust（乳下围）
3	*W*	Waist（腰围）
4	MH	Middle Hip（腹围）
5	*H*	Hip（臀围）
6	BL	Bust Line（胸围线）
7	WL	Waist Line（腰围线）
8	MHL	Middle Hip Line（中臀线）
9	HL	Hip Line（臀围线）
10	EL	Elbow Line（肘位线）
11	KL	Knee Line（膝位线）
12	BP	Bust Point（胸高点）
13	SNP	Side Neck Point（颈侧点）

续表

序号	英文字母	替代服装专用术语的缩写内容
14	FNP	Front Neck Point （前颈点）
15	BNP	Back Neck Point （后颈点）
16	SP	Shoulder Point （肩点）
17	AH	Arm Hole （袖窿）
18	*N*	Neck（领围）

第三节　女装原型制图

一、女装原型构成方法

原型是服装构成与纸样设计的基础，是制图的辅助工具。人体因年龄、性别不同，体型的差异性很大，因此原型一般分为成人女子原型、成人男子原型、儿童原型等不同种类。其中女子原型构成主要有以下几种方法。

1. **立裁法**

由于原型是来源于人体原始状态的基本形状，故可以采用立体裁剪的方法直接在人体或标准人台上取得。但一般需要有一定的立裁基础，并且在操作时控制好人体各关键部位的基本松量，才能较容易地取得适宜的原型纸样。

2. **公式计算法**

如日本文化式女装原型（图1-3）采用以胸围为基础的比例计算制图法。它是以标准人体的背长、净胸围、净腰围、全臂长等几个测量好的部位尺寸为基础，再根据标准人体的变化规律以胸围的尺寸为基础，根据数理统计推出计算公式（日本称为胸度式），然后再经过试穿、修正，使其适合一般标准人体的结构状态，最终在成衣制板中应用。这种原型不是特定的单个人体，而是具有一定普遍性的特征。

二、日本文化式女装原型制图方法

（一）衣身原型制图

1. **测量人体净体尺寸**

（1）胸围

（2）腰围

（3）背长

（4）全臂长

2. **绘制基础线**（图1–3）

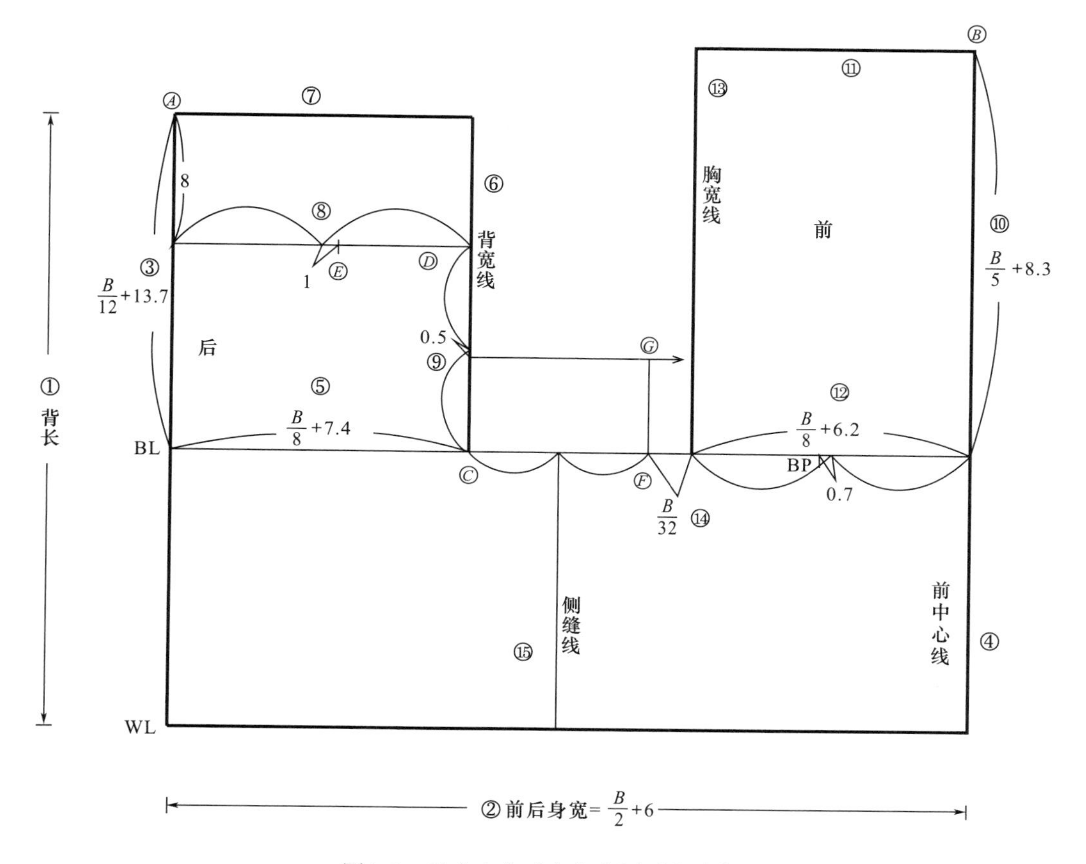

图1–3　日本文化式女上身原型基础线

（1）以 A 点为后颈点，向下取背长作为后中线；

（2）画 WL 水平线，并确定前后身宽（前后中线之间的宽度）为$\frac{B}{2}$+6cm；

（3）从 A 点向下取$\frac{B}{12}$+13.7cm 确定胸围水平线 BL，并在 BL 线上取身宽$\frac{B}{2}$+6cm；

（4）垂直 WL 线画前中线；

（5）在 BL 线上，由后中线向前中心方向取背宽$\frac{B}{8}$+7.4cm，确定 C 点；

（6）经 C 点向上画背宽垂直线；

（7）经 A 点画水平线，与背宽线相交；

（8）由 A 点向下 8cm 画一条水平线，与背宽线交于 D 点；将后中线至 D 点之间的线段两等分，并向背宽线方向取 1cm 确定 E 点，作为肩省省尖点；

（9）将 C 点与 D 点之间的线段两等分，通过等分点向下 0.5cm 取点，过此点画水平线 G 线；

（10）在前中心线上从BL线向上取$\frac{B}{5}+8.3$cm，确定B点；

（11）过B点画一条水平线；

（12）在BL线上，由前中心线向后中心线方向取胸宽$\frac{B}{8}+6.2$cm，并由胸宽二等分点的位置向后中心线方向取0.7cm作为BP点；

（13）画胸宽垂直线，形成矩形；

（14）在BL线上，沿胸宽线向侧缝方向取$\frac{B}{32}$cm作为F点，由F点向上作垂直线，与G线相交，得到G点；

（15）将C点与F点之间的线段二等分，过等分点向下作垂直的侧缝线。

3. **绘制轮廓线**（图1–4）

（1）绘制前领口弧线，由B点沿水平线取$\frac{B}{24}+3.4$cm=◎（前领口宽），得SNP点；由B点沿前中心线取◎+0.5cm（前领口深），画领口矩形，依据对角线上的参考点画顺前领口弧线；

（2）绘制前肩线，以SNP为基准点取22°的前肩倾斜角度，与胸宽线相交后延长1.8cm形成前肩宽度△；

（3）绘制后领口弧线，由A点沿水平线取◎+0.2cm（后领口宽），取其$\frac{1}{3}$作为后领口深的垂直线长度，并确定SNP点，画顺后领口弧线；

（4）绘制后肩线，以SNP为基准点取18°的后肩倾斜角度，在此斜线上取△+后肩省（$\frac{B}{32}-0.8$cm）作为后肩宽度；

（5）绘制后肩省，过E点向上作垂直线与肩线相交，由交点位置向肩点方向取1.5cm作为省道的起始点，并取$\frac{B}{32}-0.8$cm作为省道大小，连接省道线；

（6）绘制后袖窿弧线，由C点作45°倾斜线，取C点至F点的$\frac{1}{6}+0.8$cm作为后袖窿参考点，以背宽线作袖窿弧线的切线，通过肩点经过后袖窿参考点画后袖窿弧线并使之圆顺；

（7）绘制胸省，由F点作45°倾斜线，取C点至F点的$\frac{1}{6}+0.5$cm作为前袖窿参考点，经过袖窿深点、前袖窿参考点和G点画前袖窿弧线并使之圆顺；以G点和BP点的连线为基准线，向上取（$\frac{B}{4}-2.5$）°夹角作为胸省量；

（8）通过胸省省长的位置点与肩点画前袖窿弧线上半部分，注意胸省合并时，袖窿弧线应保持圆顺；

（9）绘制腰省，省道的计算方法及放置位置如下所示：

总省量＝$\frac{B}{2}+6$cm−（$\frac{W}{2}+3$cm）

*a*省：由BP点向下2～3cm作为省尖点，并向下作WL线的垂直线，作为省道的中心线，*a*省占总省量的14%。

*b*省：由*F*点向前中心线方向取1.5cm作垂直线与WL相交，作为省道的中心线，*b*省占总省量的15%。

*c*省：将侧缝线作为省道的中心线，*c*省占总省量的11%。

*d*省：参考*G*线的高度，由背宽线向后中心线方向取1cm，由该点向下作垂直线交于WL线，作为省道的中心线，*d*省占总省量的35%。

*e*省：由*E*点向后中心线方向取0.5cm，通过该点作WL的垂直线，作为省道的中心线，*e*省占总省量的18%。

*f*省：将后中心线作为省道的中心线，*f*省占总省量的7%。

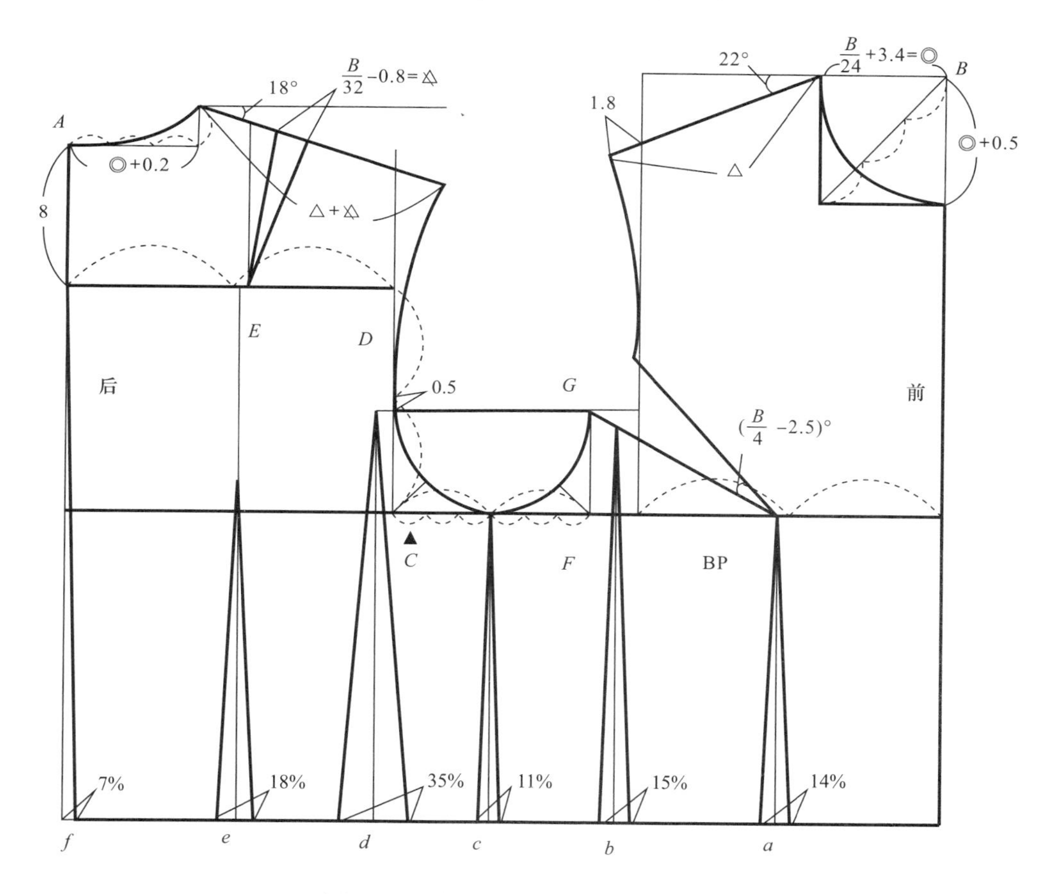

图1-4　日本文化式女上身原型轮廓线

（二）袖原型制图方法

1．**袖山高的确定**（图1-5）

（1）选择绘制好的上衣原型在前后袖窿部分进行修正。

（2）前片袖窿上的胸凸省以BP点为基点，将省合并使前后袖窿弧线成型，画圆顺。

（3）将原型侧缝线垂直向上延长。

（4）在前后肩点作平行线，与侧缝线的垂直延长线相交，将其间形成的小垂线平分确立一个点。

（5）将上述确立的点至胸围线的垂直线段平分六等份。

（6）取其中$\frac{5}{6}$线段长作为袖原型的袖山高，以此确定袖山高点。

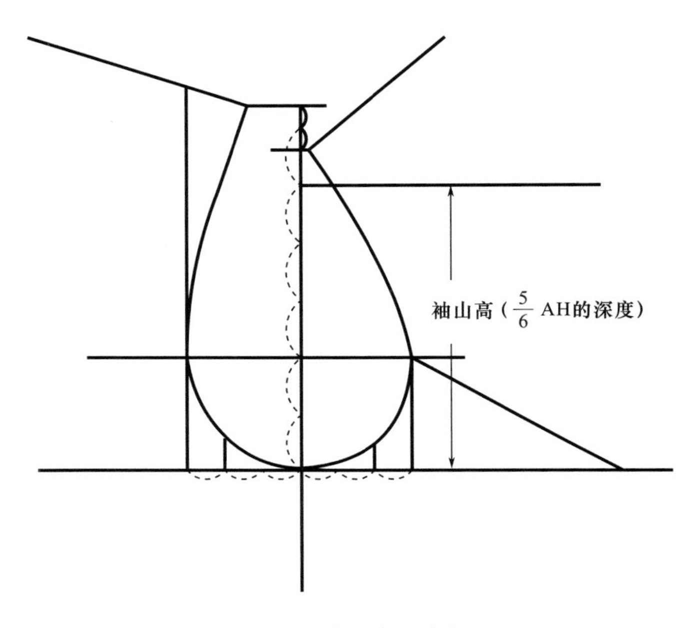

图1-5　袖山高的确定

2. **袖片制图（图1-6）**

（1）从袖山高点向下画袖长中线。

（2）从袖山高点以前袖窿弧线（前AH）长相交于胸围横线，以此确立前袖肥，从袖山高点以后袖窿弧线（后AH+1）长相交于胸围横线，以此确立后袖肥，并画两侧缝垂线。

（3）在前后两斜线上部参照前$\frac{AH}{4}$线段长分别作辅助垂线1.8～1.9cm和1.9～2cm，设辅助点。

（4）在参照原型制图时的袖窿底的$\frac{2}{6}$处的垂线交点及辅助线形成的交点上下各1cm设辅助点。

（5）从袖山高点以制订的上述辅助点为基点画前后袖山弧线。

（6）从袖山高点向下以$\frac{袖长}{2}$+2.5cm制订袖肘高度，并画袖肘平行线EL。

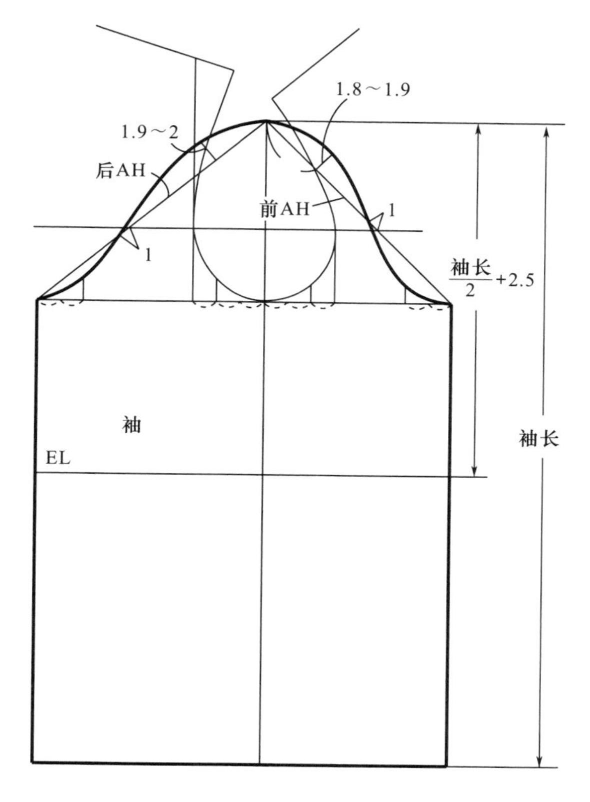

图1-6　原型袖片制图

三、标准原型

服装结构设计是外观设计的深入，其设计方法主要是按照现代服装款式造型的特点，参照特定的人，再把人体运动变化对服装造型的影响综合在一起，最终结构设计的表现形式是在服装制图的基础上形成裁片或纸样。

同时，结构设计又能反作用于外观设计，并为外观设计拓宽思路。这是因为外观设计所考虑的仅仅是具体的款式，而结构设计所研究的则是服装造型的普遍规律。

由于现代服装与过去中国传统的中式结构有较大的区别，西式服装结构在强调服装与人体的立体状态的同时，又要通过造型、结构最大限度地装饰与修饰人体，因此对于适体程度较高的服装，西式结构运用肩斜建立前胸宽、后背宽、袖窿底宽、收省等立体构成的处理方法，使衣片的结构与人体的特征相吻合，极大地满足了服装的适体性与舒适性。而中式服装的结构则是采用平面处理的方法。

现代时尚流行的观念促使现代服装千变万化，故结构设计所采用的手法有很多，但都应该满足快捷、准确、可操作性强的特点。原型裁剪是在立体裁剪基础上结合比例裁剪而形成的平面裁剪方法，它把复杂的立体操作转化为简单的平面制图，把对立体操作技术的研究转化成对平面计算与变化原理的研究，从而将立体裁剪中对人体体积塑造所形成的感性认识上升到理论。从研究的角度来看，原型裁剪巧妙地避开了传统比例裁剪针对款式、特定复杂人体的直接计算，而是采用了标准体原型，再由标准体原型过渡到实际人体及具体款式。这种研究角度的选择，为原型裁剪理论的形成带来了很大的方便。这是因为标准原型与实际人体之间的差距不像人体本身那样复杂，这种差距比较直观，能够凭感觉进行修正。

四、原型的二次成型应用

在结构变化方面，原型裁剪借助平面几何原理创造了原型纸样分割、移位、展开、变形等方法，在制板中形成了一套变化灵活、形式多样、适应面广泛的结构变化理论。这正是原型裁剪的科学性所在。

服装制板必须将款式造型的设计意图很好地表达出来，并能体现出风格特征和美感，因此在原型裁剪中，从标准体原型向实际人体及具体款式过渡时，必须对具体风格与板型之间的关系做一定的分析研究。

原型只是标准体的基本状态，当延伸到特定的款式时，具体部位需要再加以充分调整，例如当成品胸围增加或减少时，作为造型基础的前胸宽、后背宽、袖窿底宽、领宽、领深等部位都要进行调整，这就需要严格按人体的变化规律确立准确调整量。这一调整方法是有规律可循的，结构设计是设计的一种延伸，在很多时候正是通过某种风格的定位，将设计表现在对结构细节的调整与处理上。这些细节的把握要靠对造型的理解和感悟，有时正是裁剪的细节表达出了服装的性格，形成了服装的风格。

由于创造了二次成型结构设计的方法，因此原型提供了较好的制板构思条件。在纸样设计过程中除必须掌握原型制图变化的一般规律外，还要结合现代服装流行趋势、服装风格、服装材料、服装工艺等方面进行制板，才可能得到理想的服装造型。

本书中的西式服装制板手段主要采用原型制图（只有一例旗袍采用传统比例制图方法，主要为对比理解其区别），旨在通过各类服装款式的应用实例，使学习者较快地掌握这一实用而又科学的服装纸样设计方法。

五、女装原型制图法的基本应用

（一）不同分割线的连立领女上装款式说明

以下为几款不同分割线的连立领女上装，其结构设计围绕乳胸及胸、腰、背的立体曲面展开，采用女装原型，通过不同款式线与结构线的合理应用，加强理解省的作用，通过省的分散、转移等方法，理想化地塑造出人体的立体状态。

（二）成品规格

成品规格按国家号型 160/84A 制订，如表 1–4 所示。

表1–4　连立领女上装成品规格表

单位：cm

部位	后衣长	胸围	腰围	臀围	腰节	总肩宽	袖长	袖口
尺寸	62	94	74	96	38	38	52	13

此款女装松量在净胸围的基础上加放 10cm，净腰围加放 6cm，净臀围加放 6cm，全臂长加放 1.5cm 作为袖长，袖子采用高袖山两片袖结构的造型。

其后的六个变化款式均在此基础上通过省道位置的转换，充分体现前衣片胸凸省和后衣片肩胛省的应用方法。掌握省的转移、分散规律是原型制图的关键，以省塑型是西式女装制图的基本方法和特点。

（三）连立领女上装基本制图方法

1. *前后片结构制图*（图1–7）

（1）按国家号型 160/84A 绘制日本文化式女上身原型，在原型后中加画后衣长 62cm。

（2）从后片开始参照原型修正，后片原型肩胛骨省保留 0.7cm，其余省转至袖窿处，上移原型后小肩斜线，肩点上移 1cm 左右，从修正好的后小肩斜线端点作垂线（冲肩）约 1.5cm，以确定衣片肩宽位置。修正后袖窿弧线。

（3）后领宽扩宽 1.5cm，取颈侧立领高 2.5cm，画顺后小肩斜线使其自然下凹 0.3cm，取后中立领高 3.5cm，自然画顺领上口弧线。

（4）根据 $\frac{1}{2}$ 制图，衣片的胸腰差省量为 11cm，后片收省 60% 约 6.6cm，后中腰线处收 2cm、侧缝收 1.5cm、中腰收 3.1cm，画好省形。

（5）侧缝下摆放出摆量 2cm、后中 1cm，起翘并画顺下摆弧线。

（6）前衣片原型肩端点上移 0.5cm，领宽扩宽 1.5cm，前小肩长为后小肩实际尺寸减 0.7cm。前颈侧立领高 2.5cm，画顺前小肩斜线并上弧 0.3cm，根据造型画顺前领外口弧线。

（7）将前片袖窿弧线上的原型胸凸省的 $\frac{1}{3}$ 转移至袖窿弧线，修正画顺前袖窿弧。

（8）根据 $\frac{1}{2}$ 制图，衣片的胸腰差省量为 11cm，前片收省 40% 约 4.4cm，其中侧缝收 1.5cm、中腰收 2.9cm，画好省形。

（9）侧缝下摆放出摆量 2cm，画顺下摆弧线。

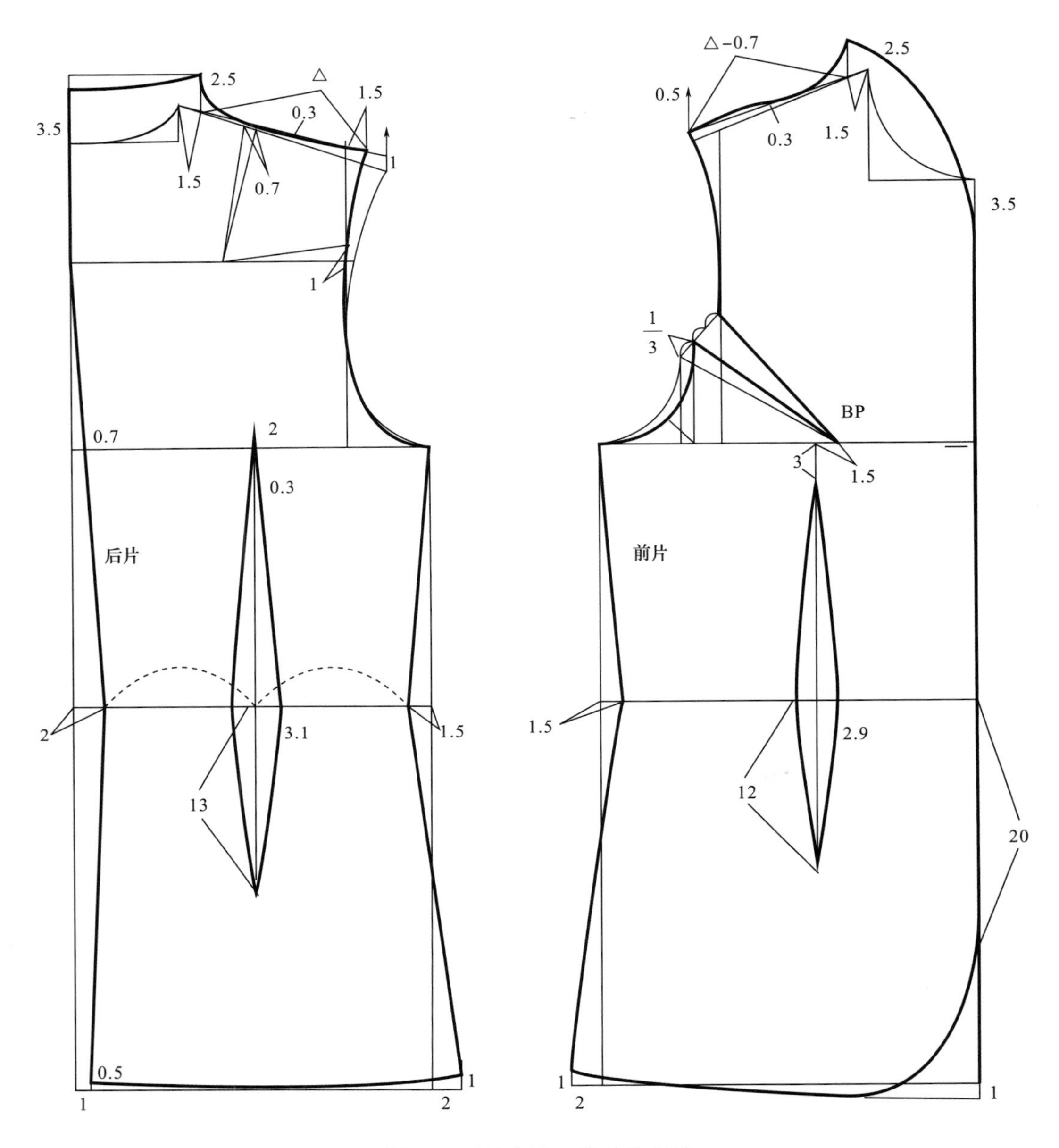

图1-7　连立领女上装衣片制图

2. **袖片结构制图**（图1-8）

（1）此款为高袖山袖，袖长52cm，袖山高的计算采用原型袖的方法，即前后肩点连线中点至胸围线高度平均值的$\frac{5}{6}$，以前后袖窿弧线长确定袖肥。

（2）在根据前后袖窿弧线长画出的三角形斜线上制订辅助线画顺大小袖袖山弧线，其总弧线长应大于前后袖隆弧线3cm左右，为吃缝量。

（3）袖肘线从上平行线向下取$\frac{袖长}{2}$+3cm，先画出一片袖，再修正成两片袖形式。前袖缝的大小袖之间互借3cm，后袖缝的大小袖之间互借1.5cm。

（4）袖口宽13cm，从袖肘线向前自然倾斜1.5cm，以使袖子满足上臂向前倾斜的状态。

根据以上步骤制成的基本型可以参照不同造型线衍生出不同的款式。可以通过具体款式的变化训练，在原型结构设计原理的基础上逐一掌握女装结构制图的基本规律。

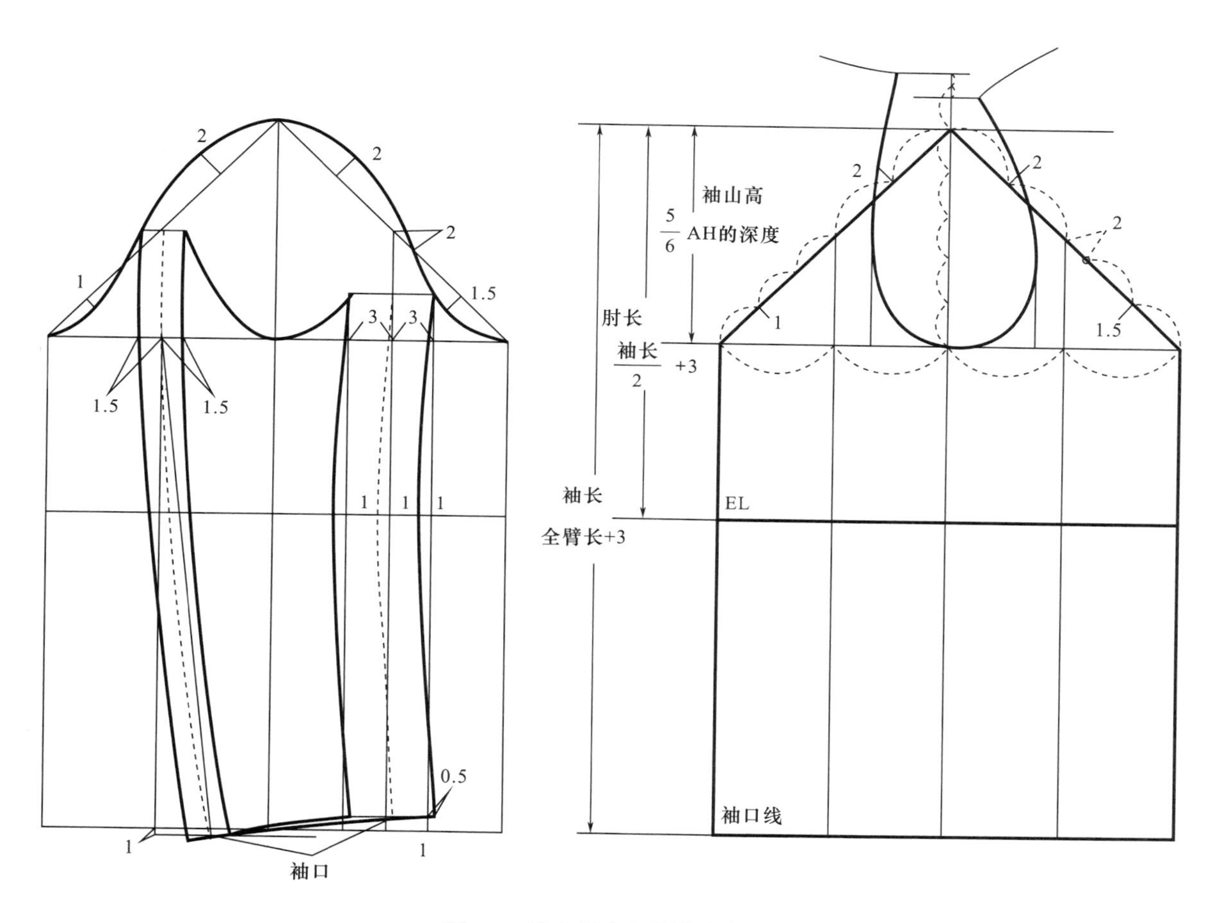

图1-8　连立领女上装袖片制图

（四）刀背式连立领女上装制图方法（图1-9）

（1）将后片中腰省在后袖窿处分割成刀背状，线条要自然圆顺，弧线弧度不要太大。

（2）后片刀背下摆放摆3cm左右，以满足臀围下摆的舒适造型量。

（3）将前片中腰省与胸凸省自然画成刀背状弧线，延伸至下摆分割开，使之符合款式造型线。

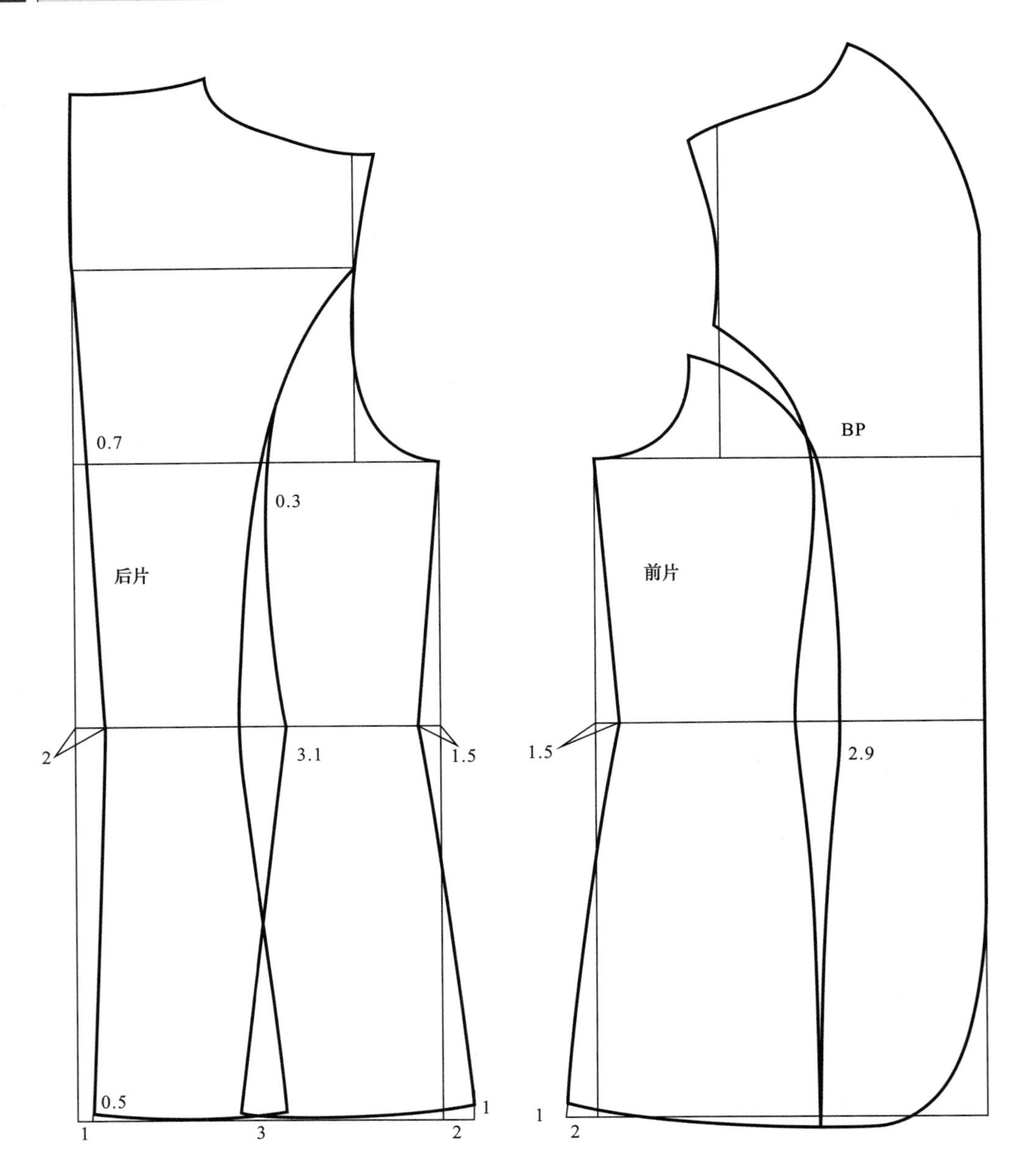

图1-9　刀背式连立领女上装衣片制图

（五）公主线式连立领女上装制图方法（图1-10）

（1）将后片中腰省在后小肩处分割成纵向形式的分割线，线条要圆顺，弧线曲度不要太弯。

（2）后片刀背下摆放摆3cm左右，以满足臀围下摆的舒适造型量。

（3）将前片胸凸省转移至前小肩处并将省道修正成弧形，将中腰省与肩部胸凸省自然画成公主线状弧线，延伸至下摆分割开，使之符合款式造型线。

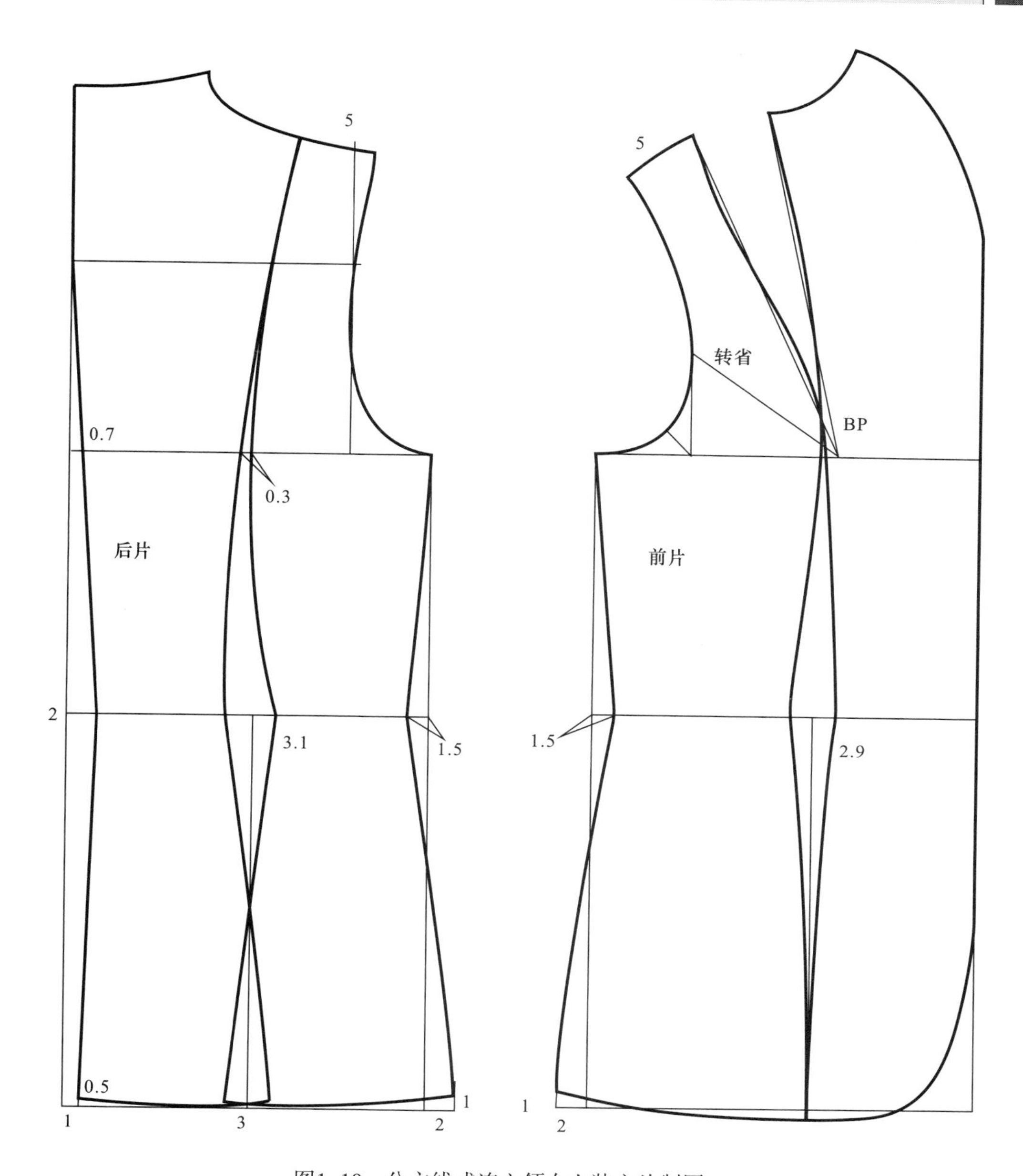

图1-10 公主线式连立领女上装衣片制图

（六）连立领领口处纵向分割线式女上装衣片制图方法（图1-11）

（1）将后领分割成纵向弧线形式的分割线，并将后小肩部位的省转移至后领口，连接中腰省并使弧线自然圆顺。

（2）后片分割线下摆放摆 3cm 左右，以满足臀围下摆的舒适造型量。

（3）将前片胸凸省转移至前领处并将省道修正成弧形，将中腰省与领部胸凸省自然画成弧线，延伸至下摆分割开，使之符合款式造型线。

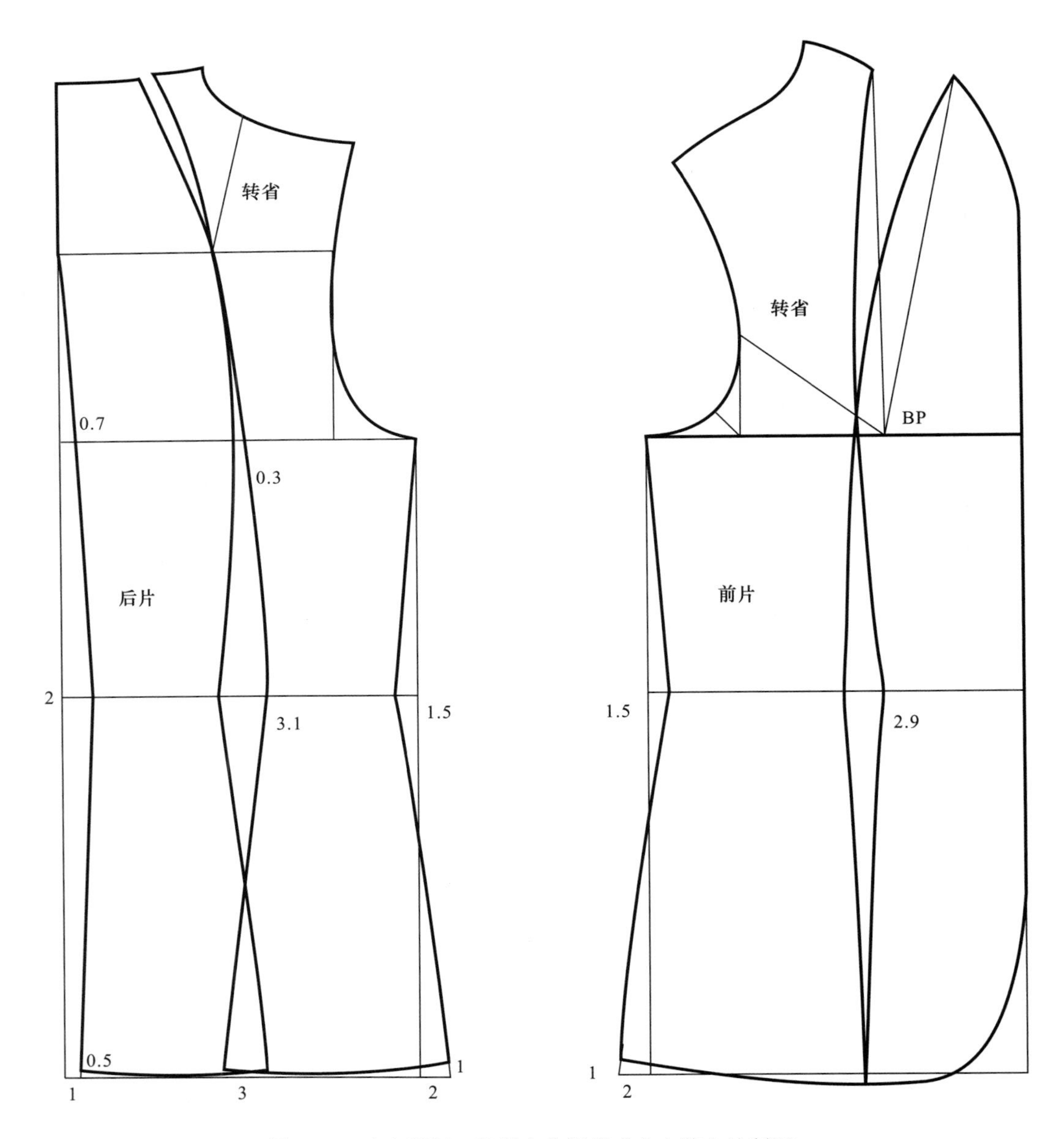

图1-11　连立领领口处纵向分割线式女上装衣片制图

（七）连立领前侧缝省式分割弧线形女上装衣片制图方法（图1-12）

（1）在后片中心线背宽横线上方设分割线，并将后小肩部位的省转移至此处，与中腰省连接成圆顺的弧线。

（2）将后片分割线下摆放摆 3cm 左右，以满足臀围下摆的舒适造型量。

（3）将前片胸凸省转移至前侧缝线处，与中腰省连接成弧线，延伸至下摆分割开，使之符合款式造型线。

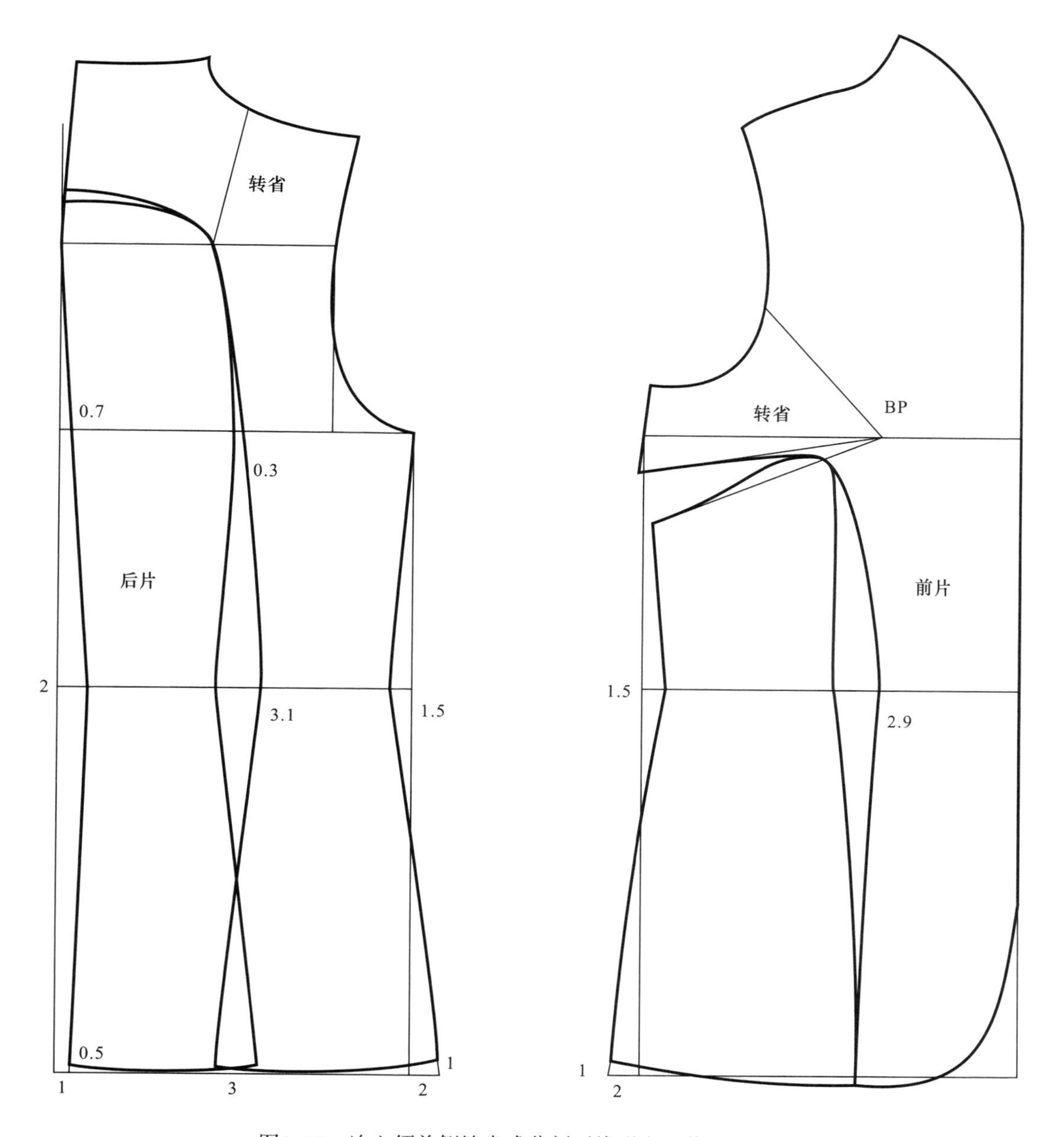

图1-12　连立领前侧缝省式分割弧线形女上装衣片制图

（八）连立领前中线分割弧线形女上装衣片制图方法（图1-13）

（1）在后片中心线背宽横线下方设分割线，并将后小肩部位的省转移至此处，与中腰省连接成圆顺的弧线。

（2）将后片分割线下摆放摆 3cm 左右，以满足臀围下摆的舒适造型量。

（3）将前片胸凸省转移至前中线处，与中腰省连接成弧线，延伸至下摆分割开，使之符合款式造型线。

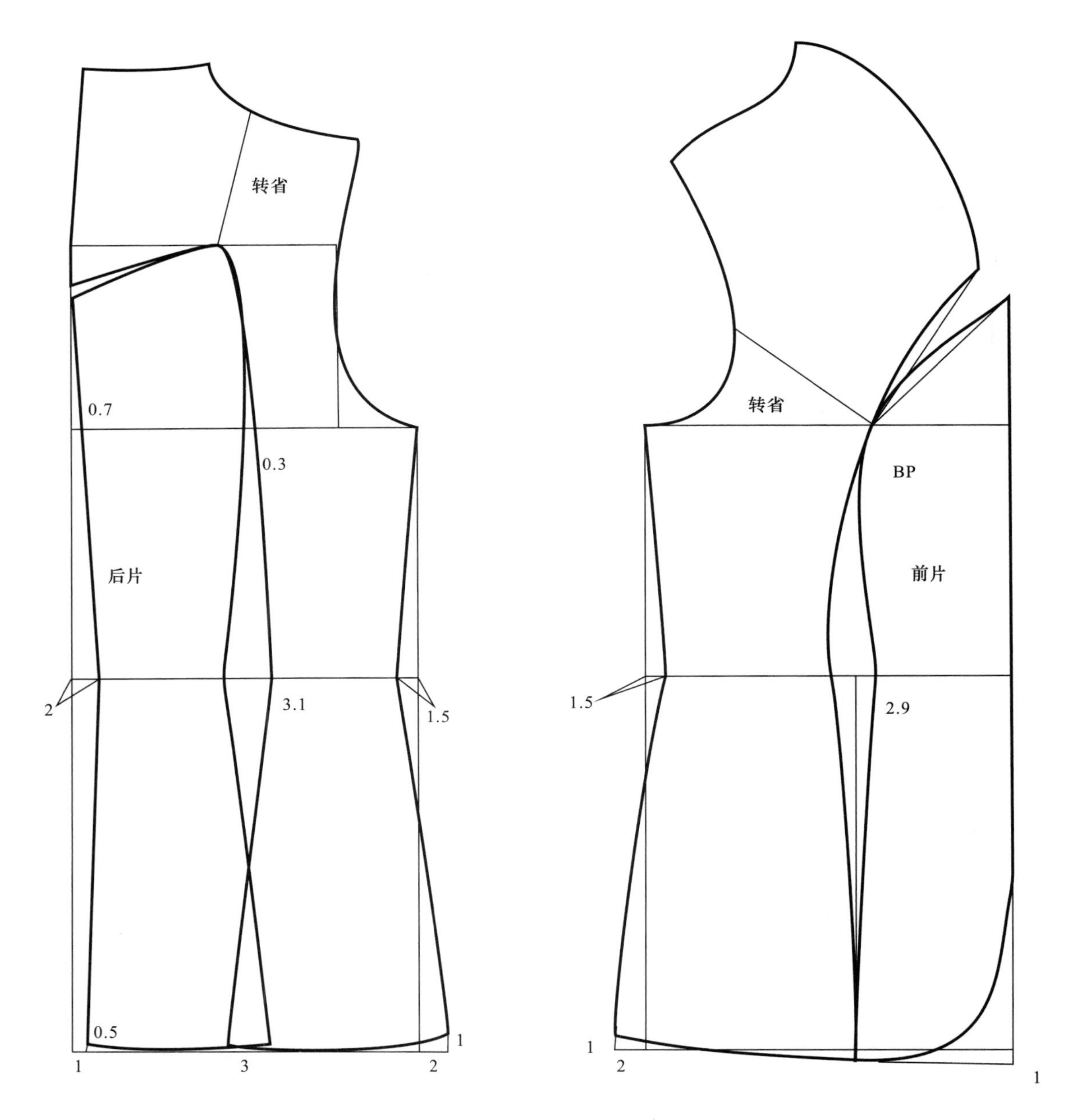

图1–13　连立领前中线分割弧线形女上装衣片制图

（九）连立领前后中线式女上装衣片制图方法（图1–14）

（1）把后片中腰省直通至肩胛骨省尖处，然后将后袖窿处的省转移至此处合二为一。

（2）修正下摆以满足臀围下摆的舒适造型量。

（3）将前片中腰省线直通至BP点，胸凸省转移至前中腰省线处，将中腰省与胸凸省合二为一，使之符合款式造型线。

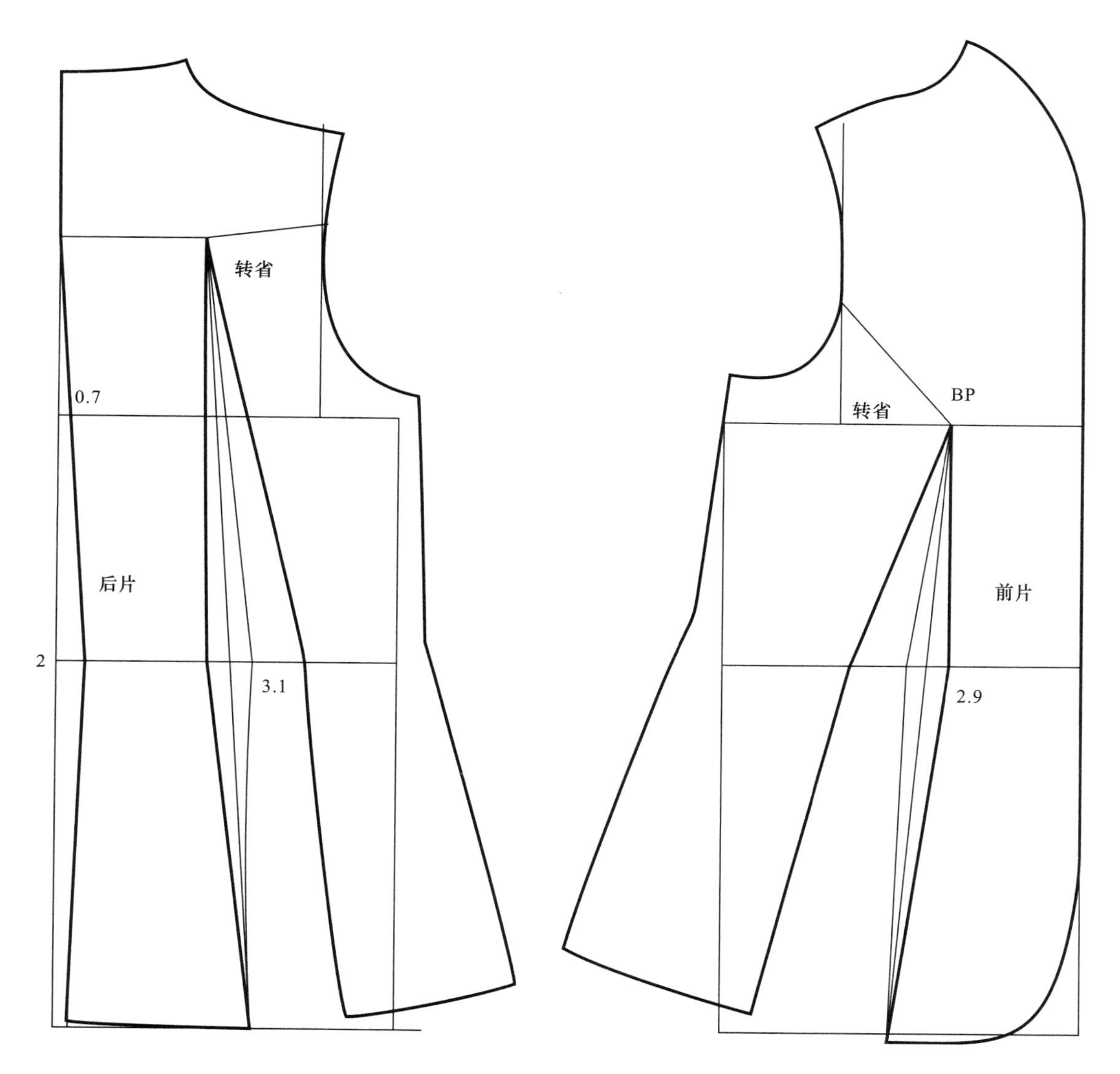

图1-14　连立领前后中线式女上装衣片制图

以上变化强调省的造型重要性及变化的基本方法规律，不难看出款式线与结构线的完美结合在外形上产生的不同效果。下章开始主要讲解女装具体实用款式的制板实例，读者可以通过学习掌握纸样设计方法。

以下各相关章节的规格尺寸均采用国家女子标准号型制订，非标准体成品尺寸的制订应灵活应用，主要表现在胸腰差、臀腰差的合理关系，另外省的量、形、位置、长度的设置要准确合理，才可以保障服装结构的平衡与均衡，塑造出理想的服装造型。

第二章　女衬衫制板方法实例

第一节　女衬衫的结构特点与纸样设计

女衬衫的款式造型最早来源于男衬衫，发展至现代则有较大的变化，有与女西服配套的正装形式的衬衫及时装类、休闲类等各种款式，以满足女性不同场合、不同时间、不同环境下的穿着需要。其纸样设计原理应根据整体廓型和舒适性的要求选择具体的构成方法，但对于变化较大和对合体性有较高要求的款式来说，采用原型制图的方法则能较好、较快地获得准确的立体型结构，形成标准纸样。

第二节　无领与平领式女衬衫纸样设计

一、夏季V字领短袖女衬衫纸样设计

（一）款式说明

此款为夏季穿着的无领短袖女衬衫，后中腰有一装饰带。其松量在净胸围的基础上加放 10cm，腰围加放 6cm，基础臀围加放 6cm 后下摆放量较松，袖子为一片袖结构。可采用质地较好的薄型棉、麻、化纤类面料制作。

夏季 V 字领短袖女衬衫效果图如图 2-1 所示。

（二）成品规格

成品规格按国家号型 160/84A 制订，如表 2-1 所示。

图2-1　夏季V字领短袖女衬衫效果图

表2-1　夏季V字领短袖女衬衫成品规格表　　单位：cm

部位	后衣长	胸围	腰围	臀围	腰节	总肩宽	袖长	袖口
尺寸	60	94	74	96	38	38	25	30

（三）制图步骤

采用原型裁剪法。首先按照号型160/84A制作日本文化式女子新原型图，具体方法如前所讲日本文化式女子新原型制图，然后依据原型修正制作纸样。

1. **前后片结构制图**（图2-2）

（1）将原型的前后片画好，腰线置于一水平线。

（2）从原型后中心线画衣长线60cm。

（3）原型前后片胸围为$\frac{B}{2}$+6cm，以保障符合胸围成品尺寸。

（4）前后胸宽不动，以保障符合成品尺寸，胸围线下降1cm，以满足袖窿的松量。

（5）依据原型基础领宽，前后领宽各展宽1.5cm。

（6）将后肩省的$\frac{2}{3}$转至后袖窿处，$\frac{1}{3}$（约0.7cm）作为工艺缩缝。

（7）后片后中线根据款式分割线在胸围线上收1cm省量（$\frac{B}{2}$ −1cm），保证符合成品胸围松量。

（8）制图中衣片胸腰差：$\frac{\text{总省量}}{2}$为11cm，后片腰部占60%，分别收2cm、3.1cm、1.5cm省量，前片腰部占40%，侧缝收1.5cm省量、前中腰收2.9cm省量。

（9）后下摆下放2cm，根据臀围尺寸适量放出侧缝摆量2cm，以保证臀围松量。

（10）把前衣片胸凸省的1cm转至袖窿，以保证袖窿的活动需要，剩余省量转至前腰省。

（11）前领口在原型领深基础上挖深12cm，设V字领。

（12）单排四枚扣，搭门宽2.5cm。

2. **袖片结构制图**（图2-3）

（1）短袖袖长25cm，袖山高为$\frac{\text{AH}}{2}$ ×0.6，以前后AH的长确定前、后袖肥，在前后AH的斜线上通过辅助线画前后袖山弧线。

（2）确定袖口肥30cm，通过前后袖肥的$\frac{1}{2}$分割辅助线收袖口，取得正确的袖肥和袖口关系。

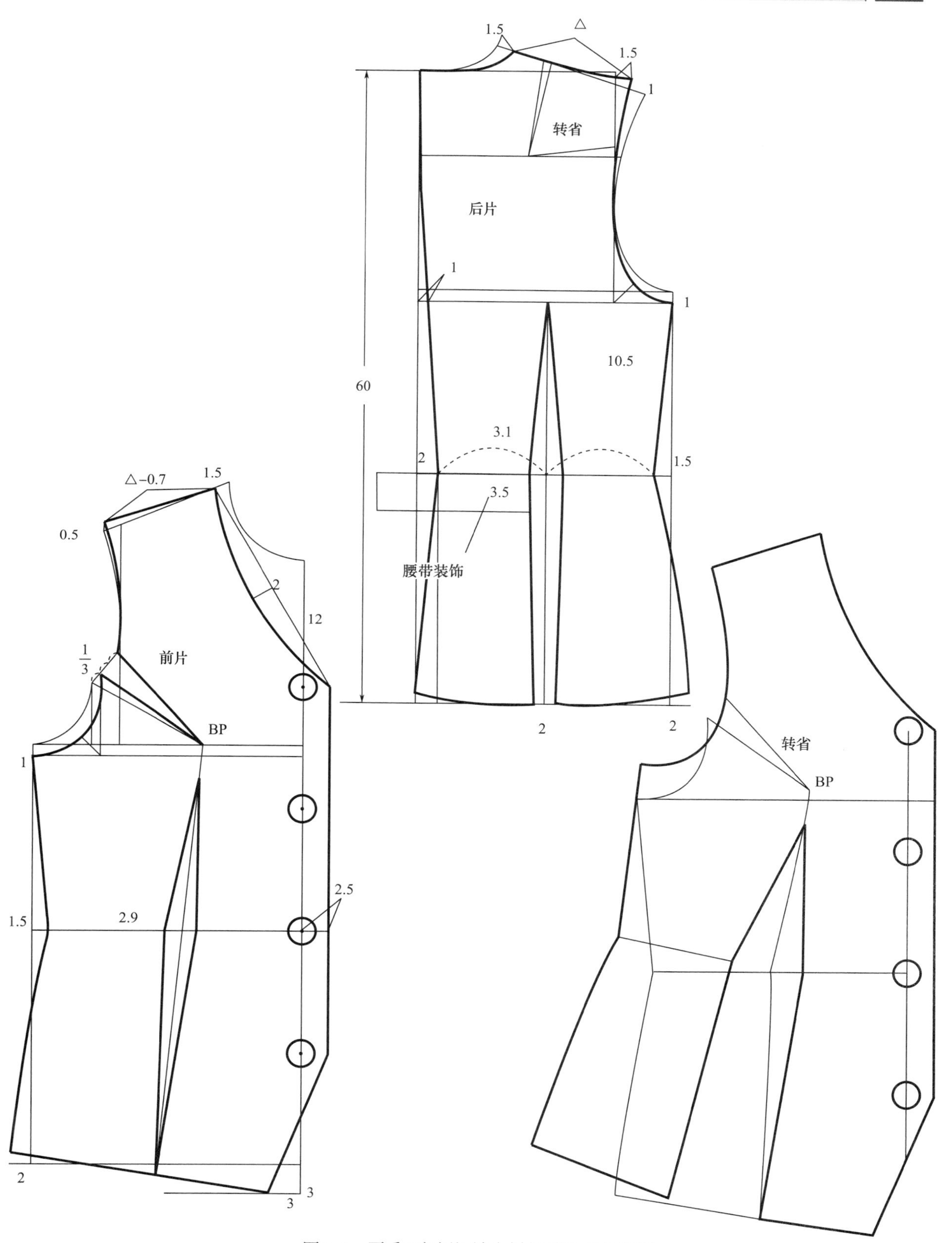

图2-2　夏季V字领短袖女衬衫前后衣片制图

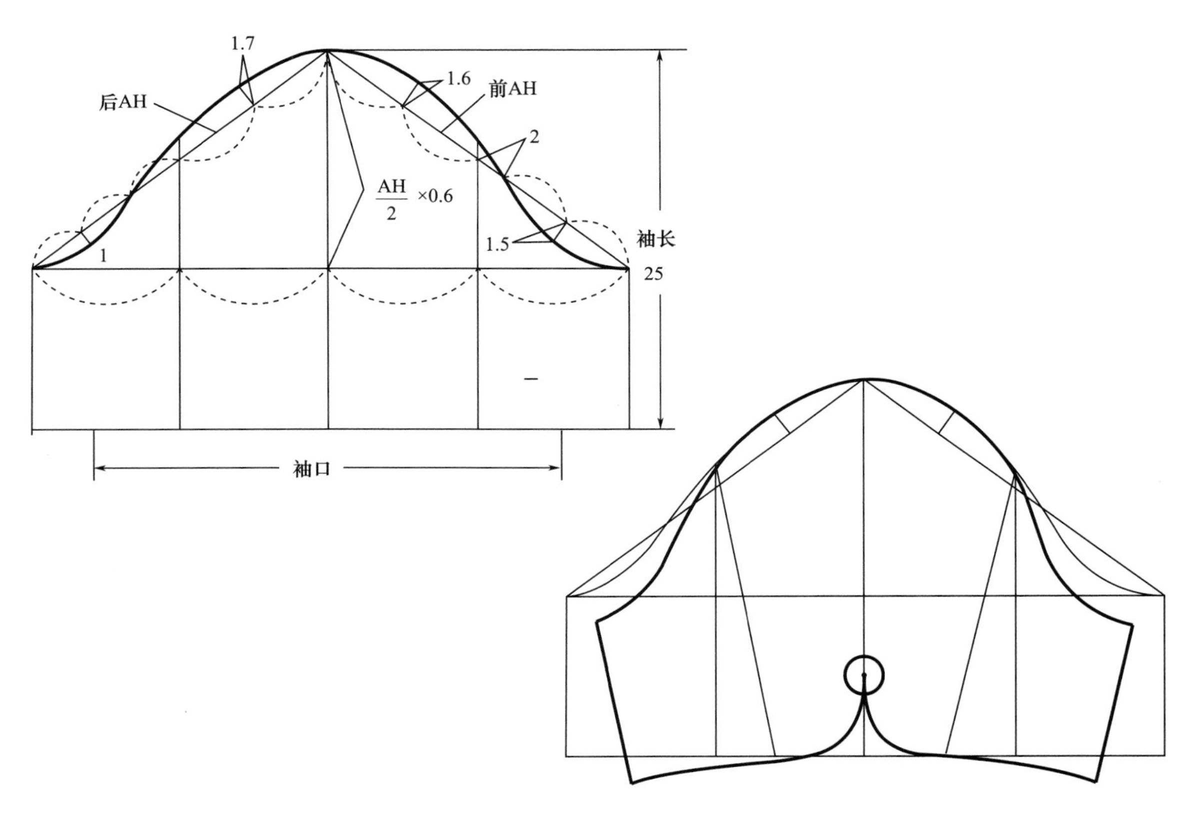

图2-3 夏季V字领短袖女衬衫袖片制图

二、夏季无领短袖后腰下摆起浪女衬衫纸样设计

(一)款式说明

此款为夏季穿着的女衬衫。其松量在净胸围的基础上加放 10cm，腰围加放 8cm，基础臀围加放 6cm 后下摆放量较松，后腰有摆浪效果，袖子采用一片袖结构。可采用质地较好的薄型棉、麻、化纤类面料制作。

夏季无领短袖后腰下摆起浪女衬衫效果图如图 2-4 所示。

(二)成品规格

成品规格按国家号型 160/84A 制订，如表 2-2 所示。

表2-2 夏季无领短袖后腰下摆起浪女衬衫成品规格表 单位：cm

部位	后衣长	胸围	腰围	臀围	腰节	总肩宽
尺寸	55	94	76	96	38	38

图2-4　夏季无领短袖后腰下摆起浪女衬衫效果图

（三）制图步骤

采用原型裁剪法。首先按照号型 160/84A 制作日本文化式女子新原型图，具体方法如前所述日本文化式女子新原型制图，然后依据原型修正制作纸样。

1. **前后片结构制图**（图2-5）

（1）将原型的前后片画好，腰线置于同一水平线。

（2）从原型后中心线画衣长线 55cm+3cm。

（3）原型前后片胸围为$\frac{B}{2}$+6cm，以保障符合胸围成品尺寸。

（4）前后胸宽不动，以保障符合成品尺寸。

（5）依据原型基础领宽，前后领宽各展宽 2.5cm。

（6）将后肩省的$\frac{2}{3}$转至后袖窿处，$\frac{1}{3}$作为工艺缩缝。

（7）后片根据款式分割线在胸围线上分别收 0.7cm 省量和 0.3cm 省量（$\frac{B}{2}$−1cm），保证成品胸围松量。

（8）制图中衣片胸腰差：$\frac{总省量}{2}$为 10cm，后片腰部分占 60%，分别收 2cm、2.5cm、1.5cm 省量。前片腰部分占 40%，侧缝收 1.5cm 省量、前中腰收 2.5cm 省量。

（9）后下摆下翘 3cm，根据臀围尺寸适量放出侧缝摆量，在保证臀围松量的基础上按三等分展开造型所需松量。

（10）将前衣片胸凸省的 1cm 转至袖窿，以保证袖窿的活动需要，剩余省量放置于刀背片。

（11）剪开前腰围线，下腰省转移至下摆展开，满足松量要求，刀背片分离。

（12）单排五枚扣，搭门宽 2cm。

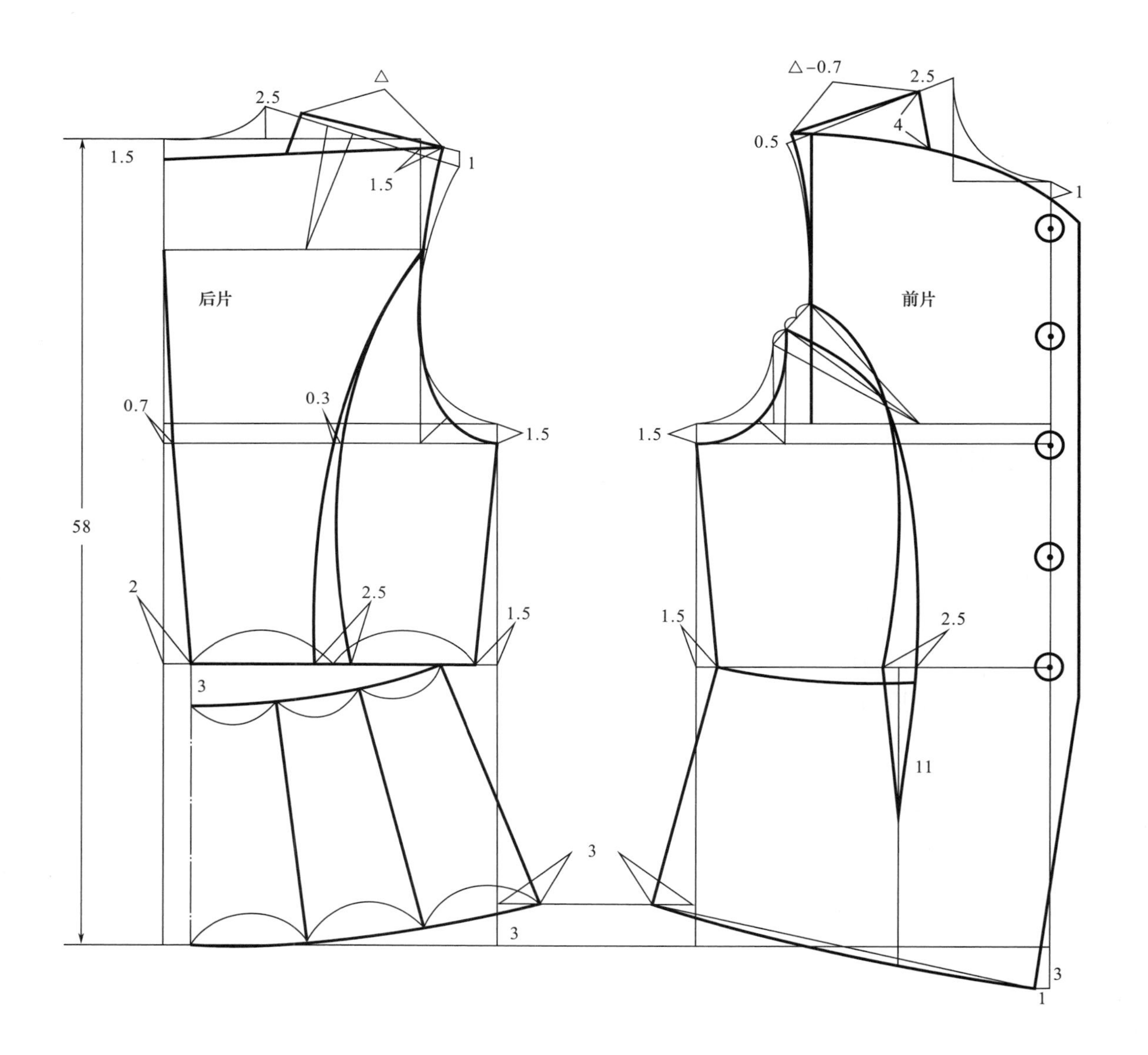

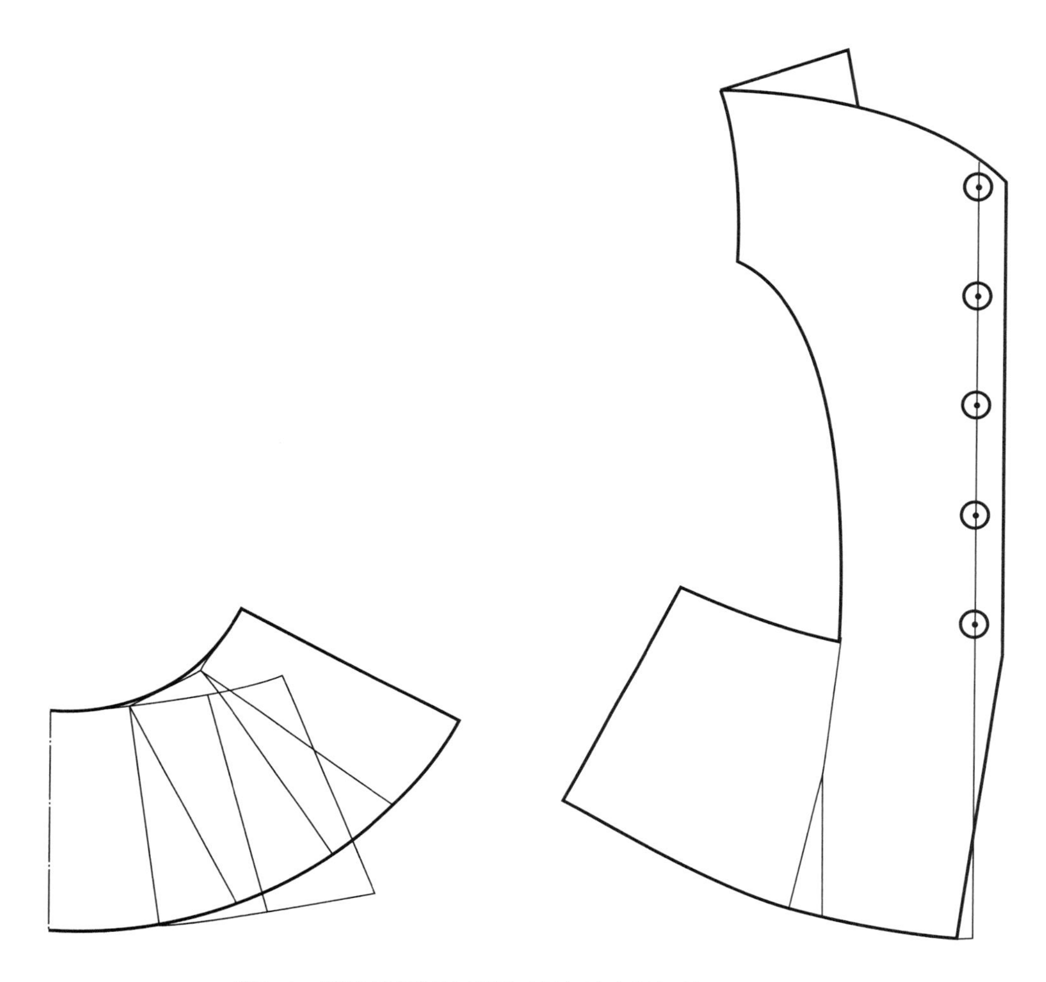

图2-5 夏季无领短袖后腰下摆起浪女衬衫前后衣片制图

2. **袖片结构制图**（图2-6）

（1）短袖袖长24cm，袖山高为$\frac{AH}{2}\times0.6$，以前后AH的长确定前后袖肥，在前后AH的斜线上通过辅助线画出前后袖山弧线。

（2）确定袖口肥34cm，通过前后袖肥的$\frac{1}{2}$分割辅助线收袖口，取得正确的袖肥和袖口关系。

三、夏季平领郁金香袖女衬衫纸样设计

（一）款式说明

此款为夏季穿着的平领郁金香袖女衬衫。其松量在净胸围的基础上加放10cm，腰围加放

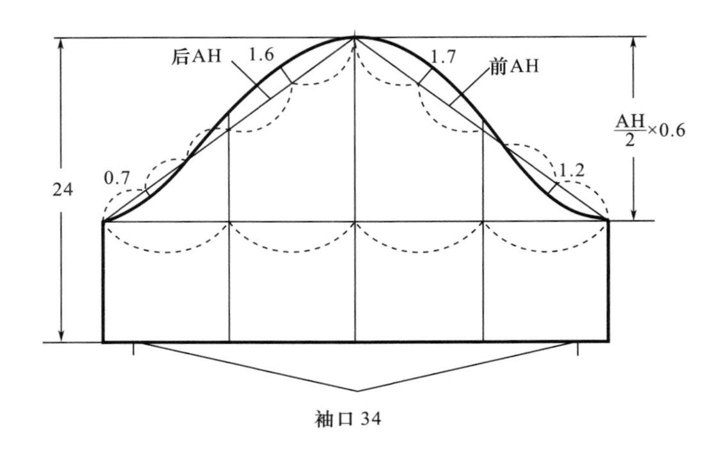

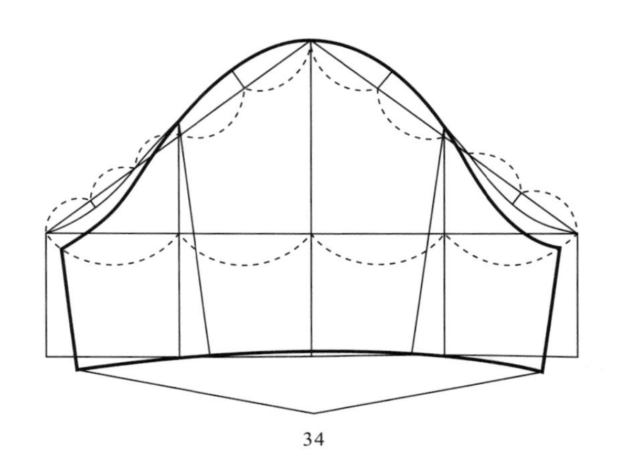

图2-6 夏季无领短袖后腰下摆起浪女衬衫袖片制图

7.5cm，基础臀围加放 6cm 后下摆放量较松，袖子为基础一片袖结构，分割成郁金香袖型。可采用质地较好的薄型棉、麻、化纤类面料制作。

夏季平领郁金香袖女衬衫效果图如图 2-7 所示。

（二）成品规格

成品规格按国家号型 160/84A 制订，如表 2-3 所示。

表2-3 夏季平领郁金香袖女衬衫成品规格表 单位：cm

部位	后衣长	胸围	腰围	臀围	腰节	总肩宽
尺寸	53	94	75.5	96	38	38

图2-7　夏季平领郁金香袖女衬衫效果图

（三）制图步骤

采用原型裁剪法。首先按照号型 160/84A 制作日本文化式女子新原型图，具体方法如前所述日本文化式女子新原型制图，然后依据原型进行修正制作纸样。

1. **前后片结构制图**［图2-8（1）、图2-8（2）］

（1）将原型的前后片画好，腰线置于同一水平线。

（2）从原型后中心线画衣长线 53cm。

（3）原型前后片胸围为$\frac{B}{2}$+6cm，以保障符合胸围成品尺寸。

（4）前后胸宽不动，以保障符合成品尺寸。

（5）依据原型基础领宽，前后领宽各展宽 1cm。

（6）将后肩省的$\frac{2}{3}$转至后袖窿处，$\frac{1}{3}$作为工艺缩缝。

（7）后片根据后中腰省在胸围线上收 1cm 省量（$\frac{B}{2}$−1cm），以保证成品胸围松量。

（8）制图中衣片胸腰差：$\frac{总省量}{2}$为 9.5cm，后片腰部分别收 3cm、1.5cm 省量，前片腰部侧缝收 1.5cm 省量，前中腰收 2.5cm 省量。

（9）根据臀围尺寸适量放出侧缝摆量 1.5cm，以保证臀围松量。

（10）后片腰节向上 5cm 处做分割线，剪开后将后袖窿省转移至后中腰省合二为一，根据款式要求在分割线上缩缝碎褶。

（11）将前衣片胸凸省的$\frac{1}{3}$转至袖窿以保证袖窿的活动需要，剩余省量转至前片分割线上的腰省与之合二为一，根据款式要求在分割线上缩缝碎褶。

（12）前片下摆侧缝放出 1.5cm 左右。

（13）单排五枚扣，搭门宽 2cm。

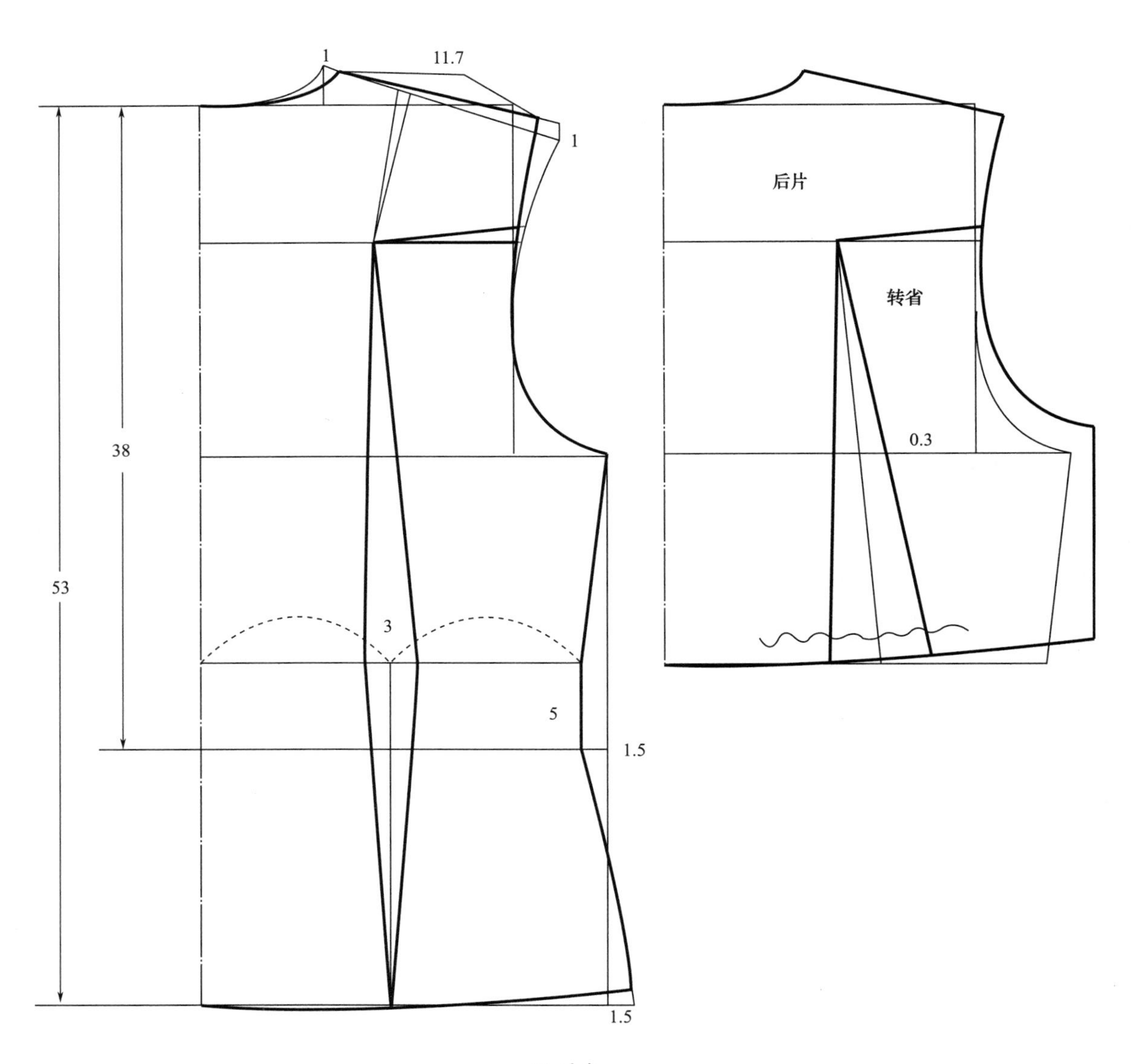

(1) 后片

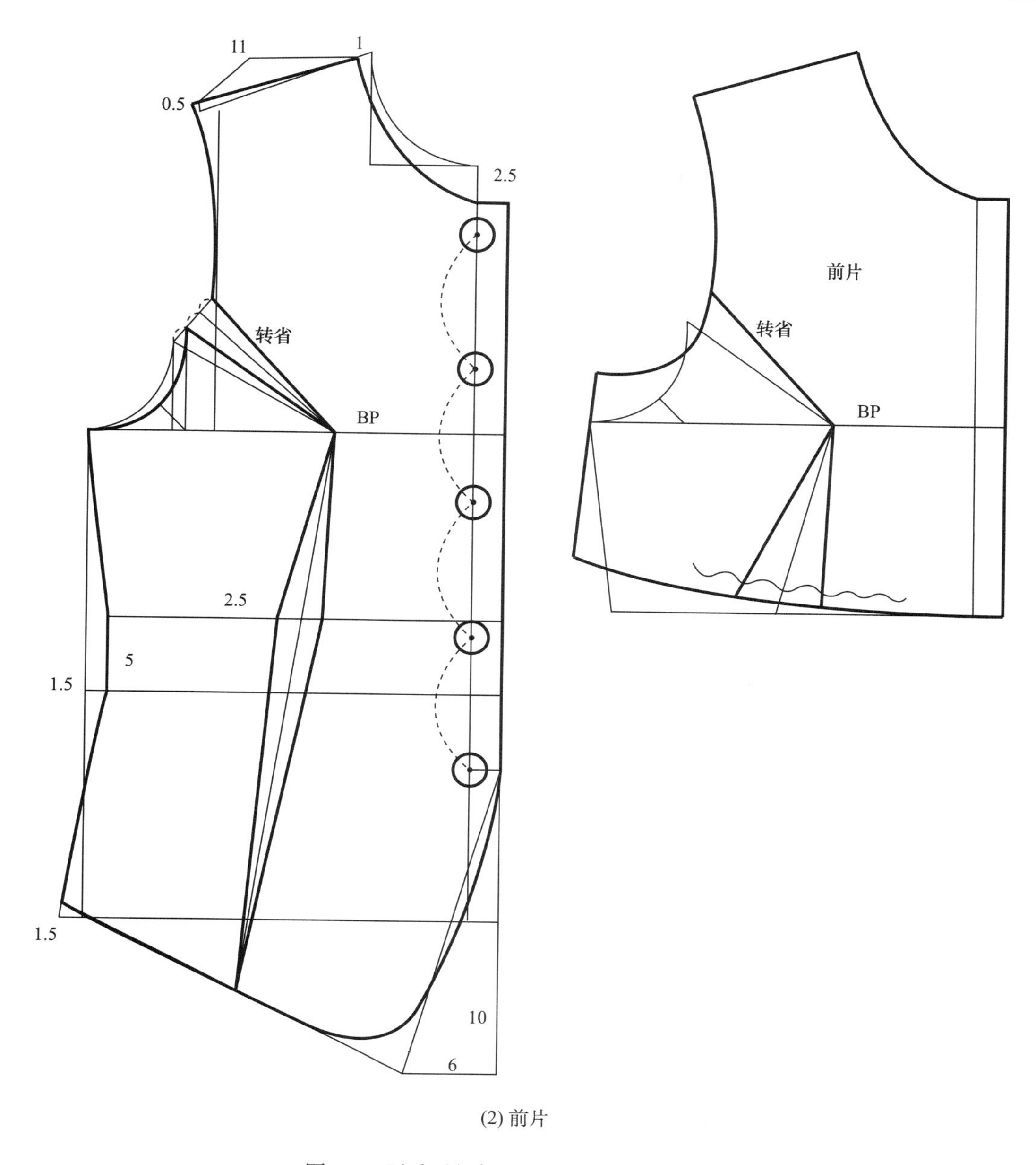

(2) 前片

图2-8　夏季平领郁金香袖女衬衫衣片制图

2. **领片结构制图（图2-9）**

（1）将前后片肩缝线以颈侧点对合，肩斜线重叠 1.5cm。

（2）从后中线画平领造型，宽度分别为 9cm、10.5cm。

（3）根据领子造型在前领口部位展开两个活褶，其褶量分别为 2cm。

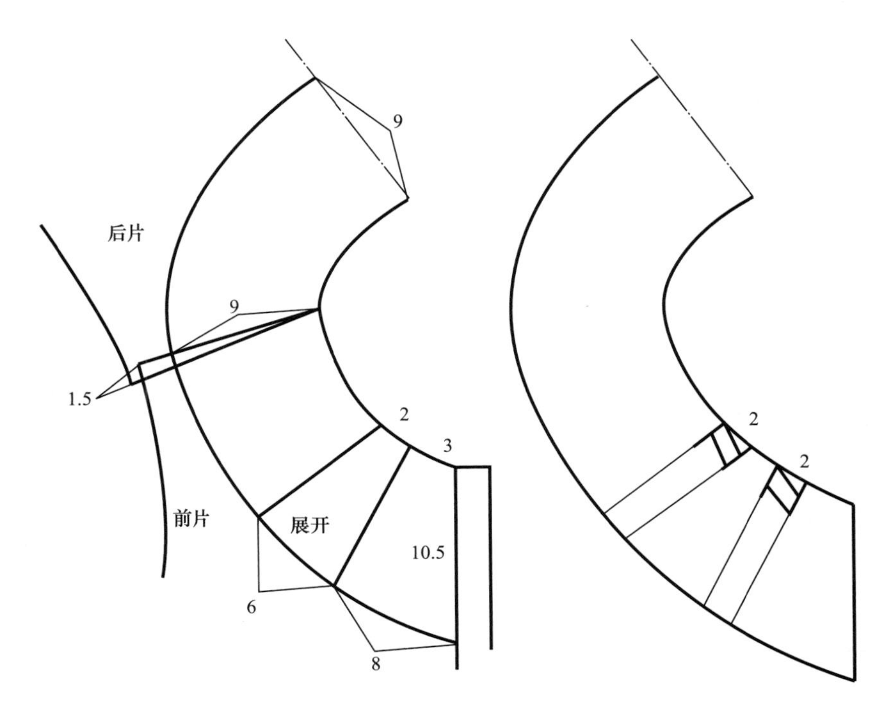

图2-9　夏季平领郁金香袖女衬衫领片制图

3．**袖片结构制图**（图2-10）

（1）短袖袖长 25cm，袖山高为$\frac{AH}{2}\times0.7$，以前后 AH 的长确定前后袖肥，在前后 AH 的斜线上通过辅助线画前后袖山弧线。

（2）确定袖口肥 30cm，通过前后袖肥的$\frac{1}{2}$分割线画郁金香袖型的分割弧线，确定袖片结构。

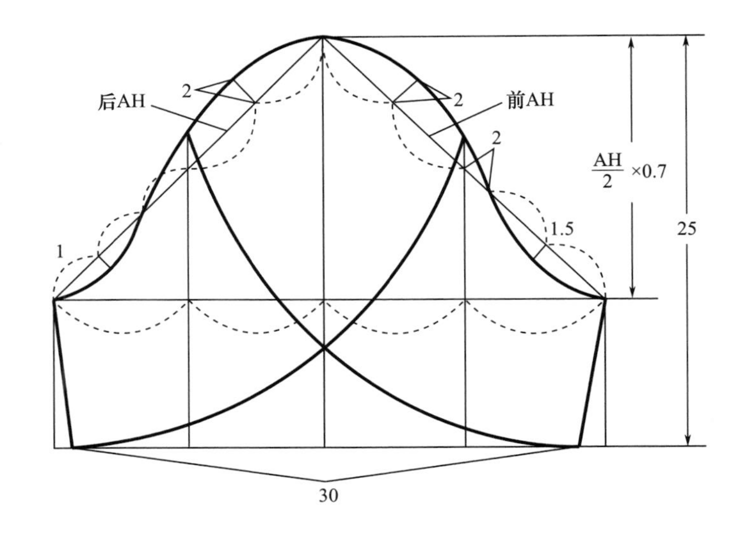

图2-10　夏季平领郁金香袖女衬衫袖片制图

第三节　立领女衬衫纸样设计

一、立领中长袖女衬衫纸样设计

（一）款式说明

此款为立领结构，胸部及袖口有装饰飞边的休闲女衬衫。其松量在净胸围的基础上加放 10cm，腰围加放 6cm，臀围加放 6cm，袖子为中袖一片袖结构。可采用质地较好的薄型棉、麻、化纤类面料制作。

立领中长袖女衬衫效果图如图 2-11 所示。

图2-11　立领中长袖女衬衫效果图

（二）成品规格

成品规格按国家号型 160/84A 制订，如表 2-4 所示。

表2-4　立领中长袖女衬衫成品规格表　　单位：cm

部位	后衣长	胸围	腰围	臀围	腰节	总肩宽	袖长	袖口
尺寸	62	94	74	96	38	38	48	28

（三）制图步骤

采用原型裁剪法。首先按照号型 160/84A 制作日本文化式女子新原型图，具体方法如前所述日本文化式女子新原型制图，然后依据原型修正制作纸样。

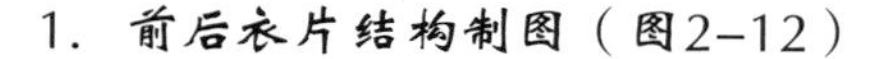

1. 前后衣片结构制图（图2-12）

（1）将原型的前后片画好，腰线置于同一水平线。

（2）从原型后中心线画衣长线 62cm。

（3）原型胸围前后片为$\frac{B}{2}$+6cm，以保障符合胸围成品尺寸，四开身结构。

（4）前后胸宽不动，以保障符合成品尺寸。

（5）依据原型基础领宽，前后领宽各展宽 1cm。

（6）前后肩斜不变，保留肩省 0.7cm，设置在后育克与后公主线上。

（7）后片根据款式分割线在胸围线上分别收 0.7cm 省量和 0.3cm 省量（即$\frac{B}{2}-1\text{cm}$），保证成品胸围松量。

（8）制图中衣片胸腰差：$\frac{\text{总省量}}{2}$为 11cm，后片腰部分占 60%，分别收 2cm、3.1cm、1.5cm 省量，前片腰部侧缝收 1.5cm 省量，前中腰收 2.9cm 省量，占 40%。

（9）前后下摆为圆摆，侧摆起翘 10cm，根据臀围尺寸适量放出侧缝摆量，以保证臀围松量。

（10）将前衣片胸凸省的$\frac{1}{3}$cm 转至袖窿，以保证袖窿的活动需要，剩余省量转移至公主线。前胸分割育克片并设有育克飞边，宽 2cm，等分九份后剪开，打开荷叶飞边。

（11）前中线设明 3cm 宽门襟，五枚扣。

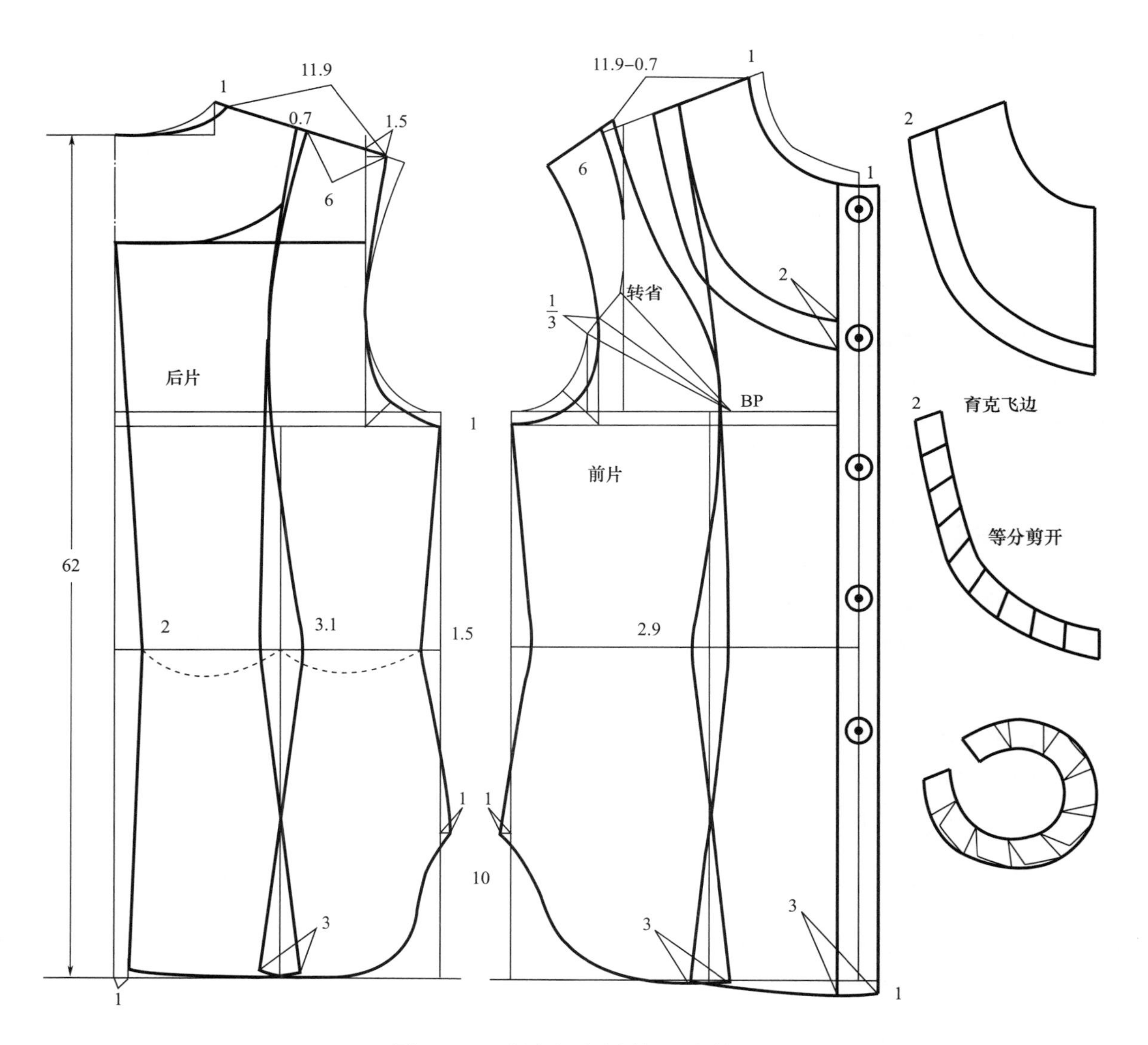

图2-12 立领中长袖女衬衫衣片制图

2. **袖片及领片结构制图**（图2-13）

（1）中长袖长48cm，袖山高为$\frac{AH}{2}\times0.6$，以前后AH的长确定前后袖肥，在前后AH的斜线上通过辅助线画前后袖山弧线。

（2）确定袖口肥24cm，袖头宽4cm，等分七份剪开后打开，取得正确的袖头荷叶飞边。

（3）立领宽3.5cm，依据前后领窝弧线取得起翘1.5cm，获得上口抱脖的造型。

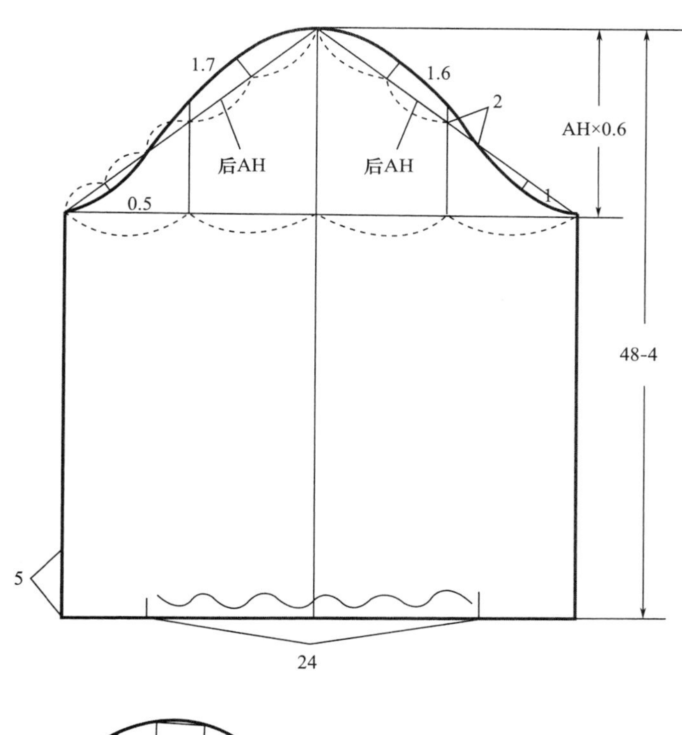

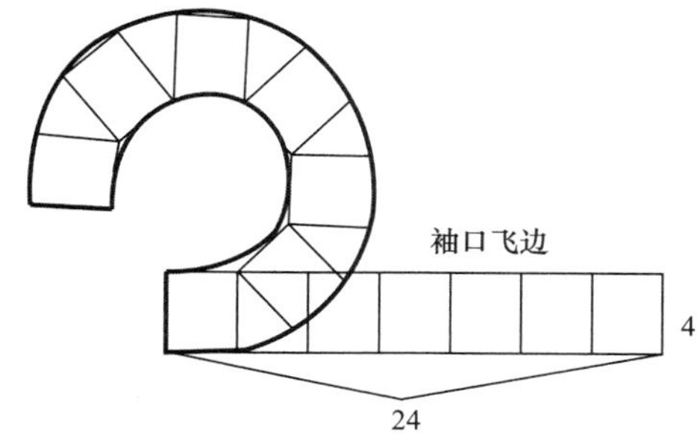

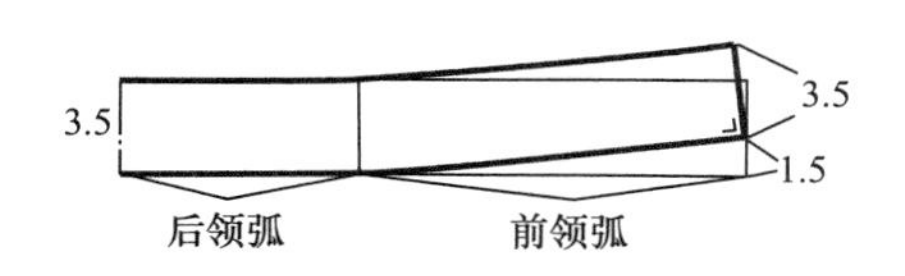

图2-13　立领中长袖女衬衫袖片及领片制图

二、夏季立领式荷叶边驳领长袖女衬衫纸样设计

(一)款式说明

此款为夏季穿着的休闲女衬衫，立领荷叶边驳领是其设计特点。其松量在净胸围的基础上加放10cm，腰围加放8cm，基础臀围加放6cm后下摆放量较松，袖子为一片袖结构。可采用垂感较好的薄型棉、化纤类面料制作。

夏季立领荷叶边驳领长袖女衬衫效果图如图2-14所示。

图2-14 夏季立领荷叶边驳领长袖女衬衫效果图

(二)成品规格

成品规格按国家号型160/84A制订，如表2-5所示。

表2-5 夏季立领荷叶边驳领长袖女衬衫成品规格表 单位：cm

部位	后衣长	胸围	腰围	臀围	腰节	总肩宽	袖长	袖口
尺寸	64	94	74	96	38	38	54	28

(三)制图步骤

采用原型裁剪法。首先按照号型160/84A制作日本文化式女子新原型图，具体方法如前所述日本文化式女子新原型制图，然后依据原型修正制作纸样。

1. **前后片结构制图(图2-15)**

(1)将原型的前后片画好，腰线置于同一水平线，四开身结构。

(2)从原型后中心线画衣长线64cm。

(3)原型胸围前后片为$\frac{B}{2}$+6cm，以保障符合胸围成品尺寸。

(4)前后胸宽不动，以保障符合成品尺寸。

(5)依据原型基础领宽，前后领宽各展宽1cm。

(6)将后肩省的$\frac{2}{3}$转至后袖窿处，$\frac{1}{3}$作为工艺缩缝。

（7）后片根据款式分割线在胸围线上分别收 0.7cm 省量和 0.3cm 省量（即$\frac{B}{2}$ −1cm），保证成品胸围松量。

（8）前后片设刀背分割线，制图中胸腰差：$\frac{总省量}{2}$为 11cm，后片腰部分别收 2cm、3.1cm、1.5cm 省量，占 60%，其余在前片腰部侧缝收 1.5cm 省量，前中腰收 2.9cm 省量。

（9）根据臀围尺寸适量放出侧缝摆量，以保证臀围松量。

（10）将前衣片胸凸省的 1cm 转至袖窿，以保证袖窿的活动需要，剩余省量放入刀背片。

（11）在袖窿刀背省处分割弧形款式线。

（12）单排一枚扣，搭门宽 2cm。

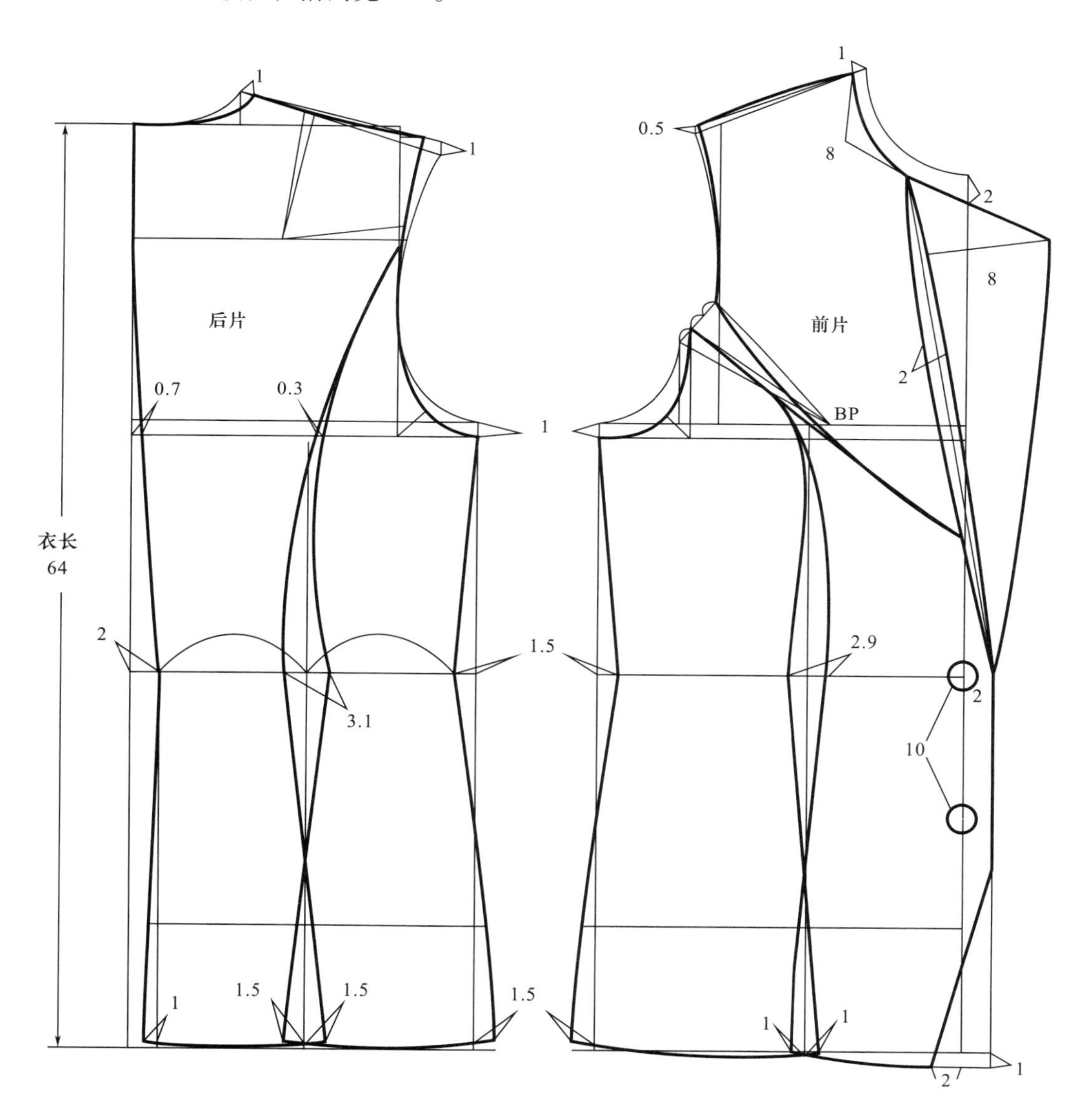

图2-15 夏季立领荷叶边驳领长袖女衬衫前后片制图

2. **领片结构制图**［图2-16（1）、图2-16（2）］

（1）设驳领宽8cm，与衣身分割开，等分六份剪开后打开放量，取得正确的驳领荷叶飞边。

（2）立领宽3.5cm，依据前后领窝弧线长度起翘1.5cm，获得上领口抱脖的造型。

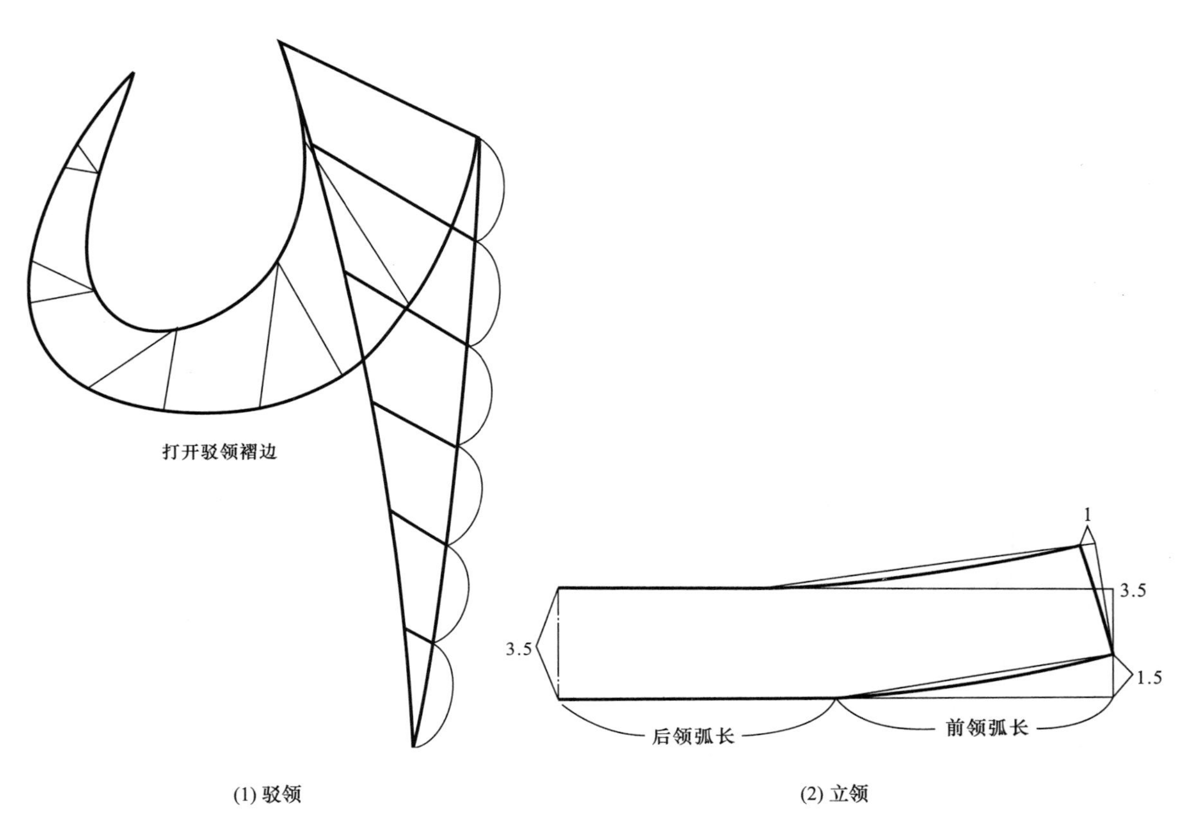

图2-16 夏季立领荷叶边驳领长袖女衬衫领片制图

3. **袖片结构制图**（图2-17）

（1）袖长54cm，袖山高为$\frac{AH}{2}\times0.6$，以前后AH的长确定前后袖肥，在前后AH的斜线上通过辅助线画前后袖山弧线。

（2）确定袖口肥28cm，通过前后袖肥的$\frac{1}{2}$分割辅助线收袖口，取得正确的袖肥和袖口关系。

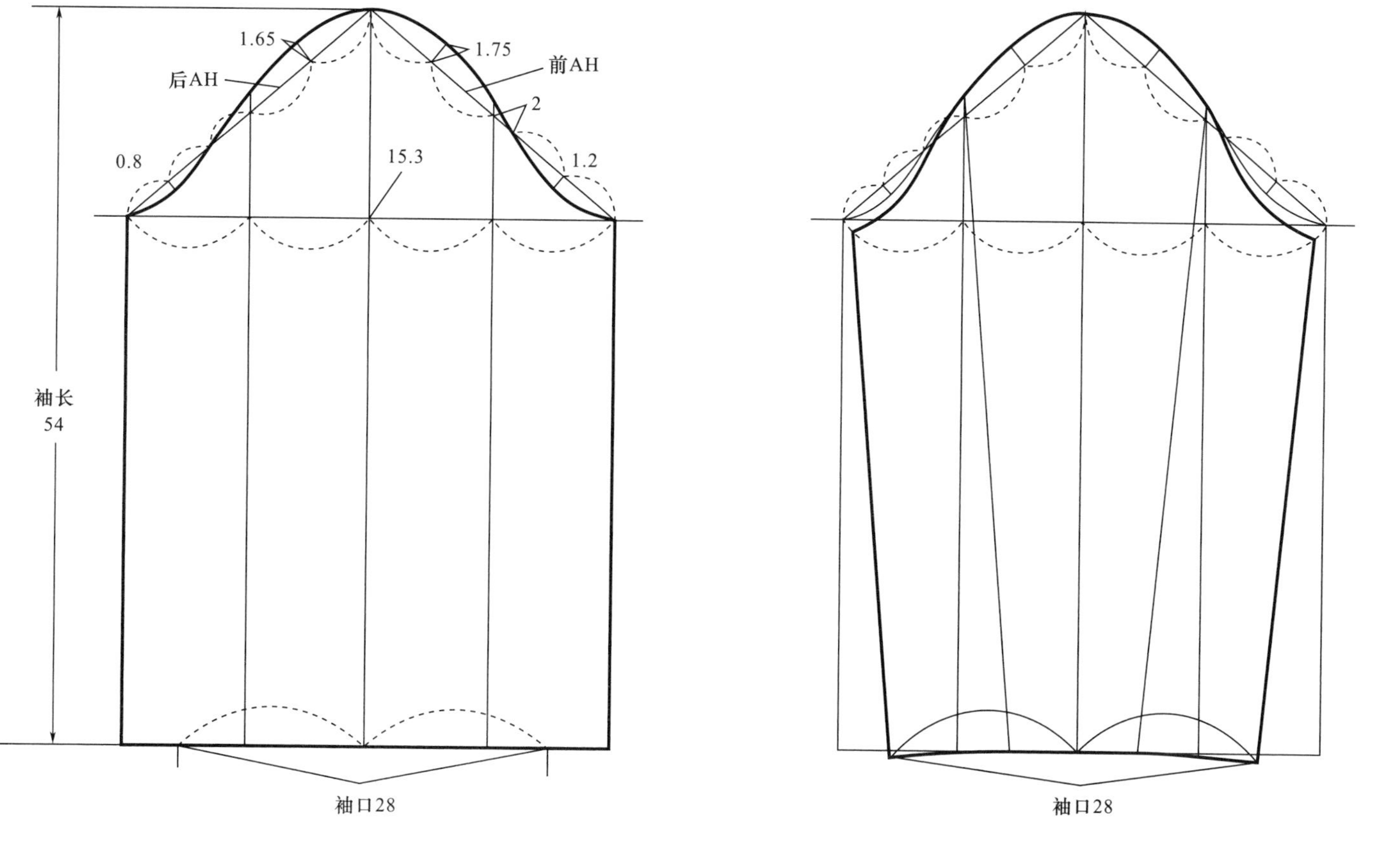

图2-17　夏季立领荷叶边驳领长袖女衬衫袖片制图

第四节　翻领式女衬衫纸样设计

一、正装翻领式女衬衫纸样设计

（一）款式说明

此款为正装式女衬衫，臀腰差 20cm，是与西服的配套设计。其松量在净胸围的基础上加放 10cm，腰围加放 6cm，基础臀围加放 6cm 后下摆放量较少，袖子为收袖头的一片袖结构。可采用垂感较好的薄型棉、化纤类面料制作。

正装翻领式女衬衫效果图如图 2-18 所示。

图2-18　正装翻领式女衬衫效果图

（二）成品规格

成品规格按国家号型 160/84A 制订，如表 2-6 所示。

表2-6　正装翻领式女衬衫成品规格表

单位：cm

部位	后衣长	胸围	腰围	臀围	腰节	总肩宽	袖长	袖口
尺寸	64	94	74	96	38	38	53.5	20

（三）制图步骤

采用原型裁剪法。首先按照号型 160/84A 制作日本文化式女子新原型图，具体方法如前所述日本文化式女子新原型制图，然后依据原型修正制作纸样。

1. **前后片结构制图**（图2-19）

（1）将原型的前后片画好，腰线置于同一水平线。

（2）从原型后中心线画衣长线 64cm。

（3）原型胸围前后片为$\frac{B}{2}$+6cm。

（4）前后胸宽不动，以保障符合成品尺寸。

（5）原型基础前后领宽不动。

（6）保留后肩省 0.7cm，剩余量转移至后袖窿。

（7）根据款式后片在胸围线分别收 0.7cm 省量和 0.3cm 省量（$\frac{B}{2}$−1cm），以保证成品胸围松量。

（8）制图中衣片胸腰差：$\frac{总省量}{2}$为 11cm，后片腰部分别收 2cm、3.1cm、1.5cm 省量，前片腰部侧缝收 1.5cm 省量，前中腰收 2.9cm 省量。

（9）根据臀围尺寸适量放出侧缝摆量 2cm，后下摆中线放出 1cm，以保障造型所需松量。

（10）将前衣片胸凸省的 1cm 转至袖窿，以保证袖窿的活动需要，剩余省量转移至侧胁缝设省塑胸。

（11）前肩点上移 0.5cm，以保障衣片肩斜线符合人体肩部倾斜状态，前小肩尺寸为后小肩尺寸 −0.7cm。

（12）单排五枚扣，搭门宽 1.5cm。

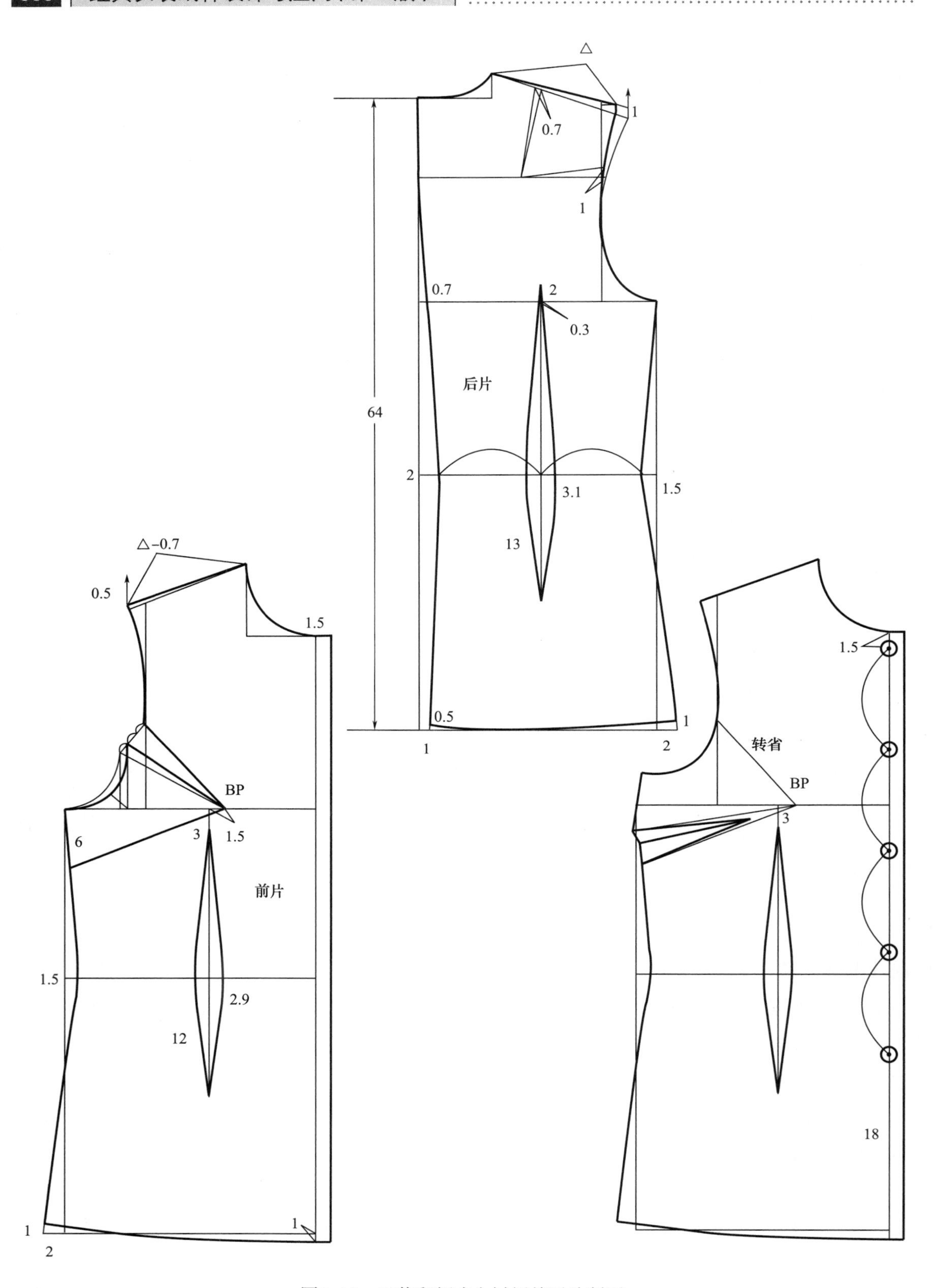

图2-19 正装翻领式女衬衫前后片制图

2. **袖片及领片结构制图**（图2-20）

（1）画袖子，袖长 53.5cm，袖山高为前后肩点至胸围线平均深度的$\frac{3}{4}$或$\frac{AH}{2}\times 0.6$，以前后 AH 的长确定前后袖肥，在前后 AH 的斜线上通过辅助线画前后袖山弧线。

（2）袖长需减 4cm 袖头宽，确定袖口肥为 20cm+6cm，其中 6cm 为缩褶量，通过前后袖肥的$\frac{1}{2}$分割辅助线收袖口，取得正确的袖肥和袖口关系，袖开衩 8cm 长。

（3）袖头宽 4cm，袖头长 20cm。

（4）画领子，总领宽 7cm，底领宽 3cm、翻领宽 4cm，依据（翻领 − 底领宽）÷ 总领宽 ×70° 的计算公式，在前后领弧线的分割线展开 10° 取得领翘，领尖长 7.5cm，修正上下领口弧线的同时画好领折线。

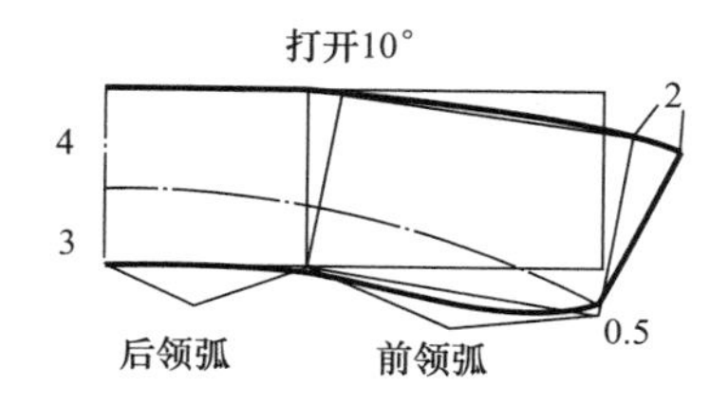

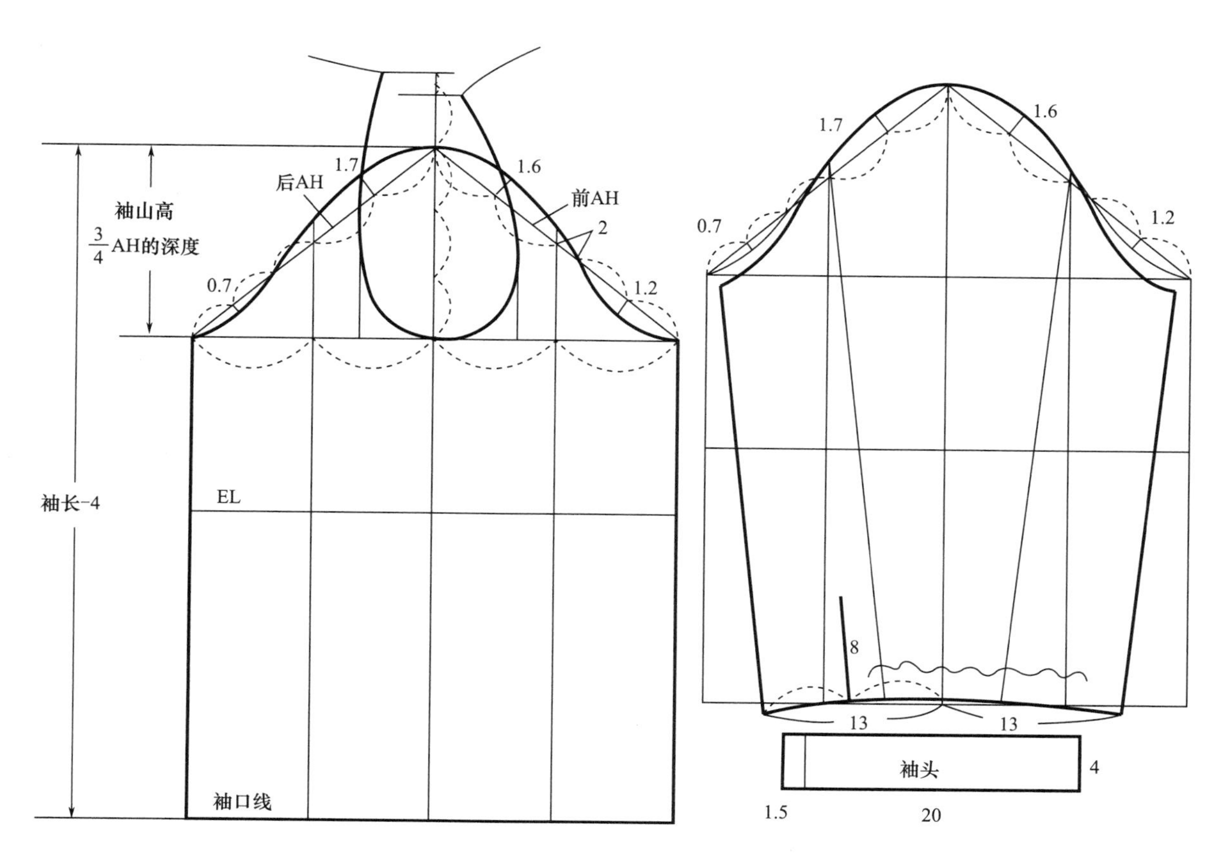

图2-20 正装翻领式女衬衫领片及袖片制图

图2-21 男衬衫领式泡泡短袖女衬衫效果图

二、男衬衫领式泡泡短袖女衬衫纸样设计

(一)款式说明

此款为夏季穿着的女衬衫，腰部分割缩褶、泡泡袖是其设计特点。在净胸围的基础上加放10cm，腰围加放6cm，基础臀围加放6cm后下摆放量较松，设缩褶，袖子采用一片袖结构。可采用垂感较好的薄型面料制作。

男衬衫领式泡泡短袖女衬衫效果图如图2-21所示。

(二)成品规格

成品规格按国家号型160/84A制订，如表2-7所示。

表2-7 男衬衫领式泡泡短袖女衬衫成品规格表 单位：cm

部位	后衣长	胸围	腰围	臀围	腰节	总肩宽	袖长	袖口
尺寸	60	94	74	96	38	38	25	30

(三)制图步骤

采用原型裁剪法。首先按照号型160/84A制作日本文化式女子新原型图，具体方法如前所述日本文化式女子新原型制图，然后依据原型修正制作纸样。

1. **前后片结构制图**(图2-22)

(1)将原型的前后片画好，腰线置于同一水平线。

(2)从原型后中心线画衣长线60cm。

(3)原型胸围前后片改为$\frac{B}{2}$+6cm，以保障符合胸围成品尺寸。

(4)前后胸宽不动，以保障符合成品尺寸。

（5）依据原型基础领宽，前后领宽各展宽 1.5cm。

（6）将后肩省的$\frac{2}{3}$转至后袖窿处，$\frac{1}{3}$转移至后领口。

（7）后片根据款式分割线在胸围线上分别收 0.7cm 省量和 0.3cm 省量（$\frac{B}{2}-1\text{cm}$），保证成品胸围松量。

（8）制图中衣片胸腰差：$\frac{总省量}{2}$为 11cm，后片腰部分别收 2cm、3.1cm、1.5cm 省量，前片腰部侧缝收 1.5cm 省量，前中腰收 2.9cm 省量。

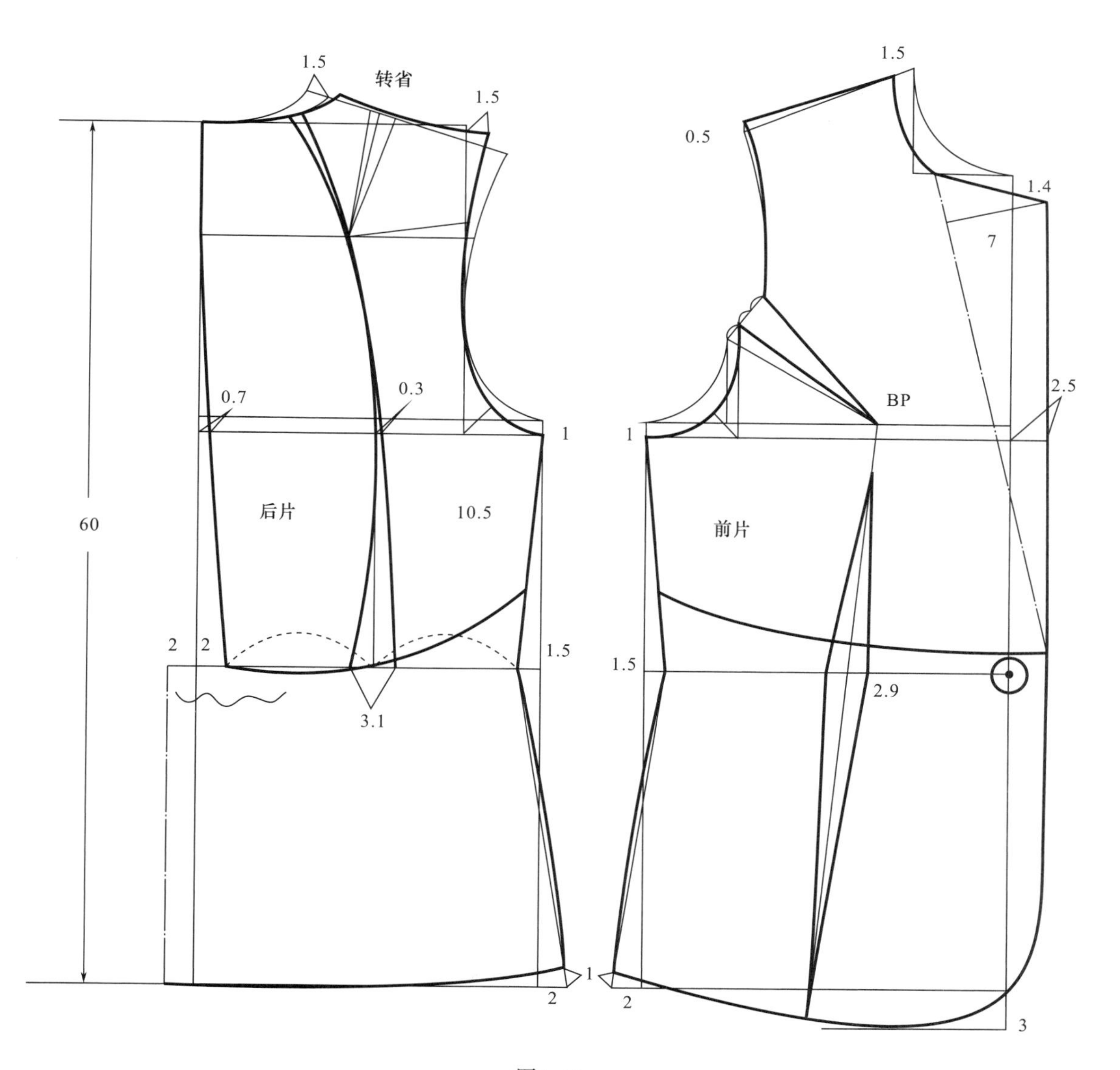

图2-22

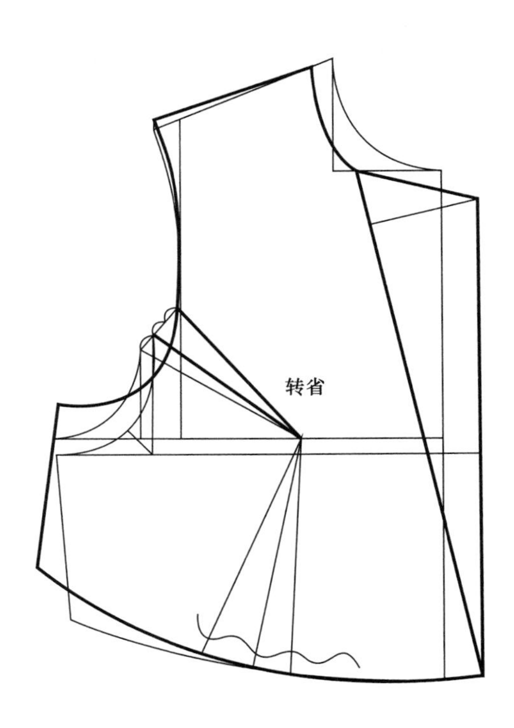

图2-22 男衬衫领式泡泡短袖女衬衫前后片制图

（9）腰部分割线后下摆中线放出2cm作为褶量，根据臀围尺寸适量放出侧缝摆量，保障造型所需松量。

（10）将前衣片胸凸省的1cm转至袖窿以保证袖窿的活动需要，剩余省量的$\frac{1}{2}$转移置腰部分割线上的腰省作为缩褶量。

（11）前腰围线腰省转移至下摆展开，满足松量要求。

（12）单排一枚扣，搭门宽2cm。

2. 袖片及领片结构制图［图2-23（1）、图2-23（2）］

（1）画袖子，短袖袖长25cm，袖山高为$\frac{AH}{2}\times0.6$，以前后AH的长确定前后袖肥，在前后AH的斜线上通过辅助线画前后袖山弧线。

（2）确定袖口肥30cm，通过前后袖肥的$\frac{1}{2}$分割辅助线收袖口，取得正确的袖肥和袖口关系。

（3）将袖山高的$\frac{2}{3}$剪开，向上张开9cm作为泡泡袖的造型褶量。

（4）画领子，底领宽3.5cm，翻领宽5cm，后中起翘3.5cm，领尖长7.5cm。

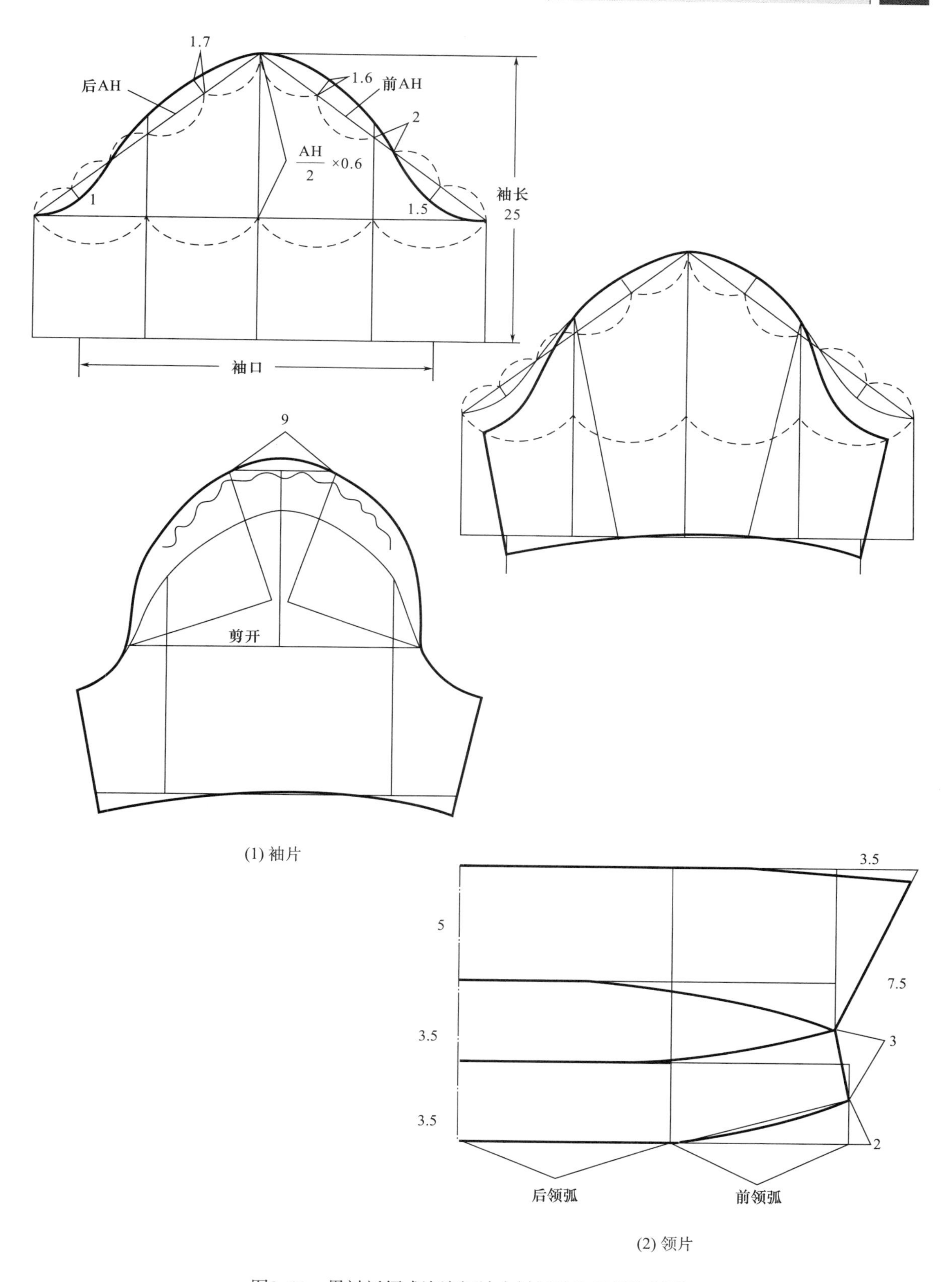

图2-23　男衬衫领式泡泡短袖女衬衫袖片及领片制图

三、翻领前胸塔克长袖女衬衫纸样设计

（一）款式说明

此款为春夏季穿着的休闲式女衬衫，腰部松量较大、前胸上部设塔克及胸部缩褶是设计特点。其松量在净胸围的基础上加放 12cm，腰围加放 22cm，臀围加放 9cm 袖子采用一片袖结构。可采用质地较好的薄型棉、麻、化纤类面料制作。

翻领前胸塔克长袖女衬衫效果图如图 2–24 所示。

图2–24 翻领前胸塔克长袖女衬衫效果图

（二）成品规格

成品规格按国家号型 160/84A 制订，如表 2–8 所示。

表2–8 翻领前胸塔克长袖女衬衫成品规格表 单位：cm

部位	后衣长	胸围	腰围	臀围	腰节	总肩宽	袖长	袖口
尺寸	64	96	90	99	38	38	54	20

（三）制图步骤

采用原型裁剪法。首先按照号型 160/84A 制作日本文化式女子新原型图，具体方法如前所述日本文化式女子新原型制图，然后依据原型修正制作纸样。

1. 前后片结构制图（图2–25）

（1）将原型的前后片画好，腰线置于同一水平线。

（2）从原型后中心线画衣长线 64cm。

（3）原型胸围前后片为 48cm，以保障符合胸围成品尺寸。

（4）取后冲肩 1.5cm（即从后小肩斜线的肩端点向背宽垂线作垂线），以确定后肩宽。

（5）前后领宽各展开 1cm。

（6）根据胸腰总省量，前后片腰部各收 1.5cm 省量。

（7）根据臀围尺寸适量放出侧缝摆量，保障造型所需松量。

（8）将前衣片胸凸省的$\frac{1}{3}$转至袖窿，以保证袖窿的活动需要，剩余省量转移置塔克分割斜线作为缩褶量。

（9）前胸塔克部分剪开后平均分为八份，各打开 1cm 放褶量。

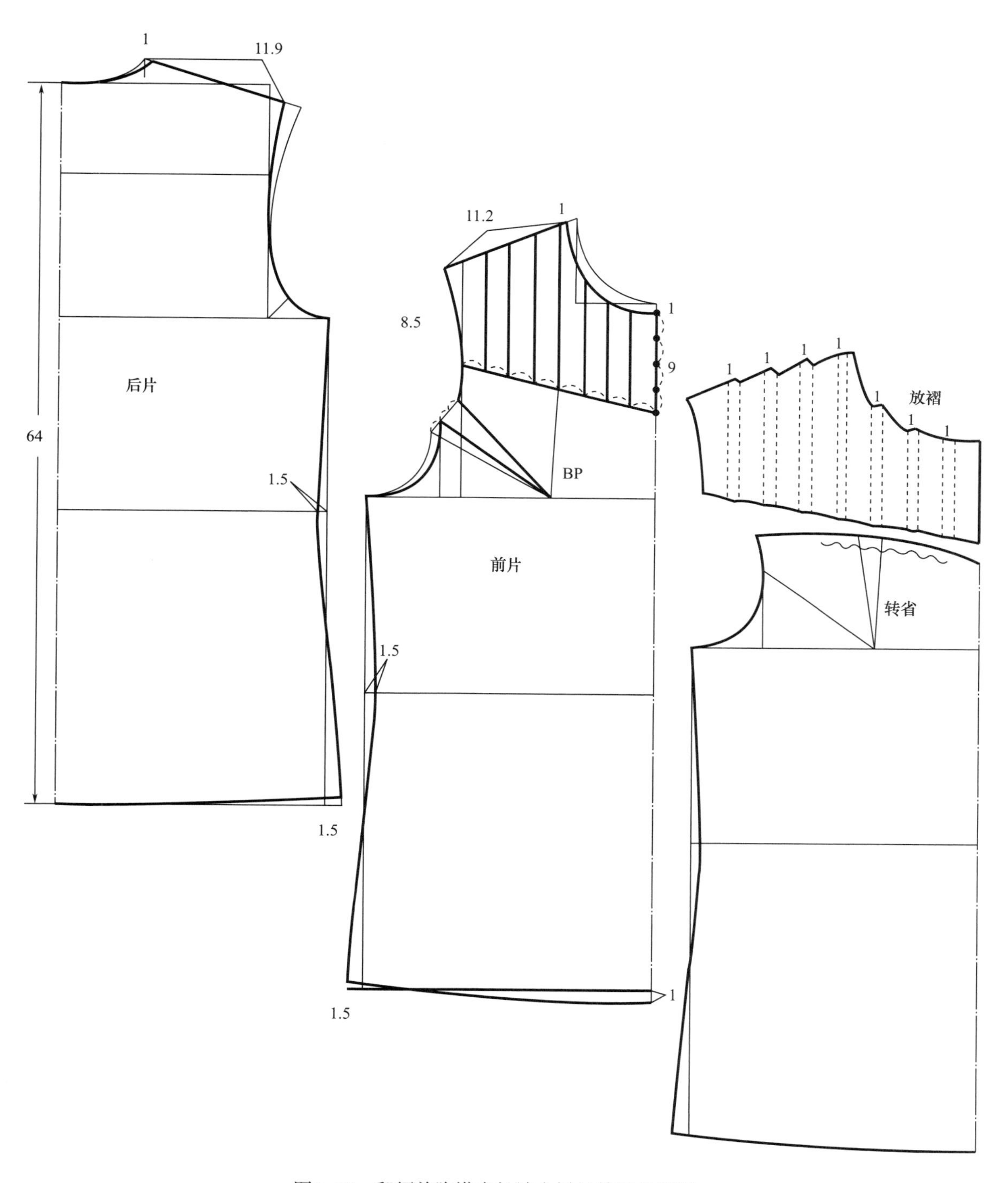

图2-25 翻领前胸塔克长袖女衬衫前后片制图

2. **袖片及领片结构制图**[图2–26(1)、图2–26(2)]

(1)画袖子，袖长 54cm–3cm(3cm 为袖头)，袖山高为$\frac{AH}{2}\times 0.6$，以前后 AH 的长确定前后袖肥，在前后 AH 的斜线上通过辅助线画前后袖山弧线。

(2)确定袖口肥 20cm+8cm(8cm 为褶量)，利用前后袖肥的$\frac{1}{2}$分割辅助线收袖口，取得正确的袖肥和袖口关系。

(3)袖头宽 3cm，长 20cm。

(4)画领子，底领宽 3cm、翻领宽 4cm、领尖长 7.5cm，依据外领口松量需要剪开前后领窝弧线长分割线并打开 10° 角，再修正上下领口弧线。

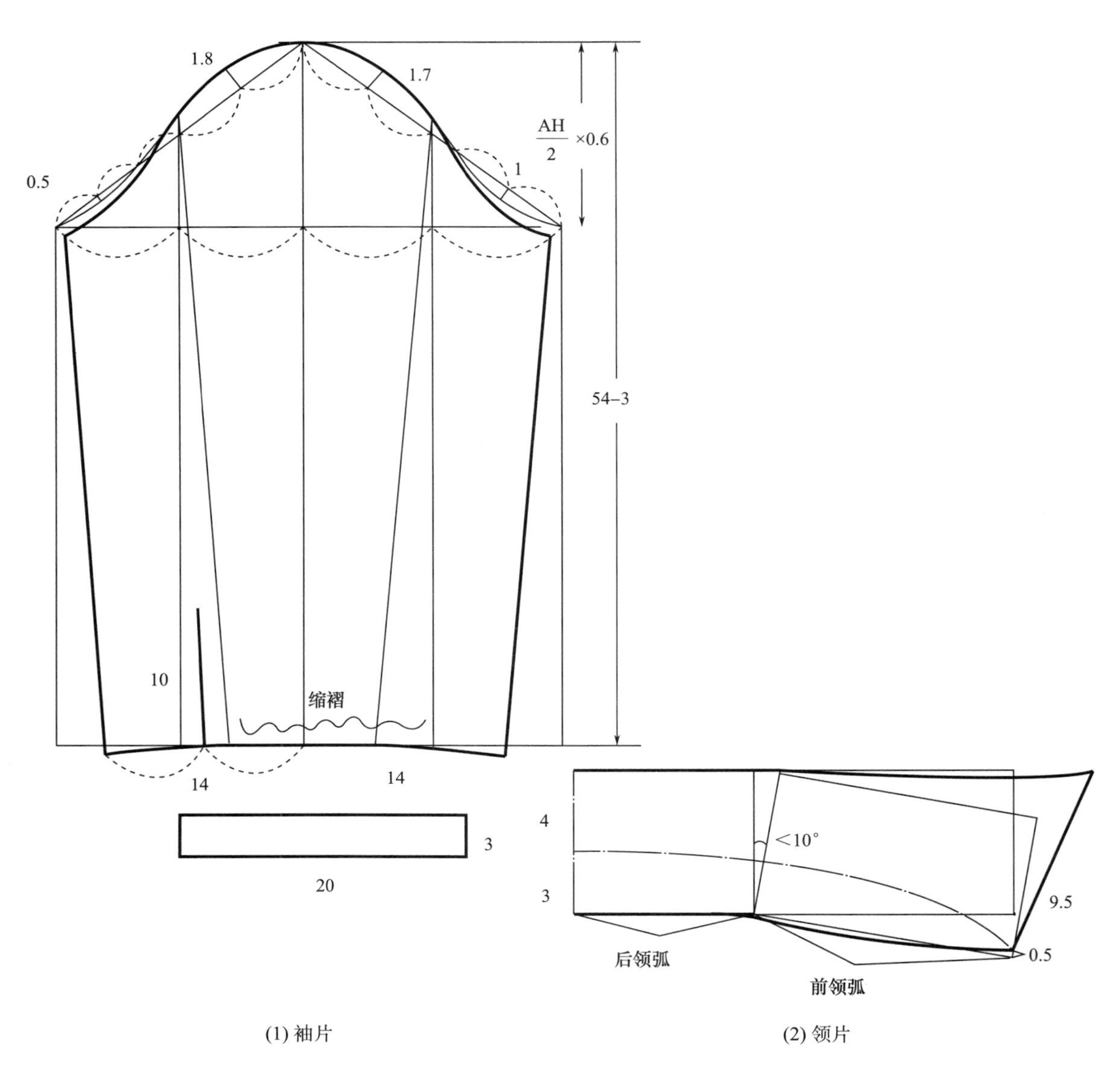

(1) 袖片　　(2) 领片

图2–26　翻领前胸塔克长袖女衬衫袖片及领片制图

四、青果领长泡泡袖女时装衬衫纸样设计

（一）款式说明

此款为适合春季穿着的较紧身式休闲式长泡泡袖女衬衫，青果领设计。其松量在净胸围的基础上加放 8cm，腰围加放 6cm，臀围加放 6cm，袖子采用两片泡泡袖结构。可采用质地较好的薄型棉、麻、化纤类面料制作。

青果领长泡泡袖女时装衬衫效果图如图 2–27 所示。

（二）成品规格

成品规格按国家号型 160/84A 制订，如表 2–9 所示。

图2–27　青果领长泡泡袖女时装衬衫效果图

表2–9　青果领长泡泡袖女时装衬衫成品规格表　单位：cm

部位	后衣长	胸围	腰围	臀围	腰节	总肩宽	袖长	袖口
尺寸	52	92	74	96	38	36.5	54	14

（三）制图步骤

采用原型裁剪法。首先按照号型 160/84A 制作日本文化式女子新原型图，具体方法如前所述日本文化式女子新原型制图，然后依据原型修正制作纸样。

1. **前后片结构制图**（图2–28）

（1）将原型的前后片画好，腰线置于同一水平线。

（2）从原型后中心线画衣长线 52cm。

（3）原型胸围前后片各收 0.5cm，以保障符合胸围成品尺寸。

（4）取后冲肩 0.5 ~ 1cm，以确定泡泡袖结构较窄的后肩宽。

（5）前后领宽各展开 1cm。后小肩保留 0.7cm 的肩胛骨省，其余转移至后袖窿。前肩点上移 0.7cm，修正小肩宽。

（6）胸腰差：$\frac{\text{总省量}}{2}$为 10cm，前片占 40%、后片占 60% 省量。

（7）根据臀围尺寸适量放出侧缝摆量，保障造型所需松量。

（8）将前衣片胸凸省的$\frac{1}{3}$转至袖窿以保证袖窿的活动需要，剩余省量做袖窿刀背塑胸高。

（9）前腰省收2.5cm褶量。

（10）画领子，底领宽3cm、翻领宽4cm，依据外领口松量，颈侧延长线需要打开20°左右。

（11）一枚扣，青果领宽度6cm，依据造型画外领口弧线。

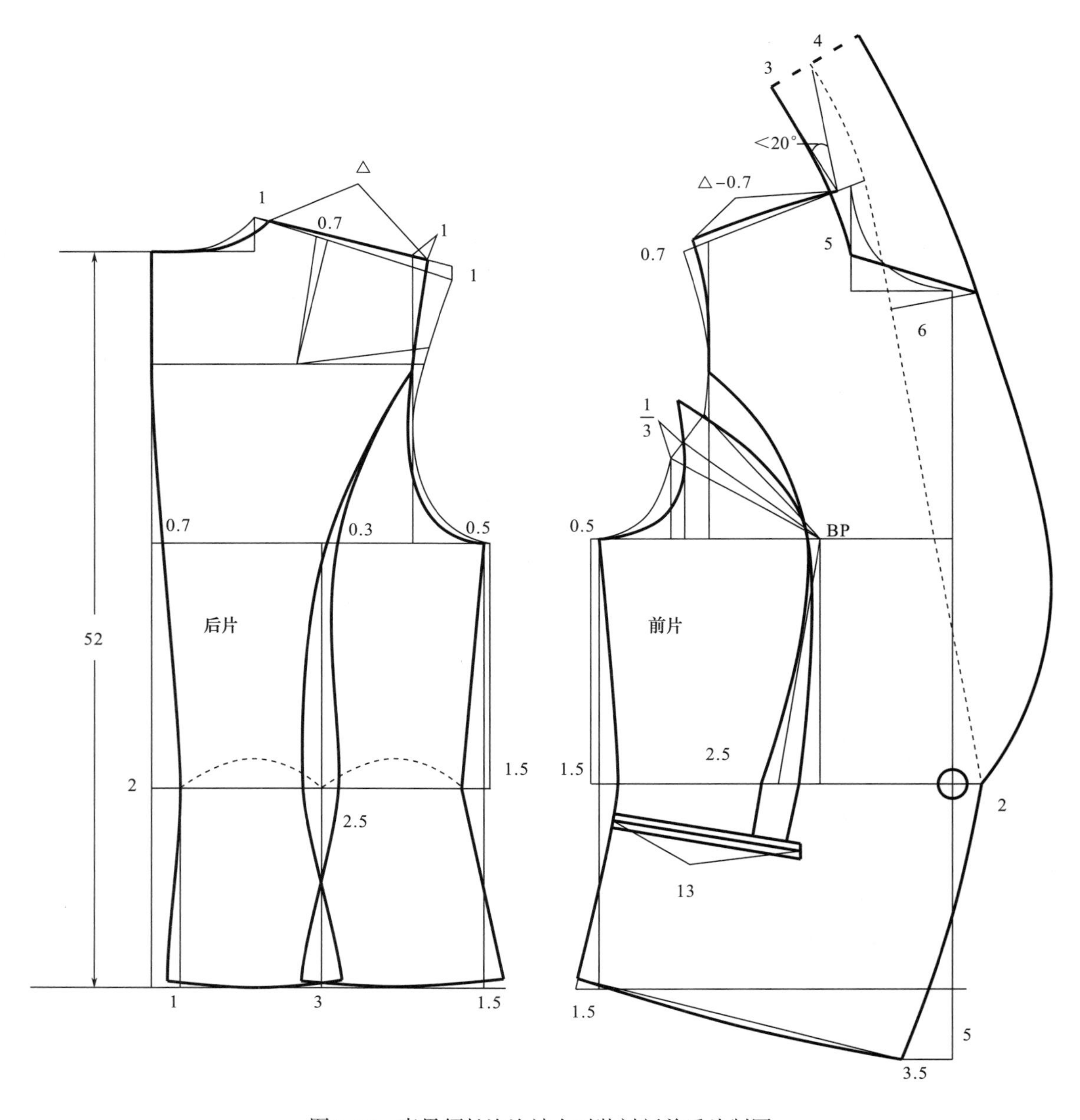

图2-28 青果领长泡泡袖女时装衬衫前后片制图

2. **袖片结构制图**（图2–29）

（1）画袖子，袖长54cm，袖山高为$\frac{AH}{2}\times0.7$，以前后AH的长确定前后袖肥，在前后AH的斜线上通过辅助线画前后袖山弧线。

（2）将一片袖结构修正成两片袖，剪开袖山头放出3.5cm的高度，以获得泡泡袖的缩褶量。

（3）确定袖口肥14cm。

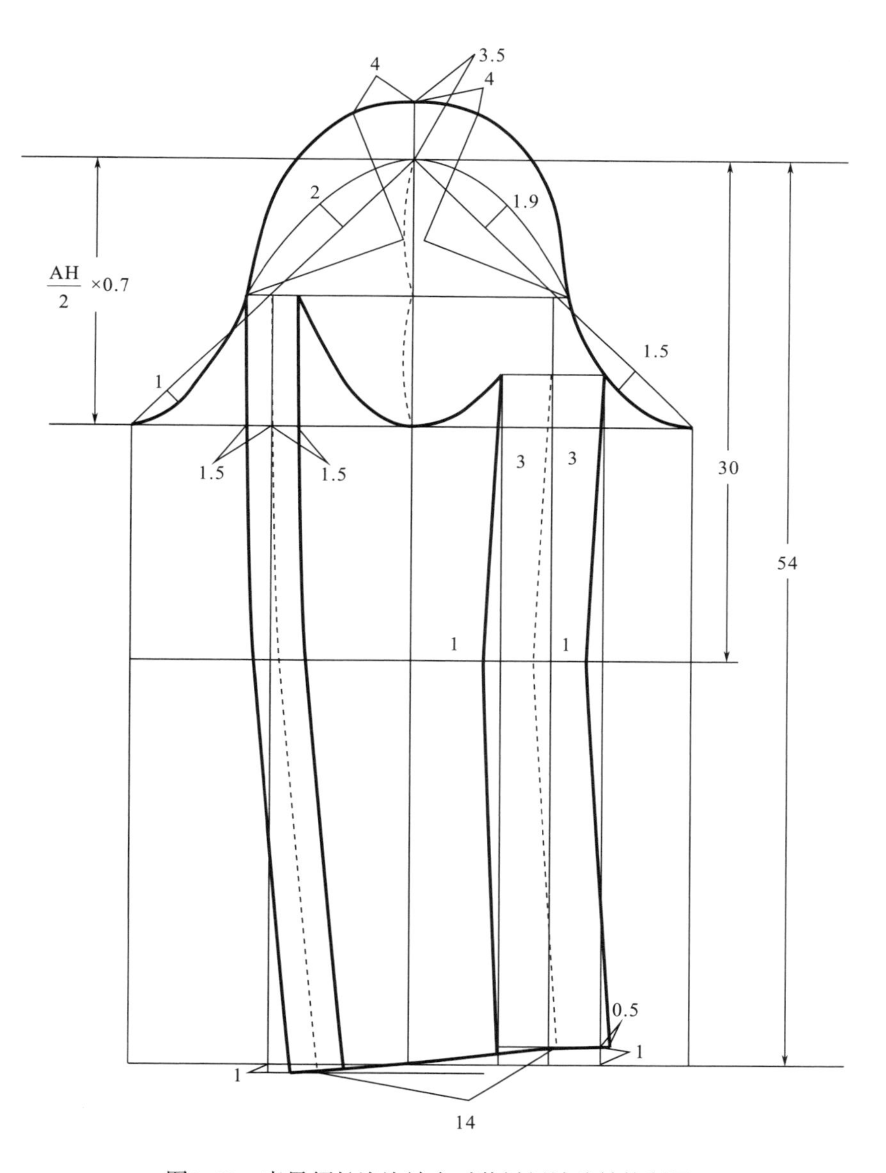

图2–29　青果领长泡泡袖女时装衬衫袖片结构制图

第三章　女装上衣制板方法实例

第一节　女西服上衣纸样设计

女西服上衣的造型来源于男西服，作为正装其穿着方法与要求与男装很接近，只是女性的体型与男子有较大不同。男装强调较硬挺的三个转折面，故三开身的结构具有典型性。而女西服强调女体圆润的体型特点，因此在借鉴三开身的结构时要将胸部的体积感塑造好，作为造型基础，胸围的成品加放量较男装要少得多，合体度要高，因此根据不同季节、场合、功能的要求，可以采用四开身或多片分割与三开身相结合的多种形式的结构，同时要制订好相应的各个部位的舒适量。女西服上衣的结构造型具有一定的规范性，是各类女时装上衣的结构基础。

一、四开身刀背式女西服上衣纸样设计

（一）款式说明

此款为四开身刀背平驳领式较正规女西服，可以理想化地塑造出现代女性特征。其松量在净胸围的基础上加放 8 ~ 10cm，腰围加放 6cm，臀围加放 6cm，袖子采用高袖山两片袖结构。可采用质地较好的薄型精纺毛或棉麻、化纤类面料制作。

四开身刀背式女西服上衣效果图如图 3-1 所示。

（二）成品规格

成品规格按国家号型 160/84A 制订，如表 3-1 所示。

图3-1　四开身刀背式女西服上衣效果图

表3-1　四开身刀背式女西服上衣成品规格表　　单位：cm

部位	后衣长	胸围	腰围	臀围	腰节	总肩宽	袖长	袖口
尺寸	64	94	74	96	38	37	54	13

（三）制图步骤

采用原型裁剪法。首先按照号型 160/84A 制作日本文化式女子新原型图，具体方法如前所述日本文化式女子新原型制图，然后依据原型修正制作纸样。

1. ***后片结构制图***（图3-2左）

（1）将原型的前后片画好，腰线置于同一水平线。

（2）从原型后中心线画衣长线 64cm。

（3）原型胸围前后片为$\frac{B}{2}$+6cm，以保障符合胸围成品尺寸。

（4）前后胸宽不动，以保障符合成品尺寸。

（5）依据原型基础领宽，前后领宽各展宽 1cm。

（6）将后肩省的$\frac{2}{3}$转至后袖窿处，$\frac{1}{3}$作为工艺缩缝，原型后肩点上移 1cm。

（7）根据四开身结构在后片设刀背式分割线，在胸围线上分别收 0.7cm 省量和 0.3cm 省量，保证成品胸围松量。

（8）制图中衣片胸腰差：$\frac{总省量}{2}$为 11cm，后片腰部分别收 2cm、3.1cm、1.5cm，省量占 60% ~ 65%。

（9）下摆根据臀围尺寸适量放出侧缝 1.5cm、刀背分割线 1.5cm 及后中线 1cm 摆量，以保证臀围松量。

2. ***前片结构制图***（图3-2右）

（1）将前衣片胸凸省的$\frac{1}{3}$转至袖窿以保证袖窿的活动需要，剩余省量放入刀背线塑胸型。

（2）前刀背参照 BP 点向后移动 1.5cm，以此设刀片分割线位置。

（3）腰部依次收 1.5cm、2.9cm，占胸腰总省量 40% ~ 35%。胸围线下挖 0.5cm，以保证袖窿的合理比例与松量要求。

（4）下摆及刀背分割线适量放摆，以保证臀围舒适量。

（5）前小肩长为后小肩长 –0.7cm，肩点上移 0.5cm。设垫肩厚度 1cm。

（6）上驳领线位置为$\frac{2}{3}$底领宽即 2cm，驳领宽 8cm，弧线要保证驳口线曲度造型。

（7）西服领，后领线倒伏量为 3cm 或取 20° 角，底领宽 3cm，翻领宽 4cm，驳领尖长 4cm。

（8）单排两枚扣，搭门宽 2cm，扣间距 8.5cm。

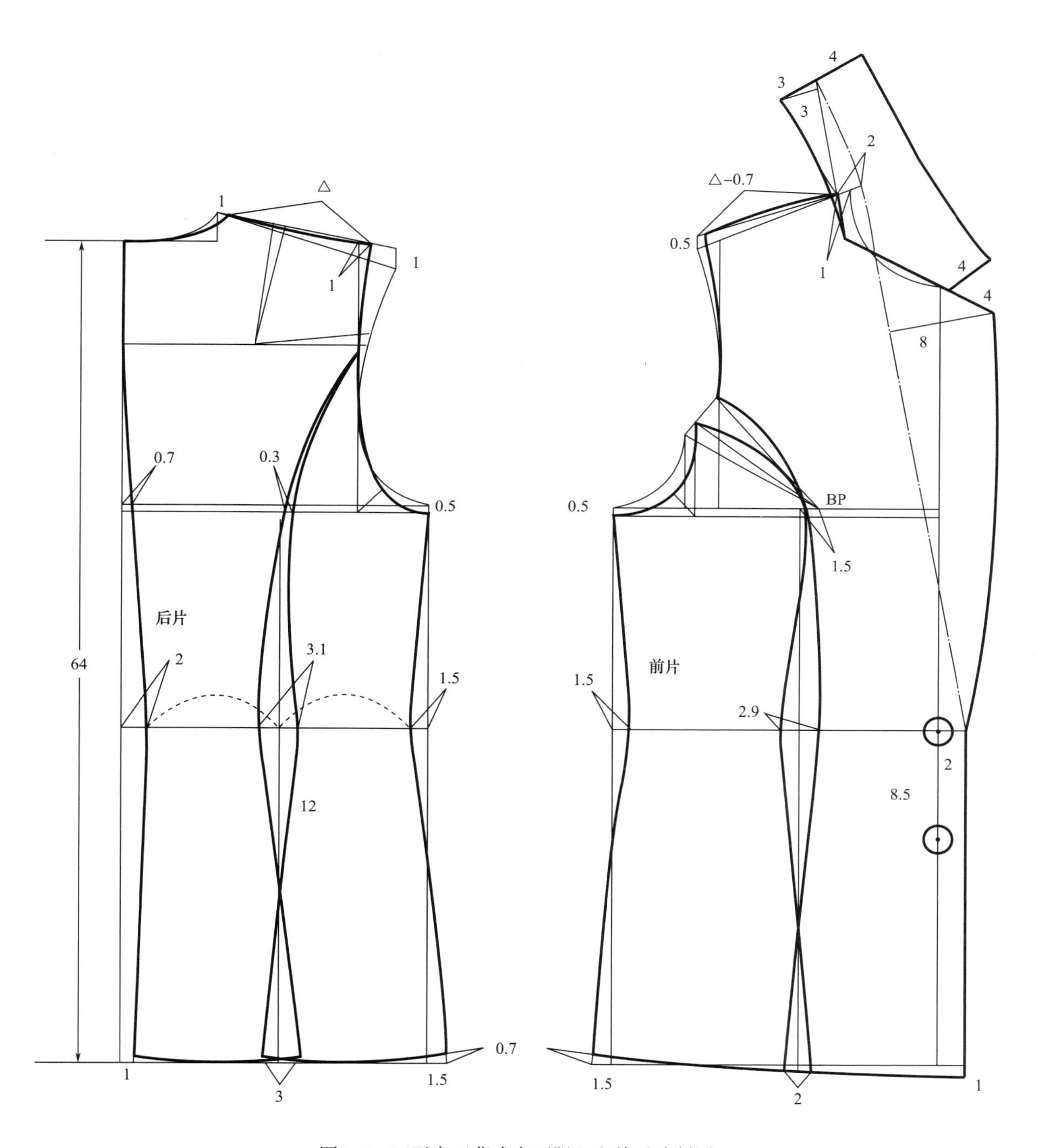

图3-2 四开身刀背式女西服上衣前后片制图

3. **袖片结构制图**（图3–3）

（1）袖长54cm。

（2）袖山高采用$\frac{AH}{2}\times 0.7$或$\frac{5}{6}\times$前后袖窿的平均深度。

（3）从袖山高点采用前AH画斜线长取得前袖肥、后AH画斜线长取得后袖肥。通过辅助点画前后袖山弧线。

（4）袖肘线从上平线向下取$\frac{1}{2}$袖长+3cm。

（5）前袖缝互借平行3cm，后袖缝上部平行互借2cm，下部逐步自然收至袖口，重叠8cm。

（6）袖口宽13cm。

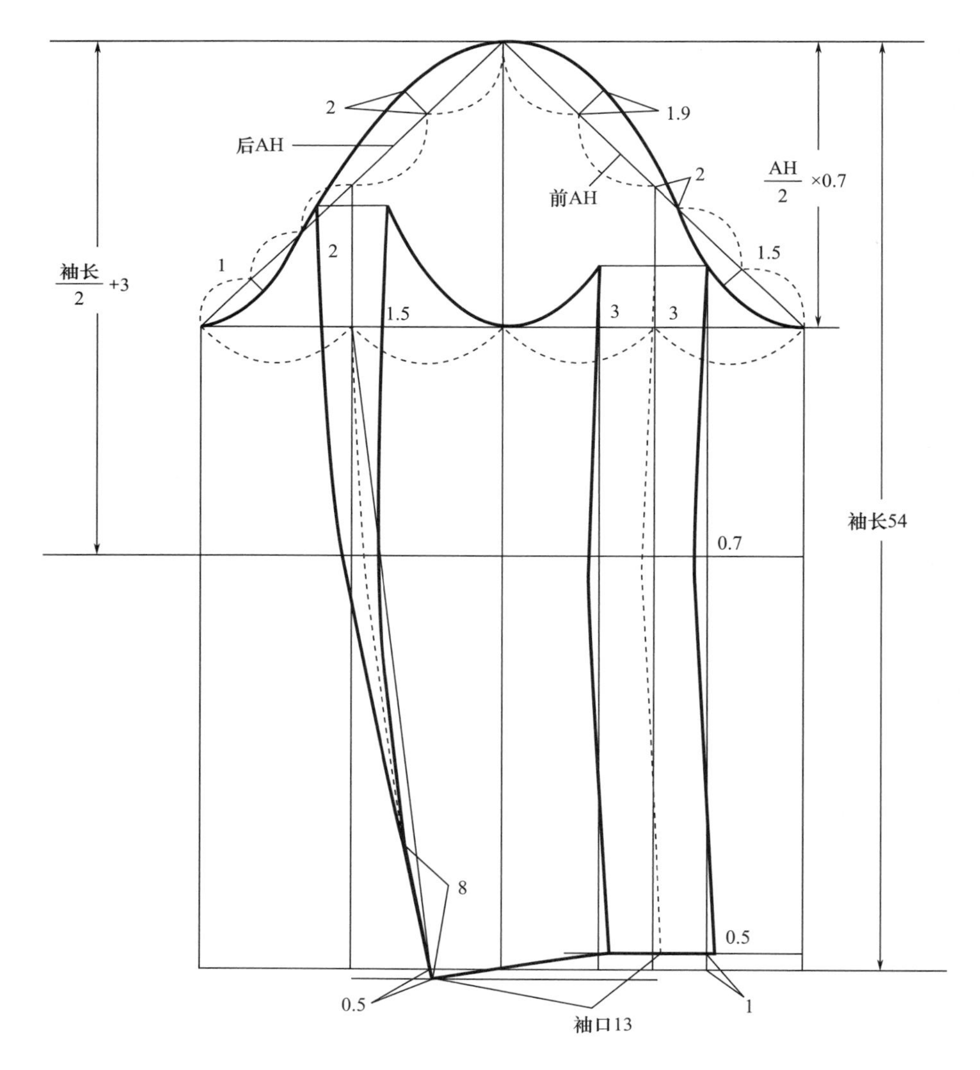

图3–3 四开身刀背式女西服袖片制图

二、双排扣戗驳领女西服上衣纸样设计

（一）款式说明

此款为参照男装结构设计的双排扣戗驳领式三开身女西服上衣，可以理想化地塑造出现代女性特征。其松量在净胸围的基础上加放 9cm，腰围加放 6cm，臀围加放 6cm，袖子采用高袖山两片袖结构。可采用质地较好的精纺毛或化纤类面料制作。

双排四枚扣戗驳领女西服上衣效果图如图 3–4 所示。

（二）成品规格

成品规格按国家号型 160/84A 制订，如表 3–2 所示。

表3–2　双排四枚扣戗驳领女时装成品规格表　单位：cm

部位	后衣长	胸围	腰围	臀围	腰节	总肩宽	袖长	袖口
尺寸	62	93	74	96	38	38	54	13

图3–4　双排四枚扣戗驳领女西服上衣效果图

（三）制图步骤

采用原型裁剪法。首先按照号型160/84A制作日本文化式女子新原型图，具体方法如前所述日本文化式女子新原型制图，然后依据原型修正制作纸样。

1. **前后片结构制图**（图3–5）

（1）将原型的前后片画好，腰线置于同一水平线。

（2）从原型后中心线画衣长线62cm。

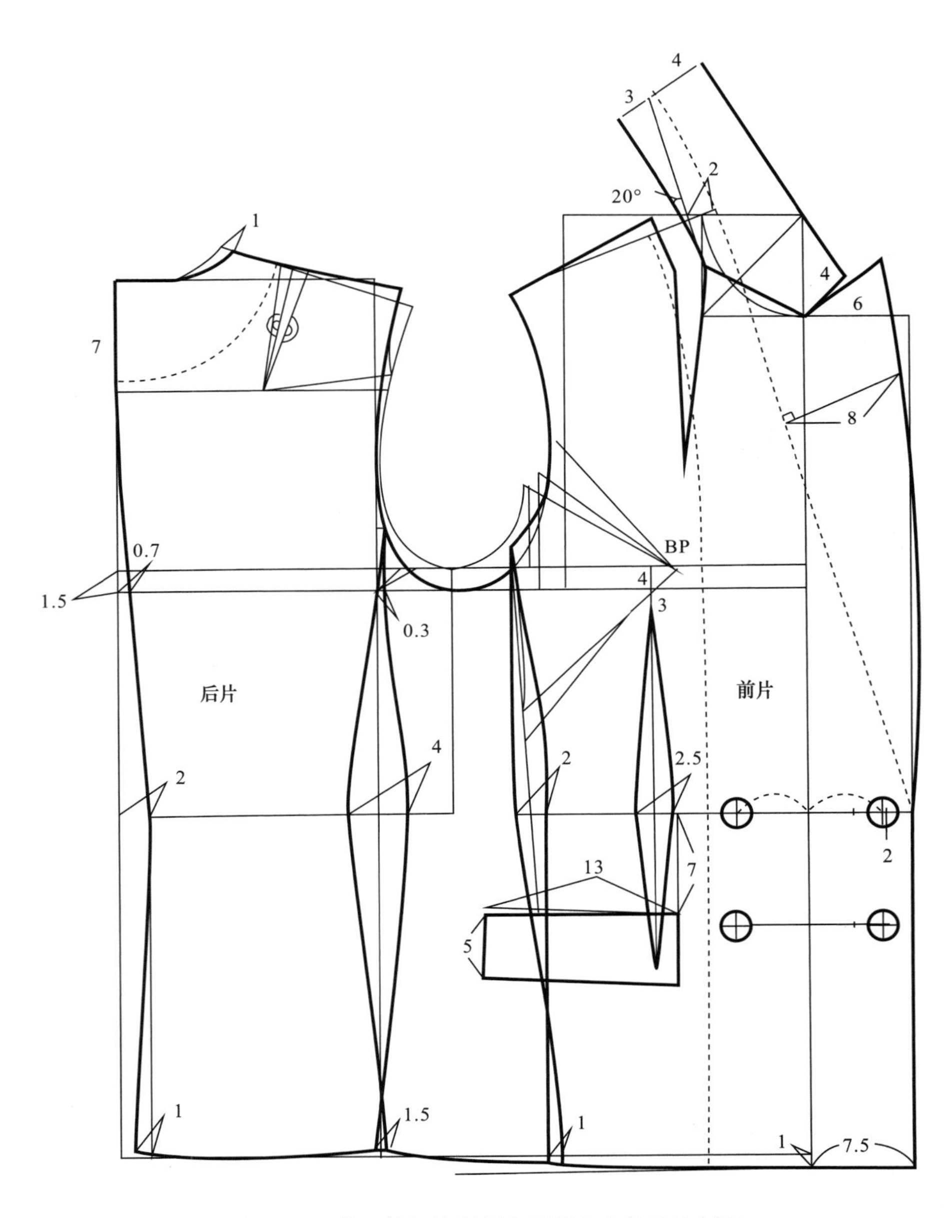

图3–5 双排四枚扣戗驳领女西服上衣前后片制图

（3）原型胸围前后片取$\frac{B}{2}+6\text{cm}$，以保障符合胸围成品尺寸。

（4）前后胸宽不动，以保障符合成品尺寸。

（5）依据原型基础领宽，前后领宽各展宽1cm。

（6）将后肩省的$\frac{2}{3}$转至后袖窿处，$\frac{1}{3}$作为工艺缩缝，垫肩厚度1cm。

（7）根据三开身结构，在后背宽垂线的后中腰省位置设分割线。

（8）后片根据款式分割线在胸围线上分别收0.7cm省量和0.3cm省量，保证成品胸围松量。

（9）制图中衣片胸腰差：$\frac{\text{总省量}}{2}$为10.5cm，后片腰部分别收2cm、4cm省量，腋下片腰部收2cm省量，前中腰收2.5cm省量。

（10）下摆根据臀围尺寸适量放出侧缝1.5cm摆量和后中1cm摆量，以保证臀围松量。

（11）将前衣片胸凸省的1cm转至袖窿以保证袖窿的活动需要，剩余省量的$\frac{1}{2}$转至前领口，另外$\frac{1}{2}$转至腋下片分割线的位置作为塑胸的两个省。

（12）胸围线下挖1.5cm，以保证袖窿的合理比例与松量要求。

（13）下摆适量放摆，以保证侧缝线等长。

（14）戗驳领宽8cm，与衣片分割成弧线以保证驳口线曲度造型。

（15）西服领型，底领宽3cm，翻领宽4cm，戗驳领尖长7cm。

（16）双排四枚扣，搭门宽7.5cm。

（17）衣袋位置在腰节线下7cm左右，袋长13cm，袋盖起点为前胸宽的$\frac{1}{2}$。

2. **袖片结构制图**（图3-6）

（1）袖长54cm。

（2）袖山高采用$\frac{\text{AH}}{2}\times 0.7$或$\frac{5}{6}\times$前后袖窿的平均深度。

（3）袖山高点采用前AH画斜线长取得前袖肥、后AH画斜线长取得后袖肥。通过辅助点画前后袖山弧线。

（4）袖肘线从上平线向下取$\frac{1}{2}$袖长+3cm。

（5）前袖缝互借平行3cm，后袖缝平行互借1.5cm。

（6）袖口宽13cm。

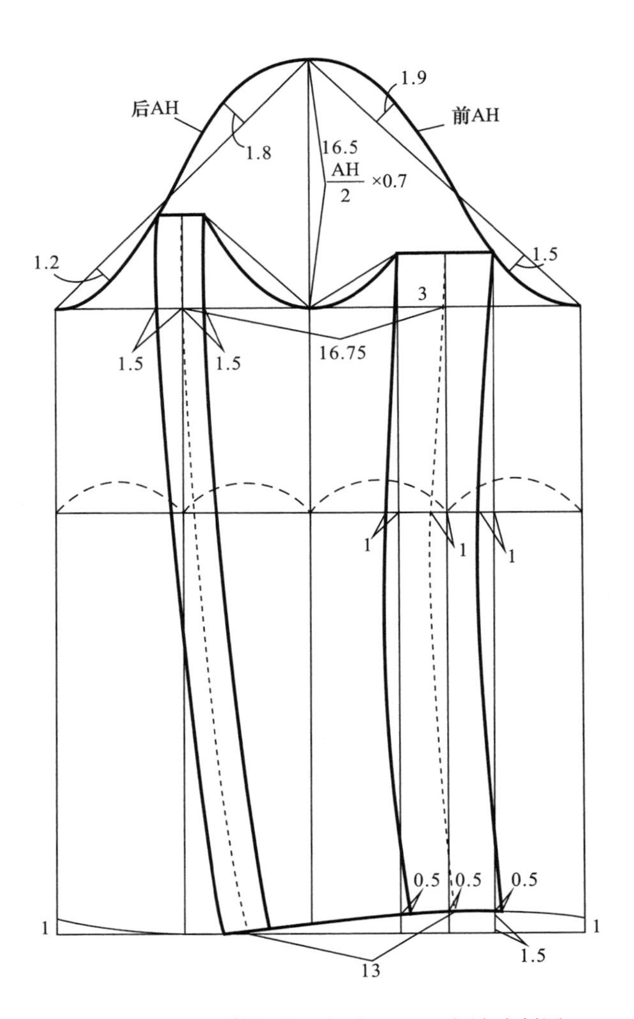

图3-6　双排四枚扣戗驳领女西服上衣袖片制图

第二节　女时装上衣的结构特点与纸样设计

现代女时装变化复杂，传统平面比例裁剪的方法很难满足制板需要，借助女子原型和二次成型结构设计的方法，以原型为工具掌握女时装的制板规律，则能较好、较快地解决各类女装制图中的难题。

详细了解女时装的造型特点及其设计的变化规律，掌握女性人体的体型特点，了解现代女装的纸样构成理论和原型制板方法，通过审视效果图并结合标准女性人体特点才能准确制订出各服装控制部位的加放尺寸，从而确立出成品规格并制订出合理的制图方法。

一、无领腰身断开的女时装上衣纸样设计

（一）款式说明

此款为只有驳领而无领子的女时装上衣，腰节部断开，腰下摆放开是其设计特点，其松量在净胸围的基础上加放 8 ~ 10cm，腰围加放 4 ~ 6cm，臀围加放 6 ~ 8cm，袖子采用高袖山两片袖结构。可采用质地较好的薄型精纺毛或棉麻、化纤类面料制作。

无领腰身断开的女时装上衣效果图如图 3-7 所示。

图3-7　无领腰身断开的女时装上衣效果图

（二）成品规格

成品规格按国家号型 160/84A 制订，如表 3-3 所示。

表3-3　无领腰身断开的女时装上衣成品规格表

单位：cm

部位	后衣长	胸围	腰围	臀围	腰节	总肩宽	袖长	袖口
尺寸	58	93	74	96	38	38	54	13

（三）制图步骤

采用原型裁剪法。首先按照号型 160/84A 制作日本文化式女子新原型图，具体方法如前所述日本文化式女子新原型制图，然后依据原型修正制作纸样。

1. **前后片结构制图**（图3-8）

（1）将原型的前后片画好，胸围线、腰线置于同一水平线。

（2）从原型后中心线画衣长线 58cm。

（3）原型胸围前后片取$\frac{B}{2}$+6cm，以保障符合胸围成品尺寸。

（4）前后胸宽不动，以保障符合成品尺寸。

（5）依据原型基础领宽，前后领宽各展宽 1.5cm。

（6）将后肩省的$\frac{2}{3}$转至后袖窿处，$\frac{1}{3}$作为工艺缩缝。

（7）制图中衣片胸腰差：$\frac{总省量}{2}$为11cm，后片腰部分别收60%省量，前片收40%省量。

（8）根据四开身结构在后中线腰部收2cm省量，后下摆根据臀围尺寸适量放出，侧缝1.5cm，中腰省3.1cm，画刀背线。

（9）后片根据款式分割线在胸围线上分别收0.7cm省量和0.3cm省量，保证成品胸围松量。

（10）前片腰部2个省分别收1.45cm，侧缝收1.5cm。

（11）将前衣片胸凸省的$\frac{1}{3}$转至袖窿，以保证袖窿的活动需要，剩余省量合并至前中腰省。

（12）胸围线向下挖0.5cm，以保证袖窿合理比例与松量要求。

（13）驳领宽8cm，前止口呈弧线以保证驳口线曲度造型。

（14）腰线分割开，分别合并前后片中腰省，打开下摆。

（15）单排一枚扣，搭门宽2cm。

2. **袖片结构制图**（图3-9）

（1）袖长54cm。

（2）袖山高采用$\frac{AH}{2}\times 0.7$或$\frac{5}{6}\times$前后袖窿的平均深度。

（3）从袖山高点采用前AH画斜线长取得前袖肥、后AH画斜线长取得后袖肥。通过辅助点画前后袖山弧线。

（4）袖肘线从上平线向下取$\frac{1}{2}$袖长+3cm。

（5）前袖缝互借平行3cm，后袖缝平行互借1.5cm。

（6）袖口宽13cm。

（7）大袖袖山加宽4cm，使之符合宽肩袖结构。

（8）打开大袖弧线，使其长度符合圆袖窿吃缝量，宽肩缝长15cm左右。

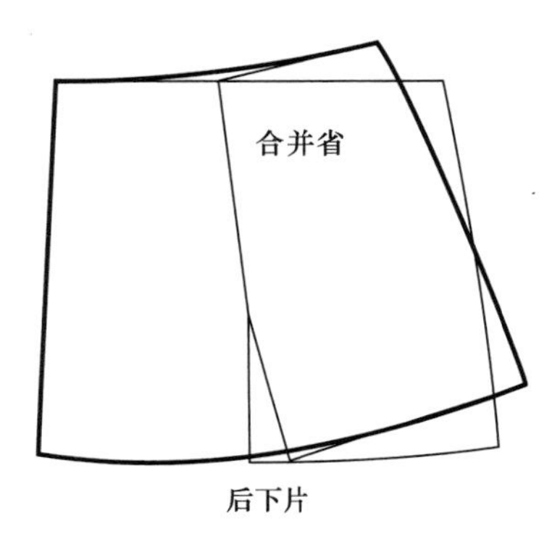

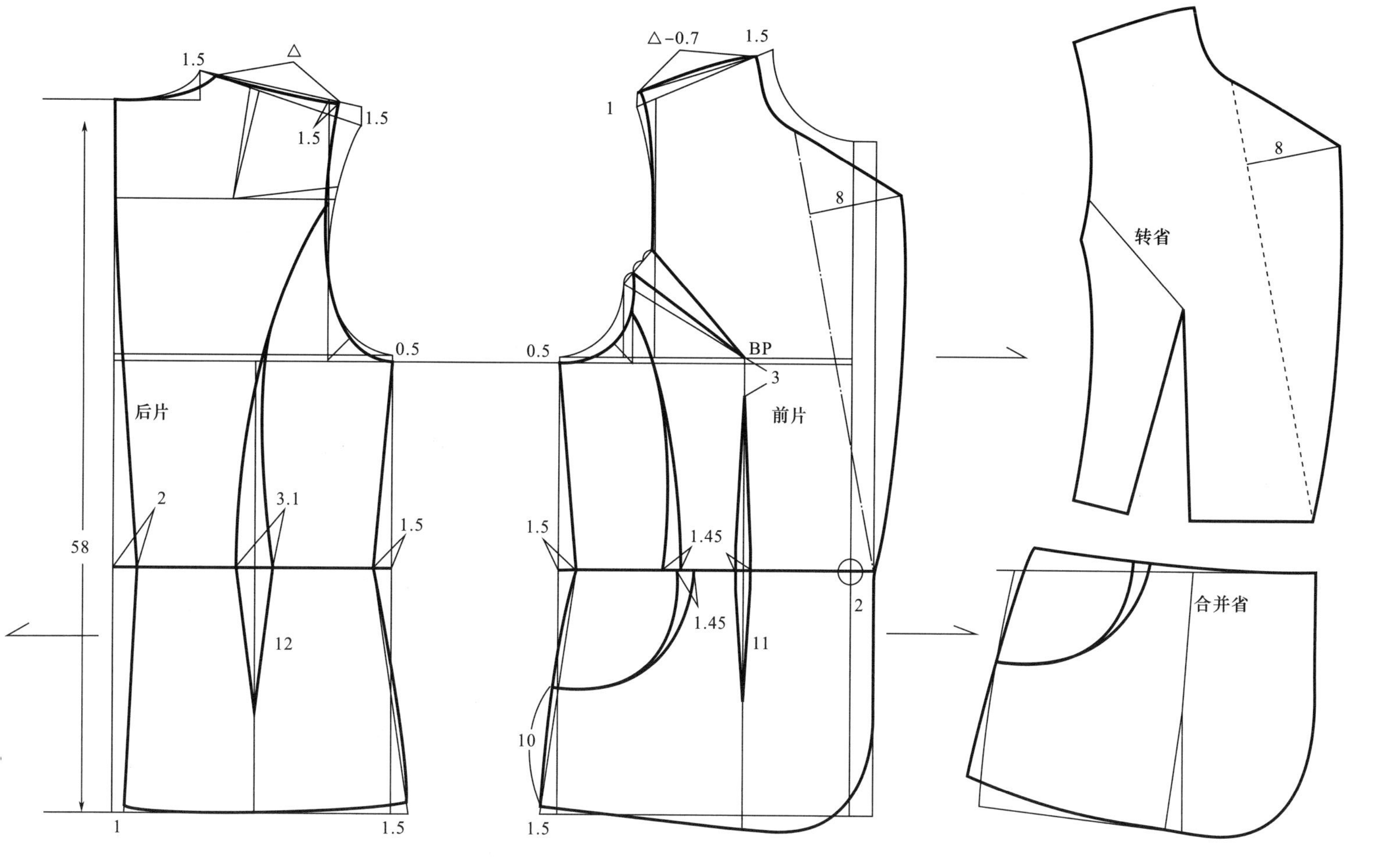

图3-8　无领腰身断开的女时装上衣前后片制图

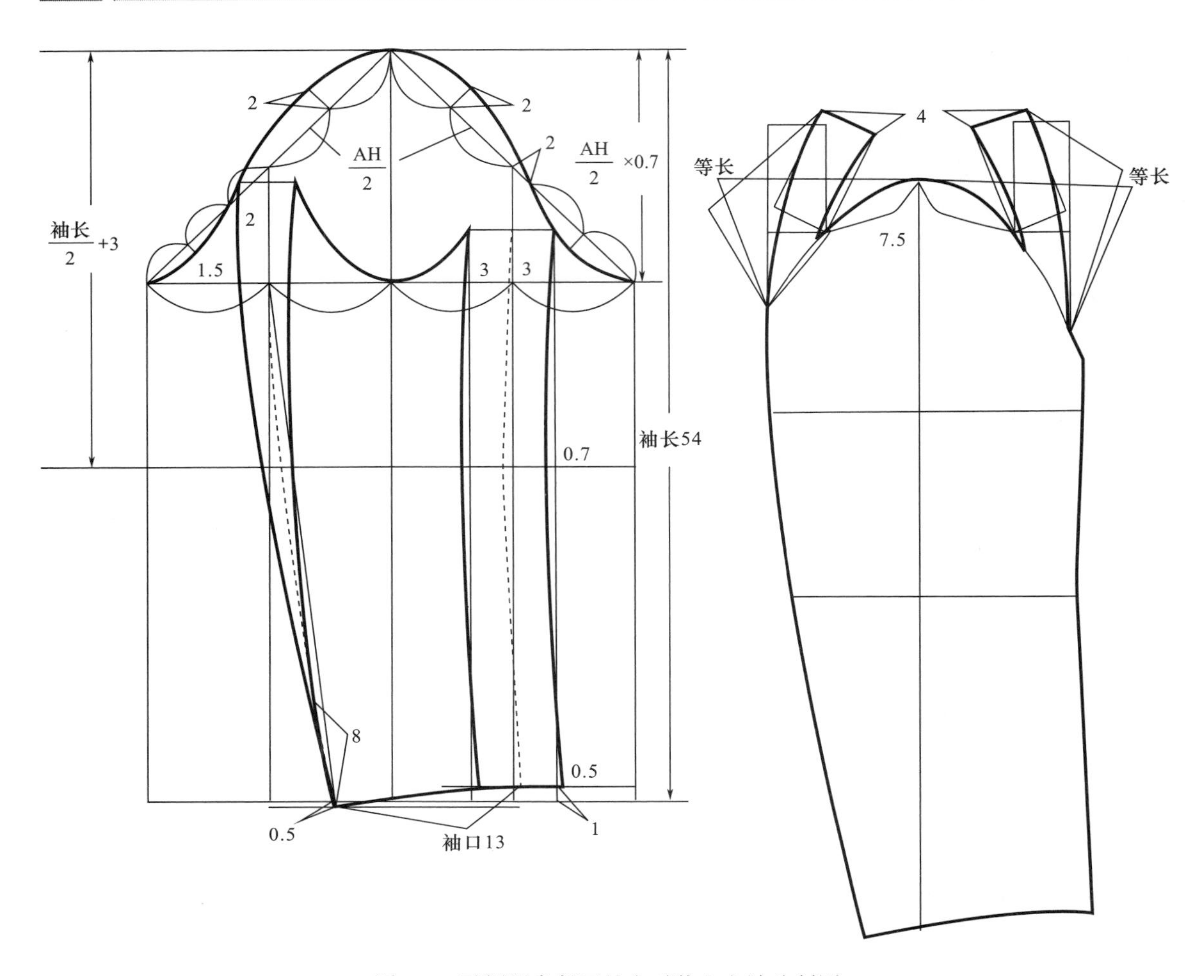

图3-9 无领腰身断开的女时装上衣袖片制图

二、戗驳领宽肩袖圆摆女时装上衣纸样设计

（一）款式说明

此款由正装衍生设计而来，为时下流行的戗驳领圆摆及夸张造型的宽肩袖女时装，可以理想化地塑造出现代女性特征。其松量在净胸围的基础上加放 8cm，腰围加放 6cm，臀围加放 6cm，袖子采用高袖山袖结构修饰出宽肩的造型。可采用质地较好的薄型精纺毛或棉麻、化纤类面料制作。

戗驳领宽肩袖圆摆女时装上衣效果图如图 3-10 所示。

（二）成品规格

成品规格按国家号型 160/84A 制订，如表 3-4 所示。

表3-4　戗驳领宽肩袖圆摆女时装上衣成品规格表 单位：cm

部位	衣长	胸围	腰围	臀围	腰节	总肩宽	袖长	袖口
尺寸	62	92	74	96	38	37	54	13

（三）制图步骤

采用原型裁剪法。首先按照号型 160/84A 制作日本文化式女子新原型图，然后依据原型修正制作纸样。具体方法如前所述日本文化式女子新原型制图。

1. **前后片结构制图**（图3-11）

（1）将原型的前后片侧缝线分开画好，腰线置于同一水平线。

（2）从原型后中心线画衣长线 62cm。

（3）原型胸围前后片各减掉 0.5cm，以保障符合胸围成品尺寸。

（4）前后胸宽各减掉 0.25cm，以保障符合成品尺寸。

（5）前后领宽各展宽 1cm。

（6）将后肩省的$\frac{1}{3}$转至后袖窿处，$\frac{2}{3}$缩缝。垫肩厚度 1cm。

图3-10　戗驳领宽肩袖圆摆女时装上衣效果图

（7）根据后中腰省的位置画后刀背分割线。

（8）后片根据款式分割线在胸围线上分别收 0.5cm 省量。

（9）制图中衣片胸腰差：$\frac{总省量}{2}$为 10cm。后片腰部分别收 1.5cm、3cm 和 1.5cm 省量，其余省量由前片收。

（10）下摆根据臀围尺寸适量放出侧缝 1.5cm 和后中 1cm 摆量，以保证臀围松量。

（11）将前衣片胸凸省的 0.5cm 转至袖窿以保证袖窿的活动需要，剩余省量的$\frac{1}{2}$转至前领口，另外$\frac{1}{2}$转至前中腰省作为塑胸的两个省。

（12）前中腰款式刀背分割线省位收省 1.25cm，中腰省位收省 1.25cm，侧缝收省 1.5cm。

（13）下摆适量放摆，应与后片相等以保证侧缝线等长。

（14）戗驳领宽 8cm，与衣片分割成弧线以保证驳口线曲度造型。

（15）西服领底领宽 3cm，翻领宽 4cm，戗驳领尖长 6cm。

（16）衣袋前端点参照前宽的$\frac{1}{2}$，从腰节下 3cm 开袋，袋长 13cm 交于腰节线，袋盖高 6cm。

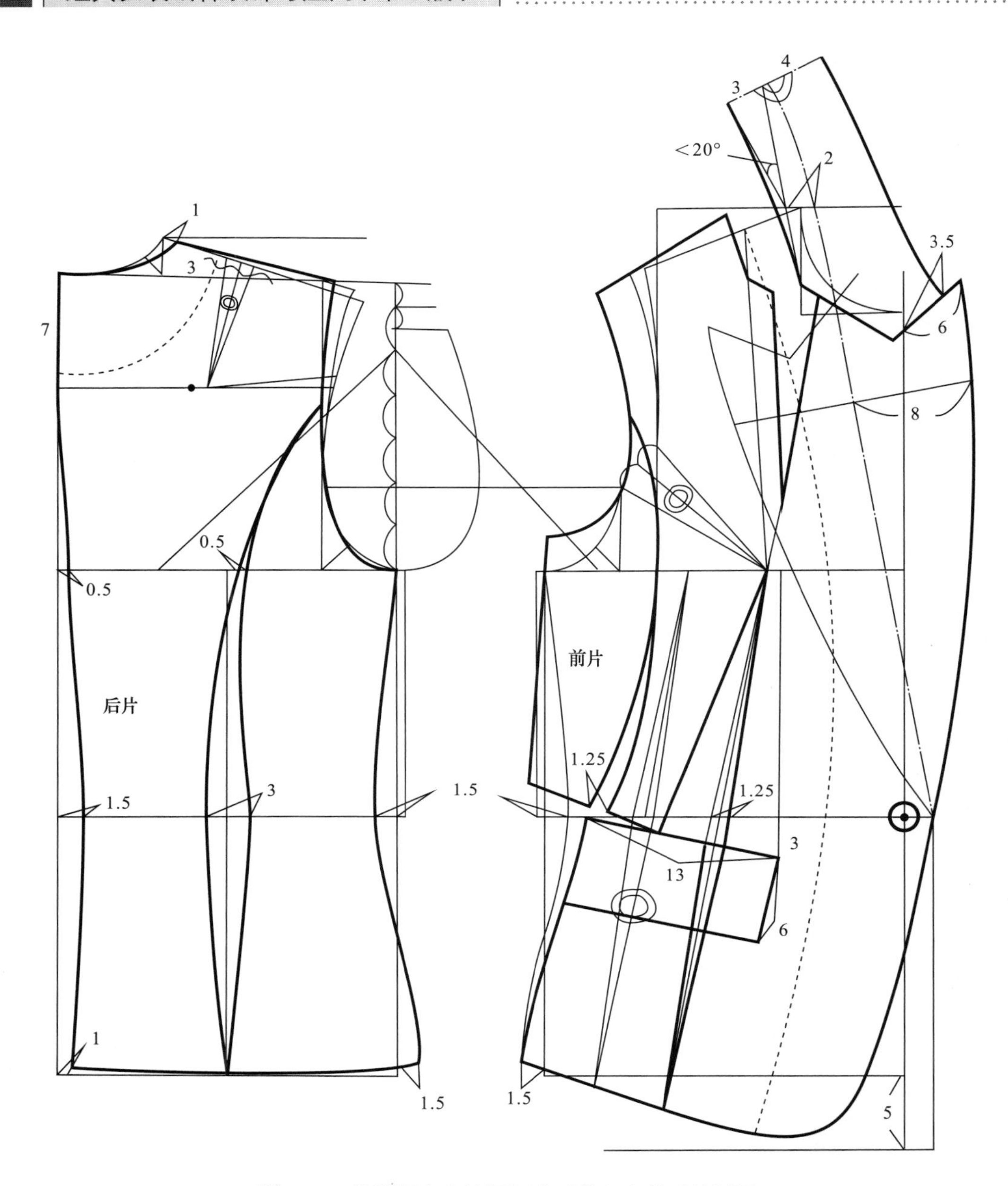

图3-11　戗驳领宽肩袖圆摆女时装上衣前后片制图

2. **袖片结构制图**［图3-12（1）］

（1）袖长54cm。

（2）袖山高采用$\frac{5}{6}\times$ 前后袖窿平均深。

（3）从袖山高点采用前AH画斜线长取得前袖肥、后AH+1cm画斜线长取得后袖肥。通过辅助点画前后袖山弧线。

（4）袖肘线从上平线向下取$\frac{袖长}{2}$+3cm。

（5）前袖缝互借平行 3cm，后袖缝平行互借 1.5cm。

（6）袖口 12cm。

（7）宽肩袖部分借助大袖山部分画出，依据袖窿周长与袖山吃缝量关系分出宽肩袖。

（8）将大小袖分别调整好［图 3-12（2）］。

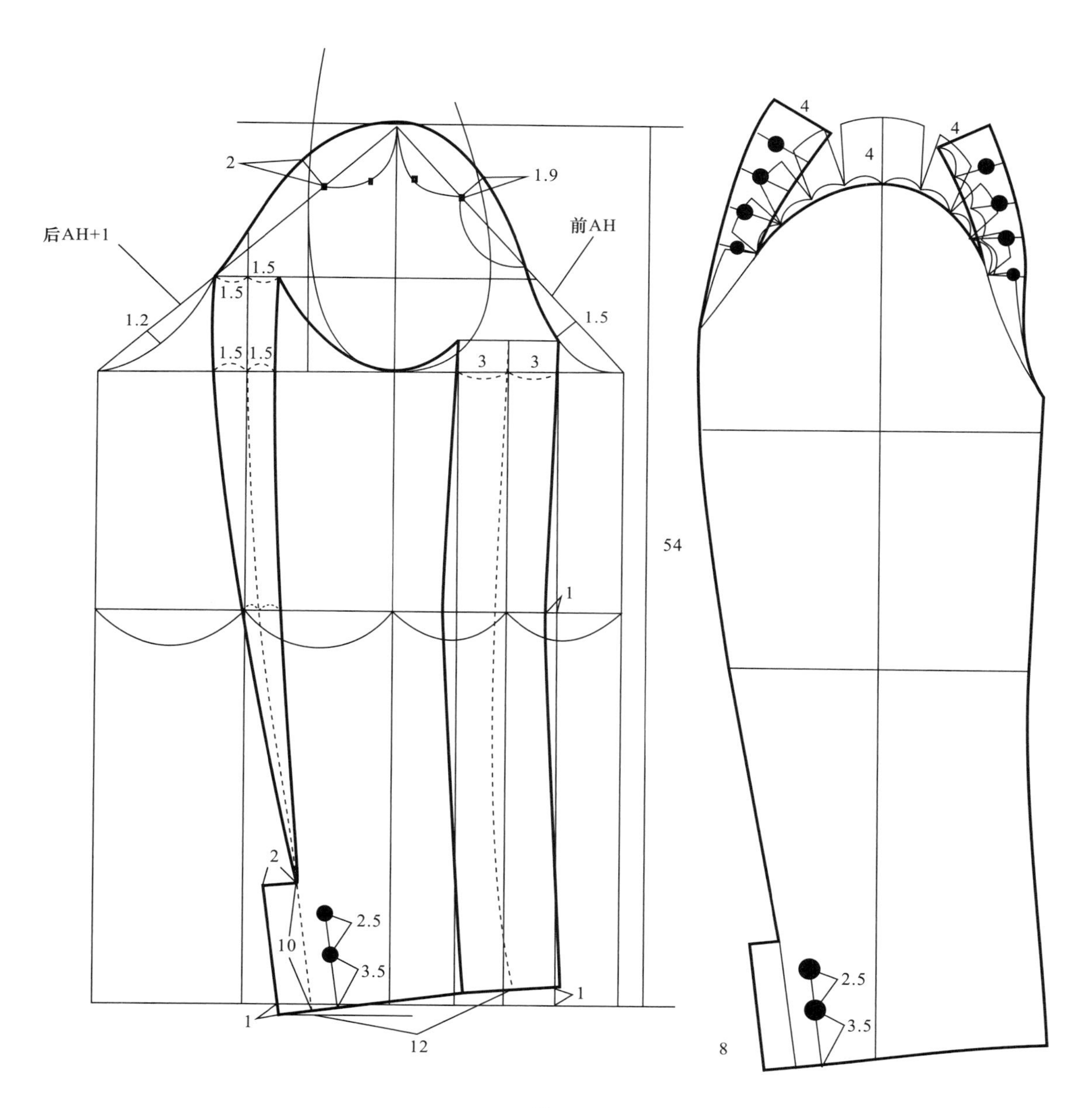

(1)

图3-12

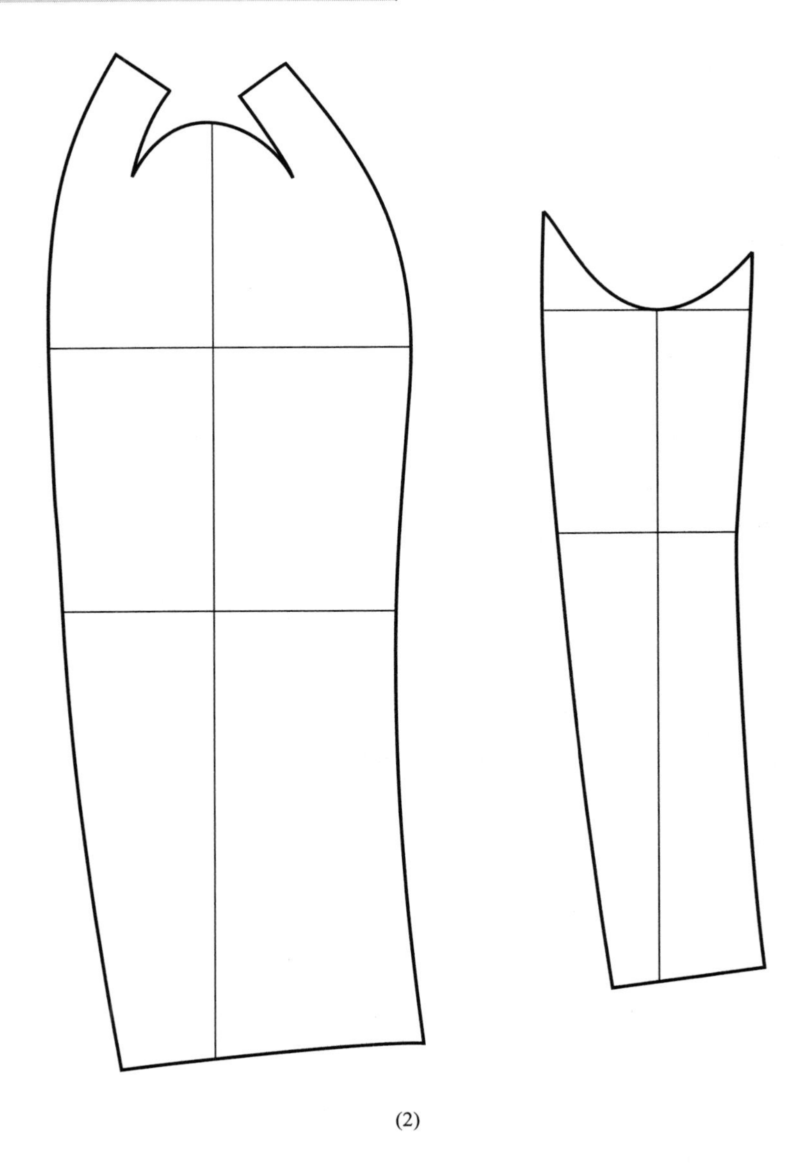

(2)

图3-12　戗驳领宽肩袖圆摆女时装上衣袖片制图

三、一枚扣圆驳褶领女时装上衣纸样设计

（一）款式说明

此款为一枚扣圆驳褶领女时装上衣。腰部所设的 12 条分割线可以理想化地塑造出女性的腰部曲线，其松量在净胸围的基础上加放 6 ~ 10cm，腰围加放 4 ~ 6cm，臀围加放 6 ~ 8cm，袖子采用高袖山叠褶结构修饰出宽肩的造型。可采用质地较好的精纺毛或棉麻、化纤类面料制作。

一枚扣圆驳褶领女时装上衣效果图如图 3-13 所示。

（二）成品规格

成品规格按国家号型160/84A制订，如表3-5所示。

表3-5　一枚扣圆驳褶领女时装上衣成品规格表　单位：cm

部位	衣长	胸围	腰围	臀围	腰节	总肩宽	袖长	袖口
尺寸	55	94	74	96	38	37	54	13

图3-13　一枚扣圆驳褶领女时装上衣效果图

（三）制图步骤

采用原型裁剪法。首先按照号型160/84A制作日本文化式女子新原型图，然后依据原型修正制作纸样。具体方法如前所述日本文化式女子新原型制图。

1. **前后片结构制图**（图3-14）

（1）将原型的前后片侧缝线分开画好，腰线置于同一水平线。

（2）从原型后中心线画衣长线55cm。

（3）前后领宽各展宽1cm。

（4）原型后肩点上移1.5cm，即后肩胛省保留0.7cm，其余省量转移至后袖窿处，垫肩厚1.5cm。

（5）后片根据款式分割线，在胸围线上分别收两个0.5cm省量。

（6）制图中前后衣片胸腰差：$\frac{总省量}{2}$为11cm，后片腰部省量占60%，共6.6cm，分别收1.5cm、2cm和2.1cm、1cm省量，其余省量由前片收。

（7）下摆根据臀围尺寸适量放出，侧缝1.5cm、后中1cm及刀背分割下摆处3cm摆量，以保证臀围松量。

（8）将前衣片胸凸省的$\frac{1}{3}$转至袖窿以保证袖窿的活动需要，剩余省量做刀背处理。

（9）前中腰款式刀背分割线省位收省1.6cm，中腰省位收省1.8cm，侧缝收省1cm。

（10）下摆适量放摆，圆摆，一枚扣。

（11）领子按青果领制图，驳领宽7.5cm，底领宽3cm，翻领宽4cm，戗驳领尖长6cm，倒伏量25°，在串口线上放出5cm褶量。

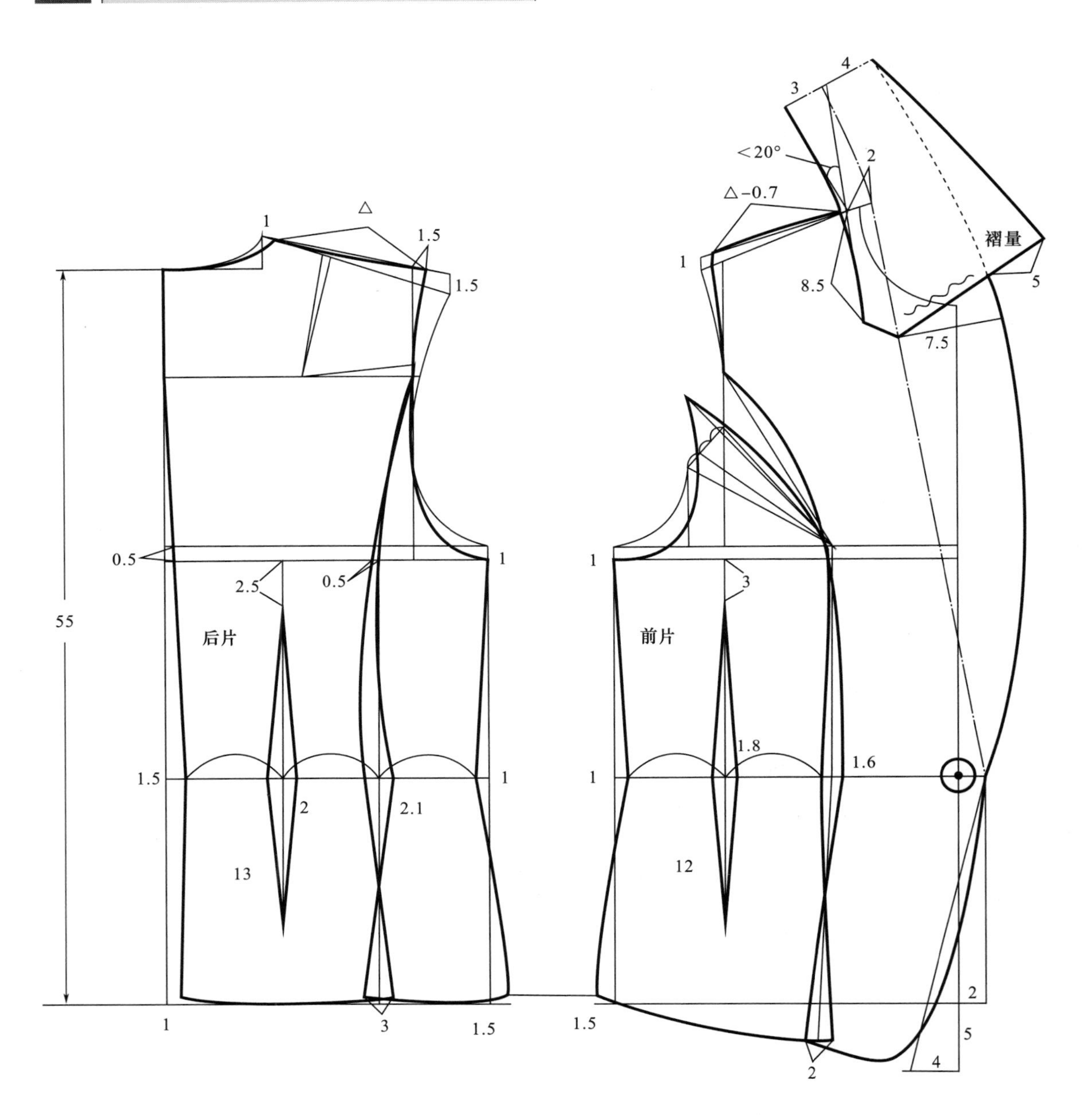

图3-14　一枚扣圆驳褶领女时装上衣前后片结构制图

2. **袖片结构制图**（图3-15）

（1）袖长54cm。

（2）袖山高采用$\frac{5}{6}\times$ 前后袖窿平均深。

（3）从袖山高点采用前 AH 画斜线长取得前袖，后 AH 画斜线长取得后袖肥。

（4）袖肘线从上平线向下取 $\frac{\text{袖长}}{2}$+3cm。

（5）前袖缝互借平行 3cm，后袖缝平行互借 1.5cm。

（6）袖口宽 13cm。

（7）剪开 $\frac{\text{袖山高}}{2}$，在袖山头展开 6cm，然后再展开袖山两侧叠褶量各 18cm，分 3 个叠褶，袖山头 6cm 褶量。

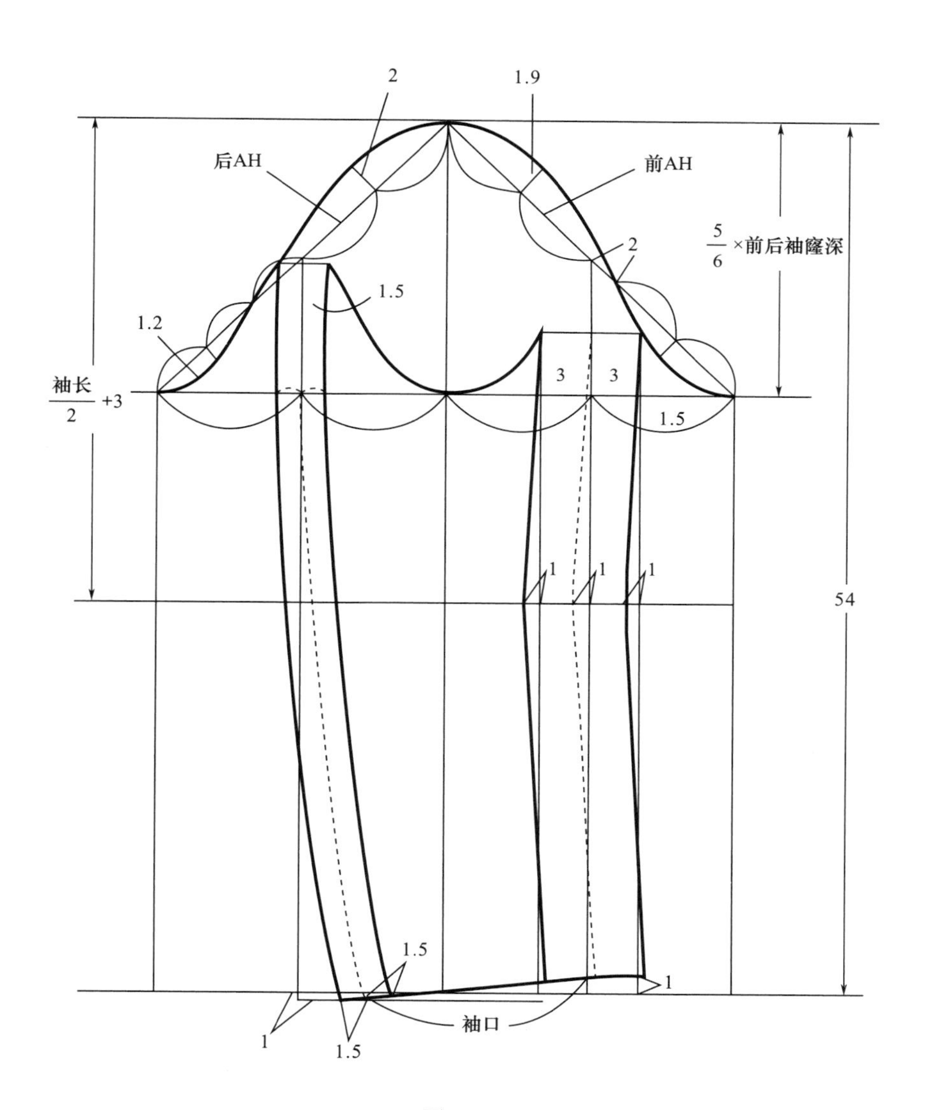

图3-15

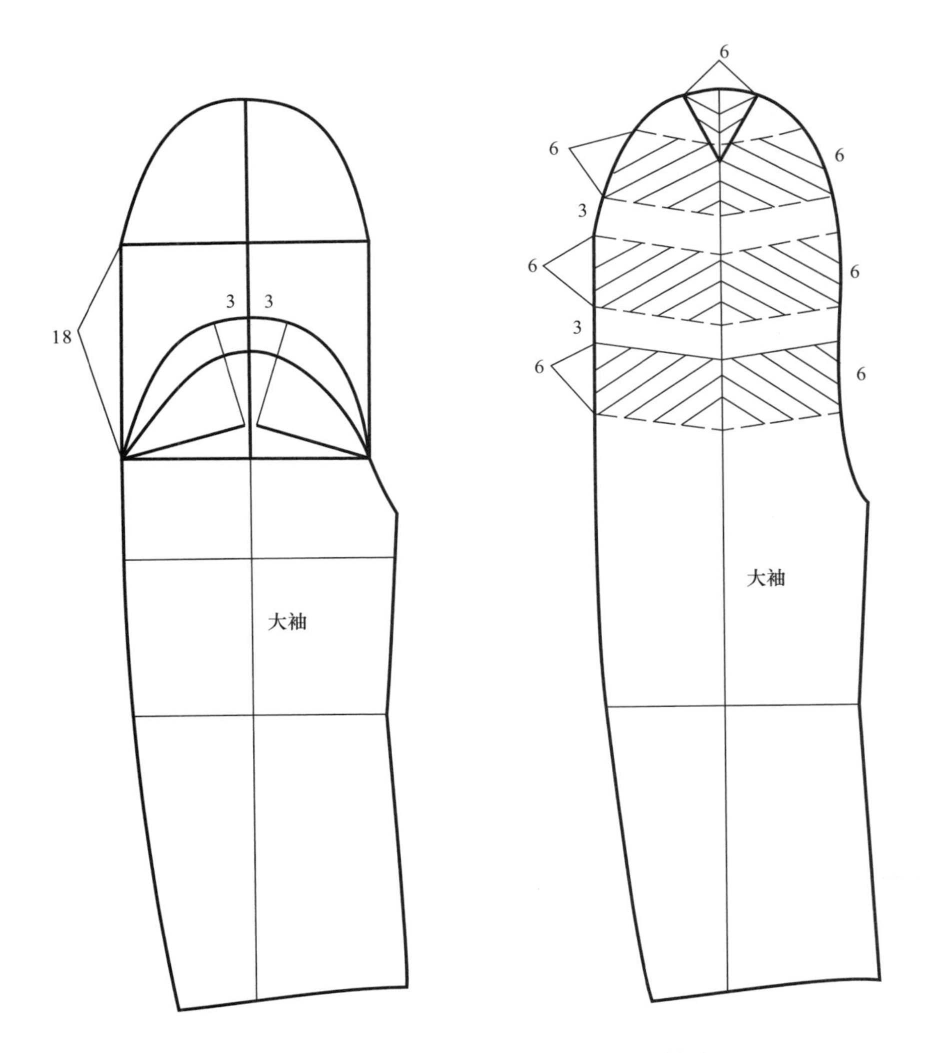

图3-15　一枚扣圆驳褶领女时装上衣袖片制图

第三节　流行女装上衣纸样设计

现代流行女装变化复杂，设计元素多变，可强调某个局部特征，如下介绍大披肩领造型、休闲披风袖造型。结构设计要结合各自特点展开，借助日本文化女装原型和二次成型结构设计的方法则能较好地解决制图的复杂性。

详细分析这类女时装的造型特点，制订出正确的成品规格，采用合理的制图方法才能较快地获得正确的纸样。

一、大披肩领女时装上衣纸样设计

（一）款式说明

此款为三枚扣大披肩领女时装上衣。腰部所设的 10 条分割线可以理想化地塑造出腰部曲线，其松量在净胸围的基础上加放 8 ~ 10cm，腰围加放 4 ~ 6cm，臀围加放 6 ~ 8cm，袖子采用高袖山两片袖结构修饰出完整的造型。可采用质地较好的薄及中厚型精纺毛或化纤类面料制作。

大披肩领女时装上衣效果图如图 3-16 所示。

图3-16　大披肩领女时装上衣效果图

（二）成品规格

成品规格按国家号型 160/84A 制订，如表 3-6 所示。

表3-6　大披肩领女时装上衣成品规格表　单位：cm

部位	衣长	胸围	腰围	臀围	腰节	总肩宽	袖长	袖口
尺寸	51	94	74	96	38	37	54	13.5

（三）制图步骤

采用原型裁剪法。首先按照号型 160/84A 制作日本文化式女子新原型图，然后依据原型修正制作纸样。具体方法如前所述日本文化式女子新原型制图。

1. **前后片结构制图**（图3-17）

（1）将原型的前后片侧缝线分开画好，胸围线、腰线置于同一水平线。

（2）从原型后中心线画衣长线 51cm。

（3）前后领宽各展宽 9cm。

（4）制图中前后衣片胸腰差：$\frac{总省量}{2}$为 11cm，后片腰部省量占 60%，分四个省，分别收 1.5cm、1.8cm、1.8cm 和 1.5cm 省量，其余省量由前片收。

（5）下摆根据臀围尺寸适量放出，侧缝 1.5cm 和后中 1.5cm 及 2cm 摆量，以保证臀围松量。

（6）将前衣片胸凸省的$\frac{1}{3}$转至袖窿以保证袖窿的活动需要，剩余省量做刀背处理。

（7）前中腰款式刀背分割线省位收省2.9cm，侧缝收省1.5cm。

（8）下摆适量放摆，搭门宽2cm，尖摆，单排三枚扣。

（9）在前领口首先按大青果领制图，参照原型领宽放出驳领宽5.8cm，底领宽3.5cm，翻领宽9.5cm，前颈侧延长线上的后领弧线倾倒65°，以保证大披肩领领外口弧线的长度。

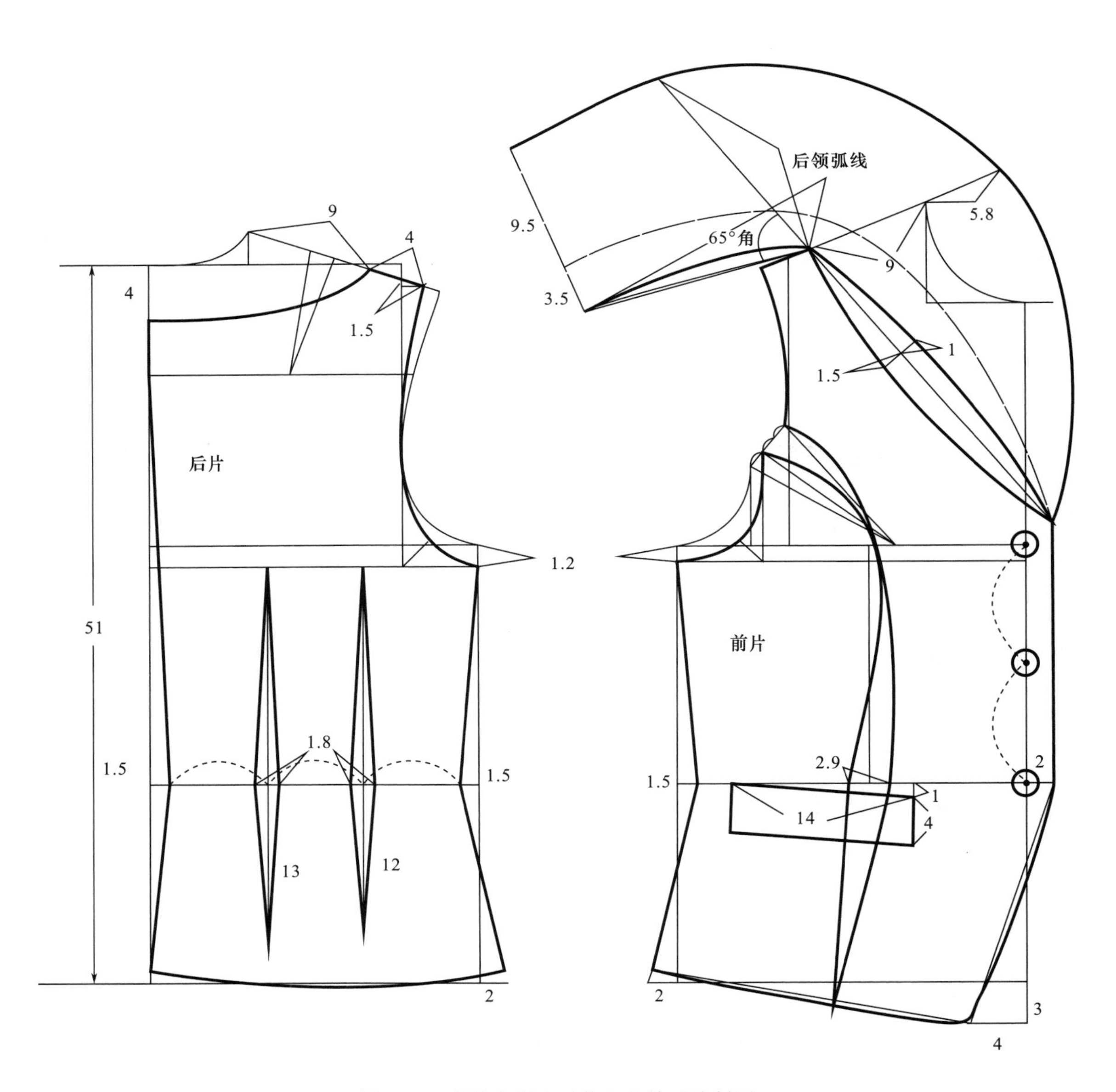

图3-17 大披肩领女时装上衣前后片制图

2. **袖片结构制图**（图3-18）

（1）袖长 54cm。

（2）袖山高采用$\frac{5}{6}$前后袖窿平均深度。

（3）从袖山高点采用前 AH 画斜线长取得前袖肥、后 AH 画斜线长取得后袖肥。通过辅助点画前后袖山弧线。

（4）袖肘线从上平线向下取$\frac{袖长}{2}$+3cm。

（5）前袖缝互借平行 3cm，后袖缝平行互借 1.5cm。

（6）袖口宽 13cm。

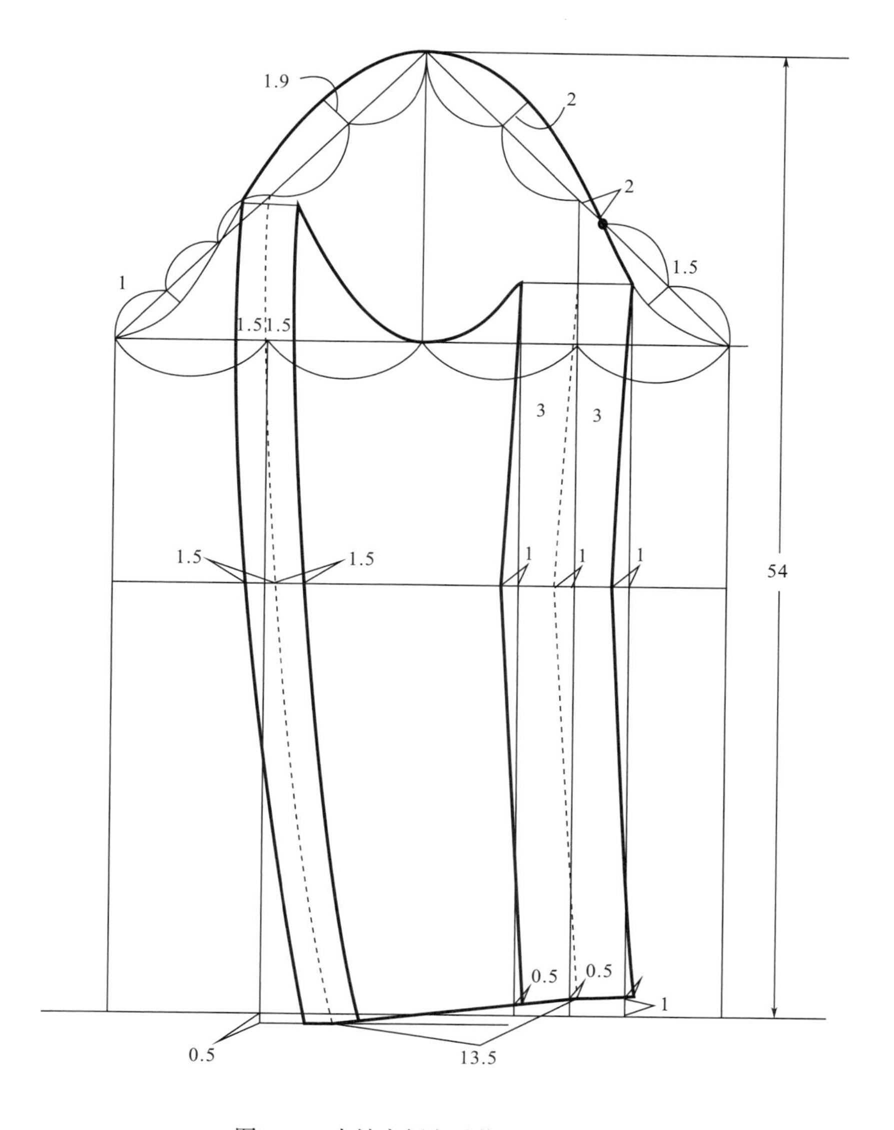

图3-18　大披肩领女时装上衣袖片制图

图3-19 披风袖式休闲女装上衣效果图

二、披风袖式休闲女装上衣纸样设计

（一）款式说明

此款为披风袖式休闲女装上衣。衣身为马甲形式，在公主线上加出袖式披风。腰部设省塑造出腰部曲线，其松量在净胸围的基础上加放10～12cm，腰围加放6～8cm，臀围加放8cm，后中片腰部设有装饰腰襻。可采用质地较好的精纺或粗纺毛、化纤类面料制作。

披风袖式休闲女装上衣效果图如图3-19所示。

（二）成品规格

成品规格按国家号型160/84A制订，如表3-7所示。

表3-7 披风袖式休闲女装上衣成品规格表　　单位：cm

部位	衣长	胸围	腰围	臀围	腰节	总肩宽	袖长
尺寸	62	94	74	96	38	38	54

（三）制图步骤

采用原型裁剪法。首先按照号型160/84A制作日本文化式女子新原型图，然后依据原型修正制作纸样。具体方法如前所述日本文化式女子新原型制图。

1. **前后片结构制图**［图3-20（1）、图3-20（2）］

（1）将原型的前后片侧缝线分开画好，胸围线、腰围线置于同一水平线。

（2）从原型后中心线画衣长线62cm。

（3）前后领宽各展宽2cm。

（4）搭门宽7cm，双排八枚扣。

（5）制图中前后衣片胸腰差：$\frac{总省量}{2}$为11cm，后片腰部占60%，分四个省，分别收2cm、3.1cm、1.5cm省量，其余省量由前片收。

（6）后片原型肩胛省保留0.7cm放至后背公主线，其余转移至后袖窿，垫肩厚度1cm。

（7）下摆根据臀围尺寸适量放出，侧缝 1cm，后中 1cm 及 2cm 摆量，以保证臀围松量。

（8）将前衣片胸凸省的$\frac{1}{3}$或$\frac{1}{2}$转至袖窿，以保证袖窿的活动需要，剩余省量转移至公主线。

（9）前中腰款式刀背分割线省位收省 2.9cm，侧缝收省 1.5cm。

（10）下摆适量放摆，后中设 5cm 宽装饰腰带。

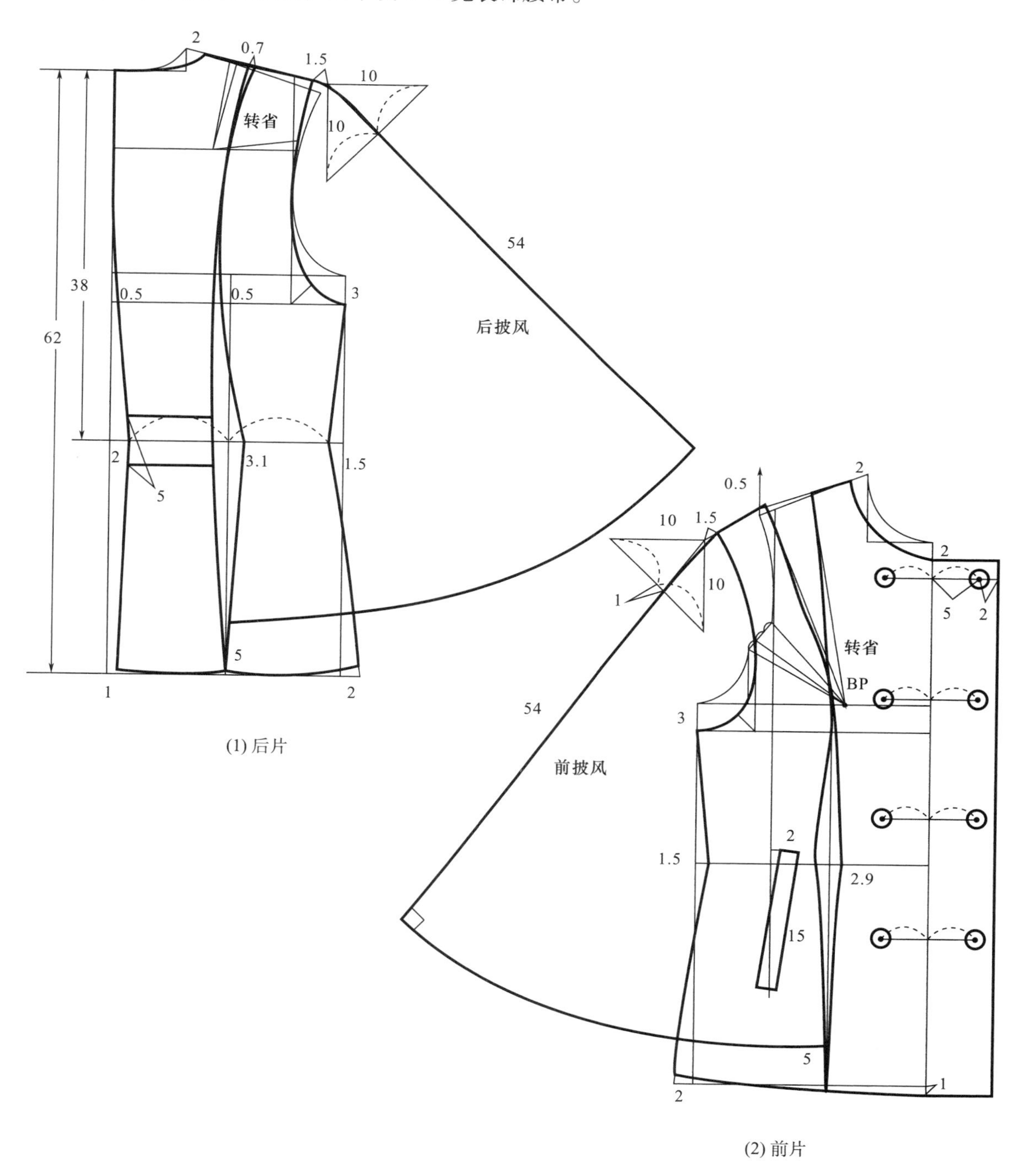

图3-20 披风袖式休闲女装上衣前后片制图

2. 袖片及领片结构制图（图3-21）

（1）袖长54cm。

（2）在前衣片肩点画10cm的等腰直角三角形，在斜边的$\frac{1}{2}$处下降1cm，参照此点画袖长中线，并作垂线至前公主线，做出前披风袖。

（3）在后衣片肩点画10cm的等腰直角三角形，在斜边的$\frac{1}{2}$处参照此点画袖长中线，并作垂线至后公主线做出后披风袖。

（4）将前后披风袖缝在公主线上。

（5）立领宽5cm，前中起翘1.5cm。

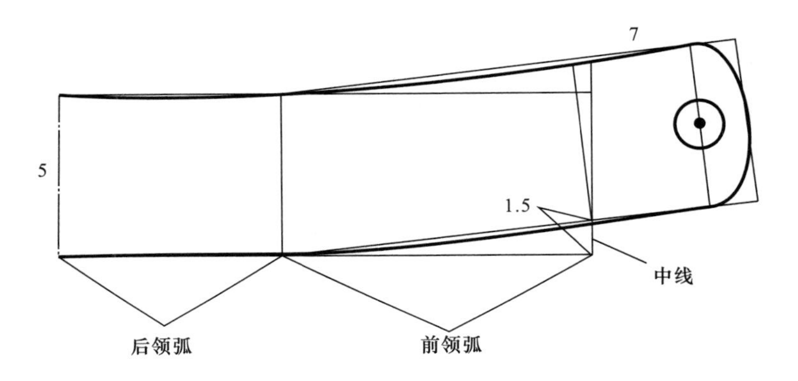

图3-21 披风袖式休闲女装上衣领片制图

第四章　连身类女装制板方法实例

第一节　连身类女装的结构特点

所谓连身类女装是指上下身连接成一件的服装，这类女装款式品类很多，其中生活装有连衣裙、工装、休闲装等，礼服类有旗袍、晚礼服、婚纱等。连身类女装结构复杂且呈多元化的形式，有较贴体紧身的形式，同时也有一般或较宽松的形式。在结构处理上要针对不同造型的要求，制订好相应的规格尺寸和各个部位的舒适量，尤其是较为紧身合体的款式，对其三维人体的曲面变化塑造要求较高，除了考虑具体人的不同形态特征，也要做相应的修饰和夸张的处理，在结构制图过程中，礼服类服装应尽量结合立体裁剪的方法反复修正，才能取得正确的纸样。

第二节　休闲连衣裙纸样设计

一、无领插肩袖连衣裙纸样设计

（一）款式说明

此款为上身无领插肩短袖，衣身有刀背线，下身缩褶裙式连衣裙。腰部设省塑造出腰部曲线，其松量在净胸围的基础上加放 6 ~ 10cm，腰围加放 6 ~ 8cm，臀围加放 6 ~ 8cm，后中片腰部设有装饰腰襻。可采用质地较好的薄型棉、麻、化纤类面料制作。

无领插肩袖连衣裙款式效果图如图 4-1 所示。

（二）成品规格

成品规格按国家号型 160/84A 制订，如表 4-1 所示。

表4-1　无领插肩袖连衣裙成品规格表　　单位：cm

部位	衣长	胸围	腰围	臀围	腰节	总肩宽	袖长	袖口
尺寸	91.5	94	76	98	38	38	22	30

图4-1 无领插肩袖连衣裙效果图

（三）制图步骤

采用原型裁剪法。首先按照号型160/84A制作日本文化式女子新原型图，然后依据原型修正制作纸样。具体方法如前所述日本文化式女子新原型制图。

1. **前后片结构制图**（图4-2）

（1）将原型的前后片侧缝线分开画好，胸围线、腰线置于同一水平线。

（2）从原型后中心线画衣长线91.5cm+2.5cm。

（3）前后领宽各展宽3.5cm。

（4）后片原型肩胛省保留0.7cm，其余忽略不做处理。

（5）后片腰线下6cm为裙下摆分割线，下摆根据臀围尺寸适量放出侧缝和后中摆量，以保证臀围松量。

（6）制图中前后衣片胸腰差：$\frac{总省量}{2}$为10cm，后片腰部省量占60%左右，分三个省分别收1.5cm、2.5cm、1.5cm省量，其余由前片收。

（7）后裙片为缩褶裙，放出12cm褶量，下摆再放出15cm摆量。

（8）将前衣片胸凸省的$\frac{1}{3}$转至袖窿以保证袖窿的活动需要，剩余省量转移至刀背线。

（9）前中腰款式刀背分割线省位收省 3cm，侧缝收省 1.5cm。

（10）前腰线 6cm 下为裙下摆分割线，下摆根据臀围尺寸适量放出侧缝，以保证臀围松量。搭门宽 1.7cm，单排六枚扣。

（11）前片缩褶裙放出 12cm 褶量，下摆再放出 15cm 摆量。

（12）前后胸围线下移 2cm，修正袖窿弧线。

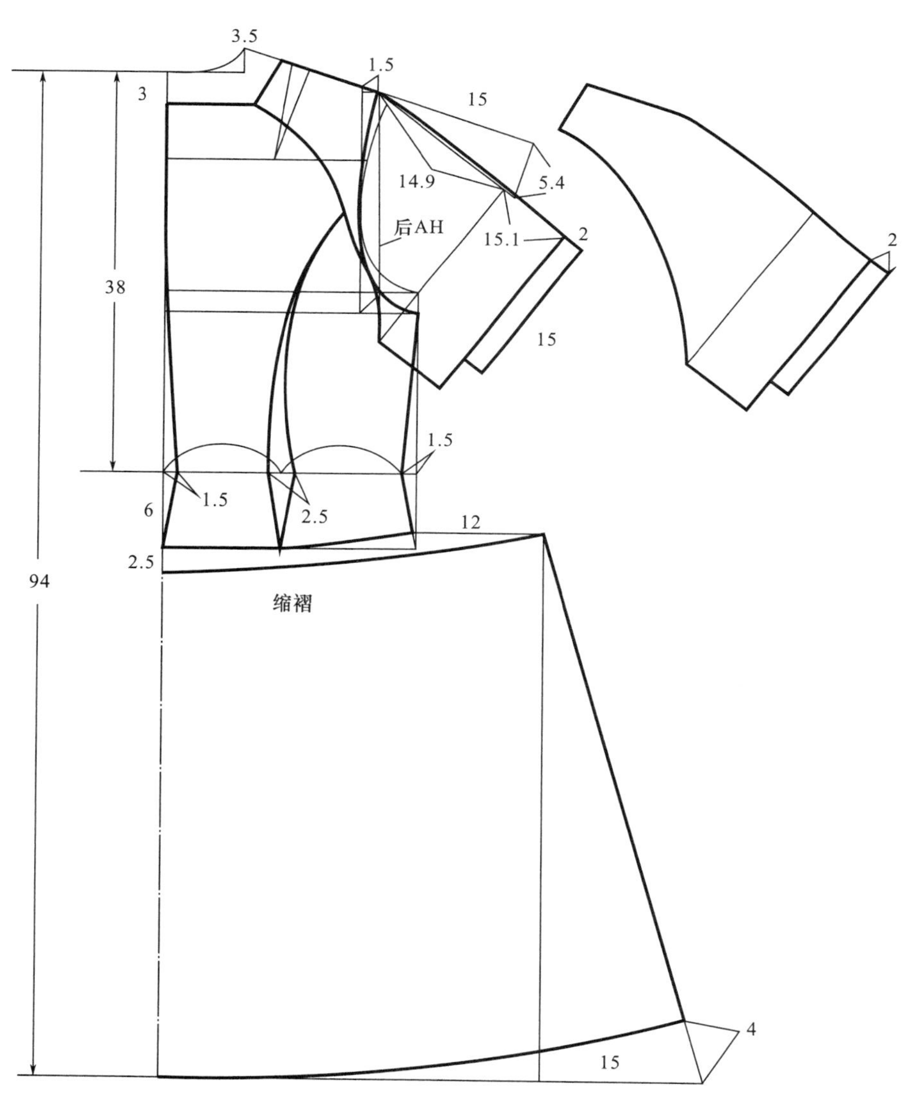

(1) 后片

图4-2

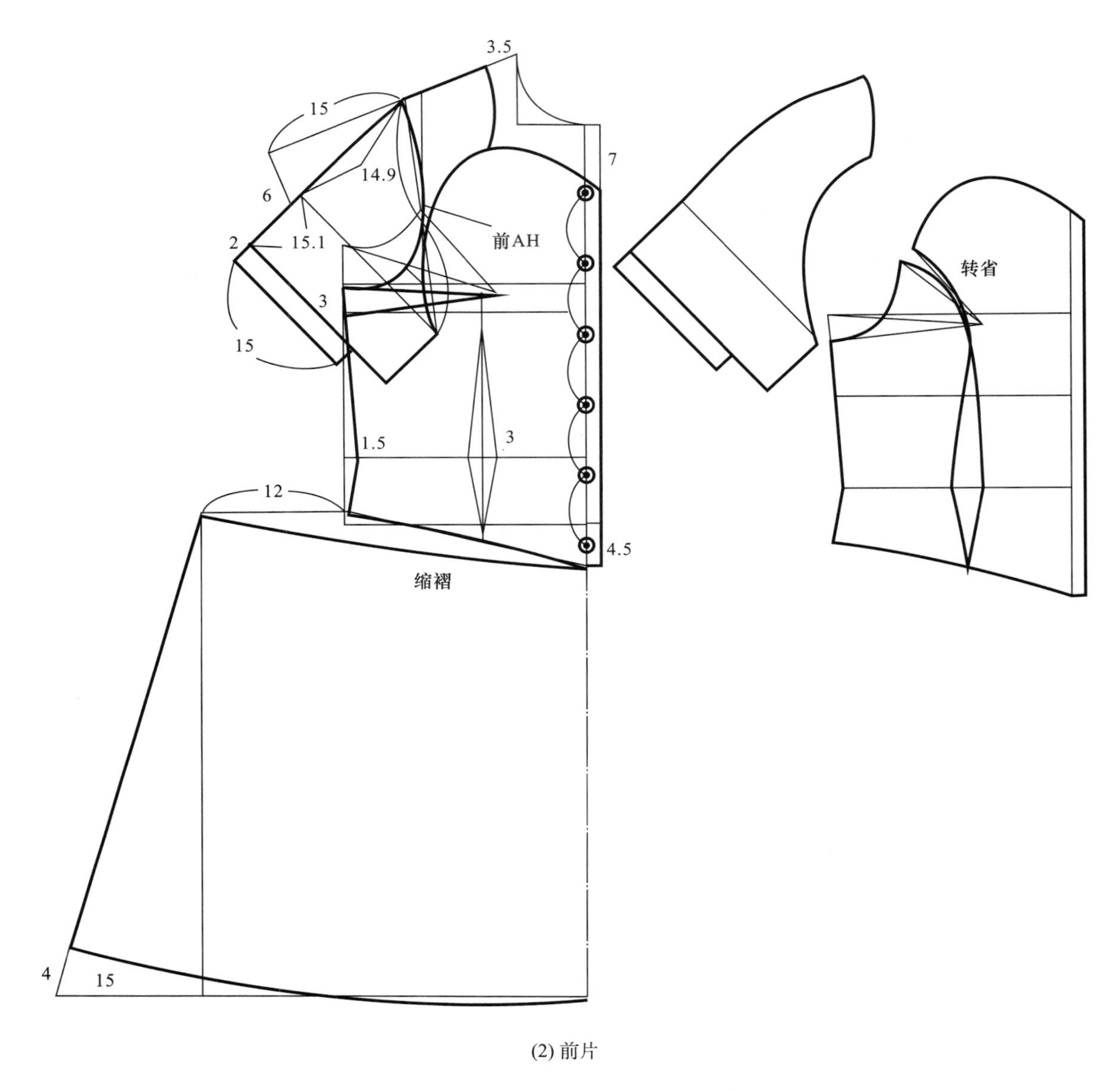

(2) 前片

图4-2 无领插肩袖连衣裙前后片结构制图

2. **插肩袖结构制图（图片请参看前后片结构制图）**

（1）前胸凸省转移至腋下，袖窿画圆顺，参照前$\frac{AH}{2}$处位置点从肩点画斜线，以确定画前插肩袖的辅助线。

（2）前小肩斜线从肩点自然延长 15cm 后作 6cm 垂线，以此画袖长线并作袖口垂线。

（3）从前插肩袖的辅助线上作袖中线的垂线，以此确定袖山高的尺寸约 14.9cm 及前袖肥线。从前颈侧领弧线处确定插肩袖分割线。

（4）连接前袖内侧缝，袖口条长 15cm，宽 2.5cm。

（5）将前插肩袖复制下来，将刀背省转移好后与腰省画顺。

（6）将后小肩斜线从肩点处自然延长15cm并作5.4cm（6×0.9）垂线，以此画袖长线并参照前袖山高作袖肥垂线。

（7）从后肩点以后AH长画斜线交于袖肥线确定后袖肥。从后领线处确定插肩袖分割线。

（8）连接后袖内侧缝，袖口条长15cm，宽2.5cm。

（9）将后插肩袖复制下来，将后刀背缝与腰省画顺。

二、长袖褶裙式连衣裙纸样设计

（一）款式说明

此款为上身无领长袖，下身褶裥裙式连衣裙。腰部设省塑造出腰部曲线，其松量在净胸围的基础上加放10～12cm，腰围加放8～10cm，前片六枚扣。可采用质地较好的中厚型毛、化纤类面料制作。

长袖褶裙式连衣裙效果图如图4-3所示。

（二）成品规格

成品规格按国家号型160/84A制订，如表4-2所示。

表4-2 长袖褶裙式连衣裙成品规格表 单位：cm

部位	衣长	胸围	腰围	腰节	总肩宽	袖长	袖口
尺寸	95	94	76	38	38	56	26

（三）制图步骤

采用原型裁剪法。首先按照号型160/84A制作日本文化式女子新原型图，然后依据原型修正制作纸样。具体方法如前所述日本文化式女子新原型制图。

1. ***前后片结构制图***（图4-4）

（1）将原型的前后片侧缝线分开画好，胸围线、腰线置于同一水平线。

（2）后衣片，从原型后腰线加出57cm裙长。

（3）前后领宽各展宽4cm。

（4）后片原型肩胛省保留0.7cm，其余转移至后袖窿，所产生的松量由垫肩处理。

图4-3 长袖褶裙式连衣裙效果图

（5）取冲肩 1.5cm，以确定肩宽。

（6）前后胸围线下移 1cm，修正袖窿弧线。

（7）制图中前后衣片胸腰差：$\frac{总省量}{2}$为 10cm，后片腰部省量占 60% 左右，分三个省分别收 1.5cm、3cm、1.5cm 省量，其余由前片收。

（8）将前衣片胸凸省的$\frac{1}{3}$转至袖窿以保证袖窿的活动需要，剩余省量转移至肩部领口线处理。

（9）前中腰款式分割线省位收省 2.5cm，侧缝收省 1.5cm。

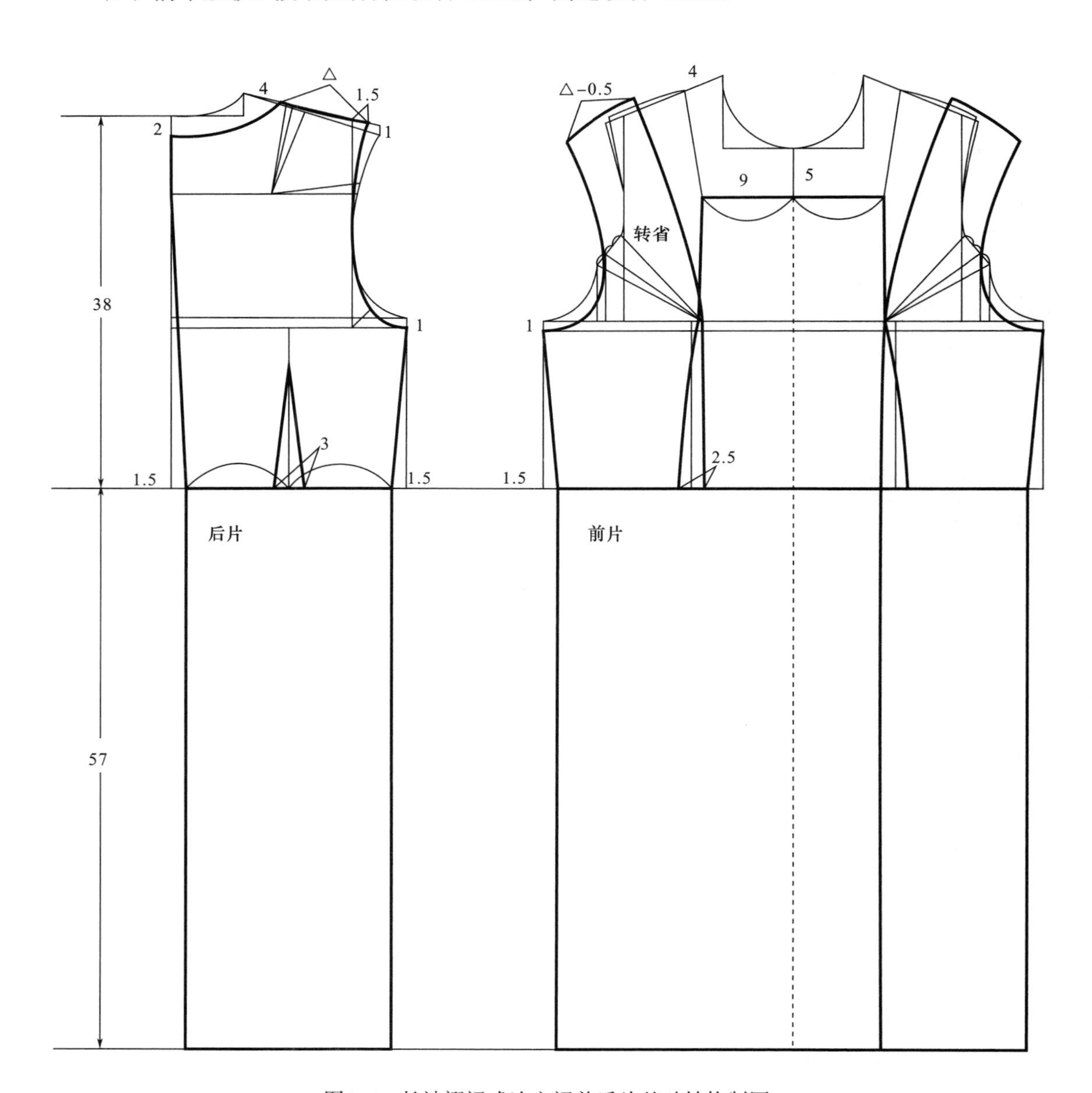

图4-4　长袖褶裙式连衣裙前后片基础结构制图

2. 裙片结构制图

（1）前后右裙片褶裥宽 10cm，间距 6.3cm［图 4–5（1）］。

（2）前后左裙片褶裥宽 10cm，间距 6.3cm［图 4–5（2）］。

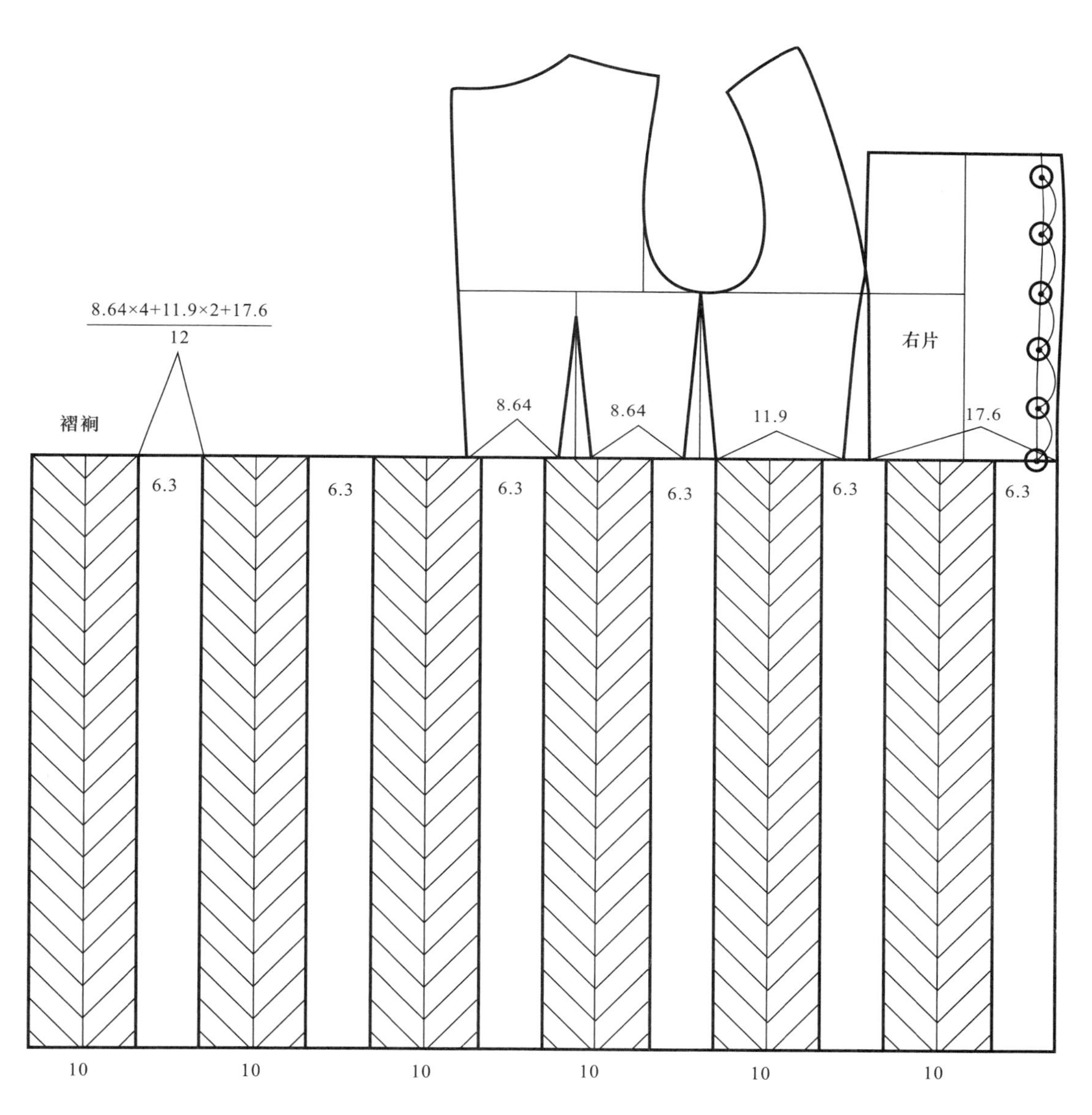

(1) 右片

图4–5

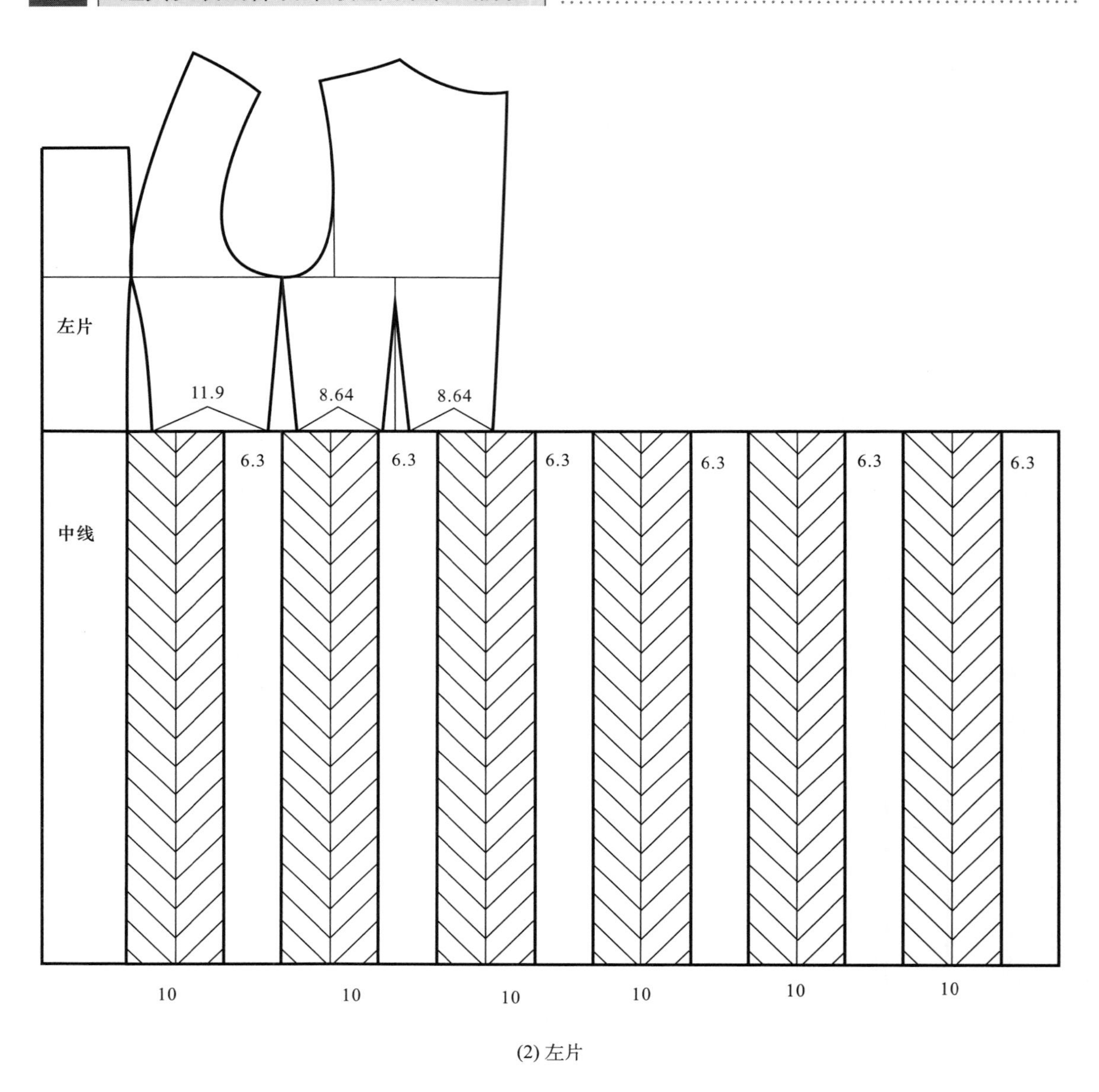

(2) 左片

图4-5　长袖褶裙式连衣裙裙片制图

3．**袖片结构制图**（图4-6）

（1）画袖子，袖长 56cm，袖山高为$\frac{AH}{2}\times0.7$，以前后 AH 的长确定前后袖肥，在前后 AH 的斜线上通过辅助线画前后袖山弧线。

（2）确定袖口肥，前后各 13cm，通过前后袖肥的$\frac{1}{2}$分割辅助线收袖口，取得正确的袖肥和袖口关系。

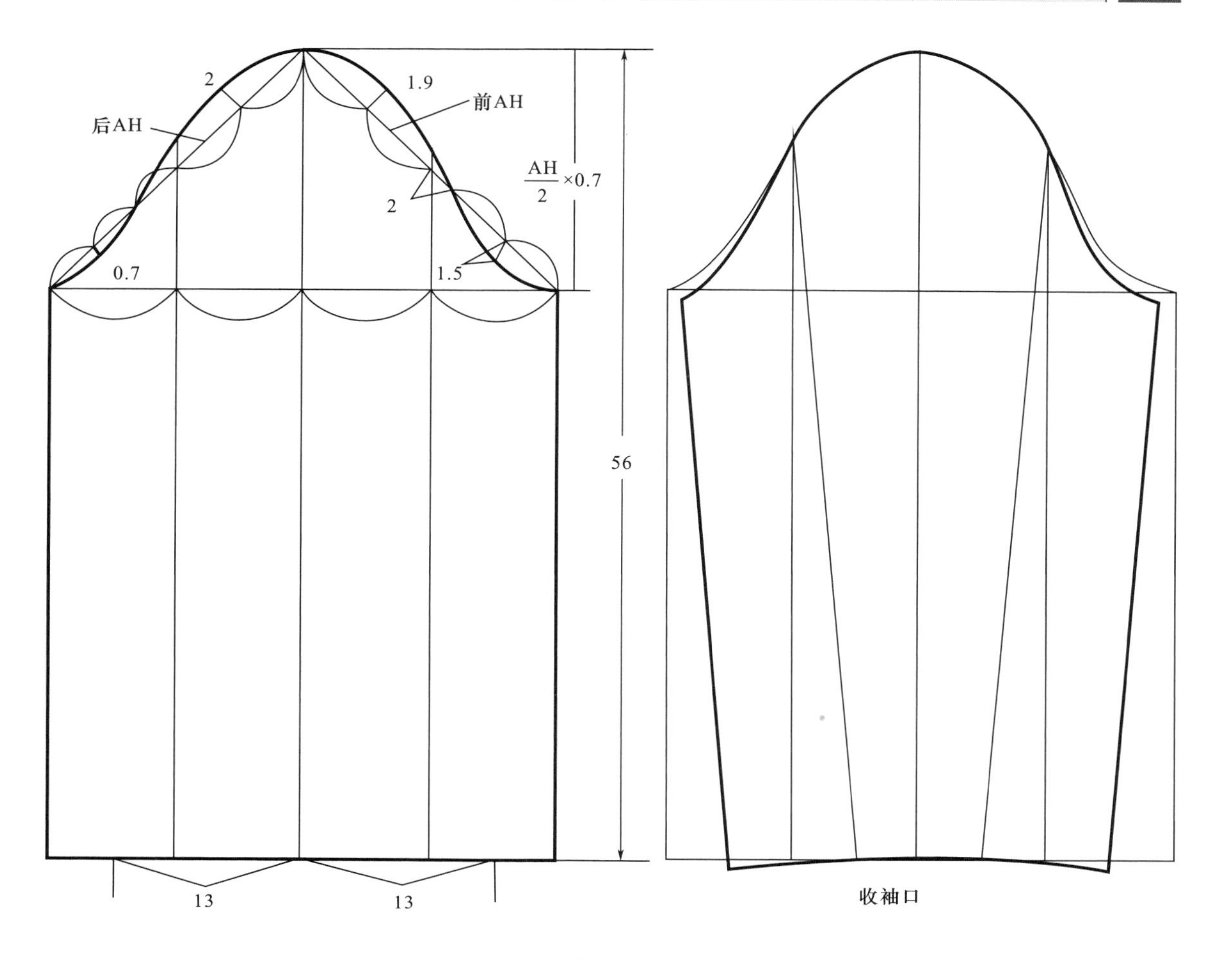

图4-6　长袖褶裙式连衣裙袖片制图

三、无袖吊带式连衣裙纸样设计

（一）款式说明

此款是较为休闲的连衣裙。腰部省可以理想化地塑造出腰部曲线，强调胸部的塑造。其松量在净胸围的基础上加放 4cm，腰围加放 6cm，臀围加放 6cm，无袖子，采用前中胸缩褶结构修饰胸部的造型。可采用垂感好的薄型丝、棉、化纤面料制作。

无袖吊带式连衣裙效果图如图 4-7 所示。

（二）成品规格

成品规格按国家号型 160/84A 制订，如表 4-3 所示。

图4-7 无袖吊带式连衣裙效果图

表4-3 无袖吊带式连衣裙成品规格表 单位：cm

部位	裙衣长	胸围	腰围	臀围	腰节
尺寸	120	88	70	96	38

（三）制图步骤

采用原型裁剪法。首先按照号型160/84A制作日本文化式女子新原型图，然后依据原型修正制作纸样。具体方法如前所述日本文化式女子新原型制图。

1. **前后片结构基础线制图（图4-8）**

（1）将原型的前后片侧缝线分开画好，腰线置于同一水平线。

（2）从原型后中心线画衣长线120cm。

（3）原型前后片胸宽各收进1.5cm。

（4）臀高17.5cm，后片臀围取成品$\frac{H}{4}$−0.5cm，前片臀围取成品$\frac{H}{4}$+0.5cm。

（5）制图中前后衣片胸腰差：$\frac{总省量}{2}$为10cm，后片腰部省量占60% ~ 65%，其余由前片收。

（6）胸围线上移1cm。

（7）根据造型在胸部画款式弧线。

2. **前后片结构完成线制图（图4-9）**

（1）下摆根据臀围尺寸斜线放出侧缝和后中摆量，同时下摆起翘成直角，保障基础臀围松量不变。

（2）将前衣片胸凸省全部转至前中线，前腰省省尖省量也转移至前中线，合二为一，抽碎褶塑出胸高量。

（3）在胸上部画出吊带，宽度3cm。

（4）前后片放摆量可参照造型放量，但注意前后摆量的一致协调关系。

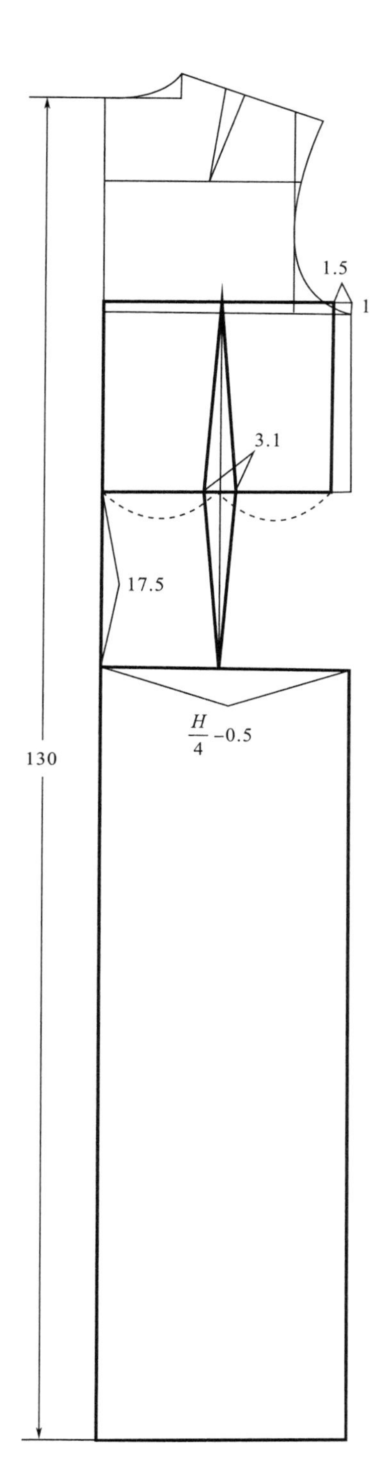

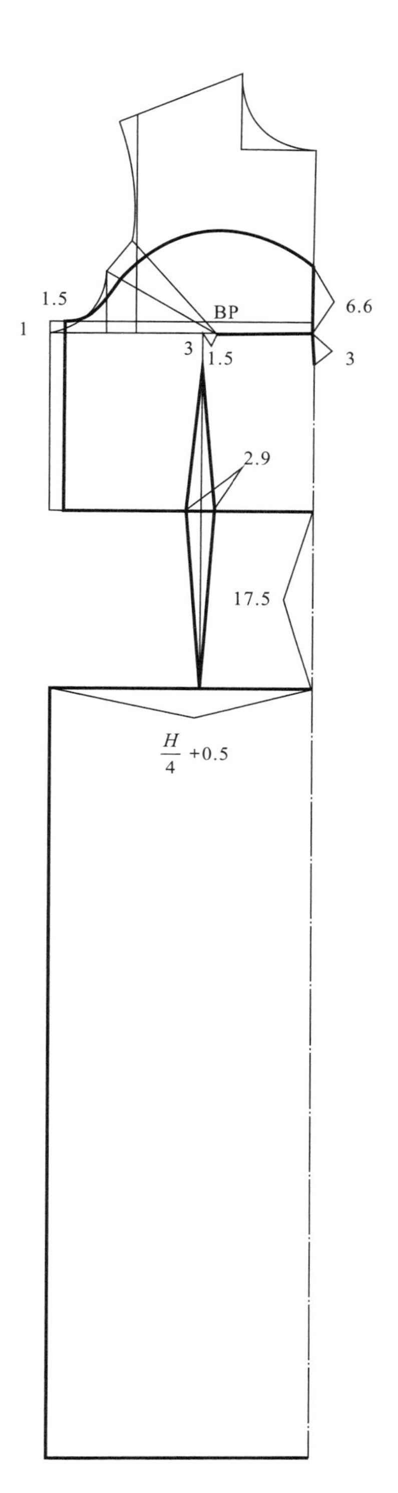

图4-8　无袖吊带式连衣裙前后片结构基础线制图

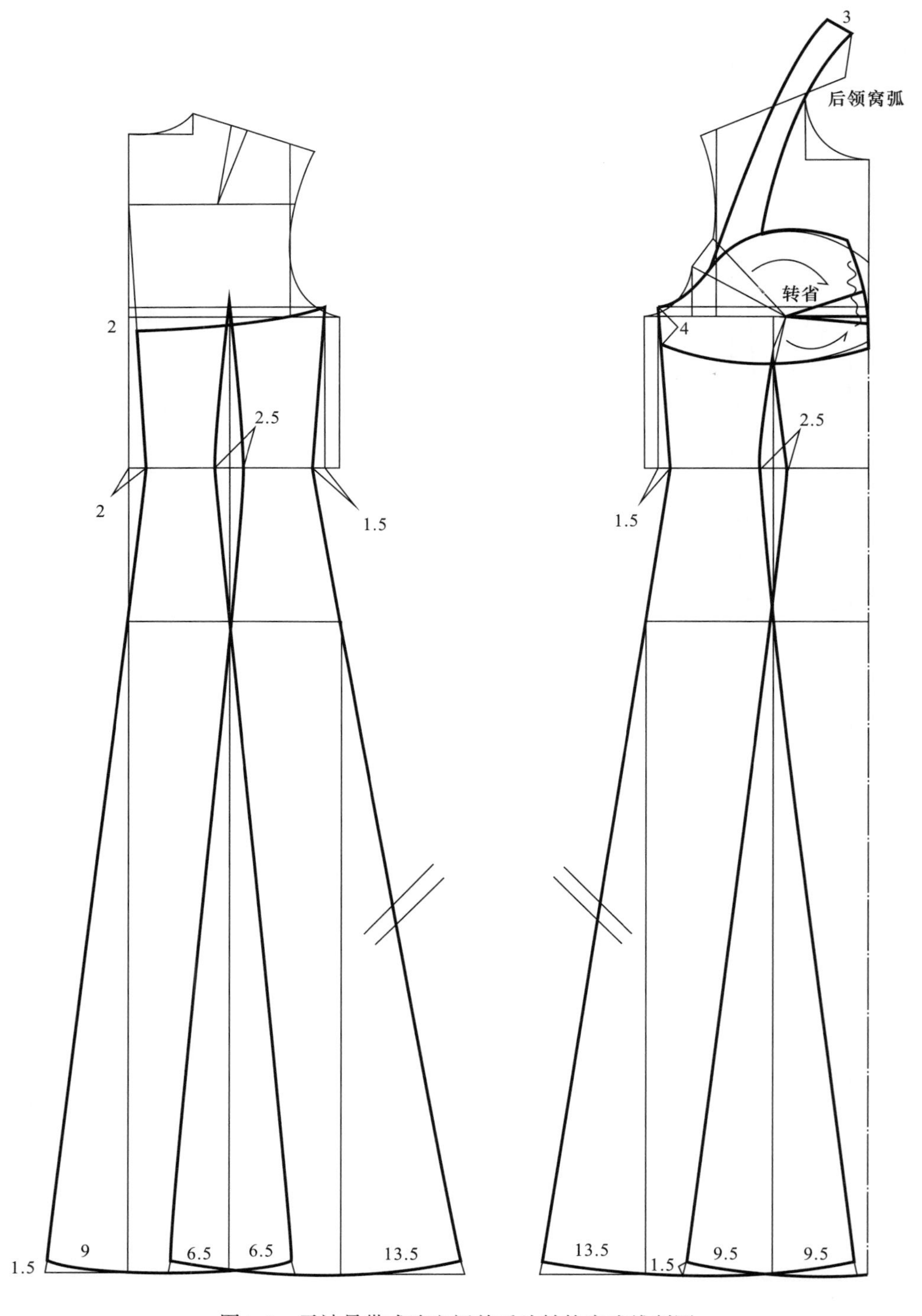

图4-9　无袖吊带式连衣裙前后片结构完成线制图

四、无袖无领胸褶式连衣裙纸样设计

（一）款式说明

此款是较为休闲的连衣裙。腰部分割线可以理想化地塑造出腰部曲线，其松量在净胸围的基础上加放 10cm，净腰围加放 6cm，净臀围加放 10cm，无袖子。采用胸褶结构修饰出胸部的造型。可采用垂感好的薄型丝、棉、化纤面料制作。

无袖无领胸褶式连衣裙效果图如图 4-10 所示。

（二）成品规格

成品规格按国家号型 160/84A 制订，如表 4-4 所示。

表4-4　无袖无领胸褶式连衣裙成品规格表 单位：cm

部位	裙衣长	胸围	腰围	基础臀围	腰节	总肩宽
尺寸	120	94	74	100	38	36

图4-10　无袖无领胸褶式连衣裙效果图

（三）制图步骤

采用原型裁剪法。首先按照号型 160/84A 制日本文化式女子新原型图，然后依据原型修正制作纸样。具体方法如前所述日本文化式女子新原型制图。

1. **前后片结构制图**［图4-11（1）］

（1）将原型的前后片侧缝线分开画好，腰线置于同一水平线。

（2）从原型后中心线画衣长线 120cm。

（3）前后领宽各展宽 3cm。

（4）原型后肩肩斜角度不变。

（5）在腰围线上下间距 11cm 处分别设计分割线。

（6）制图中前后衣片胸腰差：$\frac{总省量}{2}$为 11cm，后片腰部省量占 60%，分别收 2cm、3.1cm 和 1.5cm 省量，其余由前片收。

（7）下摆根据臀围尺寸斜线放出侧缝和后中摆量，保障基础臀围松量。

（8）将前衣片胸凸省的$\frac{1}{3}$转至袖窿以保证袖窿的活动需要，剩余省量转移至上腰分割线与前中腰省合二为一，塑出胸高量［图4-11（2）］。

（9）前中腰省位收省2.9cm，侧缝收省1.5cm。

（10）领口作V字造型。

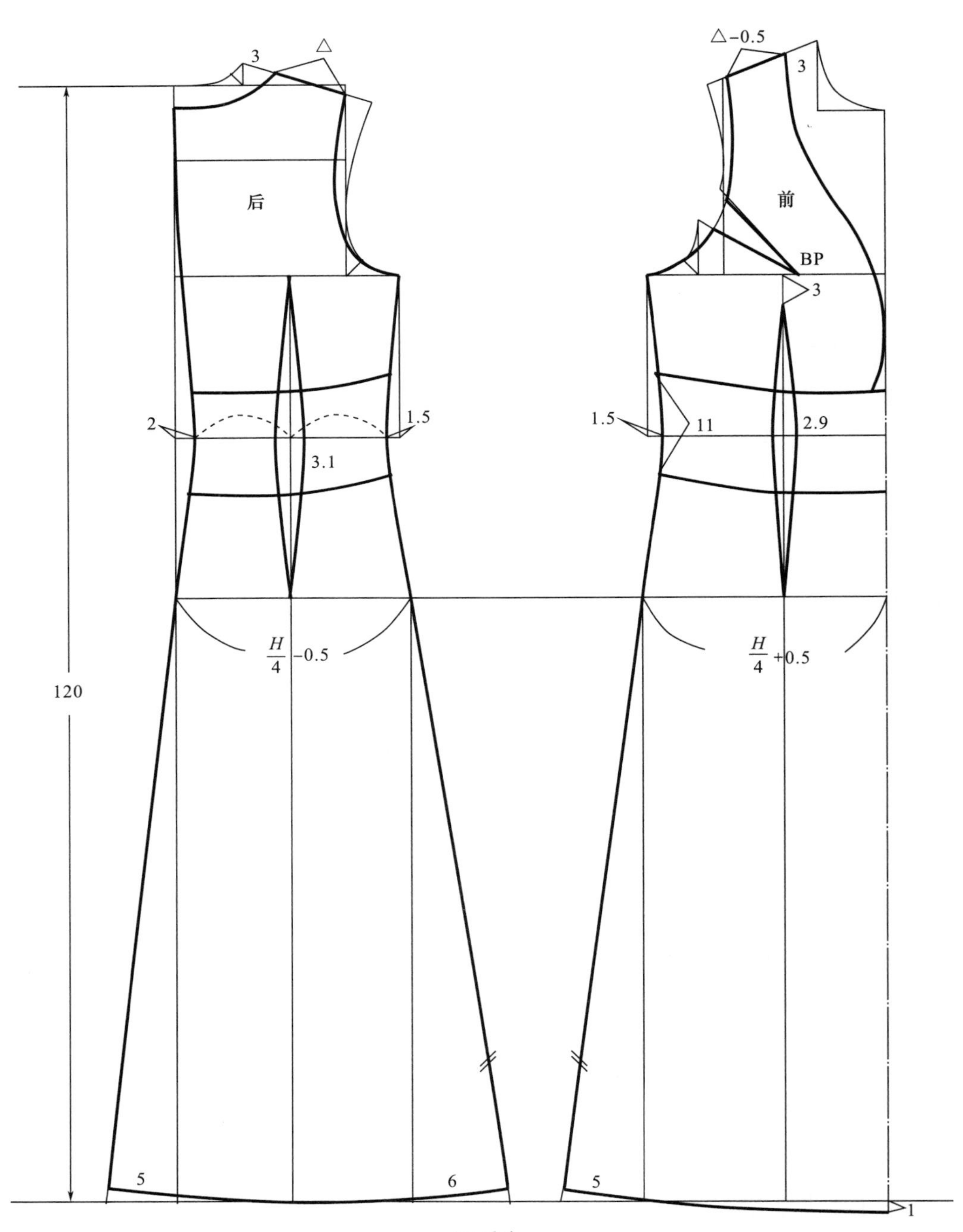

(1) 后片

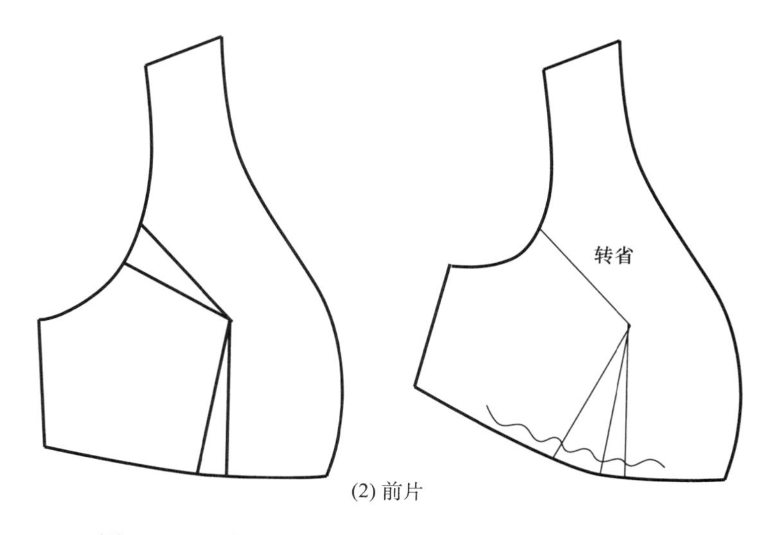

(2) 前片

图4-11　无袖无领胸褶式连衣裙前后片制图及胸省转移

2. 裙片结构制图（图4-12）

（1）将腰下 11cm 分割线以下的前后片纸样分别取下。

（2）前片腰省转移至下摆，收腰省同时打开裙下摆的摆量。

（3）后片腰省转移至下摆，收腰省同时打开裙下摆的摆量。

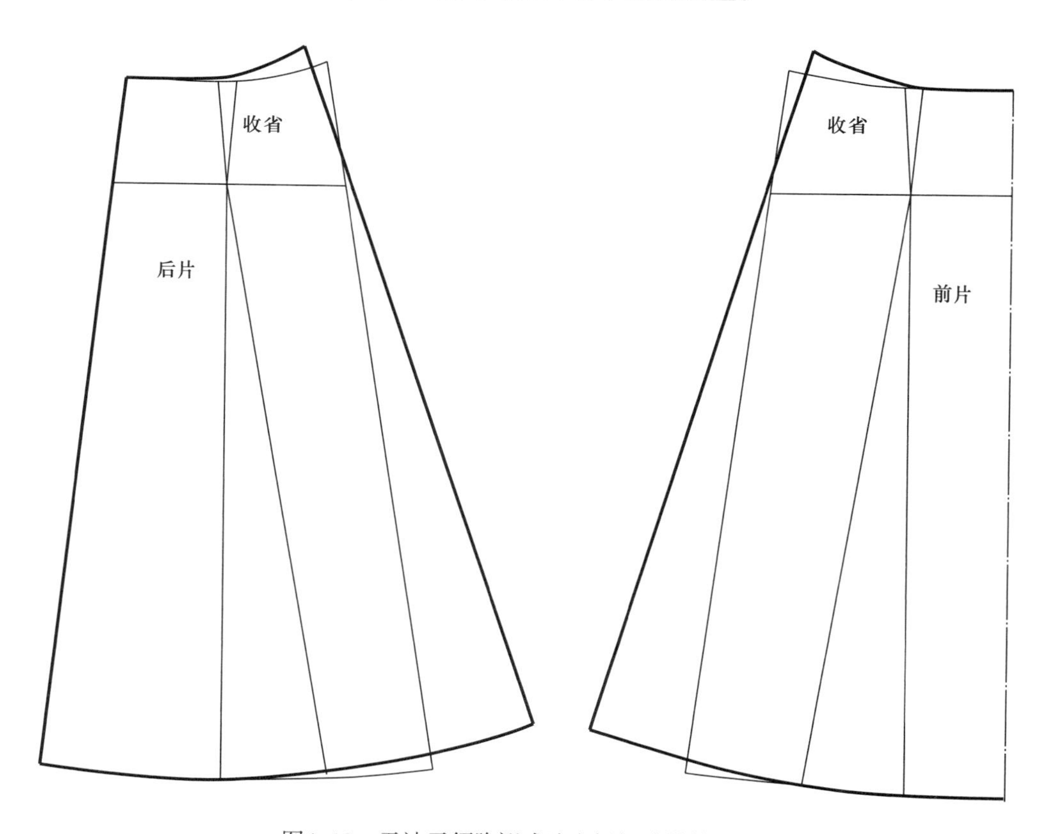

图4-12　无袖无领胸褶式连衣裙裙片结构制图

第三节 旗袍的纸样设计

旗袍的制图方法有很多，传统方法是比例制图法，也可以采用原型制图方法或立体裁剪方法。旗袍由于贴体度较高，近年来受到时尚潮流影响，款式变化丰富多彩，因此必须结合人体，通过调整试样才能取得正确的样板。

本节制图结合三款不同的旗袍，分别应用不同的制图方法。其一为立领大襟传统旗袍，采用传统比例制图方法，其二为一滴水式无袖旗袍、其三为露肩旗袍裙式晚礼服，后两款旗袍均采用日本文化式女装新原型制图。两种不同裁剪方法所构成的衣片造型有所不同，前者前后腰节长相等，适宜塑造胸部不太高的体型，后者前腰节长于后腰节，胸凸省较前者大，所塑造的乳胸较高、体积感较强。

对于合体度较高的礼服类服装，结构的准确度在于三围松量比例的设计，胸高的设计可适当地夸张处理，但必须保证前后片结构的平衡关系。

本节通过传统比例制图和原型制图方法的塑型比较，使读者充分理解结构的关系特点。

一、立领大襟传统旗袍纸样设计

（一）款式说明

立领大襟传统旗袍亦称改良旗袍，款式强调三围的合体性，一般都是在正式礼仪场合穿着，此款适合身高160cm、胸围84cm左右的女中青年标准体。衣长为总体身高的65%左右，其松量为胸围加放4cm，腰围加放4cm，臀围加放6cm，腰节为38cm，袖长为全臂长50.5cm加放1.5cm。可采用真丝、织锦缎类面料制作。

立领大襟传统旗袍效果图如图4–13所示。

图4–13 立领大襟传统旗袍效果图

（二）成品规格

成品规格按国家号型160/84A制订，如表4–5所示。

表4–5 立领大襟传统旗袍成品规格表 单位：cm

规格	衣长	胸围	腰围	臀围	总肩宽	后腰节	袖长	袖口	领大
尺寸	110	88	72	96	37	38	52	13	36.5

（三）制图步骤

立领大襟装袖旗袍采用传统比例制图方法（读者可对照原型法比较制图后的塑型效果）。

1. **前后片结构基础线制图**（图4-14）

（下列序号为制图中的步骤顺序）

①按衣长尺寸，画上下水平线。

②按背长尺寸，画腰节横向水平线。

③为腰节线。

④为臀高线，尺寸计算公式：$\frac{总体高}{10}+1\text{cm}$。

⑤开衩高度为25cm。

⑥后领宽，尺寸计算公式：$\frac{N}{5}$。

⑦后领深，尺寸计算公式：$\frac{B}{80}+1.2\text{cm}$。

⑧后落肩，尺寸计算公式：$\frac{B}{20}$或$\frac{B}{40}+2.3\text{cm}$。

⑨后袖窿深，尺寸计算公式：$\frac{B}{10}+9\text{cm}$。

⑩后片胸围肥为$\frac{B}{4}$。

⑪后背宽，尺寸计算公式：$\frac{1.5B}{10}+4.5\text{cm}$。

⑫为后背宽垂线。

⑬后冲肩2.5cm，确定后肩端点。

⑭后颈侧点与后肩端点连接成后小肩斜线，含有1.5cm省量。

⑮后片腰围肥为$\frac{W}{4}+3.5\text{cm}$，侧缝收省2cm。

⑯后片臀围肥为$\frac{H}{4}$。

⑰后片侧缝辅助线，连接胸围、腰围、臀围、下摆。

⑱为前中线。

⑲前领宽，尺寸计算公式：$\frac{N}{5}-0.2\text{cm}$。

⑳前领深，尺寸计算公式：$\frac{N}{5}$。

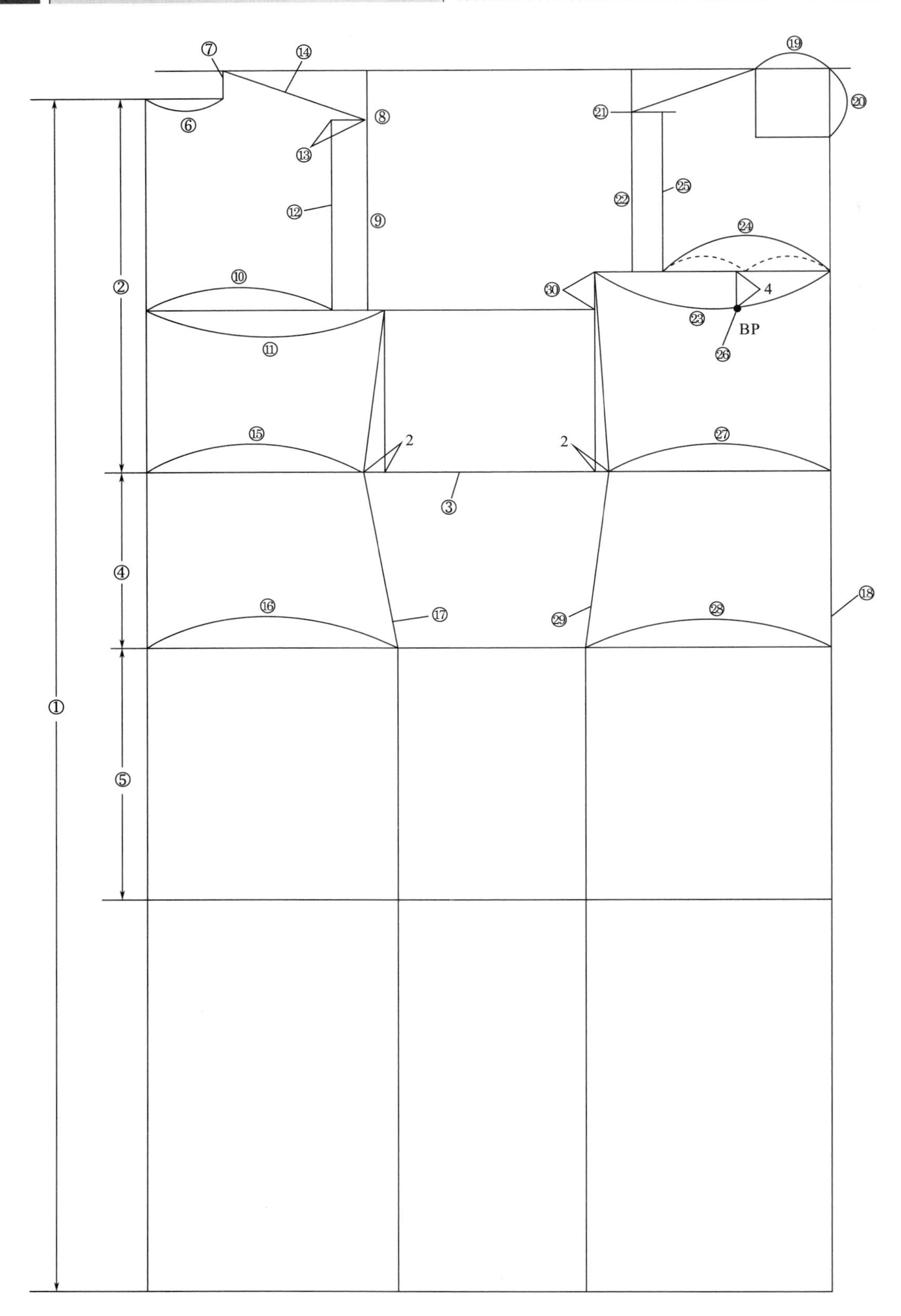

图4-14 立领大襟传统旗袍前后片结构基础线制图

㉑前落肩，尺寸计算公式：$\frac{B}{20}+0.6\text{cm}$ 或 $\frac{B}{40}+2.8\text{cm}$。

㉒前袖窿深，尺寸计算公式：$\frac{B}{10}+6\text{cm}$。

㉓前片胸围肥为$\frac{B}{4}$。

㉔为前胸宽，尺寸计算公式：$\frac{1.5B}{10}+3\text{cm}$。

㉕为前胸宽的垂线。

㉖为胸高点（BP），前胸宽的$\frac{1}{2}$向袖窿方向移动 0.7 ~ 1cm，垂直向下 4cm。

㉗前片腰围肥为$\frac{W}{4}+2.5\text{cm}$，侧缝收省 2cm。

㉘前片臀围肥为$\frac{H}{4}$。

㉙前片侧缝辅助线，连接胸围、腰围、臀围、下摆。

㉚前、后片侧缝的差量为前片腋下省量。

2. **前后片结构制图**（图4-15）

（下列序号为制图中的步骤顺序）

①画后领窝弧线。

②画后袖窿弧线，从后肩端点画起，弧线与背宽垂线自然相切，过后角平分线上 2.7cm 处的点，交于胸围线。

③后肩省 1.5cm，位于后颈侧点 4cm 处，省长 8cm，省尖稍向后中线倾斜 0.5cm。

④后腰省取 3.5cm，省位为后腰围的$\frac{1}{2}$处。

⑤下摆收进 4cm，起翘 2.5cm，下摆画圆顺。

⑥后侧缝画圆顺。

⑦画前领口弧线。

⑧前袖窿弧线，从前肩点起与前背宽垂线自然相切，过前角平分线上 2.5cm 处的点，交于胸围线。

⑨前腰省宽 2.5cm，省尖距离胸高点 4cm，下端省长 11cm。

⑩侧缝腋下设 3cm 胸凸省，省长 8cm，省尖距 BP 点 4cm。

⑪为前身大襟辅助线，画好大襟弧线。

⑫下摆收进 4cm，起翘 2.5cm。

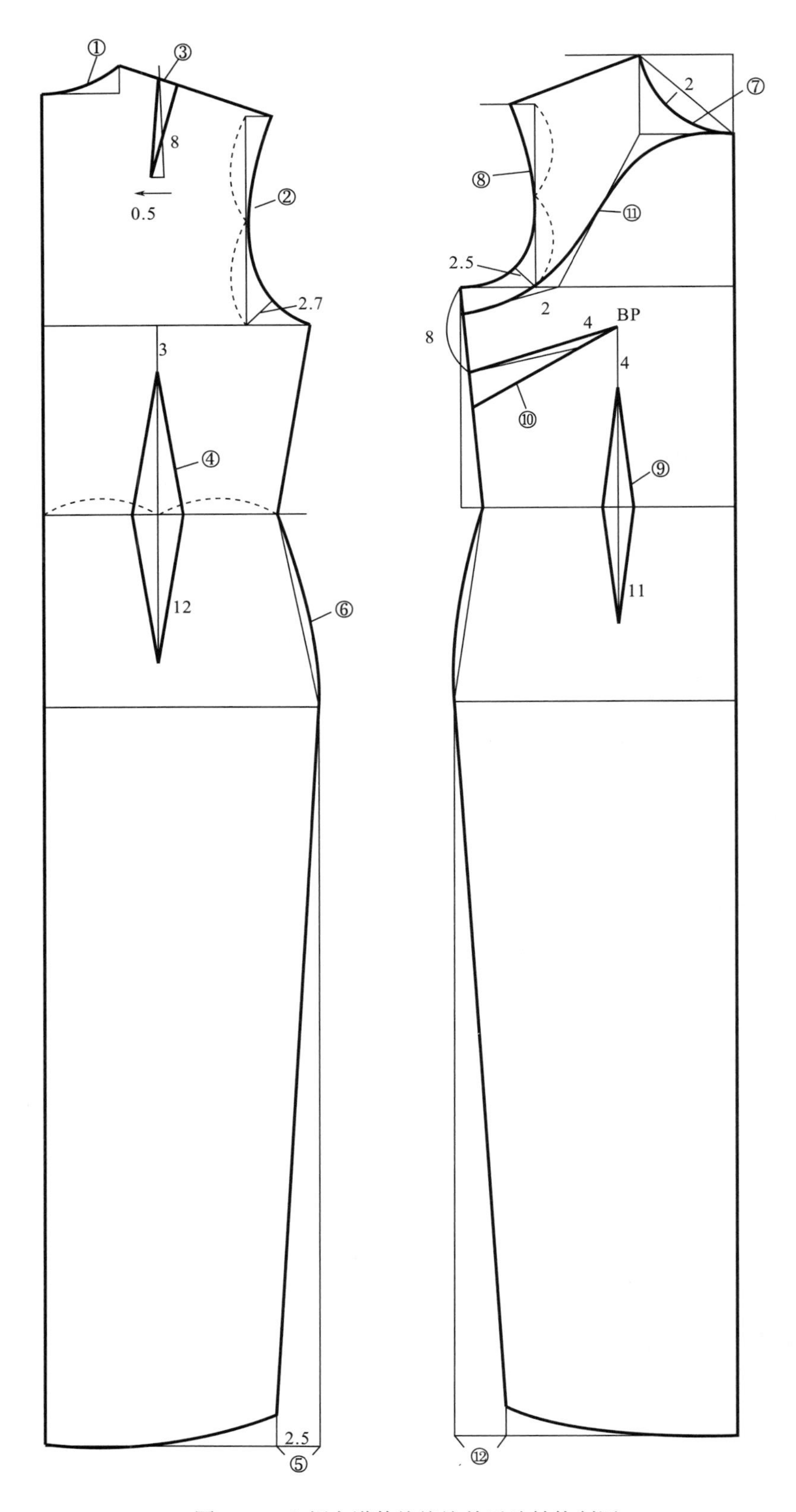

图4-15 立领大襟传统旗袍前后片结构制图

3．**前后片结构完成线制图（图4-16）**

（下列序号为制图中的步骤顺序）

①后中线为连折线。

②后肩省两省缝相等，画准确。

③调整后中腰省，省下部分略外弧。

④调整前中腰省，省上部分略外弧。

⑤前腋下胸凸省画准确，省略外弧。

⑥底襟，领下宽7cm，参照大襟弧线画平行线，延伸至臀围下7cm处。

⑦为底襟胸凸省位设计线。

⑧前中线为连折线。

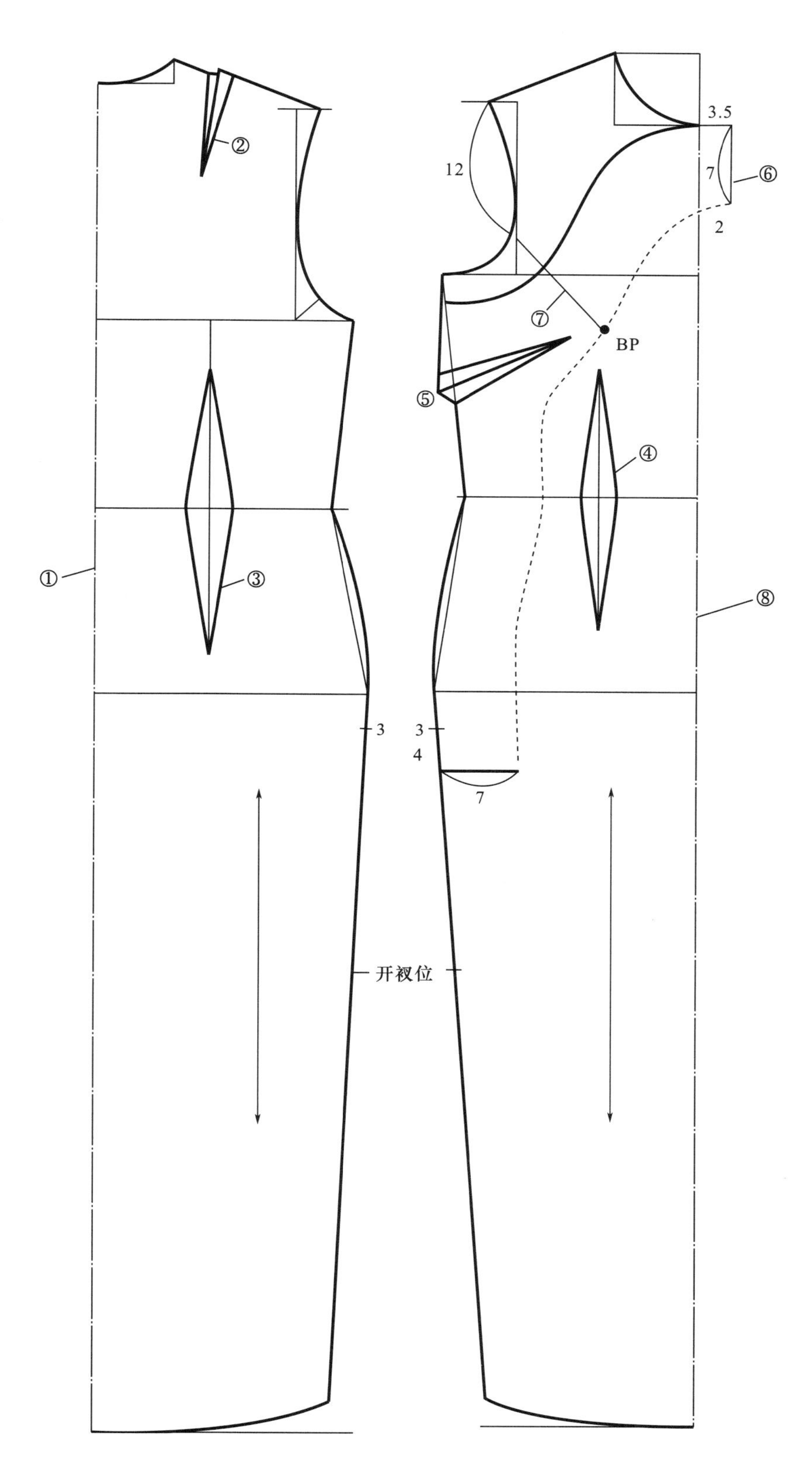

图4-16　立领大襟传统旗袍前后片结构完成线制图

4．前片底襟胸凸省处理（图4–17）

（下列序号为制图中的步骤顺序）

①将腋下胸凸省转移至袖窿位置。

②修正底襟位置上的袖窿省，使之形成自然的弧线并圆顺。

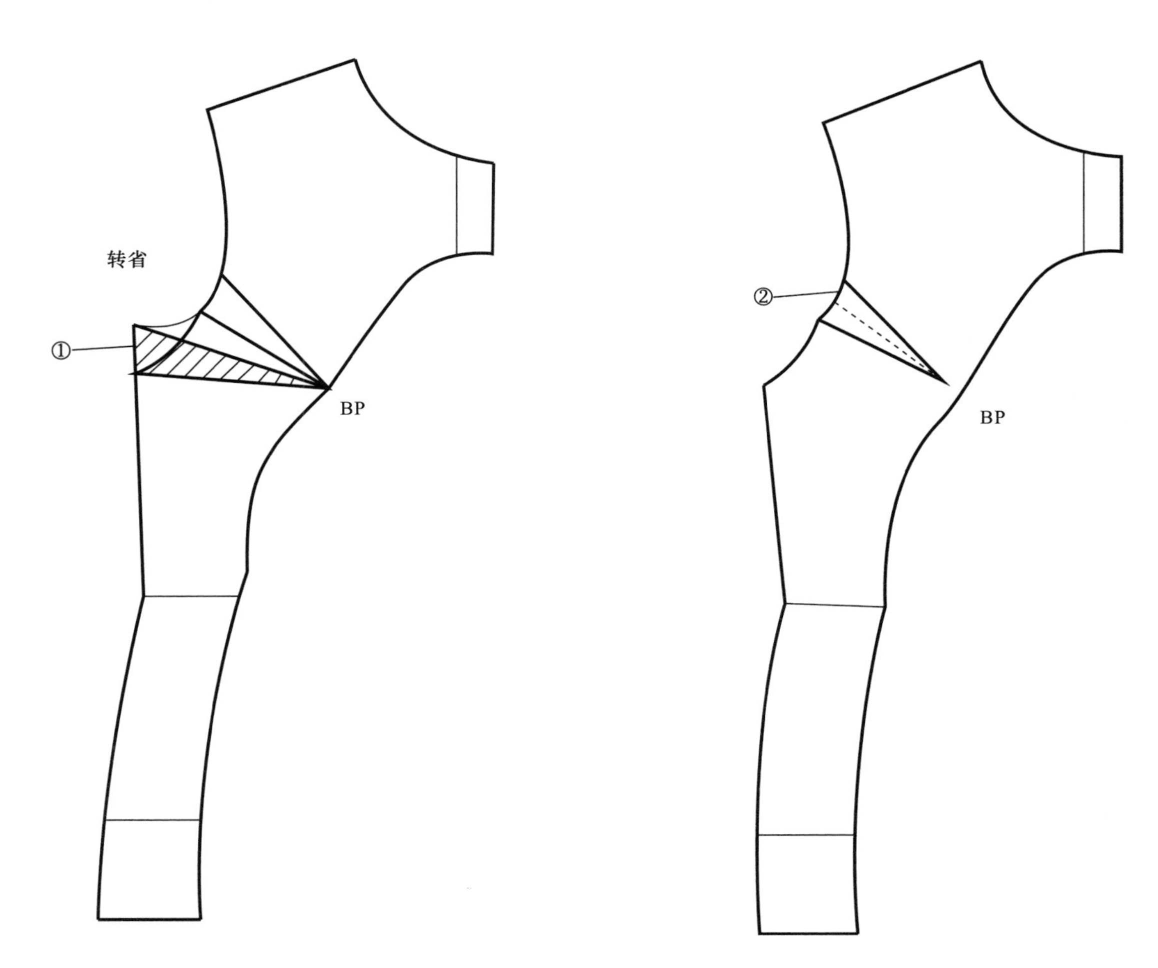

图4–17 立领大襟传统旗袍前片底襟胸凸省处理

5．袖片结构基础线制图（图4–18）

（下列序号为制图中的步骤顺序）

①按袖长尺寸画上下平行线。

②袖山高取$\frac{B}{10}$+3.5cm，或$\frac{\mathrm{AH}}{2}\times 0.6$。

③前袖窿弧线长。

④后袖窿弧线长。

⑤袖肘长为$\frac{袖长}{2}$+3cm。

⑥为袖肘线。

⑦画前袖山弧线，参照前袖窿弧斜线上的辅助点画圆顺。

⑧画后袖山弧线，参照后袖窿弧斜线上的辅助点画圆顺。

⑨袖口辅助线，参照辅助点画弧线。

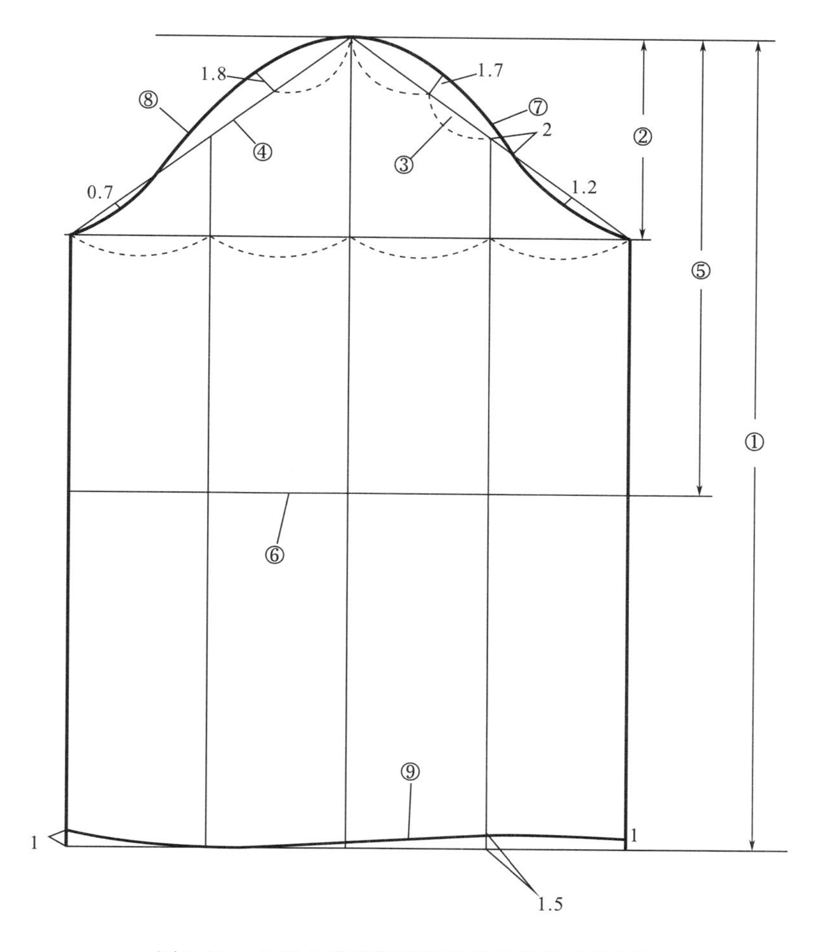

图4-18　立领大襟传统旗袍袖片结构基础线制图

6. **袖片结构完成线制图**（图4-19）

①将袖中线在袖口中点向前倾斜 2cm。

②前袖口肥为袖口 -1cm。

③后袖口肥为袖口 +1cm。

④前袖缝在袖肘辅助线位置自然内弧 0.8cm，画圆顺。

⑤后袖肘省取 1.5cm，省长 7cm。

⑥后袖缝参照后虚线辅助线，自然外弧 1cm，画圆顺，后袖缝减掉袖肘省后应与前袖缝线等长。

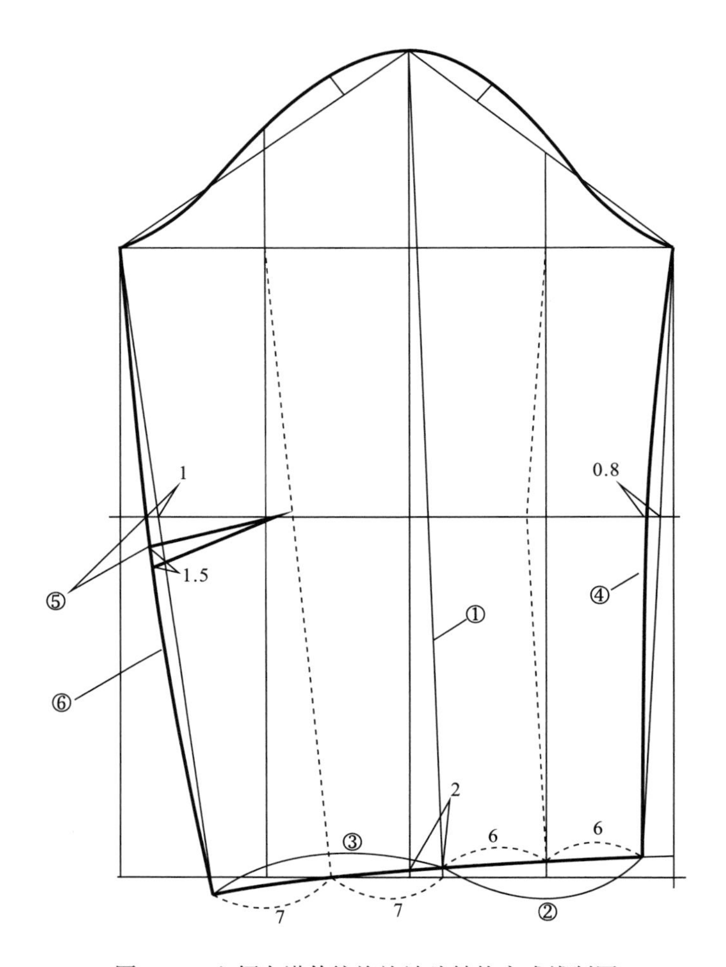

图4-19 立领大襟传统旗袍袖片结构完成线制图

7. 领片结构基础线制图（图4-20）

（下列序号为制图中的步骤顺序）

①前领窝弧线长加后领窝弧线长画直线，三等分，画辅助线。

②后领宽取 5cm+0.5cm，画后领宽垂线。

③将前领垂线二等分。

④画领内口辅助线。

⑤画领外口辅助线。

⑥画前领辅助线。

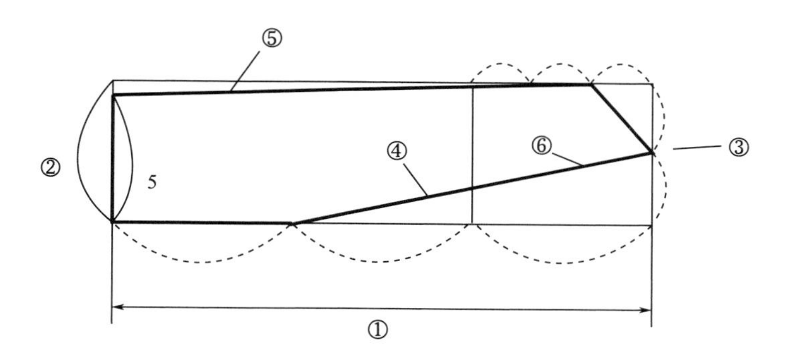

图4-20　立领大襟传统旗袍领片结构基础线制图

8. **领片结构完成线制图**（图4-21）

（下列序号为制图中的步骤顺序）

①领内口从领前端点参照辅助线下弧 0.3cm，画圆顺。

②领外口从领前端点参照前领辅助线和外领口辅助线画圆顺。

③后领宽 5cm，画成连折线。其为总领长的$\frac{1}{2}$。

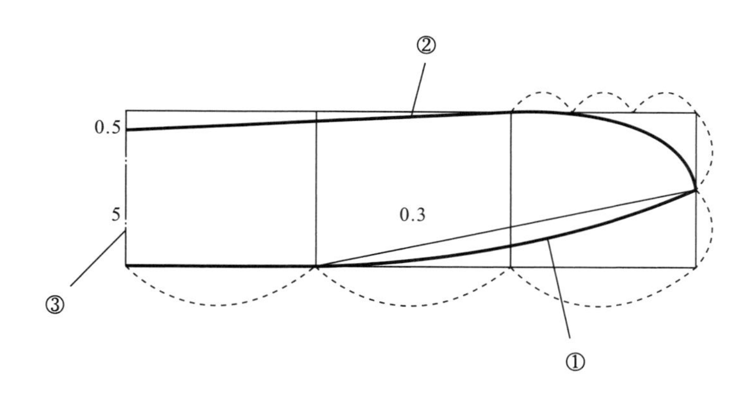

图4-21　立领大襟传统旗袍领片结构完成线制图

二、一滴水式无袖旗袍纸样设计

（一）款式说明

此款为一滴水式无袖旗袍，其与晚礼服相同，是东方人在正式礼仪场合穿着的服装，此款旗袍适合身高 160cm、胸围 84cm 左右的中青年女性穿着，非常合体的外观造型，适合在室内或礼仪活动等环境中穿着。衣长为总体身高的65%左右，其松量为胸围加放3cm，腰围加放3cm，臀围加放4cm，腰节为38cm。可采用真丝或缎类面料制作。

一滴水式无袖旗袍效果图如图4-22所示。

图4-22 一滴水式无袖旗袍效果图

（二）成品规格

成品规格按国家号型160/84A制订，如表4-6所示。

表4-6 一滴水式无袖旗袍成品规格表 单位：cm

部位	衣长	胸围	腰围	臀围	腰节	总肩宽	领大
尺寸	115	88	72	96	38	35	36.5

（三）制图步骤

1. **前后片结构基础线制图**（图4-23）

此款采用原型制图法制作纸样，与上款旗袍的区别在于胸部的立体感更强，纸样中的前后腰节差增大、胸省量扩大并且胸部有相应修饰。首先按照号型160/84A制作日本文化式女子新原型图，然后依据原型进行修正制作纸样。

（1）将原型的侧缝线分开画好，腰线置于同一水平线。

（2）从后中心线画衣长线110cm。

（3）腰线向下17～17.5cm画臀围线。前片臀围肥为$\frac{H}{4}$+0.5cm，后片臀围肥为$\frac{H}{4}$-0.5cm。

（4）原型的前后片胸围各减2cm，以保障符合旗袍胸围尺寸。

（5）前胸宽与后背宽各减1cm，以保障符合与胸围的松量比例尺寸关系。

2. **前后片结构制图**（图4-24）

（1）根据成品尺寸计算出的胸腰差（$\frac{B-W}{2}$=8cm），后片收60%的省量，前片收40%的省量。侧缝各收1.5cm的省量。连接胸、腰、臀侧缝基础线。

（2）在后片腰围线的$\frac{1}{2}$处设后中腰省位，前片参照BP点设置前中腰省位。将前片腰围线向上4cm处与侧缝线的交点与BP点连接，设置侧缝胸省位置。

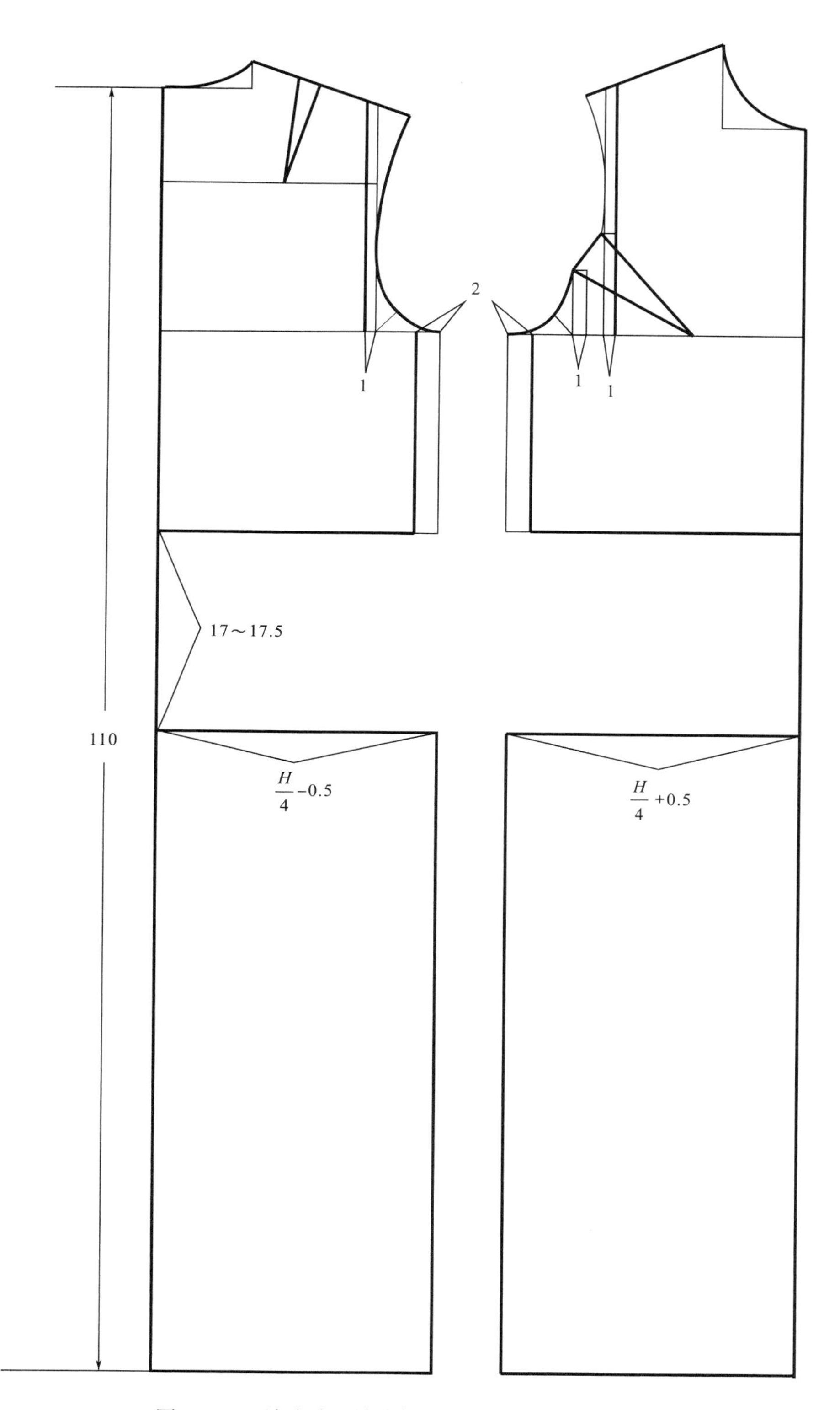

图4-23　一滴水式无袖晚装旗袍前后片结构基础线制图

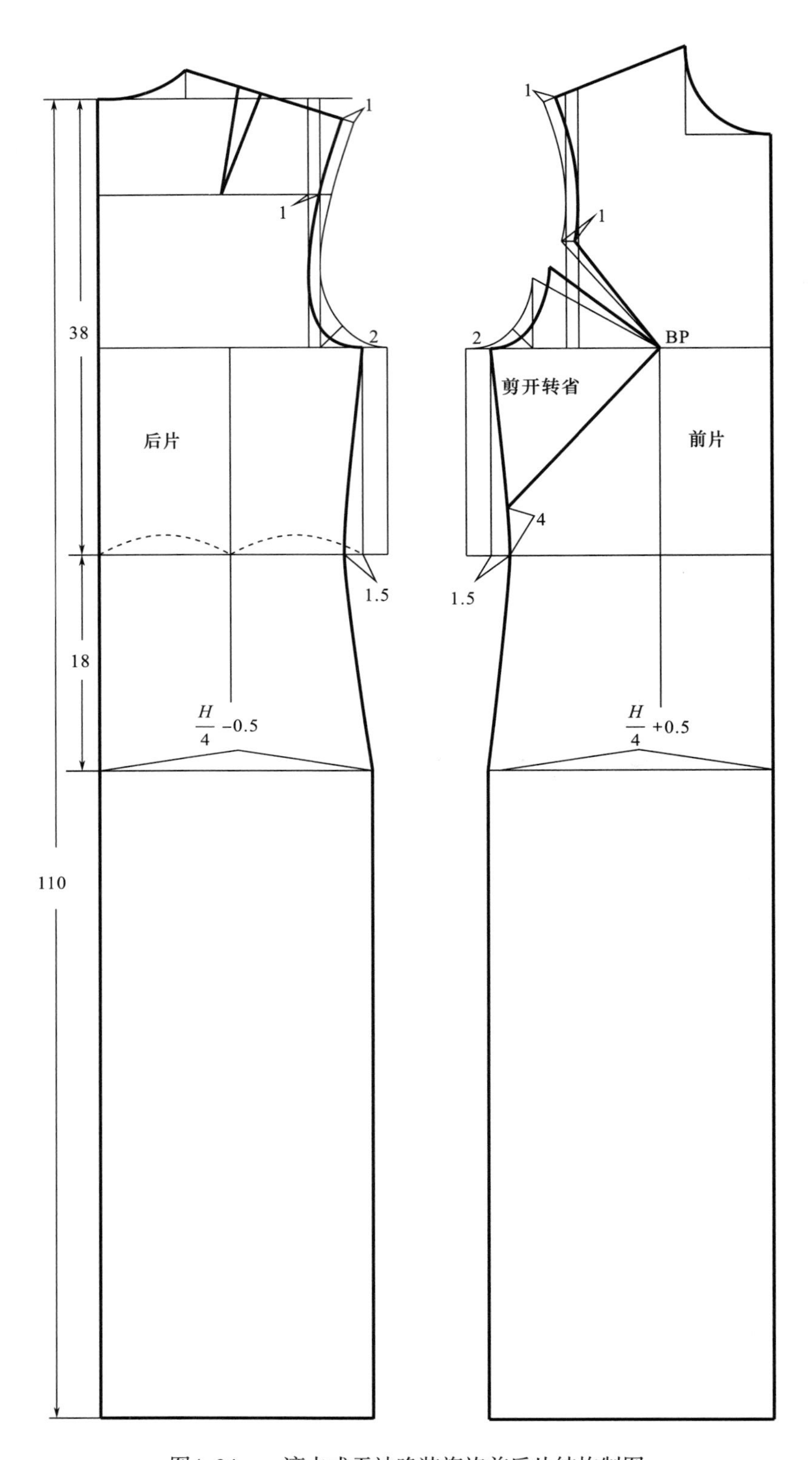

图4-24　一滴水式无袖晚装旗袍前后片结构制图

3．前后片结构完成线制图（图4-25）

（1）将后片后中线画成点画线，为连裁线，后中腰省收3.3cm。

（2）后小肩长5cm，根据款式图修正后袖窿造型线。

（3）后下摆侧缝收4cm，起翘4cm画下摆弧线。

（4）前片将原型袖窿上的胸凸省转移至侧缝，前中腰省收1.7cm。

（5）前下摆侧缝收4cm，起翘4cm，前中线为点画线，下翘2cm画下摆弧线。

（6）前小肩长5cm，根据款式图修正前袖窿造型线。在前领口中下6cm位置画一滴水造型。

4．领片结构制图（图4-25领子部分）

（1）将测量的$\frac{1}{2}$后领口弧线长7.7cm和前领口弧线长12.2cm形成的直线与立领高5cm画成矩形，为制图辅助线。

（2）前中线起翘2cm，减短领上口弧线，修正领上口弧线，使之符合中式立领造型。

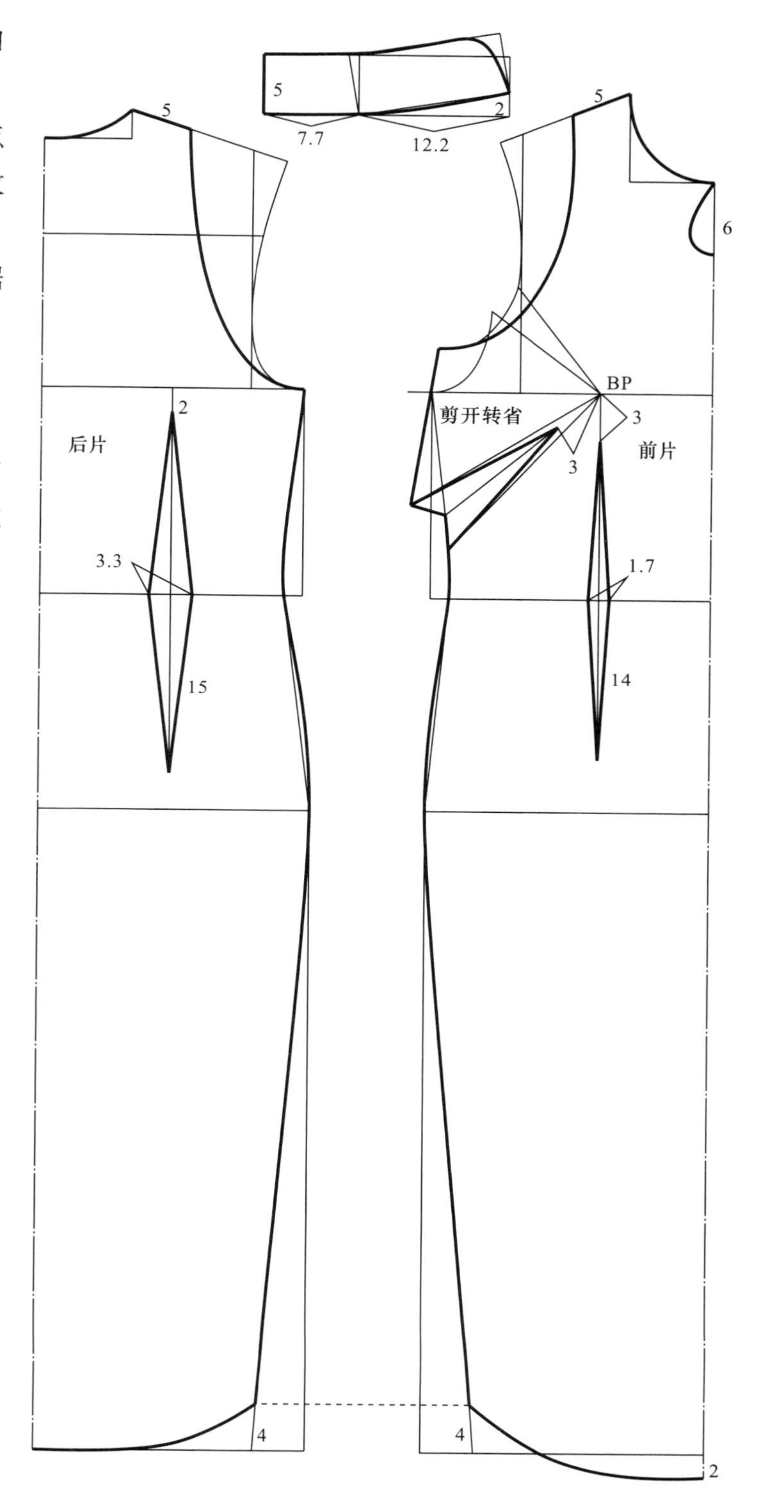

图4-25 一滴水式无袖晚装旗袍前后片结构完成线制图

图4-26 露肩旗袍裙式晚礼服效果图

三、露肩旗袍裙式晚礼服纸样设计

（一）款式说明

此款是较为紧身的连露肩背部的旗袍裙式晚礼服。其松量在胸围的基础上加放4cm，腰围加放2cm，臀围加放6cm，通过腰部设计的分割款式线及省量可以非常简洁地修饰出人体胸、腰、臀部的理想造型曲线。可采用垂感较好的高级丝质面料制作。

露肩旗袍裙式晚礼服效果图如图4-26所示。

（二）成品规格

成品规格按国家号型160/84A制订，如表4-7所示。

表4-7 露肩旗袍裙式晚礼服成品规格表 单位：cm

部位	基础裙衣长	胸围	腰围	臀围	腰节	摆围
尺寸	120	88	70	96	38	84

（三）制图步骤

采用原型裁剪法。首先按照号型160/84A制作日本文化式女子新原型图，然后依据原型进行修正制作纸样。具体方法如前所述日本文化式女子新原型制图。

露肩旗袍裙式晚礼服前后片结构制图方法如下（图4-27）。

（1）将原型的前后片侧缝线分开画好，腰线置于同一水平线。

（2）从原型后中心线画衣长线120cm。

（3）胸围线上移1.5cm，前后胸围各收进1cm。

（4）制图中前后衣片胸腰差：$\frac{\text{总省量}}{2}$为11cm，后片收省60%为6.6cm，分别为1.5cm、3.1cm、2cm，前片收省40%为4.4cm，分别为2cm、2.4cm。

（5）臀高为$\frac{\text{总体高}}{10}$+1.5cm，后片臀围肥为成品$\frac{H}{4}$-0.5cm，前片臀围肥为成品$\frac{H}{4}$+0.5cm。

（6）下摆前后片侧缝各收进并起翘4cm，前下摆下平线下移1cm，圆摆画圆顺。

（7）后片后中线下摆从臀下15cm处开衩，宽4cm。

（8）前片领深取原型领窝下10cm，从腋下开始画顺前胸弧线造型。

（9）将胸凸省与前腰省结合成刀背造型，画顺线条，在胸围线处间隔 1cm。

（10）拉链设在后中线或侧缝上。

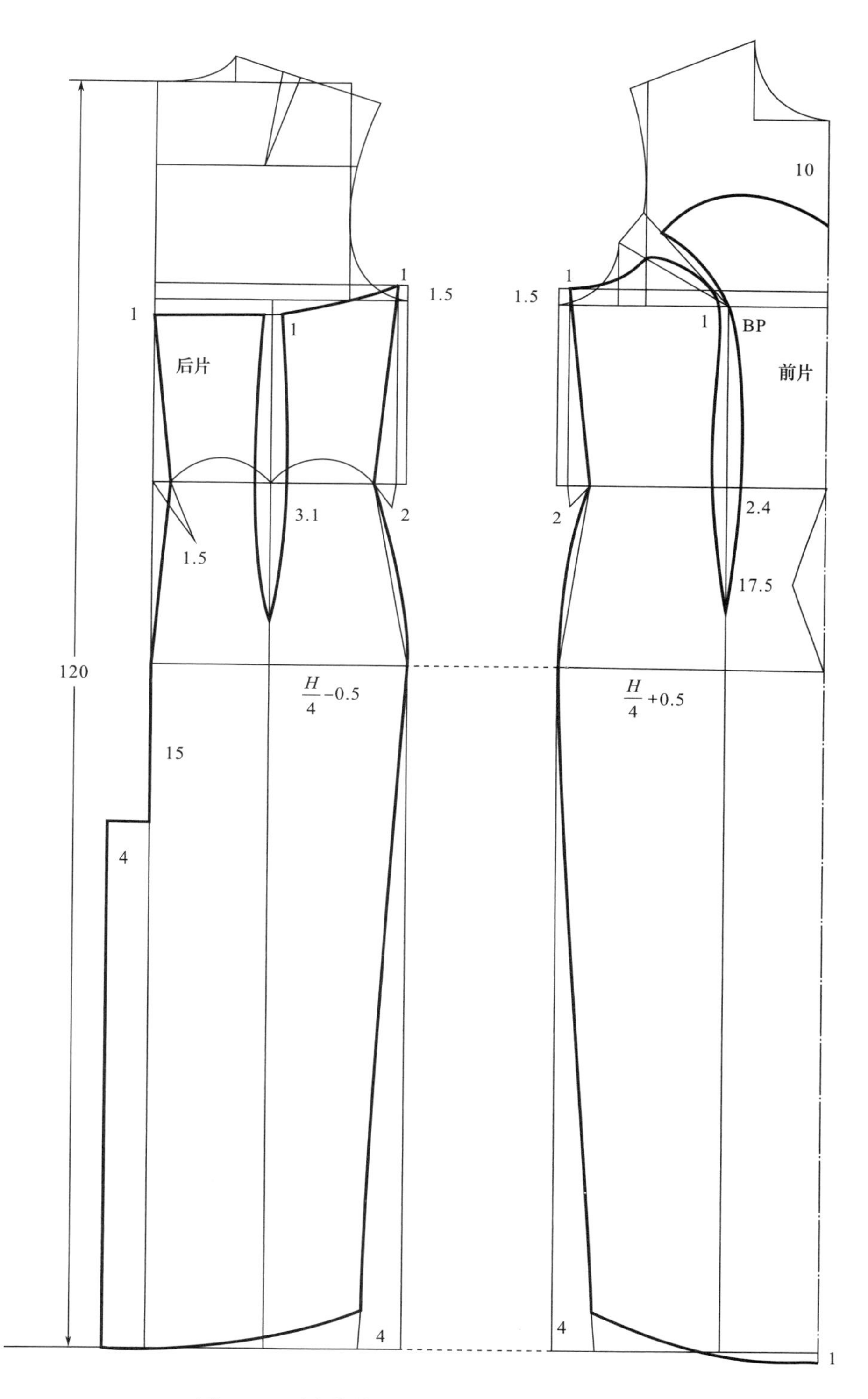

图4-27 露肩旗袍裙式晚礼服前后片结构制图

第四节　女礼服的纸样设计

一、紧身下摆拖地裙式晚礼服纸样设计

（一）款式说明

此款是较为紧身的下摆拖地裙式晚礼服。其松量在净胸围的基础上加放4cm，净腰围加放2cm，臀围加放6cm，通过腰部设计的分割款式线及省量可以非常简洁地修饰出人体胸、腰、臀部的理想曲线，后下摆展开拖地，前摆至地面。可采用垂感较好的丝质、纱质面料制作。

紧身下摆拖地裙式晚礼服效果图如图4–28所示。

图4–28　紧身下摆拖地裙式晚礼服效果图

（二）成品规格

成品规格按国家号型 160/84A 制订，如表 4–8 所示。

表 4–8 紧身下摆拖地裙式晚礼服成品规格表

单位：cm

部位	基础裙衣长	胸围	腰围	臀围	腰节	总肩宽
尺寸	165	88	68	96	38	36

（三）制图步骤

采用原型裁剪法。首先按照号型 160/84A 制作日本文化式女子新原型图，然后依据原型进行修正制作纸样。具体方法如前所述日本文化式女子新原型制图。

1. **前后片结构制图**（图4–29）

（1）将原型的前后片侧缝线分开画好，腰线置于同一水平线。

（2）从原型后中心线画衣片基础长线 165cm。

（3）胸围线上移 1.5cm，前、后胸围各收进 1.5cm。

（4）制图中前后衣片胸腰差：$\frac{总省量}{2}$为 11cm，后片收省 60% 为 6.6cm，分为 1.5cm、3.6cm、1.5cm 三个省，前片收省 40% 为 4.4cm，分为 1.5cm、2.9cm 两个省。

（5）领口展宽 8cm，后领开深 6.5cm，前领开深 5cm。

（6）将前胸省与前腰省连接，画刀背弧线。

（7）参照后腰省画分割弧线。

（8）臀高为$\frac{总体高}{10}$+1.5cm，后片臀围肥为$\frac{H}{4}$–0.5cm，前片臀围肥为$\frac{H}{4}$+0.5cm。

（9）臀围线下 30cm 处的下摆前后片侧缝各收进 4cm，将上圆摆画圆顺。

（10）后片下摆裙侧缝展开 13.5cm，前片下摆裙侧缝展开 10cm。

2. **后片裙片结构制图**（图4–30）

（1）在后片下摆拖地裙上画 5 条分割线，剪下。

（2）5 条分割线上部不动，依次从下部剪开，各展开 12cm 的摆浪，底摆画圆顺。

3. **前片裙片结构制图**（图4–31）

（1）在前片下摆拖地裙上画 5 条分割线，剪下。

（2）5 条分割线上部不动，依次从下部剪开，各展开 6cm 的摆浪，底摆画圆顺。

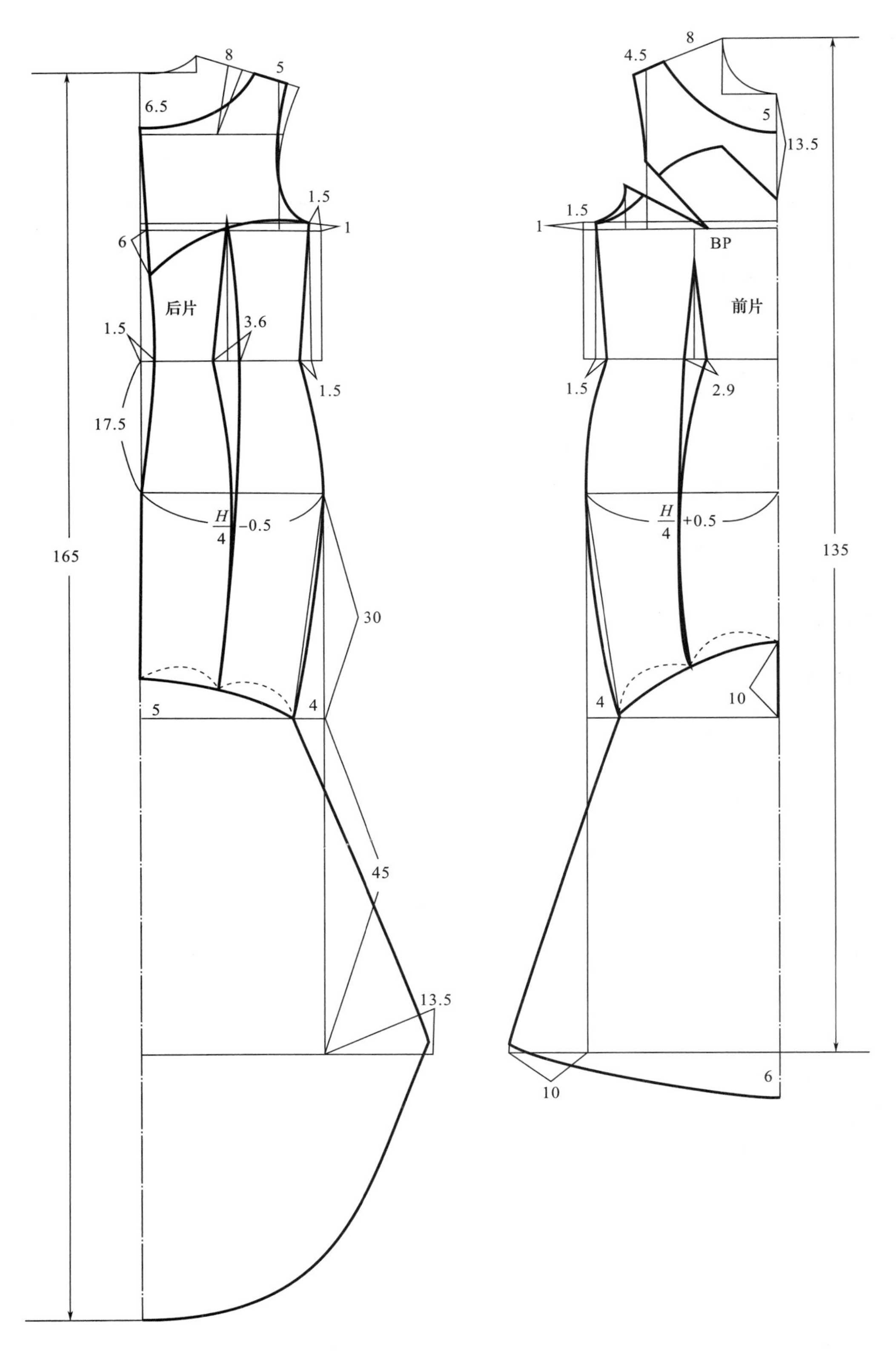

图4–29 紧身下摆拖地裙式晚礼服前后片结构制图

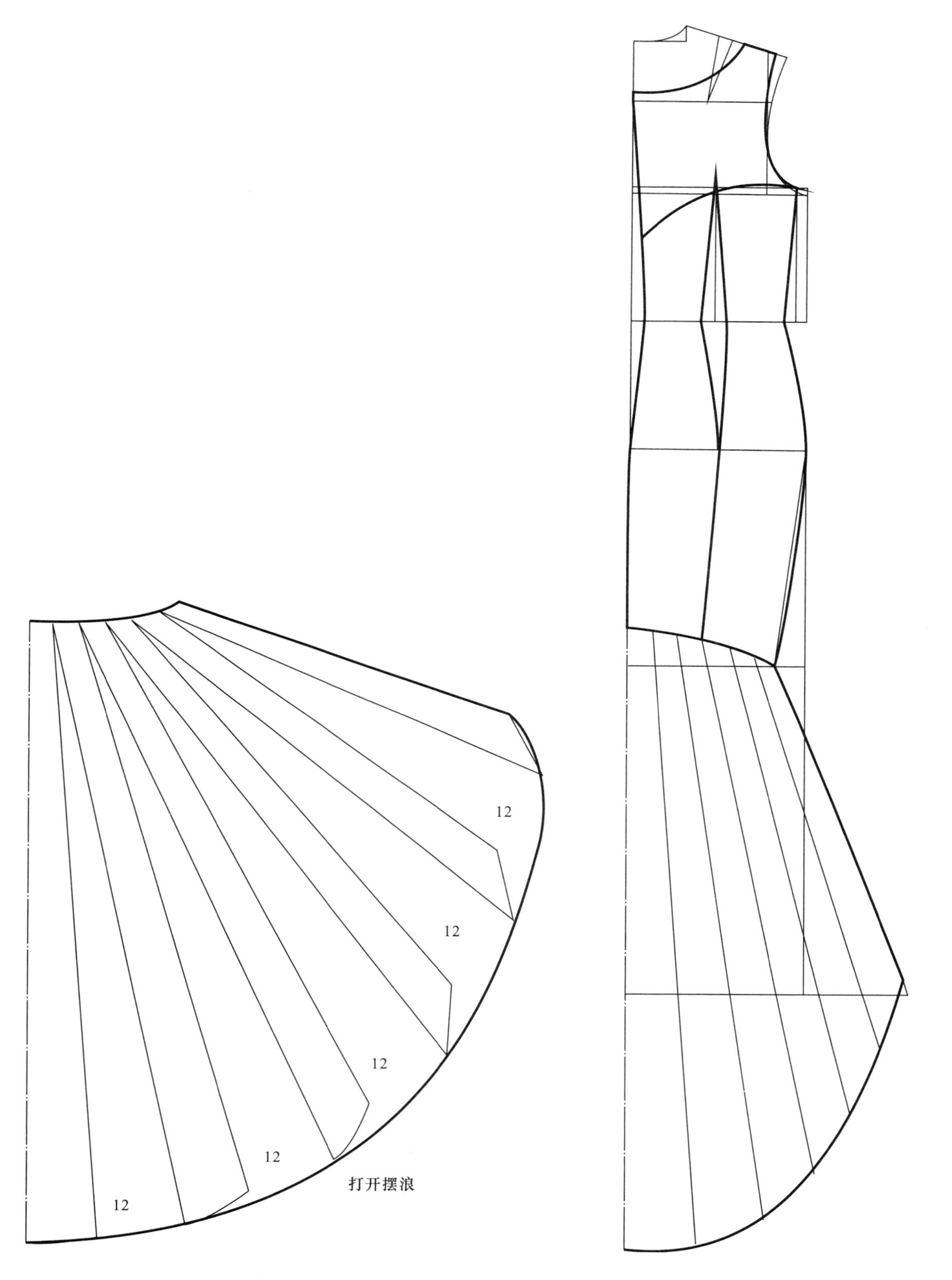

图4-30　紧身下摆拖地裙式晚礼服后片裙片结构制图

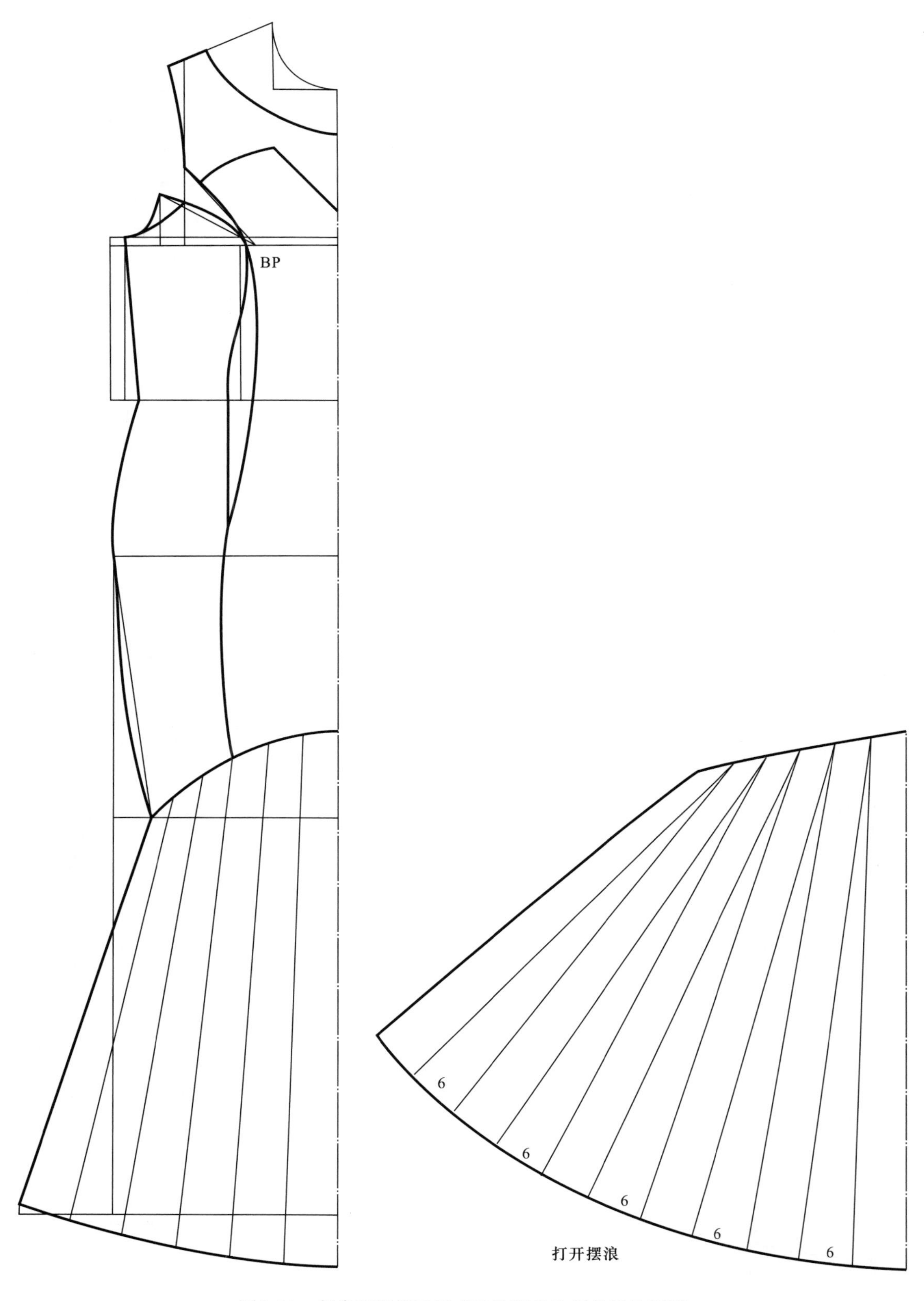

图4-31　紧身下摆拖地裙式晚礼服前片裙片结构制图

二、紧身下摆拖地鱼尾裙式晚礼服纸样设计

（一）款式说明

此款是紧身露肩、下摆拖地多片鱼尾裙式的晚礼服。其松量在净胸围的基础上加放 4cm，净腰围加放 2 ~ 3cm，臀围加放 6cm。通过腰部设计分割的 7 片裙式款式线及省量可以非常简洁地修饰出人体胸、腰、臀部的理想曲线，后下摆展开拖地，前摆至地面。可采用垂感好的高级真丝或纱质面料制作。

紧身下摆拖地鱼尾裙式晚礼服效果图如图 4-32 所示。

图4-32　紧身下摆拖地鱼尾裙式晚礼服效果图

（二）成品规格

成品规格按国家号型 160/84A 制订，如表 4-9 所示。

表4-9　紧身下摆拖地鱼尾裙式晚礼服成品规格表 单位：cm

部位	基础裙衣长	胸围	腰围	臀围	腰节
尺寸	120	88	70	96	38

（三）制图步骤

采用原型裁剪法。首先按照号型 160/84A 制作日本文化式女子新原型图，然后依据原型进行修正制作纸样。具体方法如前所述日本文化式女子新原型制图。

1. **前后片结构基础线制图（图4-33）**

（1）将原型的前后片侧缝线分开画好，腰线置于同一水平线。

（2）从原型后中心线画衣片基础长线 120cm。

（3）胸围线上移 1.5cm，前后胸围肥各收进 2cm。

（4）制图中前后衣片胸腰差：$\frac{总省量}{2}$为 9cm，后片收省 60% 为 5.4cm，分为 1.5cm、2.4cm、1.5cm 三个省，前片收省 40% 为 3.6cm，分为 1.5cm、2.1cm 两个省。

（5）前后肩部以胸围线为基准，作露肩背款式造型线。

（6）将前胸省与前腰省连接，画刀背弧线。

（7）参照后腰省画背部分割线。

（8）臀高为$\frac{总体高}{10}$+1.5cm，后片臀围肥为$\frac{H}{4}$-0.5cm，前片臀围肥为$\frac{H}{4}$+0.5cm。

（9）下摆前后片侧缝各收进4cm，画圆顺。

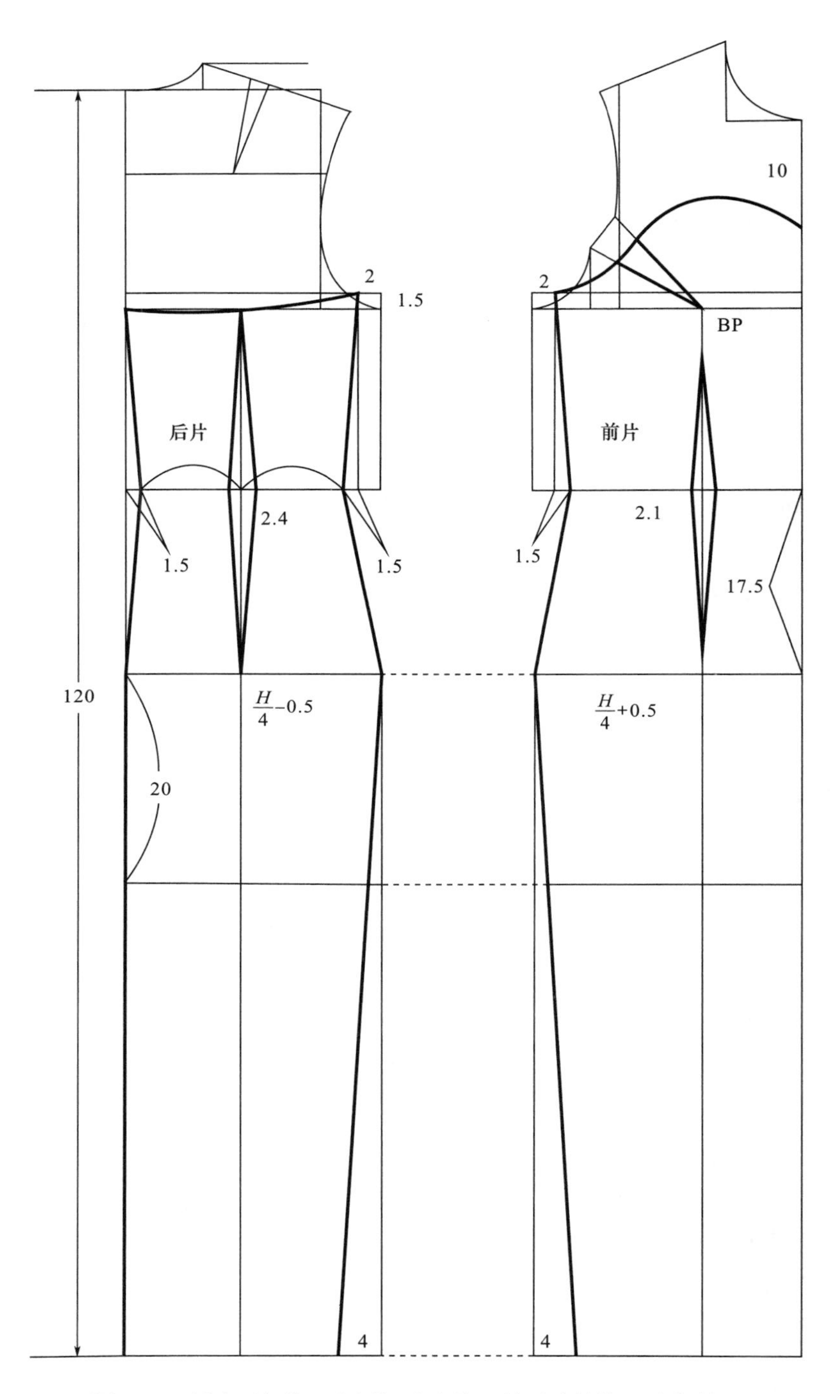

图4-33 紧身下摆拖地鱼尾裙式晚礼服前后片结构基础线制图

2．前后片结构完成线制图（图4-34）

（1）后片后中线延长10cm，作拖地裙摆，在臀下20cm处展开摆，前后片下摆裙侧缝均展开4cm。

（2）后片后中展开8cm，后片裙分割线下摆各展开8cm，前片下摆裙分割线下摆各展开4cm。

（3）将前后下摆弧线画圆顺。

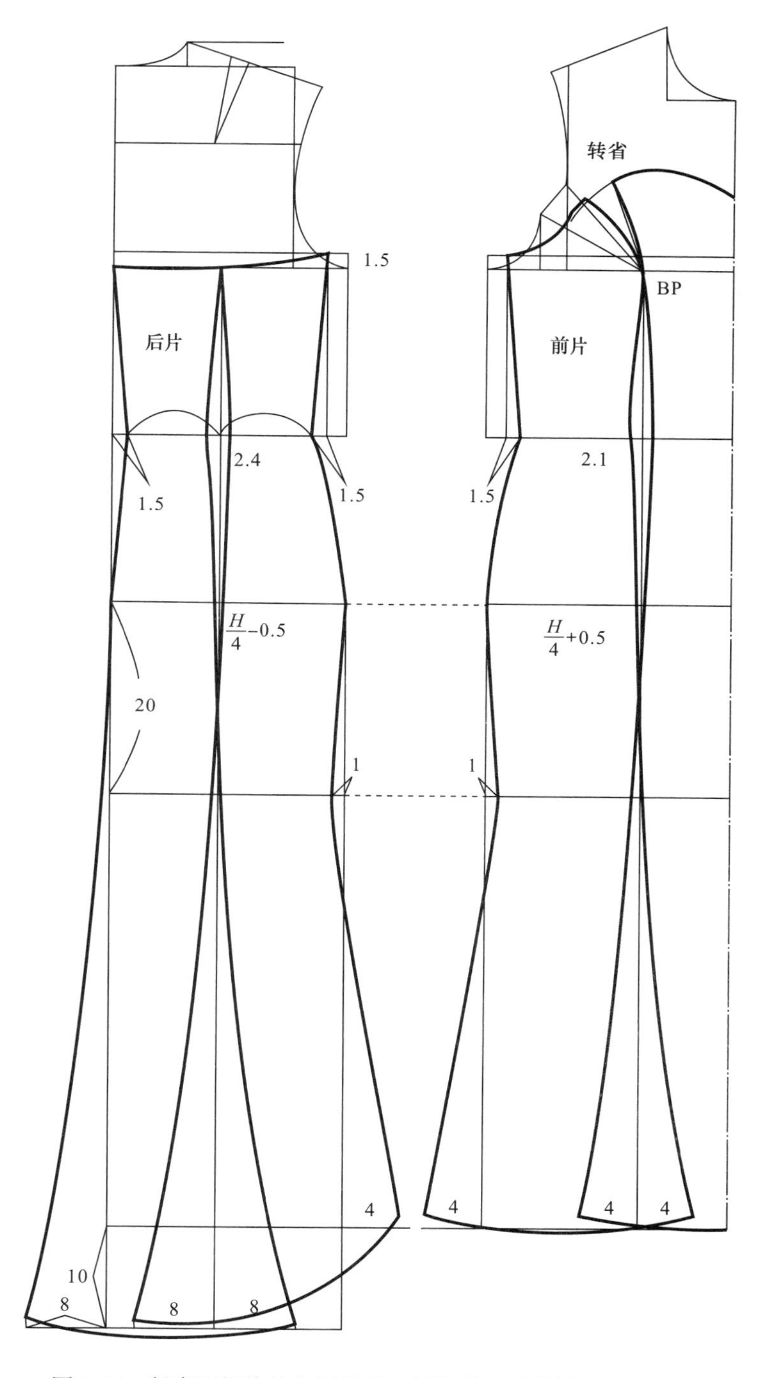

图4-34　紧身下摆拖地鱼尾裙式晚礼服前后片结构完成线制图

图4-35 紧身胸部缩褶大摆裙式礼服效果图

三、紧身胸部缩褶大摆裙式礼服纸样设计

(一)款式说明

此款是较为紧身、有细吊带、露肩背、胸部有缩褶装饰的大摆拖地裙式礼服,下摆为多片裙结构。其松量在胸围的基础上加放2 ~ 4cm,腰围加放2cm,臀围加放6cm,通过腰部设计分割的7片裙式款式线及收省量可以非常简洁地修饰出人体胸、腰、臀部的理想造型曲线,前后下摆展开拖至地面。可采用高级真丝或纱质面料制作。

紧身胸部缩褶大摆裙式礼服效果如图4–35所示。

(二)成品规格

成品规格按国家号型160/84A制订,如表4–10所示。

表4–10 紧身胸部缩褶大摆裙式礼服成品规格表 单位:cm

部位	基础裙衣长	胸围	腰围	臀围	腰节
尺寸	143	88	68	96	38

(三)制图方法

采用原型裁剪法。首先按照号型160/84A制作日本文化式女子新原型图,然后依据原型进行修正制作纸样。具体方法如前所述日本文化式女子新原型制图。

1. **前后片结构基础线制图(图4–36)**

(1)将原型的前后片侧缝线分开画好,腰线置于同一水平线。

(2)从原型后中心线上、腰围线下画裙长105cm。

(3)胸围线上移1cm,前后胸围各收进1.5cm。

(4)制图中前后衣片胸腰差:$\frac{\text{总省量}}{2}$为11cm,后片收省60% ~ 65%为6.6cm,分为2cm、3.1cm、1.5cm三个省,前片收省35% ~ 40%为4.4cm,分为1.5cm、2.9cm两个省。

(5)前后肩部以胸围线为基准作露肩背款式造型线设计,画出细吊带。

(6)臀高为$\frac{\text{总体高}}{10}$+1.5cm,后片臀围肥为成品$\frac{H}{4}$–0.5cm,前片臀围肥为成品$\frac{H}{4}$+0.5cm。

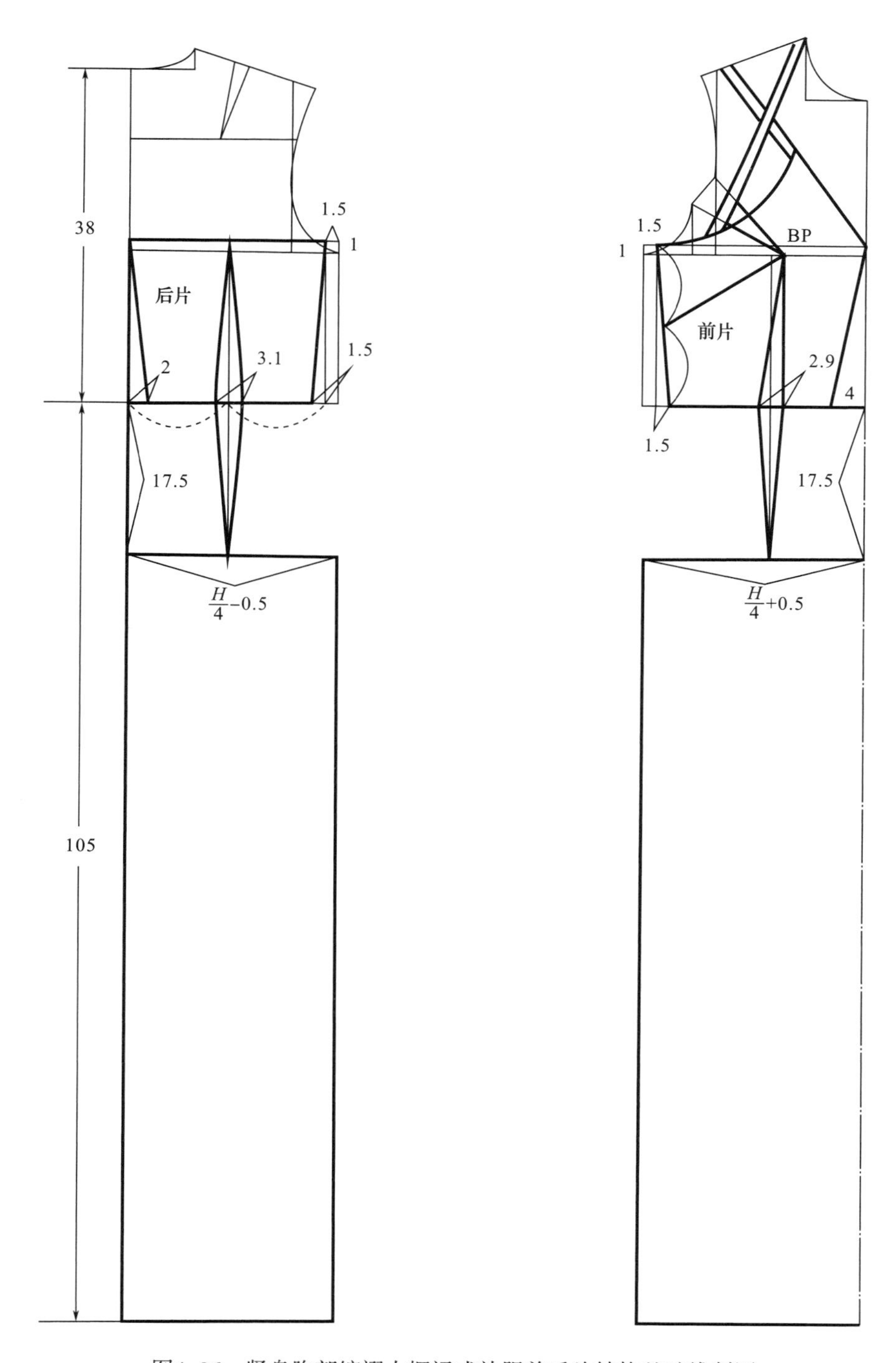

图4-36 紧身胸部缩褶大摆裙式礼服前后片结构基础线制图

2. 前后片结构完成线制图（图4-37）

（1）参照腰围线作腰部分割线，后中线拖地裙摆展开10.5cm，后腰省下裙摆各展开

7.5cm 摆量，侧缝展开 16cm 摆量。

（2）前腰省下裙摆各展开 10.8cm 摆量，侧缝展开 16cm 摆量。

（3）将前后下摆弧线画圆顺。

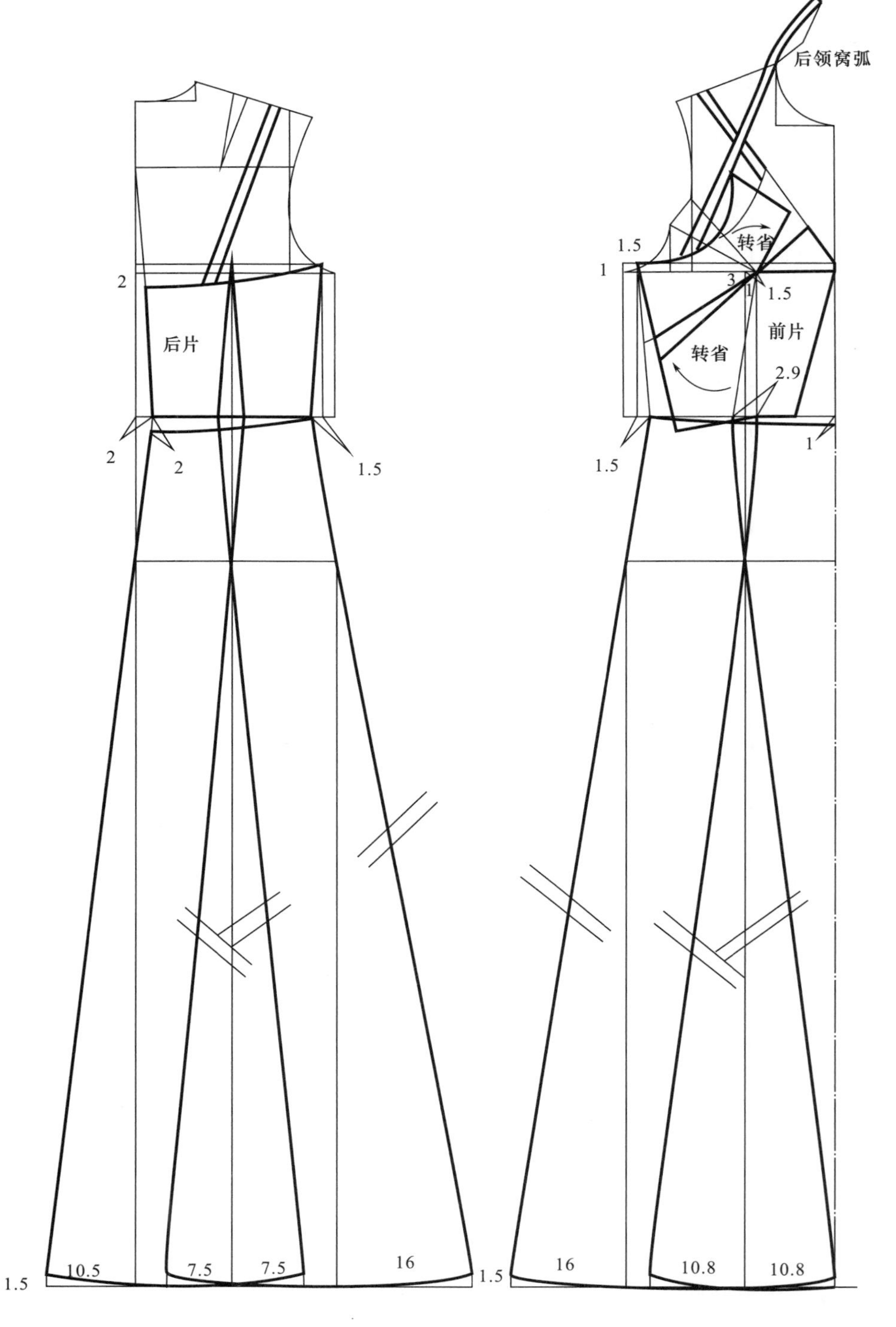

图4-37 紧身胸部缩褶大摆裙式礼服前后片结构完成线制图

3. **胸褶制图**（图4–38）

（1）将前胸省转移至前中造型斜线，前中腰省转移至侧缝线。

（2）将前胸片用 7 条线斜向分割，拉开褶量，平均间距 4cm，作为工艺造型缩褶量。

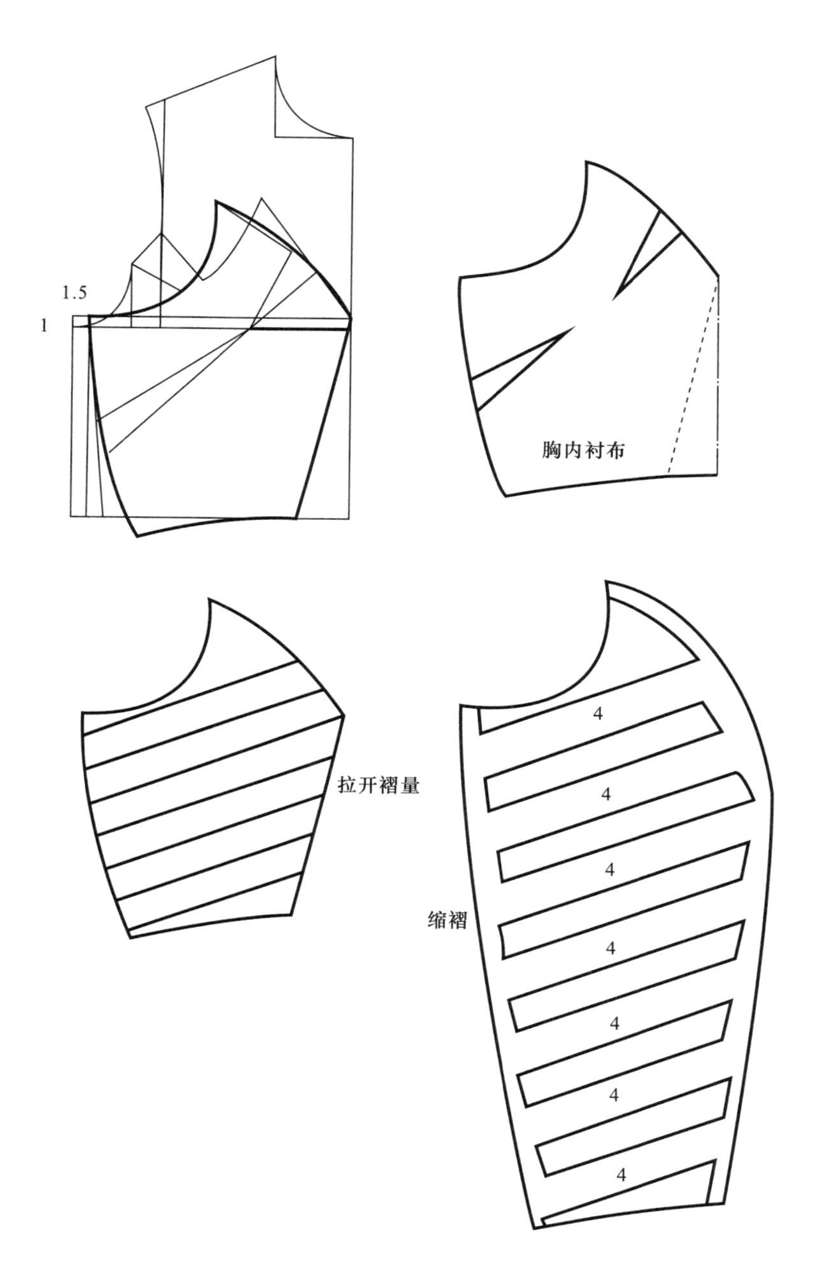

图4–38　紧身胸部缩褶大摆裙式礼服胸褶制图

图4-39　紧身式下摆双层拖地裙婚纱礼服效果图

四、紧身式下摆双层拖地裙婚纱礼服纸样设计

（一）款式说明

此款是紧身下摆双层裙式吊带礼服，衣身通过分割线结构塑造出理想的曲面。其松量在胸围基础上加放2 ~ 4cm，腰围加放2cm，臀围加放6cm，下摆鱼尾式两片裙的造型自然流畅，非常简洁地修饰出人体的理想曲线。本款礼服可采用高级丝质与沙质面料制作。

紧身式下摆双层拖地裙婚纱礼服效果如图4-39所示。

（二）成品规格

成品规格按国家号型160/84A制订，如表4-11所示。

表4-11　紧身式下摆双层拖地裙婚纱礼服成品规格表　单位：cm

部位	基础裙衣长	胸围	腰围	臀围	腰节
尺寸	152	88	68	96	38

（三）制图步骤

采用原型裁剪法。首先按照号型160/84A制作日本文化式女子新原型图，然后依据原型进行修正制作纸样。具体方法如前所述日本文化式女子新原型制图。

1．**前后片结构制图**（图4-40）

（1）将原型的前后片侧缝线分开画好，腰线置于同一水平线。

（2）从原型后中心线画基础衣裙长152cm。前衣裙基础长135cm。

（3）胸围线上移1cm，前后胸围各收进1.5cm。

（4）制图中前后衣片胸腰差：$\frac{总省量}{2}$为11cm，后片收省60%为6.6cm，分为1.5cm、3.6cm、1.5cm三个省，前片收省40%为4.4cm，分为1.5cm、2.9cm两个省。

（5）前后肩部以胸围线为基准作露肩背款式造型线设计，画出至后颈围的斜向吊带。

（6）臀高为$\frac{总体高}{10}$+1.5cm，后片臀围肥为成品$\frac{H}{4}$-0.5cm，前片臀围肥为成品$\frac{H}{4}$+

0.5cm。

（7）在臀围线下 30cm 处设分割线，侧缝收进 4cm，以下为鱼尾式下摆。

（8）后片后中线上裙子增长 21.5cm，侧摆展开 12.5cm，前片前中线上裙子增长 6cm，侧摆展开 10cm。

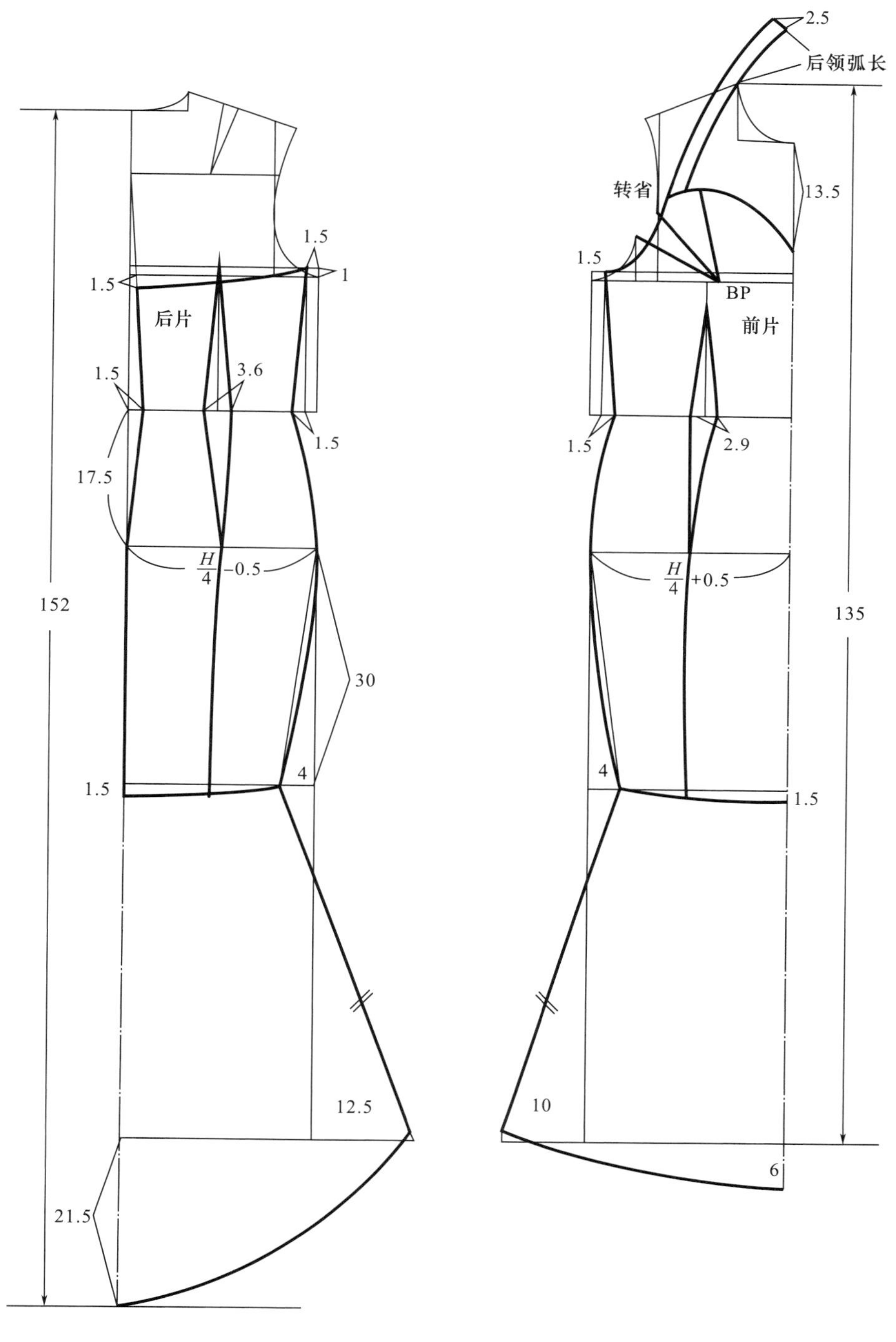

图4-40　紧身式下摆双层拖地裙婚纱礼服前后片结构制图

2. **后裙片结构制图**（图4-41）

（1）后裙片设计成双层两片，上层裙片用5条线分割开，各打开8cm摆量。

（2）下层裙片用5条线分割开，各打开6cm摆量。

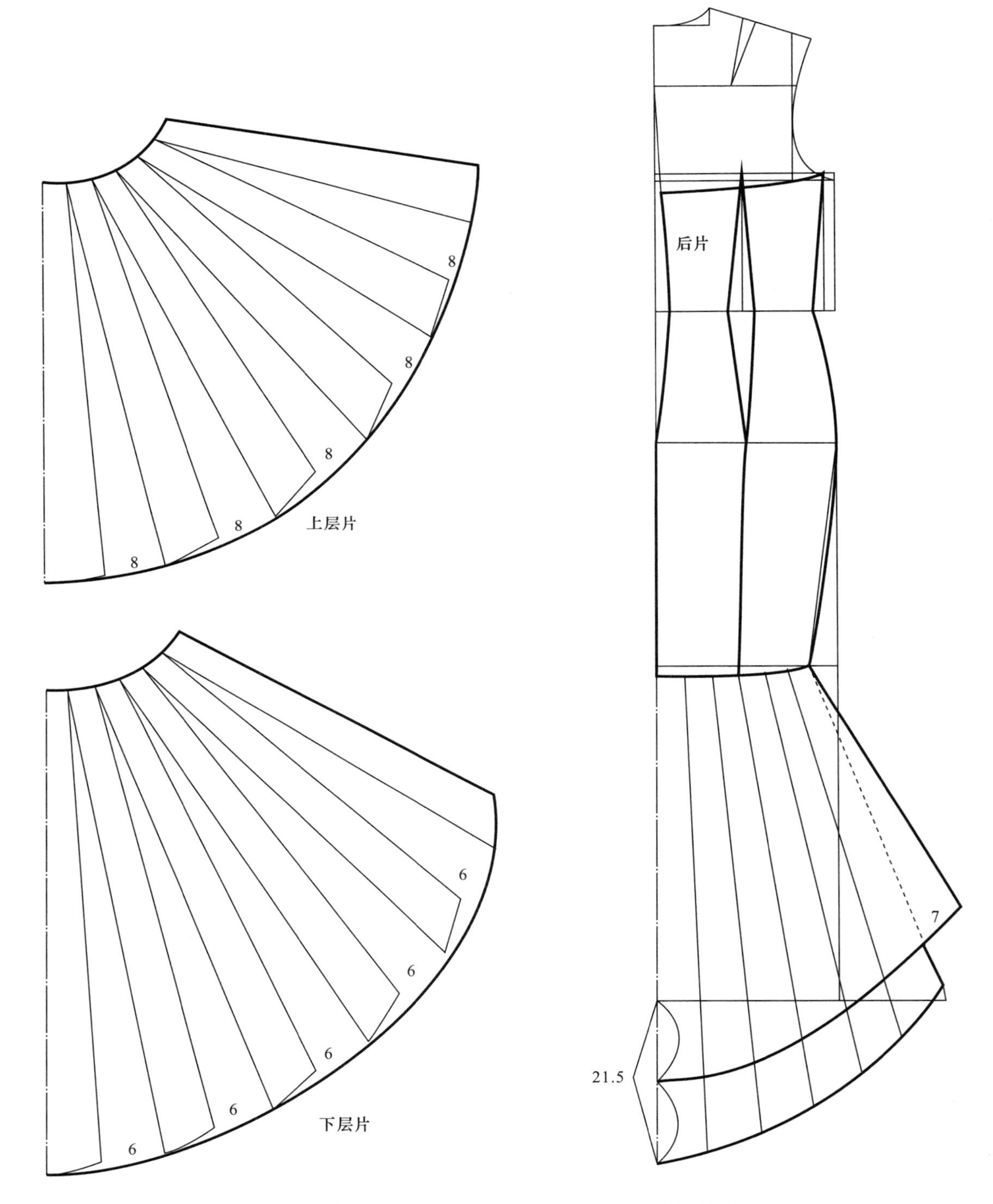

图4-41 紧身式下摆双层拖地裙婚纱礼服后裙片结构制图

3. **前裙片结构制图**（图4-42）

（1）前裙片设计成双层两片，上层裙片用5条线分割开，各打开8cm摆量。

（2）下层裙片用5条线分割开，各打开6cm摆量。

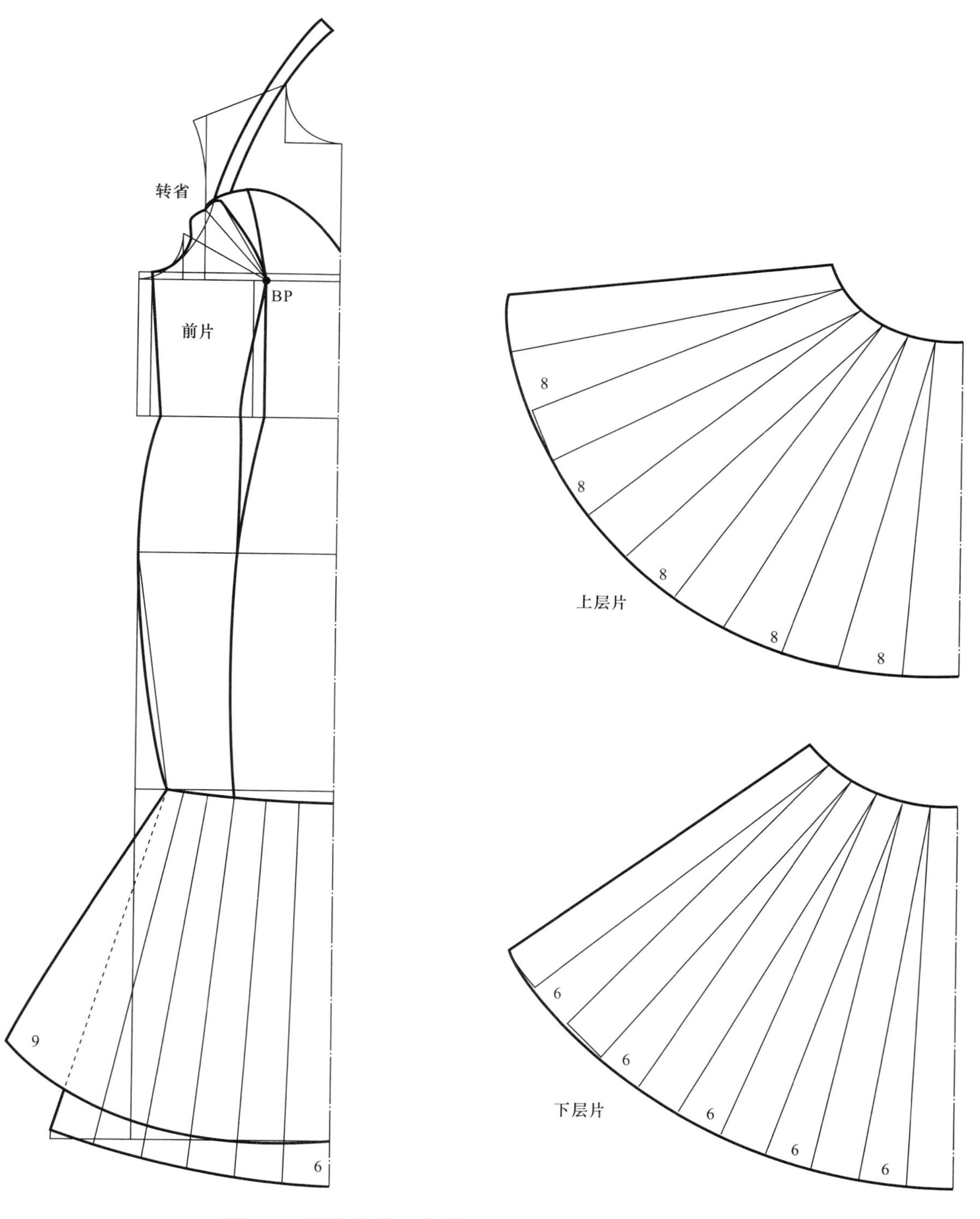

图4-42　紧身式下摆双层拖地裙婚纱礼服前裙片结构制图

第五章 女大衣制板方法实例

第一节 女大衣的结构特点

女大衣款式品类丰富，有生活装大衣、礼服大衣、时装大衣、休闲及职业装大衣等，其中包括长大衣、中长大衣等形式，结构复杂呈多元化的特点。有较贴体紧身的形式，同时也有一般或较宽松的形式。在结构处理上要针对不同造型的要求，制订好相应的规格尺寸和各个部位的舒适量，尤其是较为紧身合体的时装大衣款式，对其人体三围的曲面塑造要求较高，除了考虑具体人体的不同形态特征之外，也要做相应的修饰和夸张处理。生活装、礼服大衣结构则需要依据穿着形式确定相应的处理，才能取得正确的纸样。

第二节 生活装大衣的纸样设计

一、一片装袖单排扣西服领式长大衣纸样设计

（一）款式说明

此款大衣为公主线四开身结构，上身较宽松，单排四枚扣。大摆西服领是其设计特点，适合在日常生活中穿着。其松量在胸围的基础上加放 16cm，腰围加放 14cm，臀围加放 12cm，袖子采用高袖山一片袖及袖口省结构。可采用中厚毛纺、混纺等面料制作。

一片装袖单排扣西服领式长大衣效果如图 5–1 所示。

（二）成品规格

成品规格按国家号型 160/84A 制订，如表 5–1 所示。

表5–1 一片装袖单排扣西服领式长大衣成品规格表 单位：cm

部位	衣长	胸围	腰围	臀围	腰节	总肩宽	袖长	袖口
尺寸	105	100	82	102	38	40	54	14

图5-1 一片装袖单排扣西服领式长大衣效果图

（三）制图步骤

采用原型裁剪法。首先按照号型 160/84A 制作文化式女子新原型图，然后依据原型进行修正制作纸样。具体方法如前所述文化式女子新原型制图。

1．**前后片结构基础线制图**（图5-2）

（1）将上衣原型画好，四开身结构。

（2）从原型后中心线画衣长线 105cm。

（3）后片胸围线加放 2cm，前片胸围线加放 1cm，胸围线下移 2cm。

（4）前后胸宽各展开 0.75cm（原型胸围增长量的 12.5% 左右）。

（5）前后领宽各展宽 1.5cm。

（6）原型后肩点上移 1 ~ 1.5cm，后肩胛省保留 0.7cm 作后公主线省用，其余转移至后袖窿处，垫肩厚度 1.5cm，取冲肩 1.5cm，确定后肩点。

（7）前肩点上移 0.5 ~ 0.7cm，前小肩长为后小肩长 –0.7cm。

（8）制图中前后衣片胸腰差：$\frac{总省量}{2}$为 10cm，后片腰部省量占 60% 左右，分为三个省，分别收 1.5cm、3cm、1.5cm。其余省量由前片分为两个省，分别收 1.5cm、2.5cm。

（9）前衣片胸围线以上的前中线作 1cm 撇胸，将胸凸省的 $\frac{1}{3}$ 转至袖窿以保证袖窿的活动需要，剩余省量转移至前小肩作公主线省。

（10）搭门宽 3cm，驳领宽 9cm。前后片侧缝放摆 5cm，后中放摆 2cm。

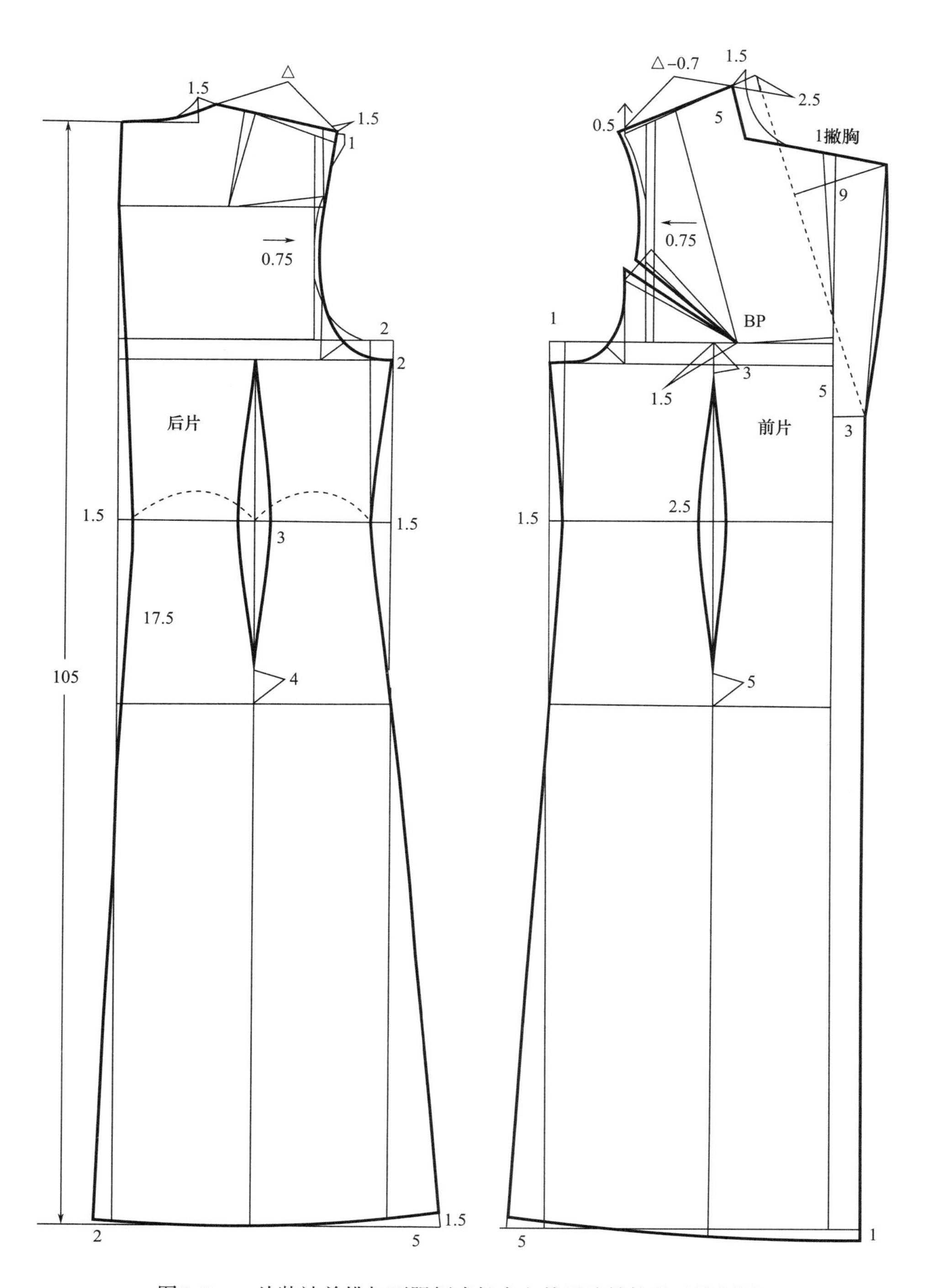

图5-2 一片装袖单排扣西服领式长大衣前后片结构基础线制图

2. **前后片及领片结构制图**(图5-3)

(1)前后公主线与腰省结合,画顺。

(2)前后公主线下摆各放出 4.5cm 摆量。

(3)总领宽 8cm,底领宽 3.5cm、翻领宽 4.5cm,倒伏量 4cm。

(4)驳嘴、领嘴宽 4.5cm。

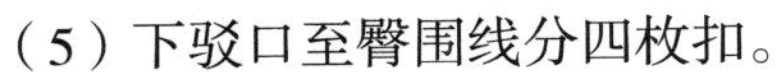

(5)下驳口至臀围线分四枚扣。

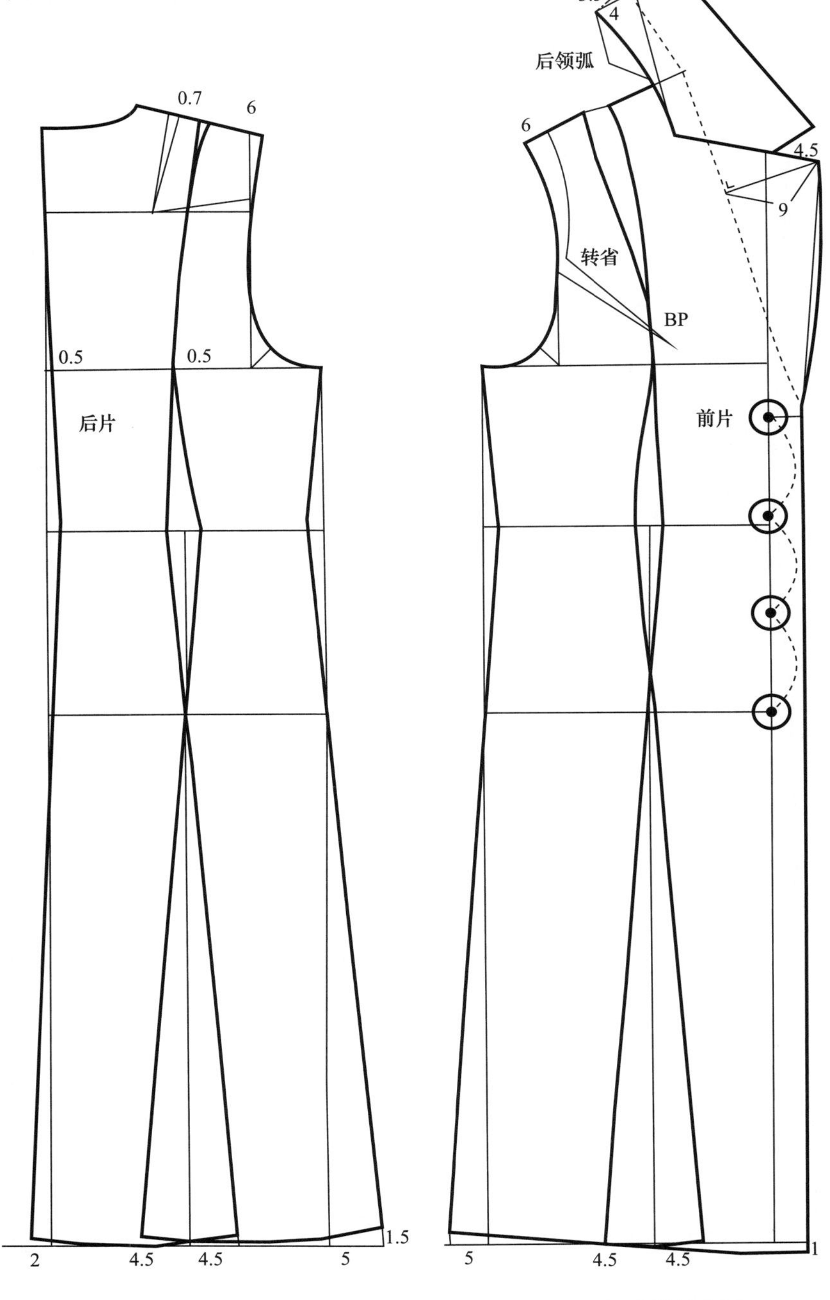

图5-3 一片装袖单排扣西服领式长大衣前后片及领片结构制图

3. **袖片结构制图**（图5-4）

（1）袖长 54cm。

（2）袖山高取$\frac{AH}{2}\times 0.7$cm。

（3）从袖山高点采用前 AH 画斜线长取得前袖肥，后 AH+1cm 画斜线长取得后袖肥。通过辅助点画前后袖山弧线。

（4）袖肘线从袖山高点向下取$\frac{袖长}{2}$+3cm。

（5）一片袖基础中线前倾 2cm，收袖口后在后袖缝设 1.5cm 袖肘省。

（6）袖口宽 14cm。

（7）将袖肘省转移至后袖口处。

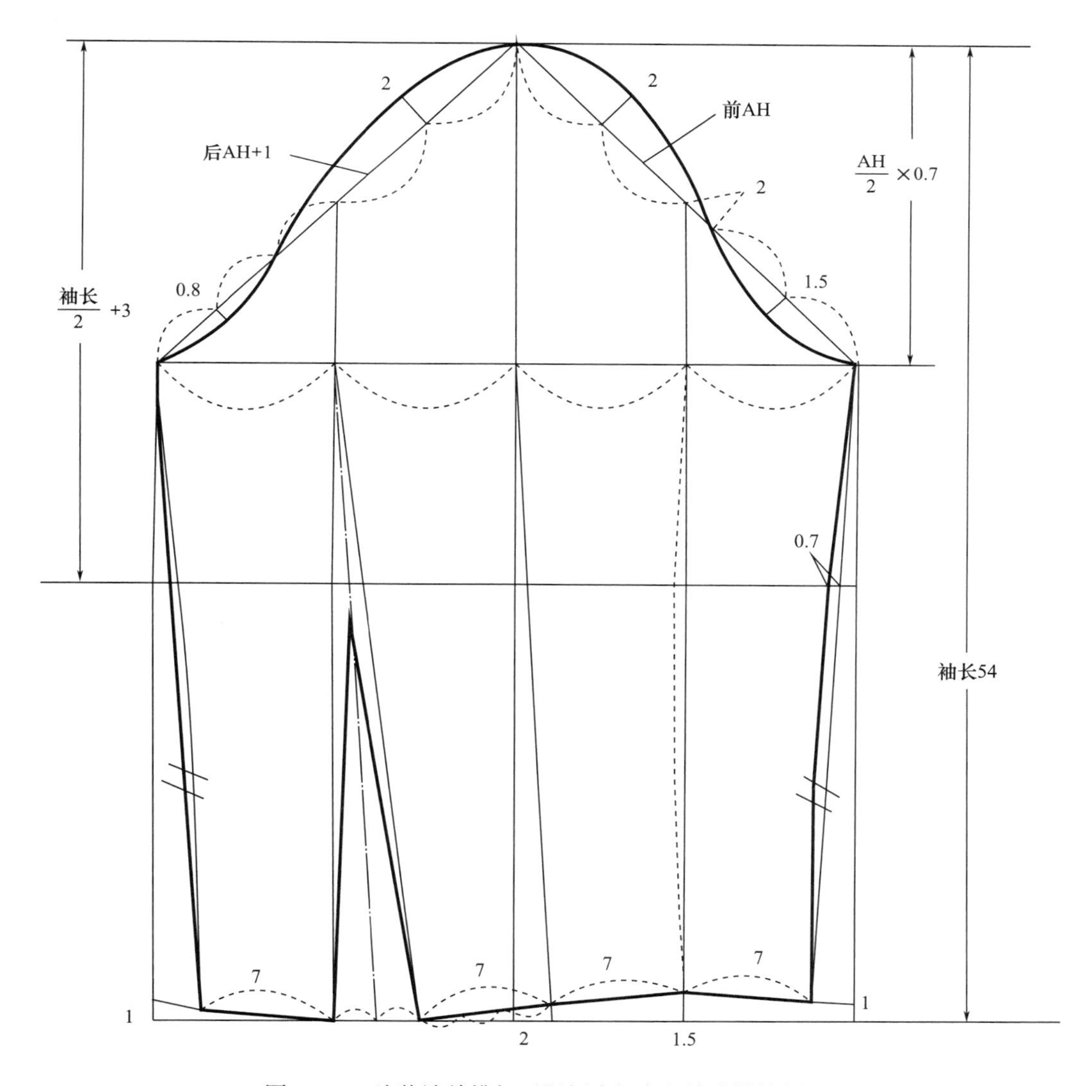

图5-4　一片装袖单排扣西服领式长大衣袖片结构制图

二、装袖双排扣戗驳领生活装女大衣纸样设计

（一）款式说明

此款为公主线四开身结构、上身较宽松的生活装女大衣，双排扣大摆戗驳领是其设计特点，适合在日常生活中穿着。其松量在胸围基础上加放16cm，腰围加放14cm，臀围加放12cm，袖子采用高袖山两片袖结构。可采用中厚毛纺或混纺面料制作。

装袖双排扣戗驳领生活装女大衣效果如图5-5所示。

图5-5 装袖双排扣戗驳领生活装女大衣效果图

（二）成品规格

成品规格按国家号型160/84A制订，如表5-2所示。

表5-2 装袖双排扣戗驳领生活装女大衣成品规格表 单位：cm

部位	衣长	胸围	腰围	臀围	腰节	总肩宽	袖长	袖口
尺寸	105	100	82	102	38	40	56	16

（三）制图步骤

首先按照号型 160/84A 制作文化式女子新原型图，然后依据原型制作纸样。具体方法如前所述文化式女子新原型制图。

1. **前后片结构基础线制图**（图5-6）

（1）将上衣原型画好，四开身结构。

（2）从原型后中心线画衣长线 105cm。

（3）后片胸围线加放 2cm，前片胸围线加放 1cm，胸围线下移 2cm。

（4）原型前后胸宽各展宽 0.75cm（原型胸围增长量的 12.5% 左右）。

（5）前后领宽各展宽 1.5cm。

（6）原型后肩点上移 1cm，后肩胛省保留 0.7cm，其余转移至后袖窿处，垫肩厚度 1.5cm，取冲肩 1.5cm，确定后肩点。

（7）前肩点上移 0.5cm，前小肩长为后小肩长-0.7cm。

（8）制图中前后衣片胸腰差：$\frac{总省量}{2}$为 10cm，后片腰部省量占总省量的 60%，分三个省分别收 1.5cm、3cm、1.5cm。前片腰部省量占总省量的 40%，分两个省分别收 1.5cm、2.5cm。

（9）前衣片胸围线以上的前中线作 1cm 撇胸，将胸凸省的$\frac{1}{3}$转至袖窿以保证袖窿的活动需要，剩余省量放入刀背省处理，分别以多种形式塑胸高。

（10）搭门宽 8cm，驳领宽 9.5cm。前后片侧缝放摆 5cm，后中放摆 2cm。

2. **前后片及领片结构制图**（图5-7）

（1）将前袖窿刀背线与腰省结合，自然画顺，后袖窿刀背线与腰省结合，自然画顺。

（2）前后刀背线下摆各放出 4.5cm 摆量。

（3）总领宽 9cm，底领宽 3.5cm、翻领宽 5.5cm，倒伏量 5cm。

（4）戗驳嘴宽 7.5，领嘴宽 4cm。

（5）前片下驳口至臀围线画双排对称三枚扣，扣子直径 3cm。

3. **袖片结构制图**（图5-8）

（1）袖长 56cm。

（2）袖山高为$\frac{AH}{2}\times 0.7$。

（3）从袖山高点采用前 AH 画斜线长取得前袖肥、后 AH+1cm 画斜线长取得后袖肥。通过辅助点画前后袖山弧线。

（4）袖肘线从袖山高点向下取$\frac{袖长}{2}+3$cm。

（5）前袖缝互借平行 3cm，后袖缝平行互借 1.5cm。

（6）袖开衩长 10cm、袖口宽 16cm，设装饰袖扣四枚。

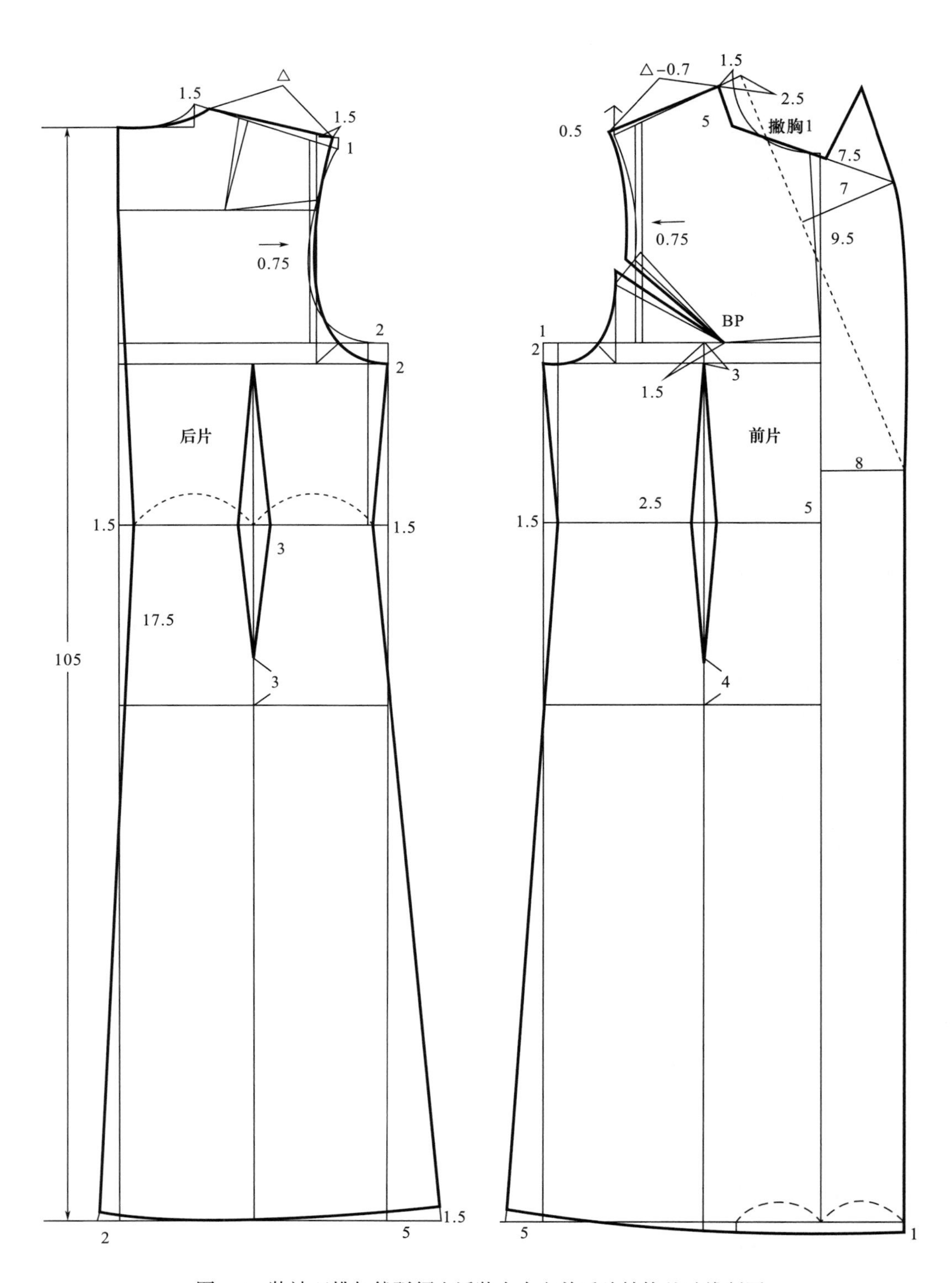

图5-6 装袖双排扣戗驳领生活装女大衣前后片结构基础线制图

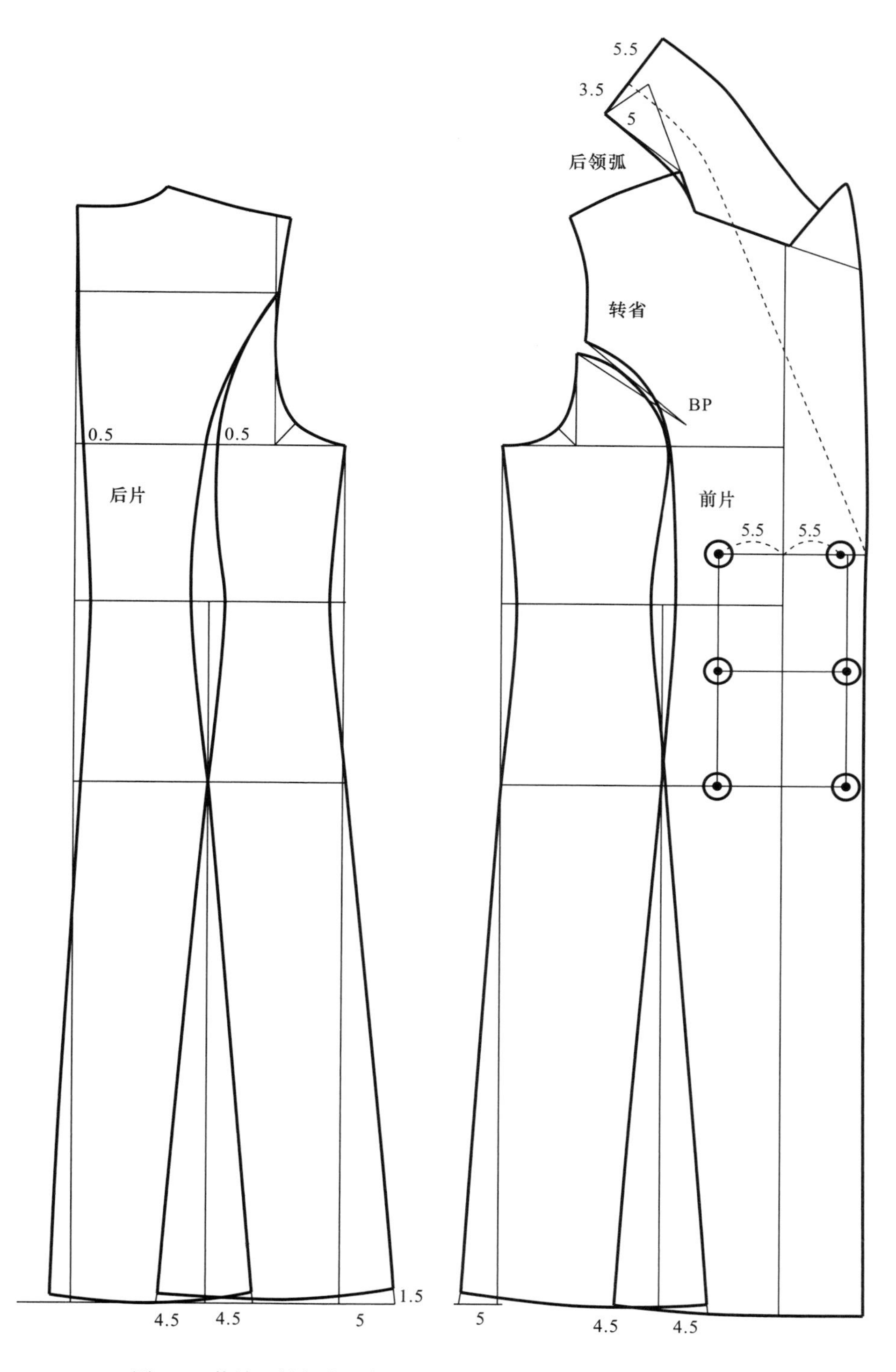

图5–7　装袖双排扣戗驳领生活装女大衣前后片及领片结构制图

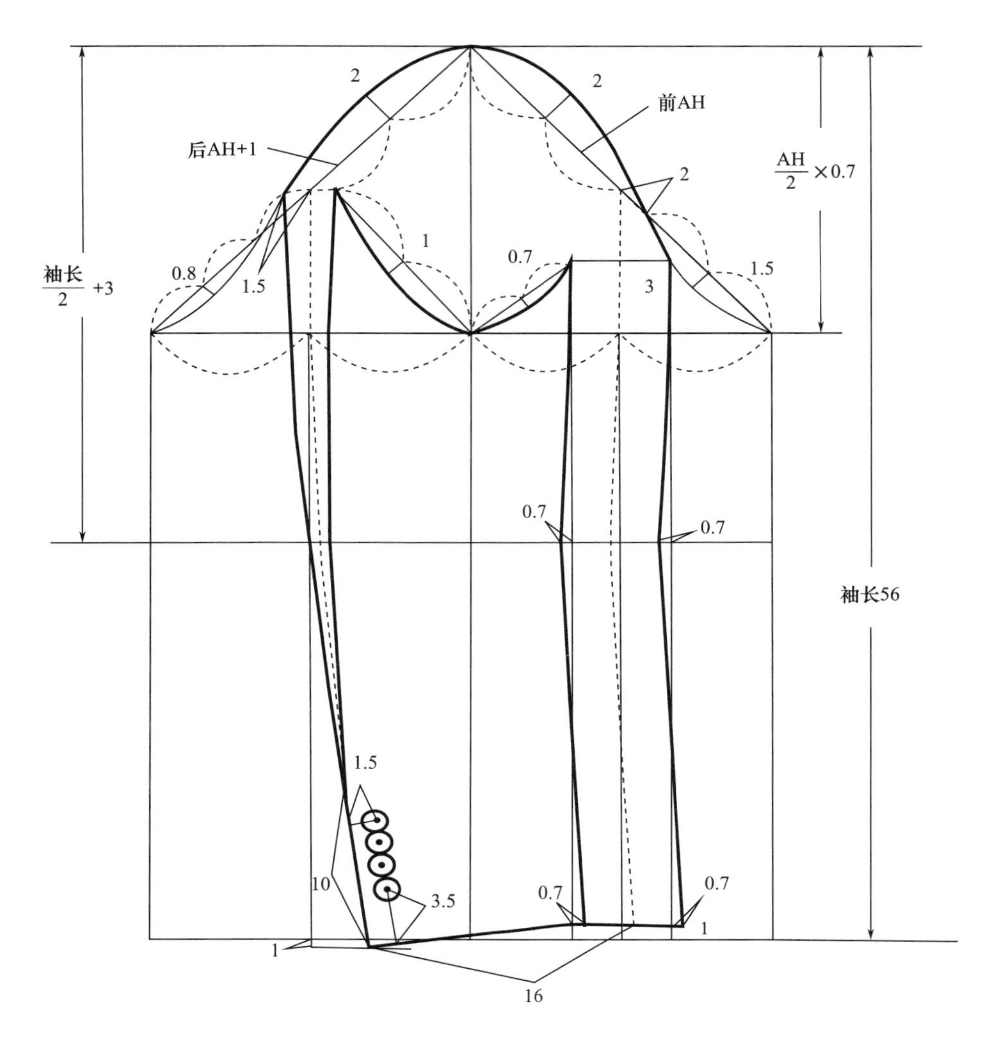

图5-8　装袖双排扣戗驳领生活装女大衣袖片结构制图

第三节　时装类女大衣纸样设计

一、装袖大翻驳领圆摆女大衣纸样设计

（一）款式说明

此款为上身较紧的大翻领圆摆女大衣，双排八枚扣，较夸张的大圆摆、大翻领收腰的复古造型是其设计特点，三开身结构可以理想地修饰塑造出女性的优美曲线。其松量在胸围的基

础上加放 10cm，腰围加放 6cm，臀围加放 15cm，袖子采用高袖山一片袖袖口省结构。可采用组织结构较紧密的精纺毛呢面料或粗纺毛呢面料制作。

装袖大翻驳领圆摆女大衣效果如图 5-9 所示。

图5-9 装袖大翻驳领圆摆女长大衣效果图

（二）成品规格

成品规格按国家号型 160/84A 制订，如表 5-3 所示。

表5-3 装袖大翻驳领圆摆女长大衣成品规格表 单位：cm

部位	衣长	胸围	腰围	臀围	腰节	总肩宽	袖长	袖口
尺寸	110	94	74	105	38	39	56	14

（三）制图步骤

采用原型裁剪法。首先按照号型 160/84A 制作文化式女子新原型图，然后依据原型修正制作纸样。具体方法如前所述文化式女子新原型制图。

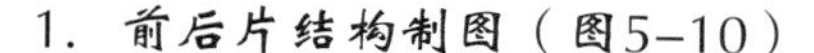

1. **前后片结构制图**（图5-10）

（1）将上衣原型画好，三开身结构。

（2）从原型后中心线画衣长线 110cm。

（3）前后领宽各展宽 1.8cm。

（4）原型后肩点上移 1.5cm，即后肩胛省保留 0.7cm，其余转移至后袖窿处，垫肩厚 1.5cm。

（5）后片根据款式分割线在胸围线上分别收 0.7cm、0.3cm 省量。

（6）制图中前后衣片胸腰差：$\frac{总省量}{2}$为 11cm，后片腰部省量分两个省分别收 2cm、5cm，前片腋下片收 2cm，前片中腰收 2cm 省量。

（7）下摆根据臀围尺寸放量较多，后中放 6cm 摆量，腋下片分别放 5cm 摆量，以保证臀围及圆摆造型的松量。

（8）将前衣片胸凸省的$\frac{1}{3}$转至袖窿以保证袖窿的活动需要，前中撇胸 1cm，剩余省量转移至前领口设领口省，分别以多种形式塑胸高。

（9）前中腰下设 14cm 长口袋。

（10）搭门宽 9cm，设八枚扣。

（11）大驳领宽16.5cm，呈外圆弧形，领子首先按西服领制图，底领宽3cm，翻领宽5cm，串口线按造型画出圆形。

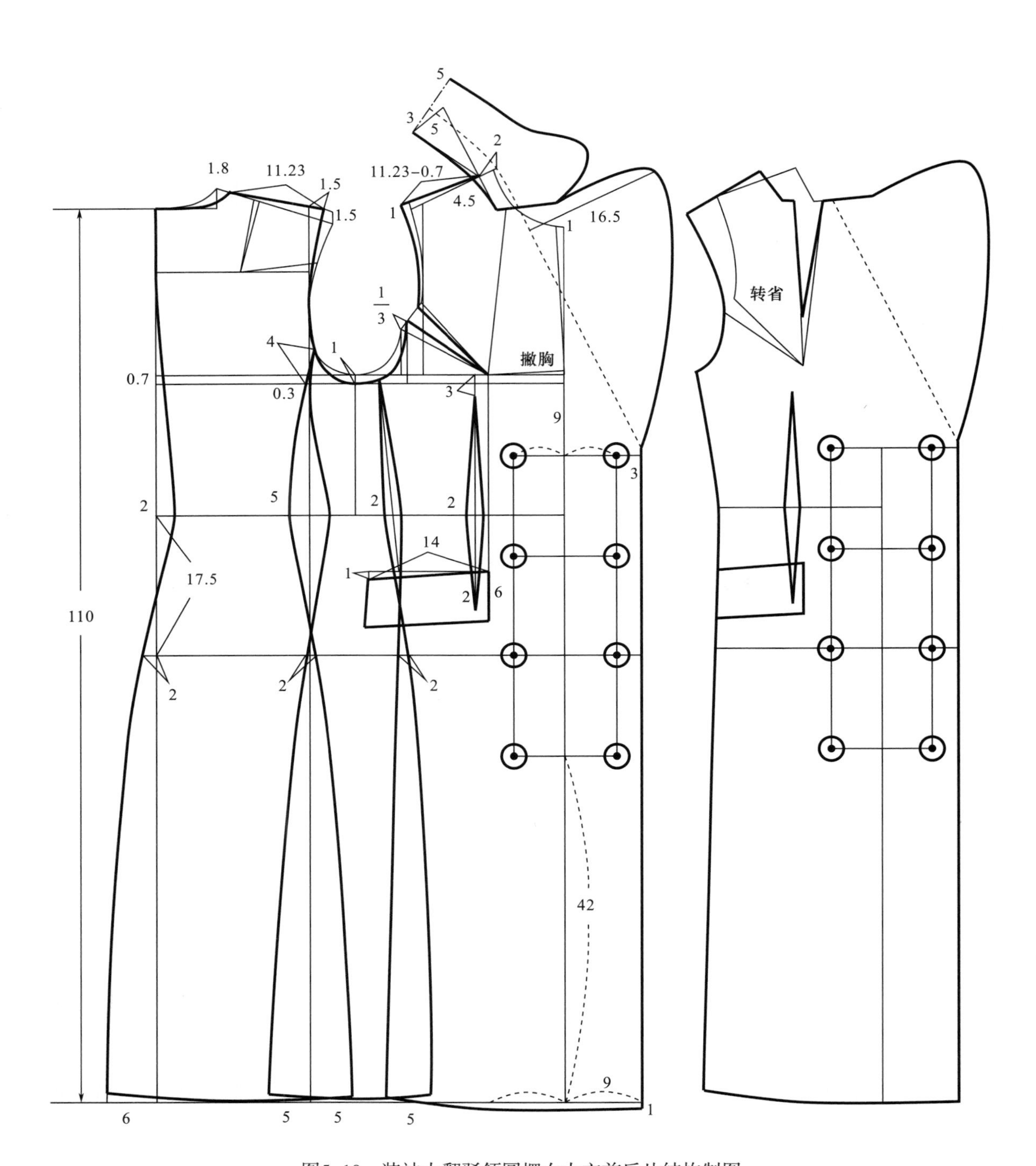

图5-10 装袖大翻驳领圆摆女大衣前后片结构制图

2. **袖片结构制图**（图5-11）

（1）袖长 56cm。

（2）袖山高为$\frac{AH}{2}\times 0.7$，袖山高所对应角为 45°。

（3）采用$\frac{AH}{2}$画斜线长取得前袖后袖肥。

（4）袖肘线从上平线向下取$\frac{袖长}{2}$+3cm。

（5）一片袖基础中线前倾 2cm，收袖口后在后袖缝设袖肘省 1.5cm。

（6）袖口宽 13cm。

（7）将袖肘省转移至袖口后袖缝处。

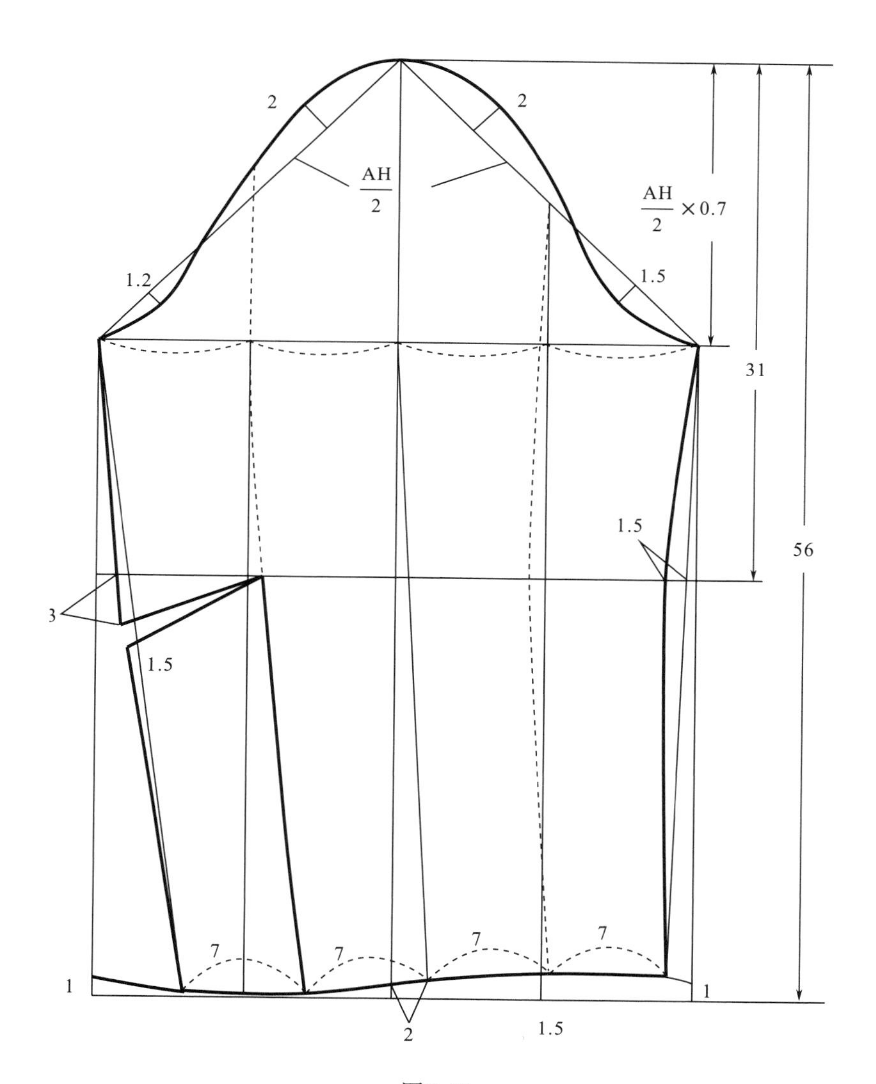

图5-11

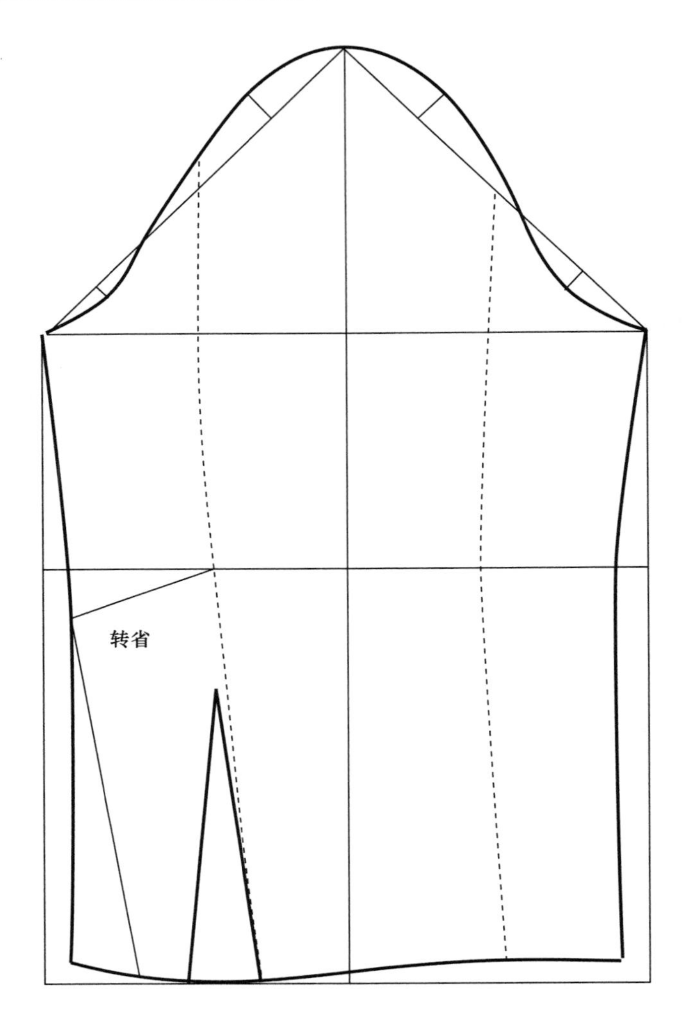

图5-11　装袖大翻驳领圆摆女大衣袖片结构制图

二、装袖立领十四枚装饰扣女大衣纸样设计

（一）款式说明

此款为上身较舒适的四开身结构女大衣，以中线对称的双排十四枚装饰扣、立领收腰、后片分割线及褶裥大摆形式是其设计特点，可以理想地修饰塑造出女性的优美曲线。其松量在胸围基础上加放 14cm，腰围加放 11cm，臀围加放 15cm，袖子采用高袖山两片袖结构。可采用组织结构较紧密的中厚精纺毛织面料或粗纺面料制作。

装袖立领十四枚装饰扣女大衣效果如图 5-12 所示。

（二）成品规格

成品规格按国家号型 160/84A 制订，如表 5–4 所示。

表5–4 装袖立领十四枚装饰扣女大衣成品规格表 单位：cm

部位	衣长	胸围	腰围	臀围	腰节	总肩宽	袖长	袖口
尺寸	110	98	79	105	38	39	60	15

图5–12 装袖立领十四枚装饰扣女大衣效果图

（三）制图步骤

采用原型裁剪法。首先按照号型 160/84A 制作日本文化式女子新原型图，然后依据原型修正制作纸样。具体方法如前所述日本文化式女子新原型制图。

1. **后片结构制图**（图5–13）

（1）将上衣原型画好，四开身结构。

（2）从原型后中心线画衣长线 110cm。

（3）后领宽展宽 1.5cm。

（4）原型后肩点上移 1cm，即后肩胛省保留 0.7cm，其余转移至后袖窿处，垫肩厚 1cm。

（5）原型后片胸围展开 1.5cm，后胸宽展宽 0.75cm（原型胸围增长量的 12.5% 左右）。

（6）后片根据款式分割线在胸围线上分别收两个省，分别为 0.7cm、0.3cm。

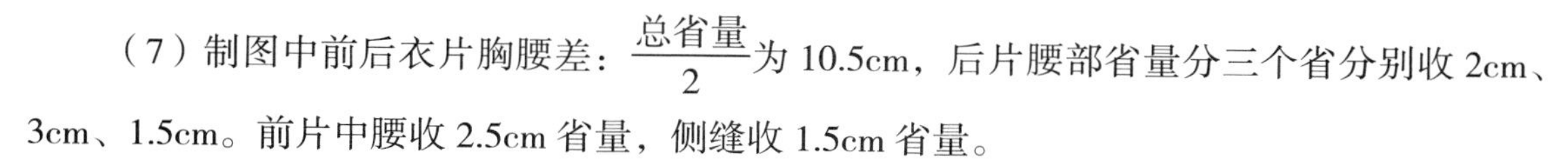

（7）制图中前后衣片胸腰差：$\frac{总省量}{2}$为 10.5cm，后片腰部省量分三个省分别收 2cm、3cm、1.5cm。前片中腰收 2.5cm 省量，侧缝收 1.5cm 省量。

（8）臀高 18cm，后片臀围肥$\frac{H}{4}-0.5$cm，前片臀围肥$\frac{H}{4}+0.5$cm。

（9）后下摆根据臀围尺寸放量较多，后中放 5.5cm 摆量，侧缝放 8cm 摆量，分割线各放 4.5cm 摆量并加 5cm 褶裥，以保证臀围及圆摆造型的松量。

2. **前片结构制图**（图5–14）

（1）原型前片胸围展开 1.5cm，前胸宽展宽 0.75cm（原型胸围增长量的 12.5% 左右）。

（2）前领宽展宽 1.5cm。

（3）原型前肩点上移 0.5cm。

（4）将前衣片胸凸省的$\frac{1}{3}$转至袖窿以保证袖窿的活动需要，剩余省量转移至肩斜线上的公主线省塑胸高。

（5）前衣片根据前中线左右对称展开，两条省道分割线边缘共设14枚扣。

（6）前中腰下设16cm长斜口袋。

（7）下摆侧缝放8cm摆量，分割线各放4cm摆量。

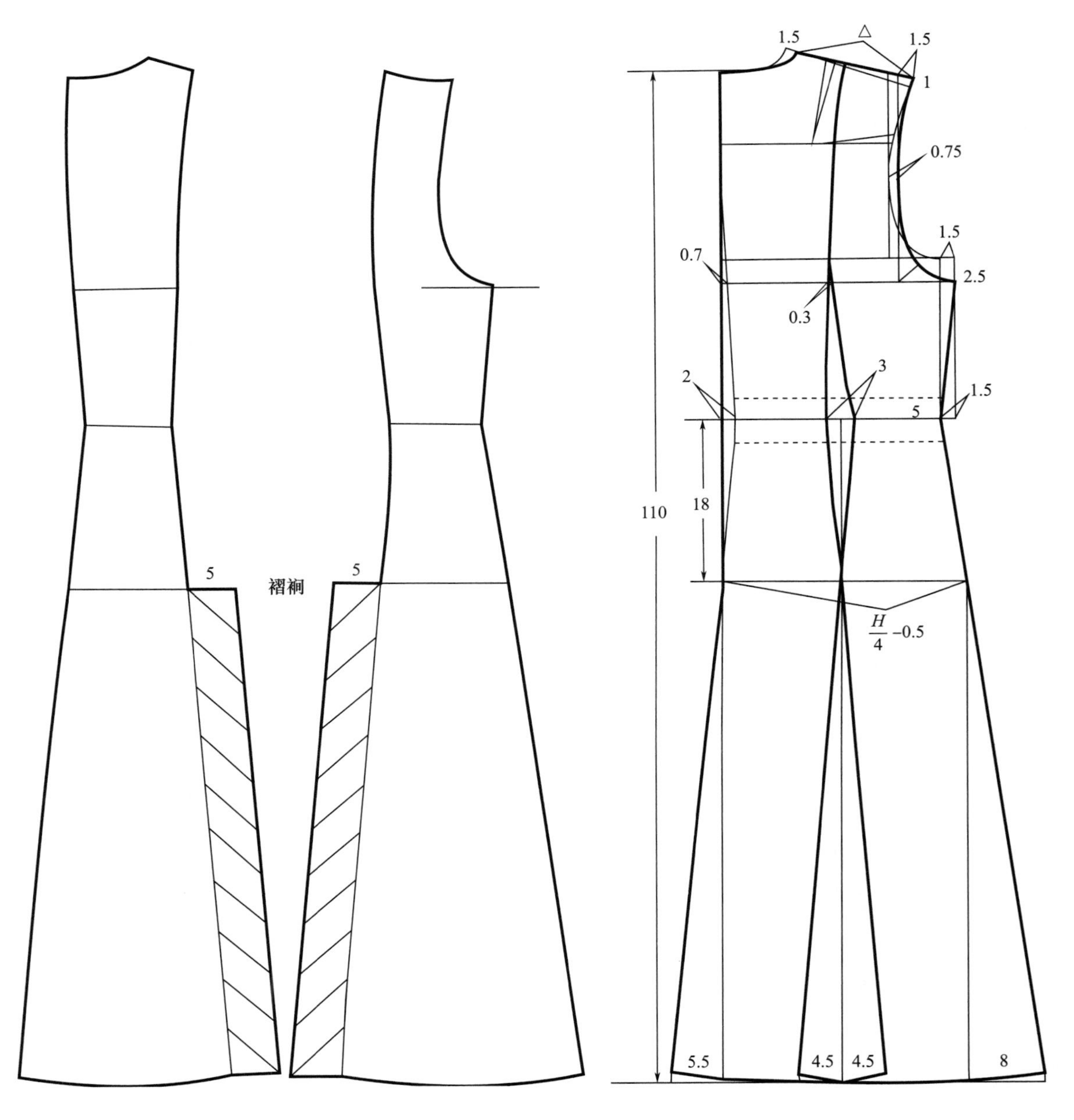

图5-13 装袖立领十四枚装饰扣女大衣后片结构制图

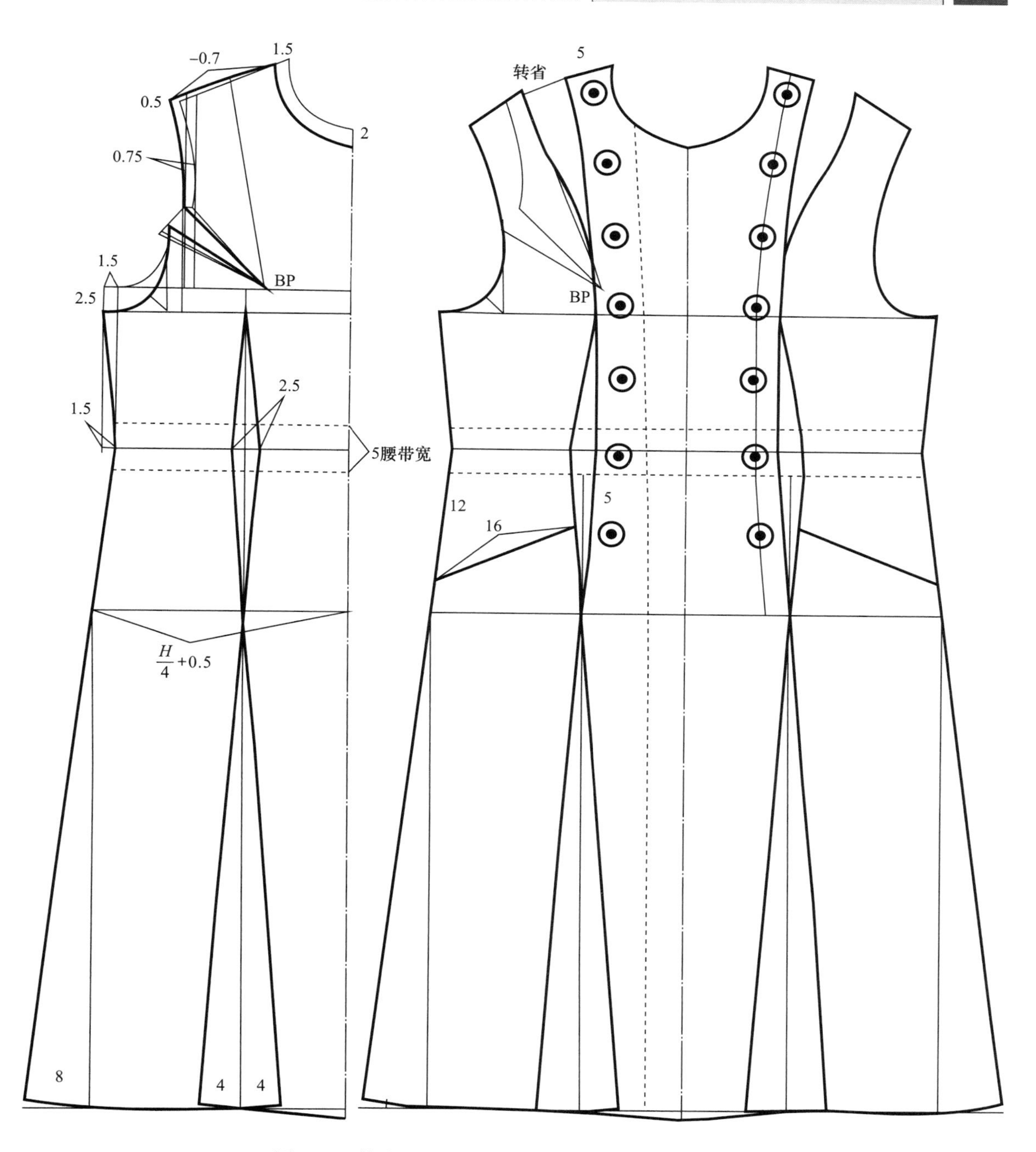

图5-14　装袖立领十四枚装饰扣女大衣前片结构制图

3. **领片结构制图（图5-15）**

（1）立领宽 5cm。

（2）前领口下弧 3cm。

（3）在左肩斜处设 3.5cm 搭门。

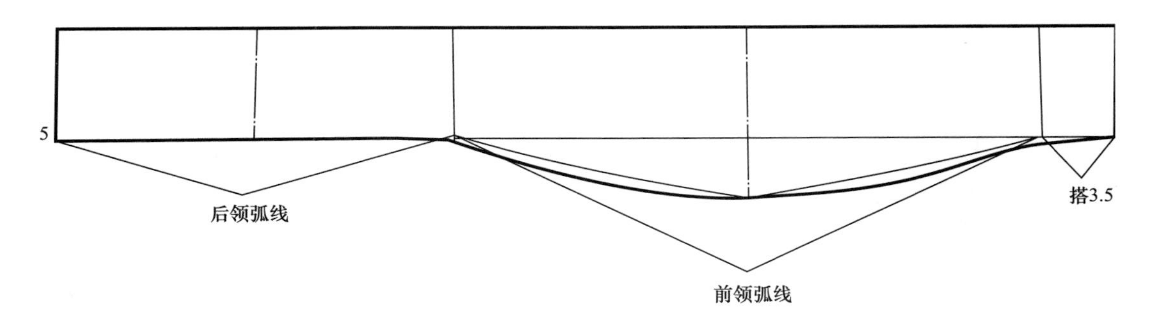

图5-15 装袖立领十四枚装饰扣女大衣领片结构制图

4. **袖片结构制图（图5-16）**

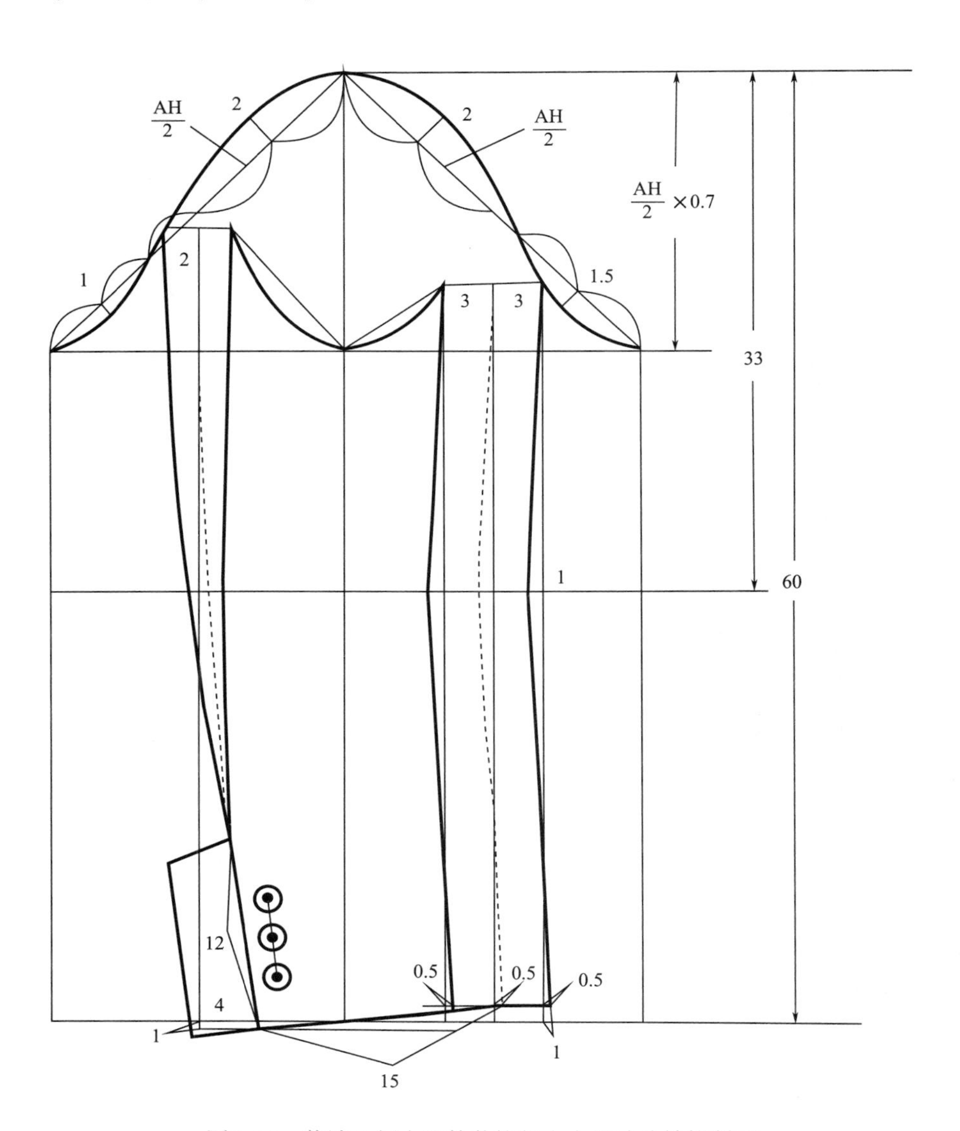

图5-16 装袖立领十四枚装饰扣女大衣袖片结构制图

（1）袖长 60cm。

（2）袖山高为$\frac{AH}{2}\times 0.7$。

（3）从袖山高点采用前 AH 画斜线长取得前袖肥、后 AH+1cm 画斜线长取得后袖肥。通过辅助点画前后袖山弧线。袖山弧线应留有 3.5cm 左右的缩缝量。

（4）袖肘线从袖山高点向下取$\frac{袖长}{2}$+3cm。

（5）前袖缝互借平行 3cm，后袖缝平行互借 2cm。

（6）袖开衩长 12cm，袖口宽 15cm，设装饰袖扣三枚。

三、无搭门平领公主线式女长大衣纸样设计

（一）款式说明

此款为上身较舒适的四开身结构的时装女大衣，腰部有装饰腰带抱臀设计，无搭门，下摆斜向放开，青果领式平领造型，整体线条简洁流畅。其松量在胸围基础上加放 13cm，腰围加放 11cm，臀围加放 10cm，袖子采用高袖山一片袖结构，有袖肘省。可选用组织结构较紧密的薄型或中厚精纺毛纺、化纤等面料制作。

无搭门平领公主线式女长大衣效果如图 5-17 所示。

（二）成品规格

成品规格按国家号型 160/84A 制订，如表 5-5 所示。

表5-5 无搭门平领公主线式女长大衣成品规格表 单位：cm

部位	衣长	胸围	腰围	臀围	腰节	总肩宽	袖长	袖口
尺寸	98	97	79	100	38	39	54	15

图5-17 无搭门平领公主线式女长大衣效果图

（三）制图步骤

采用原型裁剪法。首先按照号型 160/84A 制作日本文化式女子新原型图，然后依据原型修正制作纸样。具体方法如前所述日本文化式女子新原型制图。

1. **前后片结构基础线制图**（图5-18）

（1）将上衣原型画好，四开身结构。

（2）从原型后中心线画衣长线98cm。

（3）后领宽展宽1cm。

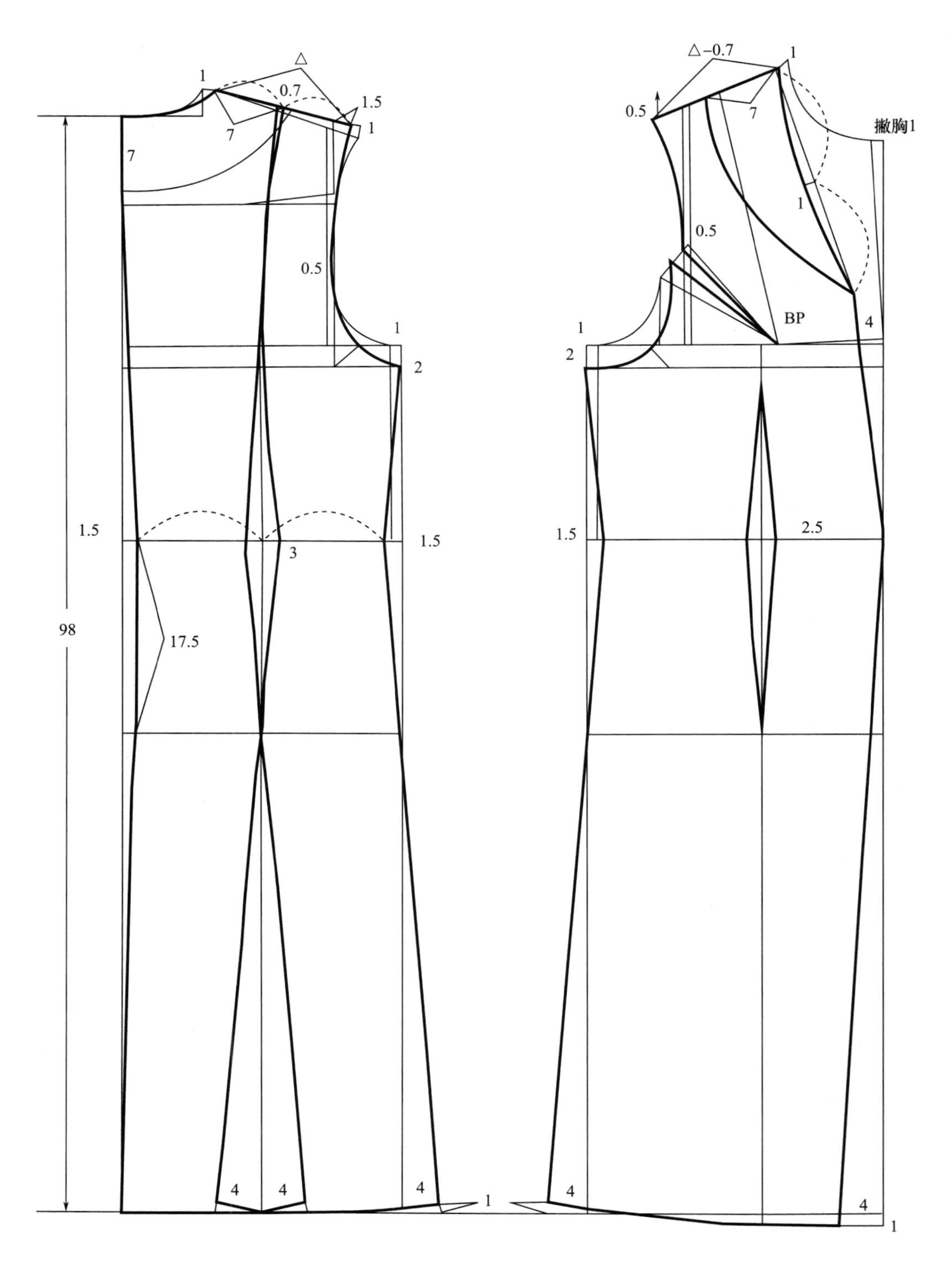

图5-18　无搭门平领公主线式女长大衣前后片结构基础线制图方法

（4）转移原型后肩省，肩点上移1cm，即后肩胛省保留0.7cm，其余转移至后袖窿处，垫肩厚1cm。

（5）原型后片胸围展开1cm，后胸宽展宽0.5cm（原型胸围增长量的12.5%左右）。

（6）后片根据款式分割线在胸围线上分别收0.7cm和0.3cm省量。

（7）制图中前后衣片胸腰差：$\frac{总省量}{2}$为10cm，后片腰部省量分三个省，分别收1.5cm、3cm、1.5cm。前片中腰收2.5cm省量，侧缝收1.5cm省量。

（8）臀高17.5cm，后片臀围肥$\frac{H}{4}-0.5$cm。前片臀围肥$\frac{H}{4}+0.5$cm。

（9）后下摆根据臀围尺寸放量较多，侧缝放4cm摆量，分割线各放4cm摆量以保证臀围及圆摆造型的松量。

（10）原型前片胸围展开1cm，前胸宽展宽0.5cm（原型胸围增长量的12.5%左右）

（11）前领宽展宽1cm。

（12）原型前肩点上移0.5cm。

（13）将前衣片胸凸省的$\frac{1}{3}$转至袖窿以保证袖窿的活动需要，前中撇胸1cm，剩余省量转移至前肩斜设公主线省塑胸高。

（14）下摆侧缝放4cm摆量，前中线下摆收4cm，画从腰线至下摆的斜线。

（15）前后片领口画平领，总宽度7cm。

2. **前后片结构完成线制图**（图5-19）

（1）后片分割线从肩斜线始至下摆，画顺畅。

（2）将前袖窿处胸省转移至前肩斜处打开。

（3）前片分割线从肩斜线始至下摆，将公主线画顺畅。

（4）参照臀高线与前宽线画长16cm斜插袋。

（5）前后平青果领参照肩斜线衔接画顺。

（6）装饰腰带宽3cm。

3. **袖片结构制图**（图5-20）

（1）袖长54cm。

（2）袖子为高袖山结构，袖山高的计算采用前后肩点至胸围线平均深度的$\frac{5}{6}$或$\frac{AH}{2}\times0.7$。

（3）采用前AH画斜线长取得前袖肥，采用后AH+1cm画斜线长取得后袖肥。

（4）袖肘线从上平线向下取$\frac{袖长}{2}+3$cm。

（5）一片袖基础中线前倾2cm，收袖口后在后袖缝设2cm袖肘省。

（6）前袖口宽为15cm−0.5cm，后袖口宽为15cm+0.5cm。

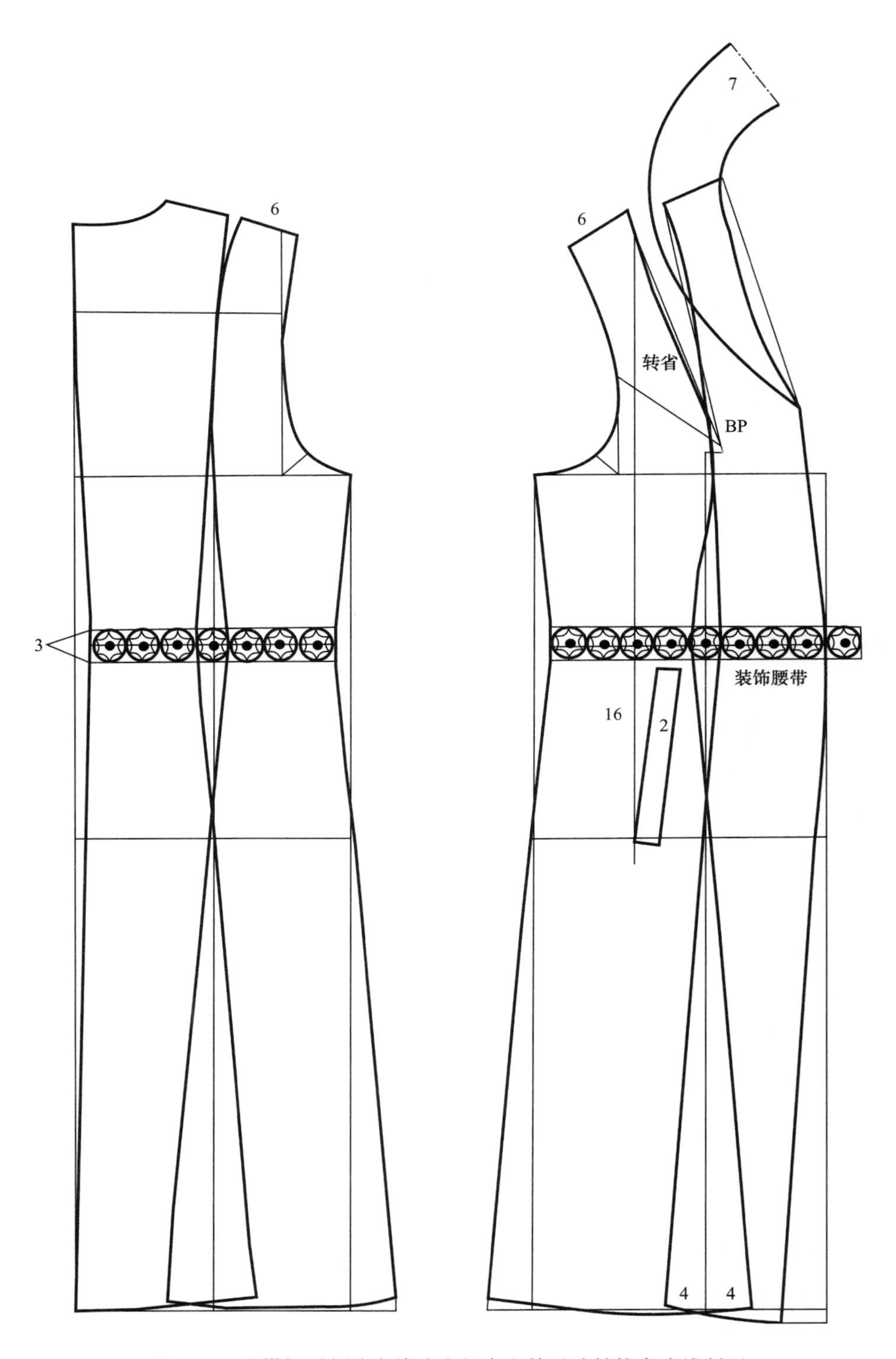

图5-19 无搭门平领公主线式女长大衣前后片结构完成线制图

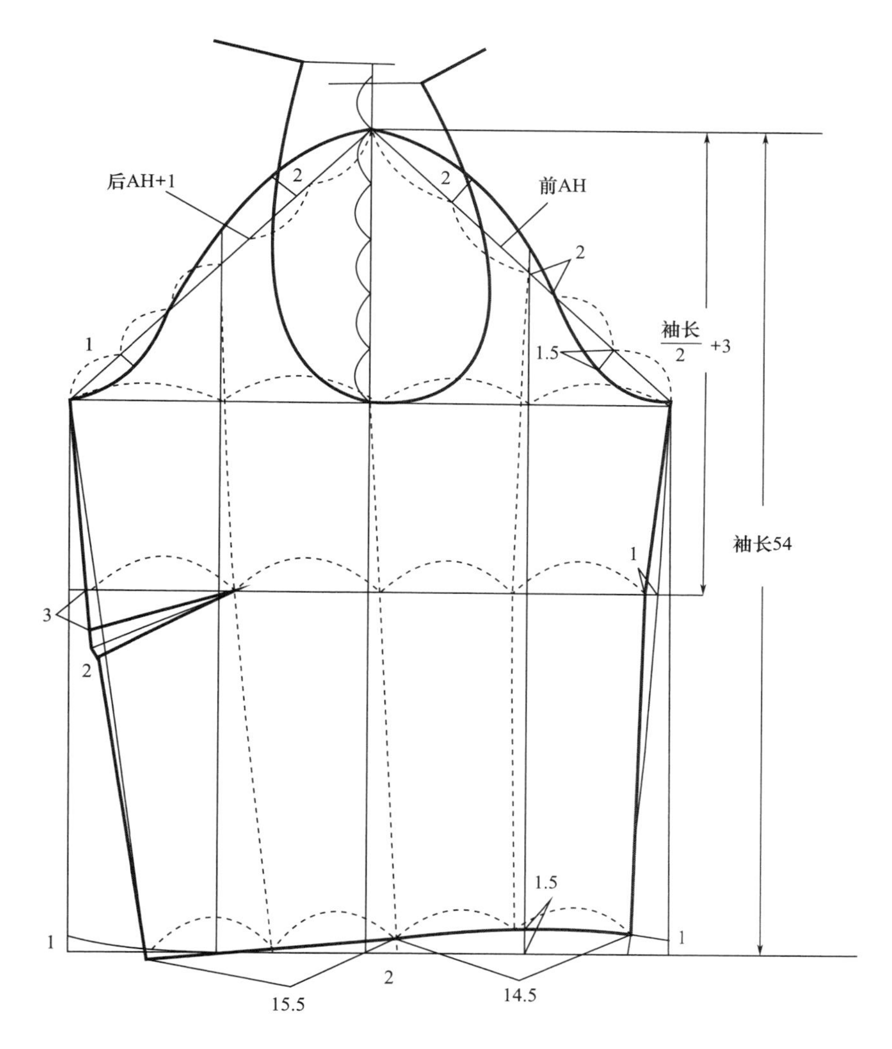

图5-20　无搭门平领公主线式女长大衣袖片结构制图

四、A字型立领女大衣纸样设计

(一)款式说明

此款为上身较舒适的四开身结构的A字型立领女大衣，前衣片为非对称性设计，下摆自然下垂，立领式造型，整体线条简洁流畅。其松量在胸围基础上加放20cm，臀围依照下摆展开量控制肥度，呈A字型。袖子采用高袖山两片袖结构，袖口部分可做装饰分割处理。采用质地高级、柔感好的羊皮面料，也可用垂感较好的毛纺、化纤面料制作。

A字型立领女大衣效果如图5-21所示。

图5-21　A字型立领女大衣效果图

（二）成品规格

成品规格按国家号型160/84A制订，如表5-6所示。

表5-6　A字型立领女大衣成品规格表　单位：cm

部位	衣长	胸围	腰节	总肩宽	袖长	袖口
尺寸	75	104	38	39	54	15

（三）制图步骤

采用原型裁剪法。首先按照号型160/84A制作日本文化式女子新原型图，然后依据原型进行修正制作纸样。具体方法如前所述日本文化式女子新原型制图。

1．**前后片结构基础线制图**（图5-22）

（1）将上衣原型画好，四开身结构。

（2）从原型后中心线画衣长线 75cm。

（3）前后领宽各展宽 3cm。

（4）原型前后胸围线下挖，以腰节线上 14cm 为限度。

（5）前后衣片下摆侧缝各展开 2cm 基础摆量。

（6）后片参照肩胛省高点设纵向分割线剪开，将原型肩胛省量全部转移至下摆，使之呈 A 型。

（7）将前片胸凸省的 $\frac{1}{3}$ 作为活动松量转移至袖窿，参照 BP 点设纵向分割线并剪开，将余下胸凸省全部转移至下摆，使之呈 A 型。

（8）前领深下挖 5cm，搭门宽 8cm，前片前下摆加出 4cm 长度。

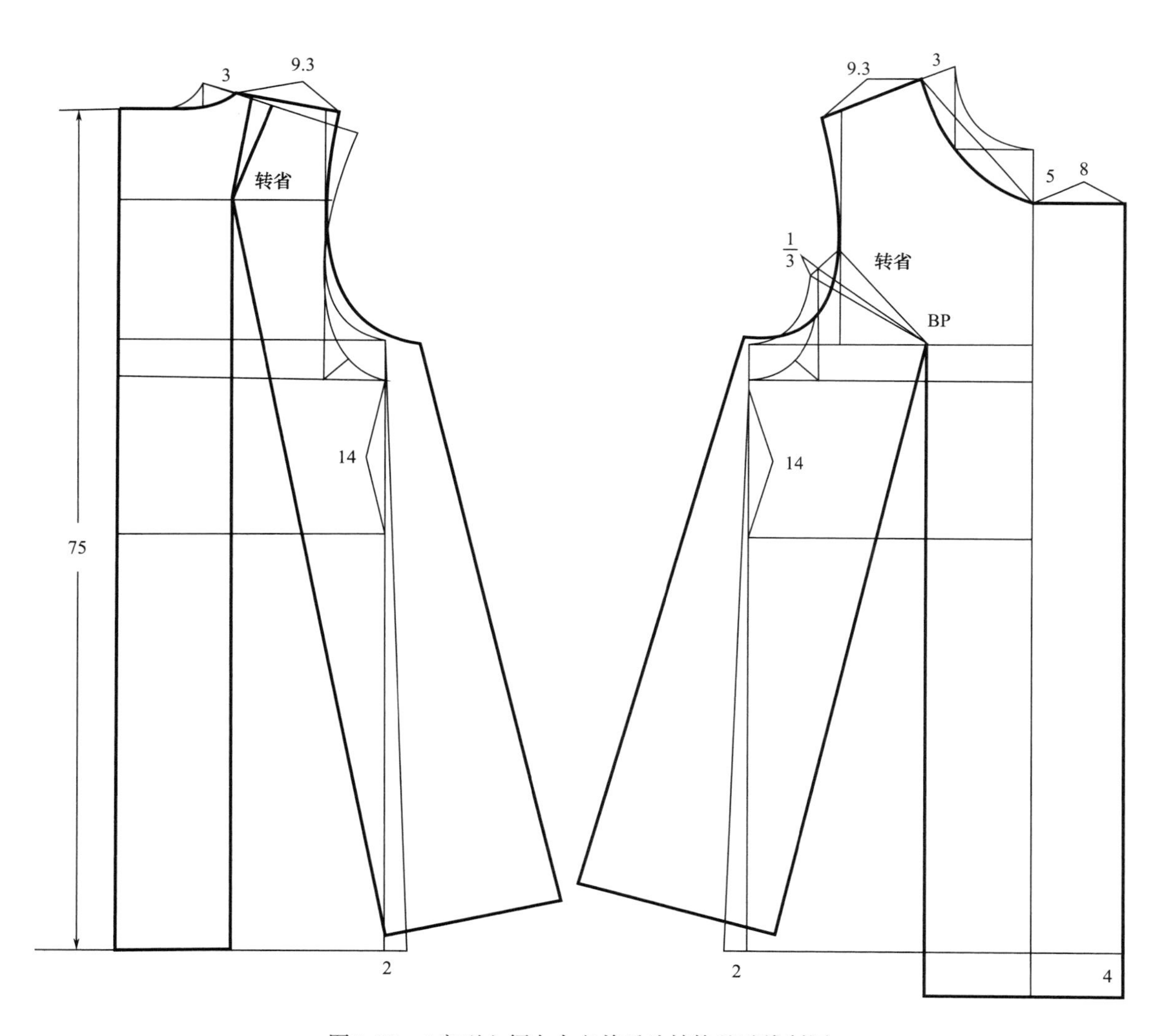

图5-22　A字型立领女大衣前后片结构基础线制图

2. **后片结构完成线制图**（图5-23）

（1）参照后片基础结构修正侧缝长度，取42cm。

（2）参照肩胛省位置，从后肩斜开始设分割线，交叉重叠后放出10cm左右下摆量。

（3）修正后片下摆弧线，从下摆平行向上13cm设计两条装饰明线。

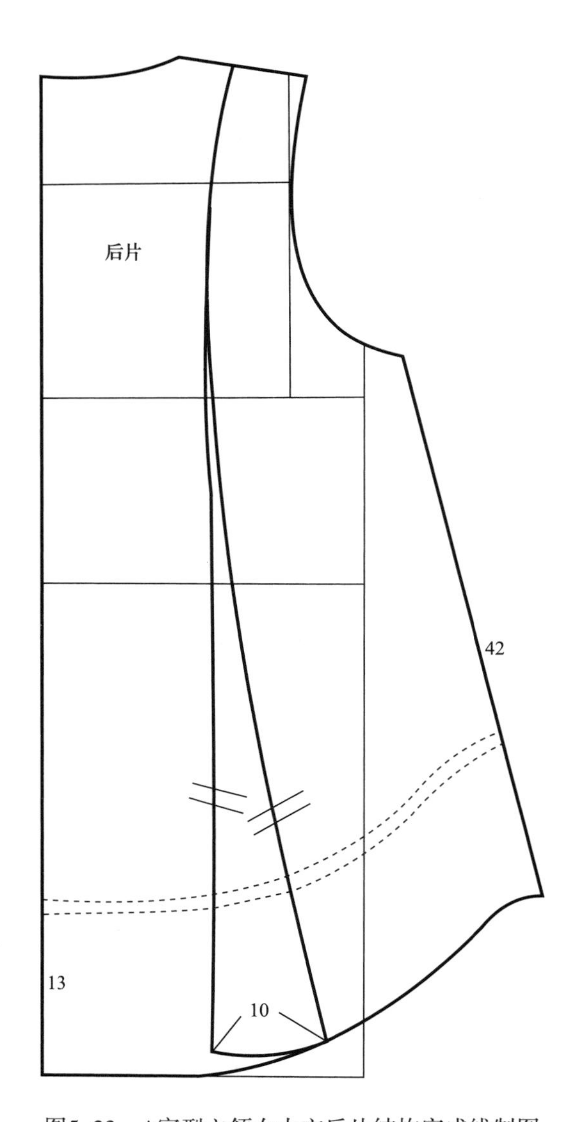

图5-23 A字型立领女大衣后片结构完成线制图

3. **前片结构完成线制图**（图5-24）

（1）参照前片基础结构修正侧缝长度，取42cm。

（2）前片左右片为非对称设计，左片为底襟，搭门宽2cm，下摆不加长。

（3）右片门襟搭门处设计有斜向的分割装饰片，有纵向装饰明线。

（4）右片门襟设计有 3 组扣共 6 枚，参照后片小肩的分割线位置及前片胸凸部位，在前片设计纵向分割线。

（5）参照前片纵向分割装饰线，在腰节下设计两个嵌线式口袋。

（6）从下摆平行向上 13cm 设计两条装饰明线。

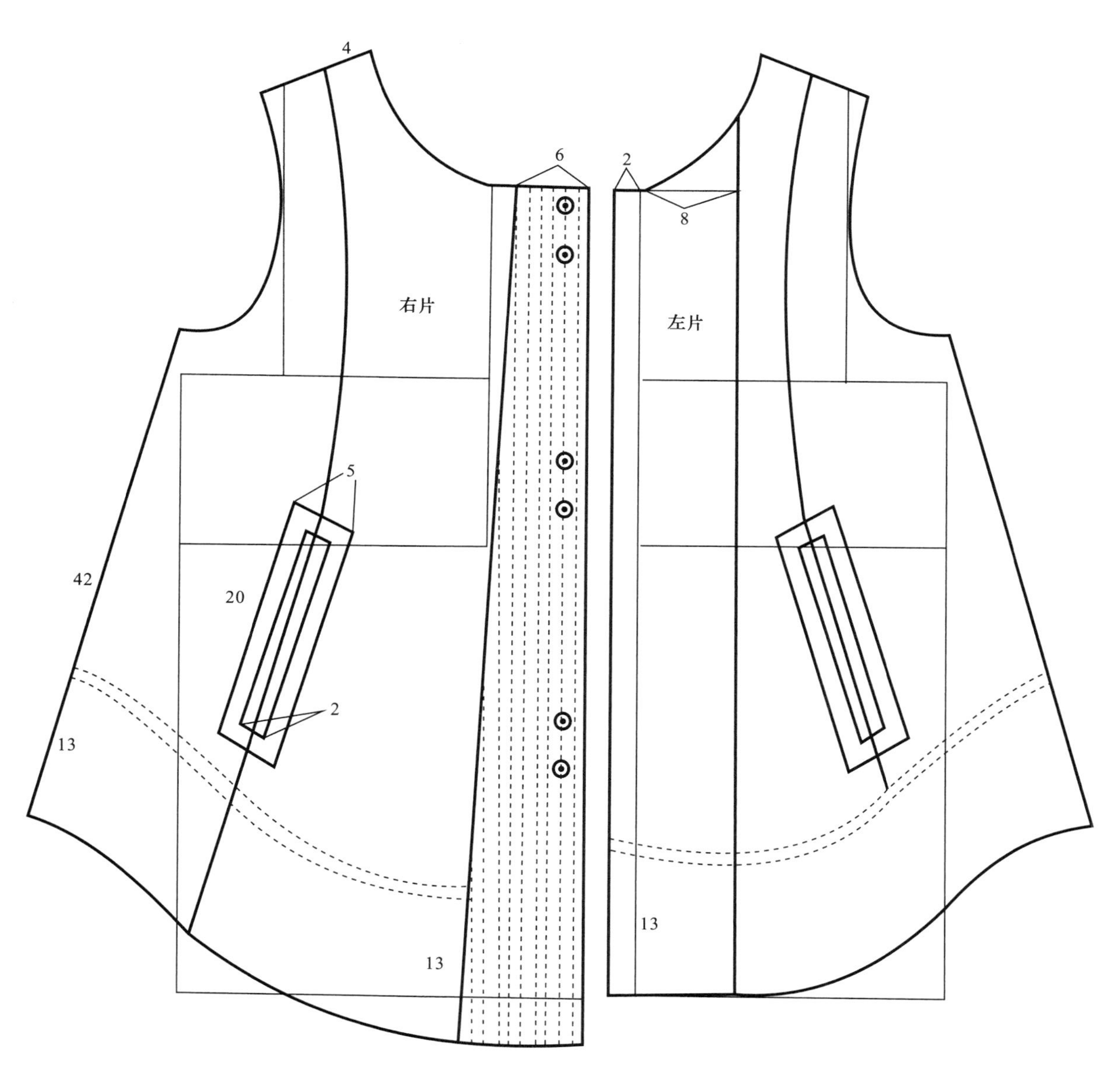

图5-24　A字型立领女大衣前片结构完成线制图

4. **立翻领结构制图**（图5-25）

（1）总领宽12cm，底领宽4cm、翻领宽8cm，先按照前后领窝弧线长与总领宽画矩形，在后领弧线长处打开23°左右的角度展开外领口弧长。

（2）后领起翘10cm，画顺领下口弧线，右片前领弧长包括8cm的搭门宽，左前领弧长包括2cm的搭门宽。

（3）右片领尖长10cm、左片领尖长8cm。

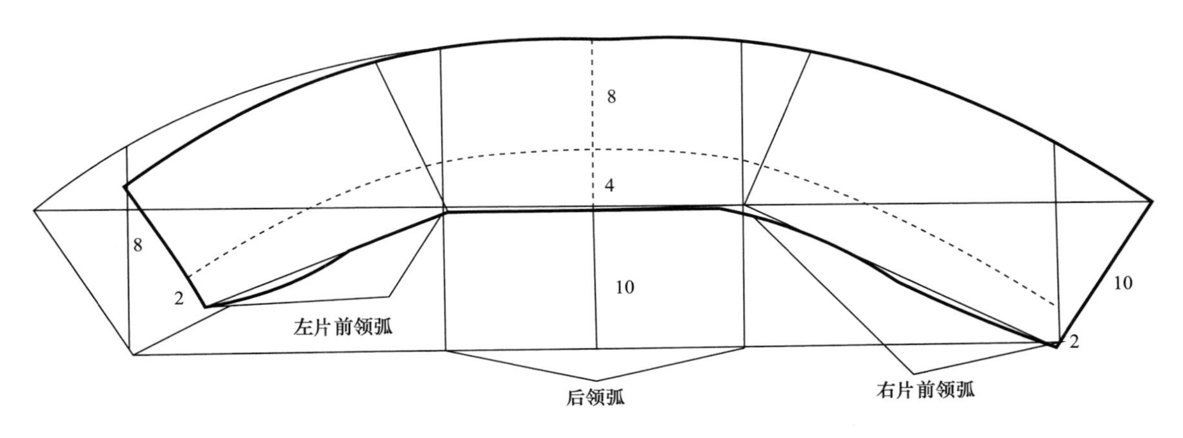

图5-25　A字型立领女大衣立翻领结构制图

5. **袖片结构制图**（图5-26）

（1）袖长60cm。

（2）袖山高取$\frac{AH}{2}\times 0.7$cm。

（3）从袖山高点采用前AH画斜线长取得前袖肥、后AH画斜线长取得后袖肥。通过辅助点画前后袖山弧线。

（4）袖肘线从袖山高点向下取$\frac{袖长}{2}+3$cm。

（5）前袖缝互借平行3cm，后袖缝上部互借2cm，延伸至袖口的过程中逐步重合。

（6）袖口宽14cm，剪开袖口上部9cm处的平行线，设装饰分割线。

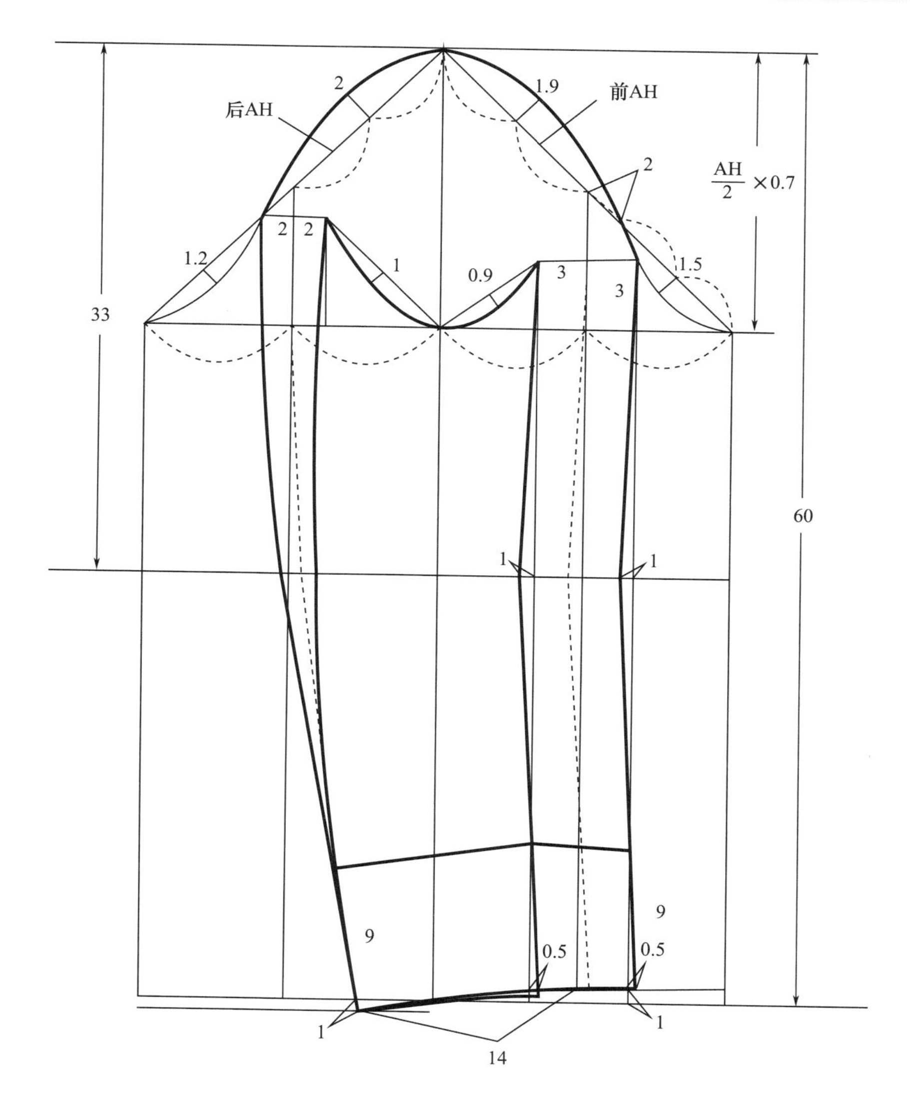

图5-26　A字型立领女大衣袖片结构制图

第四节　生活装类女中长大衣纸样设计

一、装袖连帽女中长大衣纸样设计

（一）款式说明

此款为上身较适体的四开身女中长大衣，通过纵向分割线使腰部比较修身，连帽结构，整体下摆自然收紧稍有灯笼造型设计，袖口与衣身设有可分割的装饰带条，前中线拉链设

图5-27 装袖连帽女中长大衣效果图

有挡襟。其松量在胸围基础上加放12cm，腰围加放8cm，臀围加放10cm，袖子采用高袖山两片袖结构。采用质地高级、柔感好的羊皮面料制作，内饰绒里。

装袖连帽女中长大衣效果如图5-27所示。

（二）成品规格

成品规格按国家号型160/84A制订，如表5-7所示。

表5-7 装袖连帽女中长大衣成品规格表 单位：cm

部位	衣长	胸围	腰围	臀围	腰节	总肩宽	袖长	袖口
尺寸	78	96	76	100	38	39	54	14

（三）制图步骤

采用原型裁剪法。首先按照号型160/84A制作日本文化式女子新原型图，然后依据原型修正制作纸样。具体方法如前所述日本文化式女子新原型制图。

1. **前后片结构基础线制图**（图5-28）

（1）将上衣原型画好，四开身结构。

（2）从原型后中心线画衣长线78cm。

（3）前后领宽展宽2cm。

（4）肩点上移1cm，即后肩胛省保留0.7cm，其余转移至后袖窿处，垫肩厚1cm。

（5）原型后片胸围展开1cm。前后胸围线下移3cm。

（6）后片根据款式分割线在胸围线上分别收0.7cm和0.3cm省量。

（7）制图中前后衣片胸腰差：$\frac{总省量}{2}$为11cm，后片腰部省量分三个省分别收1.5cm、3.6cm、1.5cm，通过纵向分割线自然画顺。后片和前片胸腰省量分布为60%与40%。前片腰部分两条分割线，侧缝收1.5cm，中腰分别收1cm、1.9cm，通过纵向分割线自然画顺。

（8）后下摆后中及侧缝各放2.5cm摆量。

（9）原型前肩点上移0.5cm，前后肩线长度差为0.7cm。

（10）将前衣片胸凸省的$\frac{1}{3}$转至袖窿以保证袖窿的活动需要，剩余省量转移至前肩斜线位置塑胸高。

（11）前下摆侧缝放2.5cm摆量。

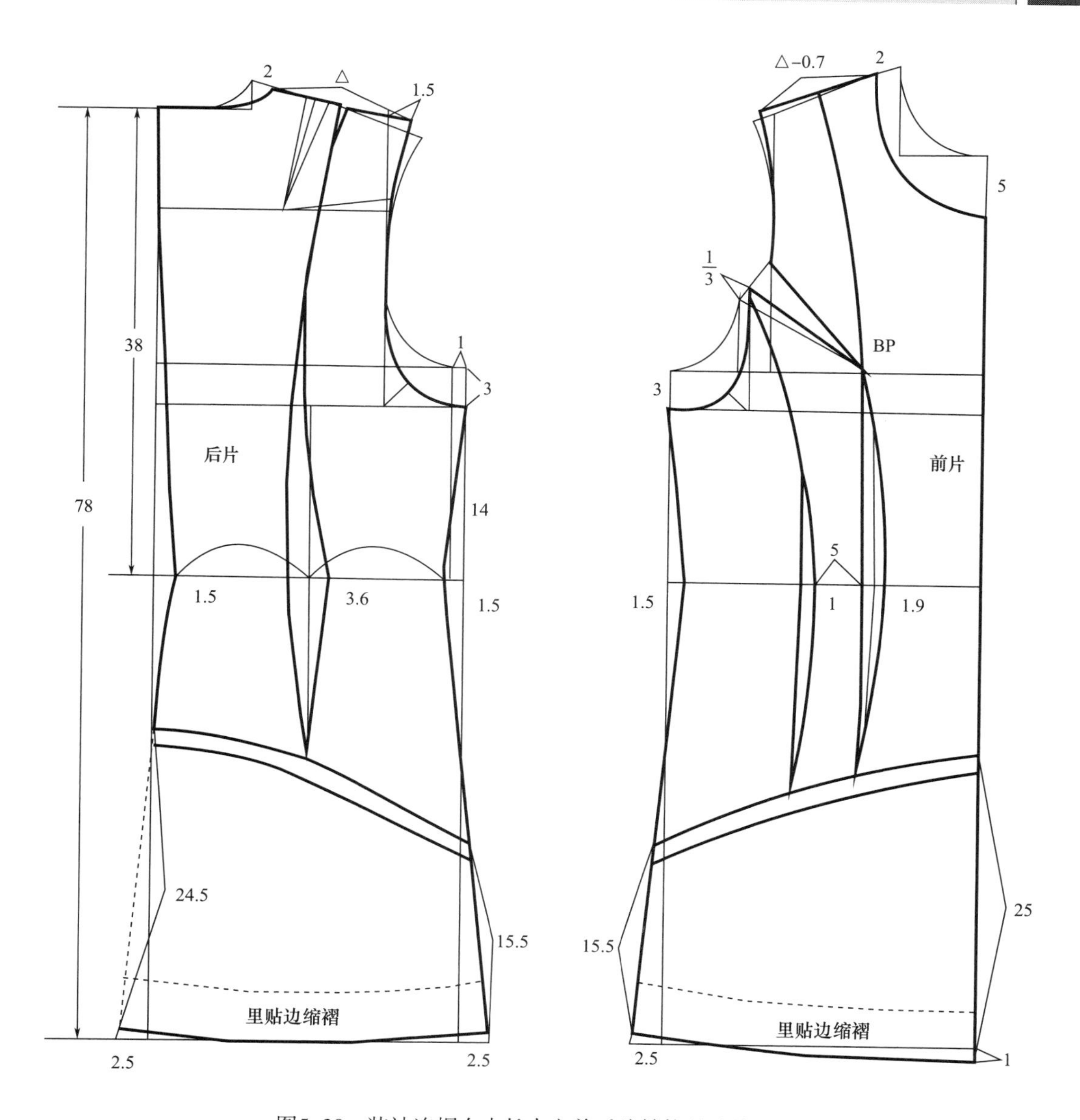

图5-28 装袖连帽女中长大衣前后片结构基础线制图

2. **前衣片及帽子结构完成线制图**（图5-29）

（1）将袖窿上的胸凸省转移至肩部，画公主线式造型线。

（2）袖窿处画刀背式结构线，在腰线下两省之间设插袋，袋板设3条装饰明线。前中搭门宽2.5cm，在前中线上装拉链，设5cm宽门襟，在门襟上画3条装饰明线。

（3）前领深开深2.5cm，帽子高38cm，宽30cm，在颈侧处设省，宽4cm、长12cm。帽口设宽6cm的装饰毛绒。

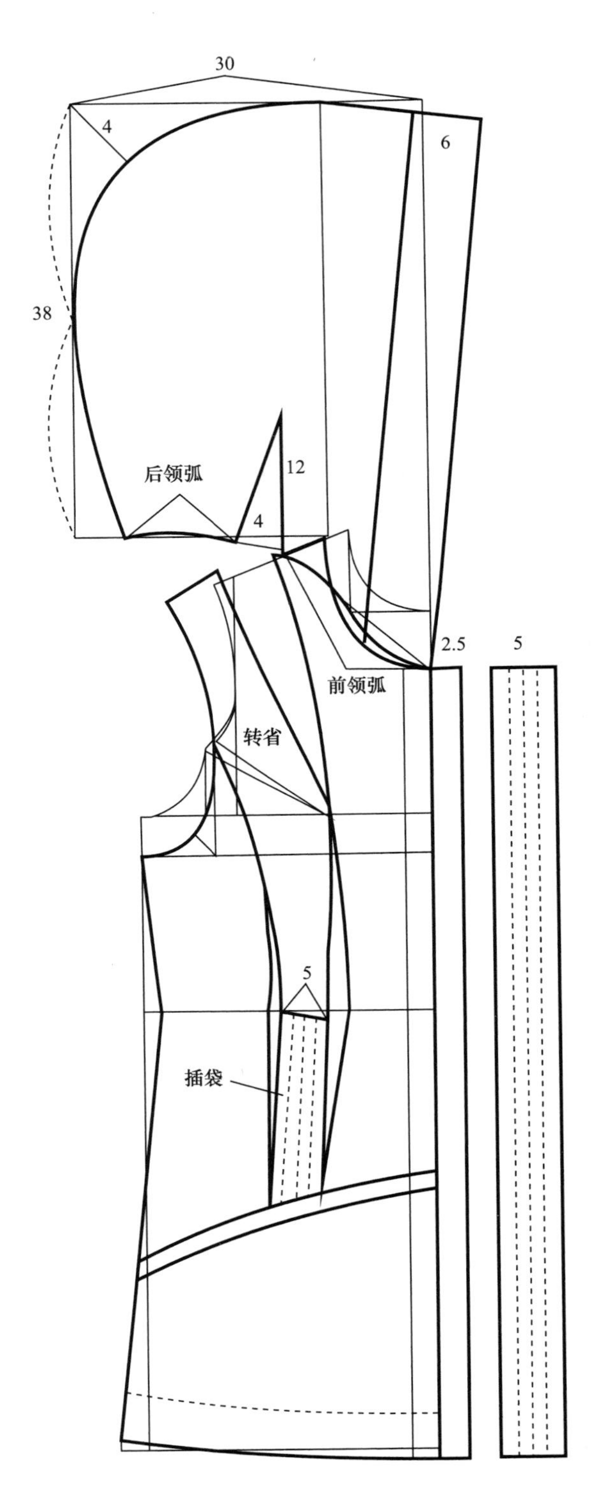

图5-29　装袖连帽女中长大衣前衣片及帽子结构完成线制图

3．**袖片结构制图**（图5-30）

（1）袖长54cm。

（2）袖山高取$\frac{AH}{2}\times 0.7$cm。

（3）从袖山高点采用前AH画斜线长取得前袖肥、后AH+1cm画斜线长取得后袖肥。通过辅助点画前后袖山弧线。

（4）袖肘线从袖山高点向下取$\frac{袖长}{2}$+3cm。

（5）前袖缝互借平行3cm，后袖缝平行互借1.5cm。

（6）袖口宽14cm，切开袖头部分，后袖缝高12cm、前袖缝高8cm，拼接成片。

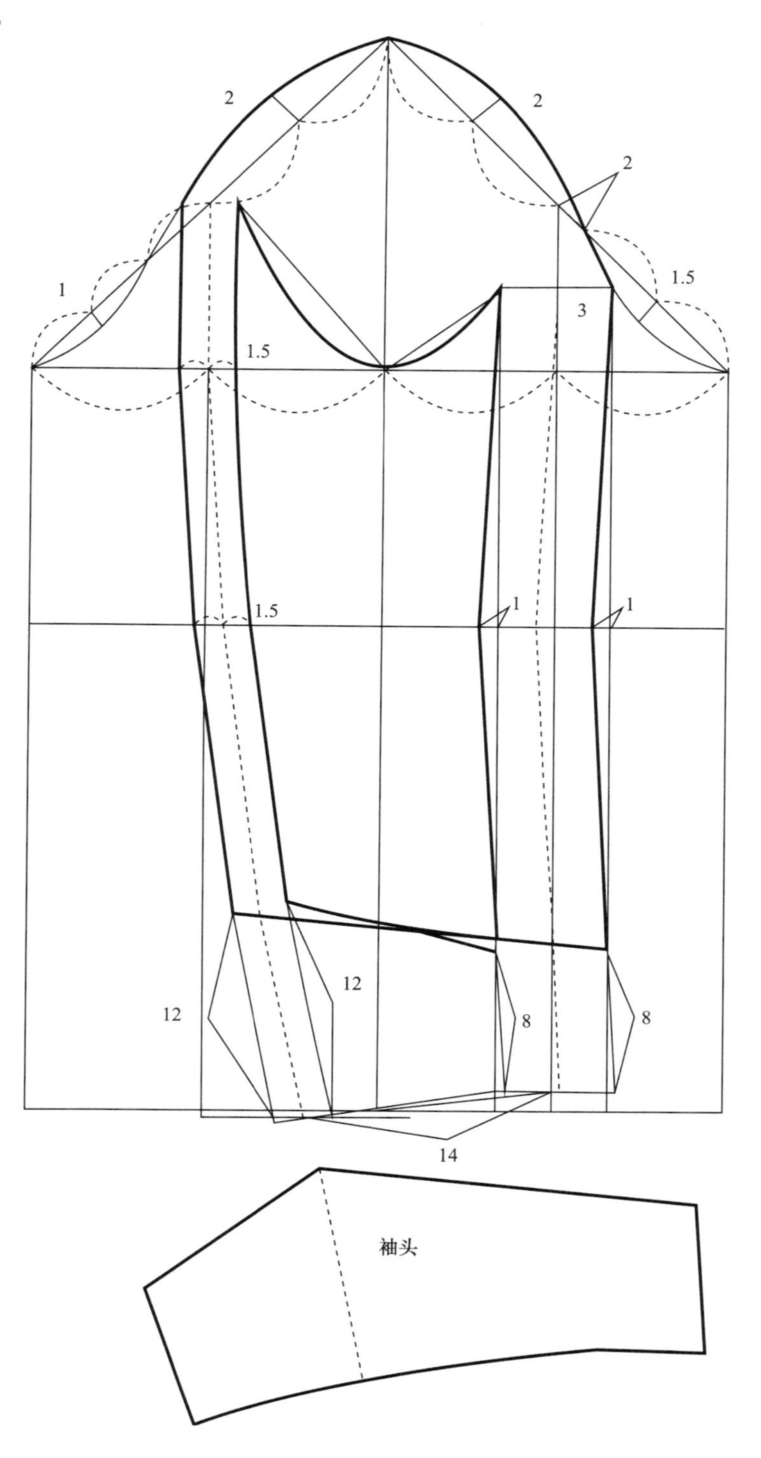

图5-30　装袖连帽女中长大衣袖片结构制图

图5-31 大青果领三枚扣女中长大衣效果图

二、大青果领三枚扣女中长大衣纸样设计

(一)款式说明

此款为上身较适体的四开身女中长皮大衣，纵向公主分割线使腰部比较修身，大青果领的领面可装饰毛绒领，衣身三枚扣，衣片前后下部设计两条斜向分割线，下摆自然放摆，袖口设有装饰襻。其松量在胸围基础上加放12cm，腰围加放8cm，臀围加放10cm，袖子采用高袖山两片袖结构。采用质地高级、柔感好的羊皮面料或毛纺类面料制作。

青果领三枚扣女中长大衣效果如图5-31所示。

(二)成品规格

成品规格按国家号型160/84A制订，如表5-8所示。

表5-8 大青果领三枚扣女中长皮大衣成品规格表 单位：cm

部位	衣长	胸围	腰围	臀围	腰节	总肩宽	袖长	袖口
尺寸	78	96	76	100	38	39	54	14

(三)制图步骤

采用原型裁剪法。首先按照号型160/84A制作文化式女子新原型图，然后依据原型修正制作纸样(具体方法如前所述文化式女子新原型制图)。

1. **后片结构制图**(图5-32)

(1)将上衣原型画好，四开身结构。

(2)从原型后中心线画衣长线78cm。

(3)后领宽展宽2cm。

(4)处理原型后肩省，肩点上移1.5cm，即后肩胛省保留0.7cm，其余转移至后袖窿处，垫肩厚1.5cm。

(5)原型后片胸围展开1cm。胸围线下移3cm。

（6）后片根据款式分割线在胸围线上分别收 0.7cm 和 0.3cm 省量。

（7）制图中前后衣片胸腰差：$\frac{\text{总省量}}{2}$为 11cm，60% 收于后片，后中腰部分别收 1.5cm、3.6cm、1.5cm 省量，通过纵向分割线自然画顺。

（8）后下摆后中及侧缝各放 2.5cm 摆量。

（9）将后片下部斜向分割成两片，通过收省取得立体的效果。

2. **前片结构制图**（图5-33）

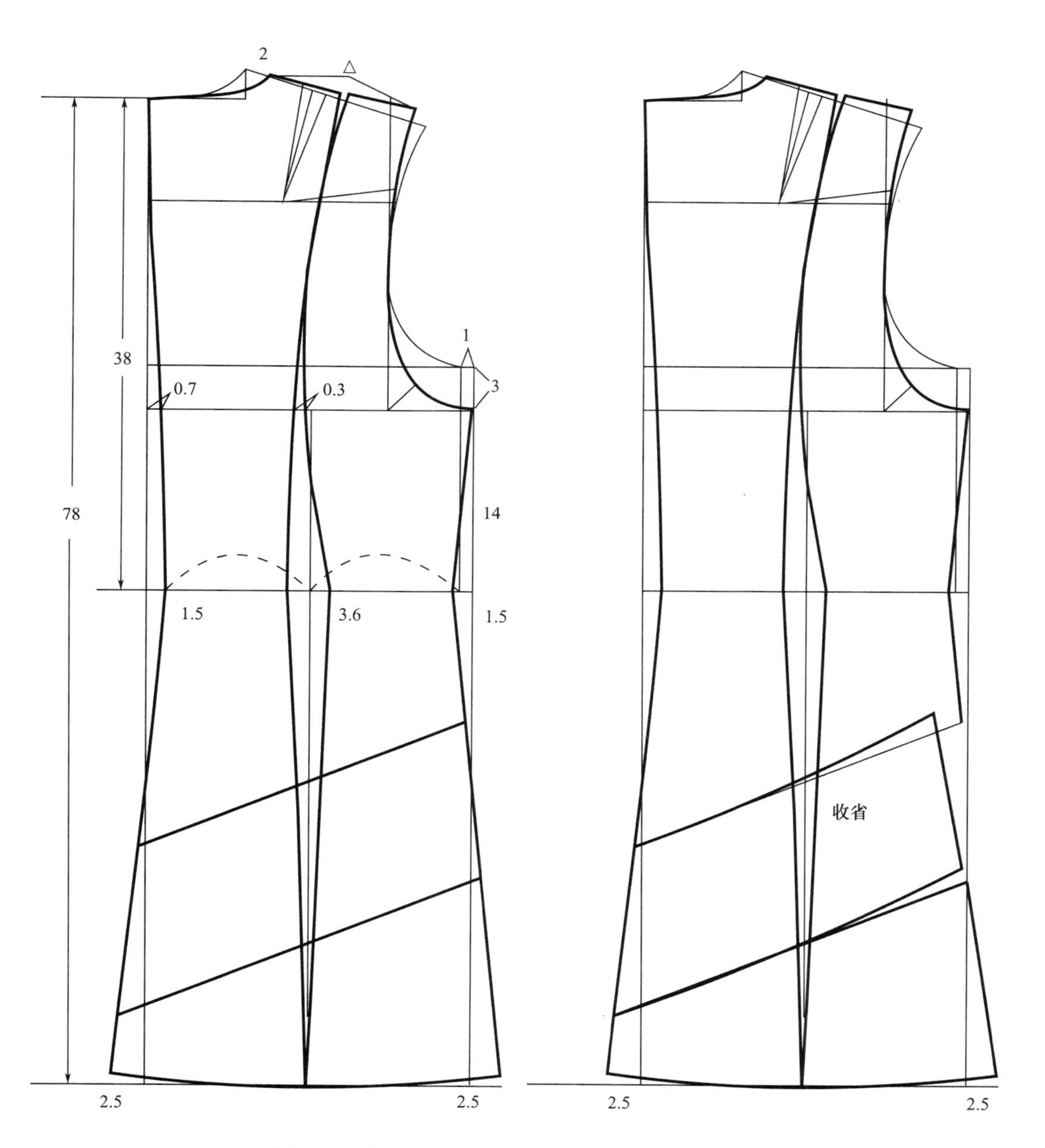

图5-32　大青果领三枚扣女中长大衣后片结构制图

（1）原型前肩点上移1cm，前后小肩长度差为0.7cm。

（2）将前衣片胸凸省的$\frac{1}{3}$转至袖窿以保证袖窿的活动需要，剩余省量转移至前肩斜线塑胸高。

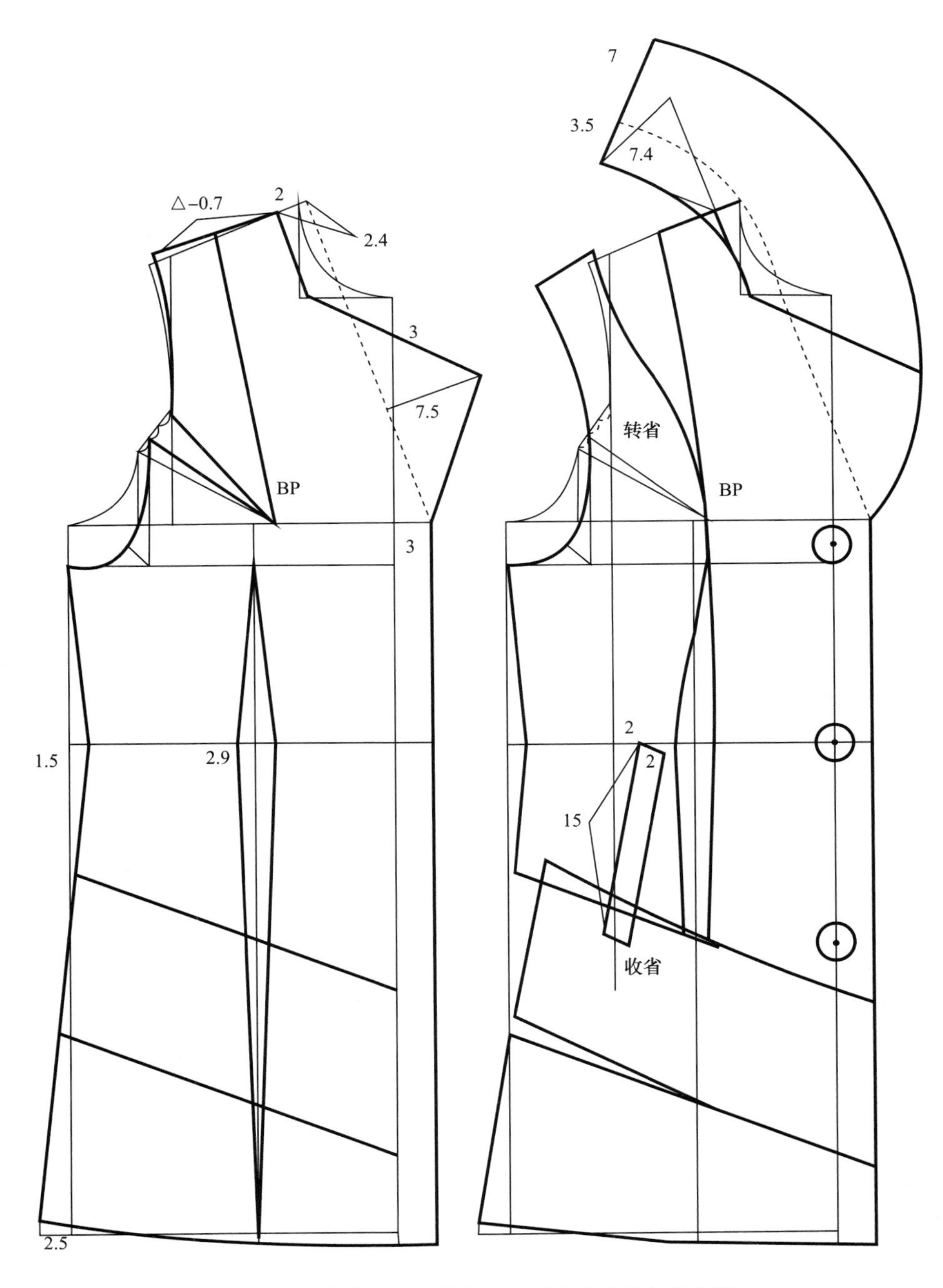

图5-33 大青果领三枚扣女中长大衣前片结构制图

（3）制图中前后衣片胸腰差：$\frac{\text{总省量}}{2}$为 11cm，前片占 40% 左右，前片侧缝收 1.5cm，中腰收掉 2.9cm，通过纵向分割公主线自然画顺。

（4）前下摆侧缝放 2.5cm 摆量。

（5）将前片下部斜向分割成两片，通过收省取得立体的效果。

（6）领子的底领宽 3.5cm，翻领宽 7cm，参照驳领比例画翻驳线，外口倒伏角度为 30°。

3. **袖片结构制图**（图5-34）

（1）袖长 54cm。

（2）袖山高取$\frac{AH}{2}\times 0.7$。

（3）从袖山高点采用前 AH 画斜线长取得前袖肥、后 AH+1cm 画斜线长取得后袖肥。通过辅助点画前后袖山弧线。

（4）袖肘线从袖山高点向下取$\frac{\text{袖长}}{2}+3\text{cm}$。

（5）前袖缝互借平行 3cm，后袖缝平行互借 1.5cm。

（6）袖口宽 14cm，袖头下部设 3.5cm 宽袖襻。

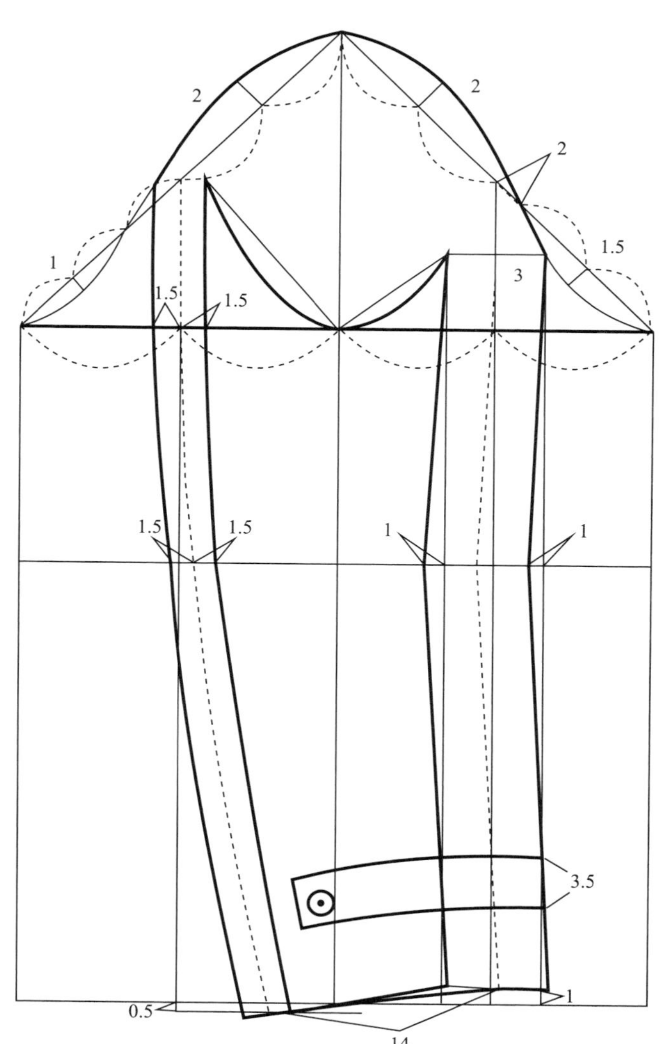

图5-34　大青果领三枚扣女中长大衣袖片结构制图

第五节　插肩袖女大衣纸样设计

一、插肩袖刀背式女长大衣纸样设计

（一）款式说明

此款为上身较适体的四开身插肩袖女长大衣，前后刀背分割线使腰部比较修身，衣身贴兜大翻领结构，单排五枚扣，衣片前后下摆自然放摆，袖口所设的装饰袖襻有休闲的感觉。其松量在胸围基础上加放14cm，腰围加放12cm，臀围加放10cm，袖子采用全插肩袖结构。可采用厚质毛纺或混纺面料制作。

插肩袖刀背式女大衣效果如图5-35所示。

图5-35　插肩袖刀背式女长大衣效果图

（二）成品规格

成品规格按国家号型160/84A制订，如表5-9所示。

表5-9　插肩袖刀背式女长大衣成品规格表　单位：cm

部位	衣长	胸围	腰围	臀围	腰节	总肩宽	袖长	袖口
尺寸	105	98	80	100	38	39.5	60	15

（三）插肩袖刀背式女长大衣制图步骤

首先按照号型160/84A制作文化式女子新原型图，然后依据原型进行修正制作纸样（具体方法如前所述文化式女子新原型制图）。

1．前后片结构基础线制图（图5-36）

（1）将上衣原型画好，四开身结构。

（2）从原型后中心线画衣长线108cm。

（3）前后领宽各展宽1.5cm。

（4）前后胸围各展宽1cm，前后胸宽各展宽0.5cm。

（5）处理原型后肩省，肩点上移1cm，即后肩胛省保留0.7cm。

（6）取冲肩 1.5cm，以此确定后肩点。

（7）前肩点上抬 0.5cm，前后小肩长度相差 0.7cm。

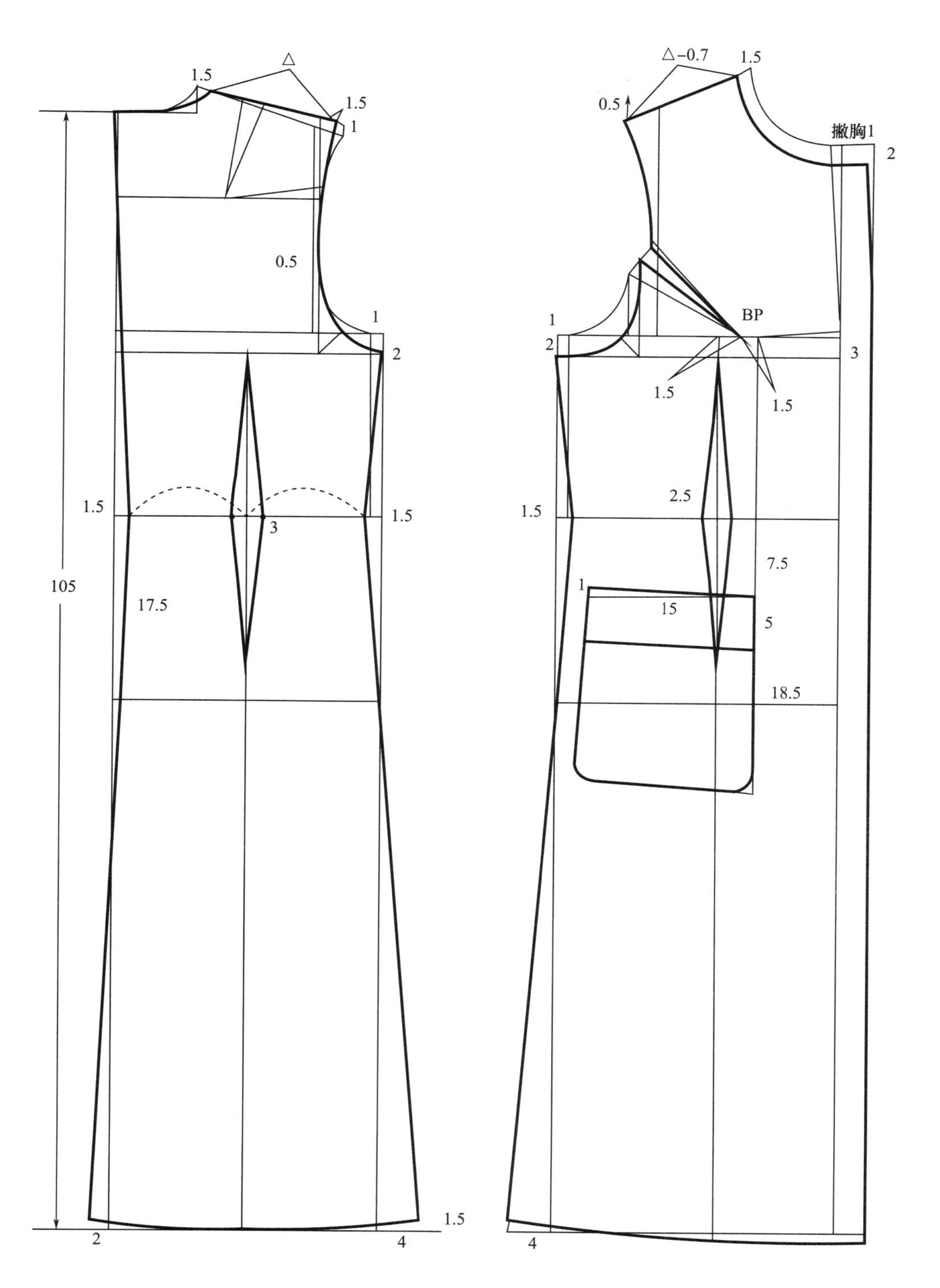

图5-36 插肩袖刀背式女长大衣前后片结构基础线制图

（8）将前胸凸省转移$\frac{1}{3}$至前袖窿作为松量，撇胸1cm，其余转移至侧缝线待用。

（9）制图中前后衣片胸腰差：$\frac{总省量}{2}$为10cm，60%左右收于后片，后中腰部分别收1.5cm、3cm、1.5cm省量，前中腰收40%左右，分别收1.5cm和2.5cm省量。

（10）后中下摆放摆2cm，前后侧缝各放摆4cm。

（11）搭门宽3cm，设五枚扣。以BP点的延长线为基准，在腰节下7.5cm处设贴袋，前片设贴兜，高18.5cm，宽15cm。

2. **前片插肩袖结构及最终完成线制图**（图5–37）

（1）在前小肩斜线的延长线上确定30°角，以此设定前袖中线，袖长60cm，作袖口垂线，前袖口宽为15cm–0.5cm。

（2）将前小肩斜线的肩点自然延长15cm，作垂线，以此线段作为确定后袖中线的辅助线。

（3）袖山高为$\frac{AH}{2}\times 0.65$，确定前袖肥线，以前AH长确定前袖肥。

（4）从前颈侧领弧线处下移5cm左右以确定插肩袖分割线，并画顺袖窿底及袖底弧线。

（5）连接前袖内侧缝并内凹画顺。

（6）将前片插肩袖拷贝下来，将侧缝胸凸省转移至刀背省与腰省画顺，下摆交叉，各自放摆3cm左右。

3. **后片插肩袖结构及最终完成线制图**（图5–38）

（1）从肩点自然延长后小肩斜线15cm，作垂线（为前片对应辅助线长的90%），以此画袖长线并参照前袖山高作袖肥垂线。

（2）后袖口宽为15cm+0.5cm。

（3）从后肩点以后AH长画斜线交与袖肥线，确定后袖肥。

（4）从后颈侧领弧线处下移3cm左右以确定插肩袖分割线，并画顺袖窿底及袖底弧线。

（5）连接后袖内侧缝并内凹画顺。

（6）将后刀背缝与腰省线画顺，下摆交叉，各自放摆3cm左右。

4. **大翻领结构制图**（图5–39）

（1）以总领宽9cm和前后领窝弧线长作矩形。其底领宽3.5cm，翻领宽5.5cm。

（2）切开前后领窝弧线长分割线处，打开17°角的外领口量，计算方法为$\frac{翻领-底领}{总领宽}\times$ 70°。

（3）画基础领，底领宽3.5cm，翻领宽5.5cm，领尖长9cm，依据外领口松量修正上下领口弧线。

（4）在翻折线下0.5cm处设分割线，作分体领。

（5）将分体领切开，把外领口打开的角收回，同时翻领部分的角度也收回，以保证领折线贴脖的造型。

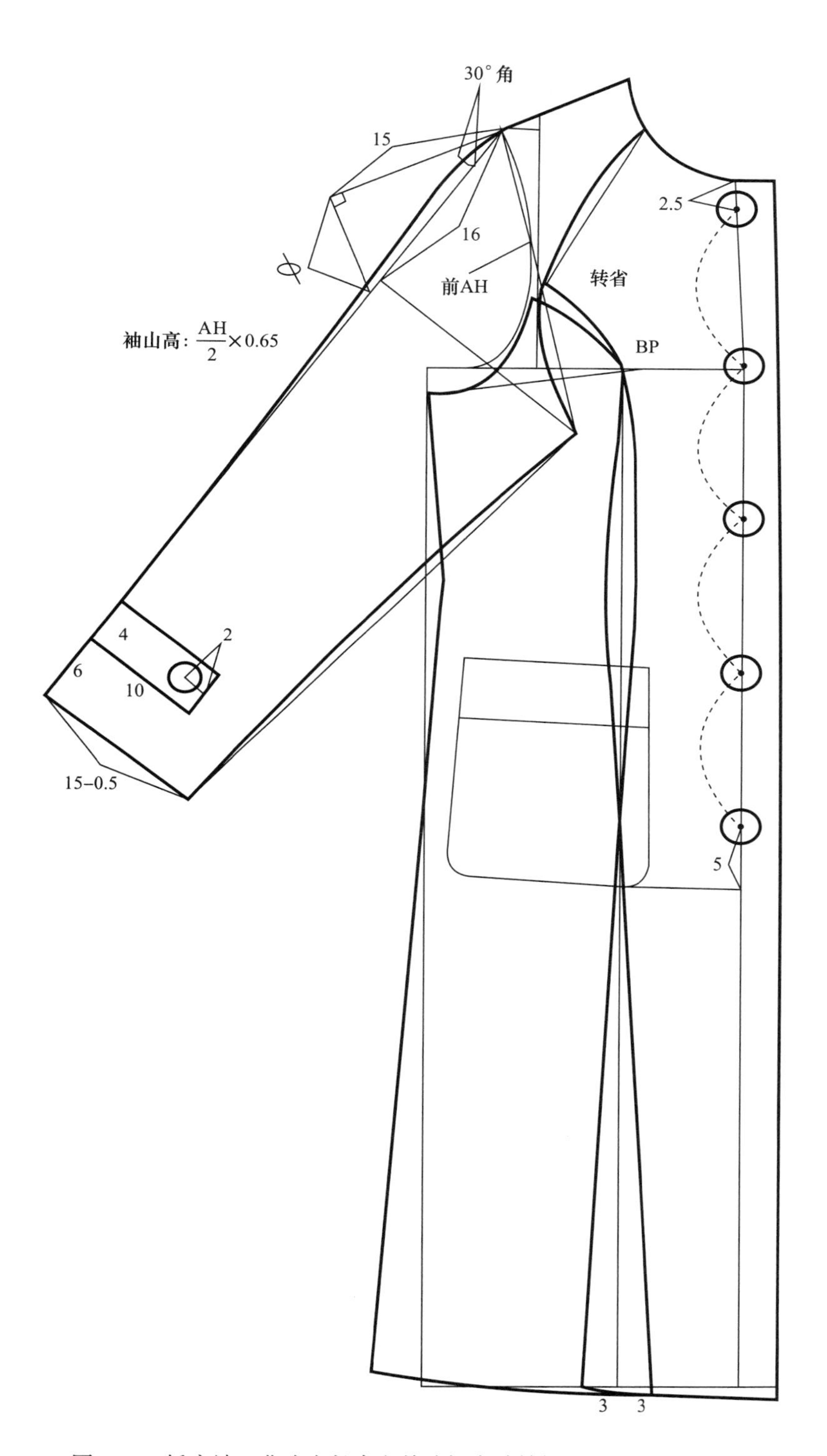

图5–37　插肩袖刀背式女长大衣前片插肩袖结构及最终完成线制图

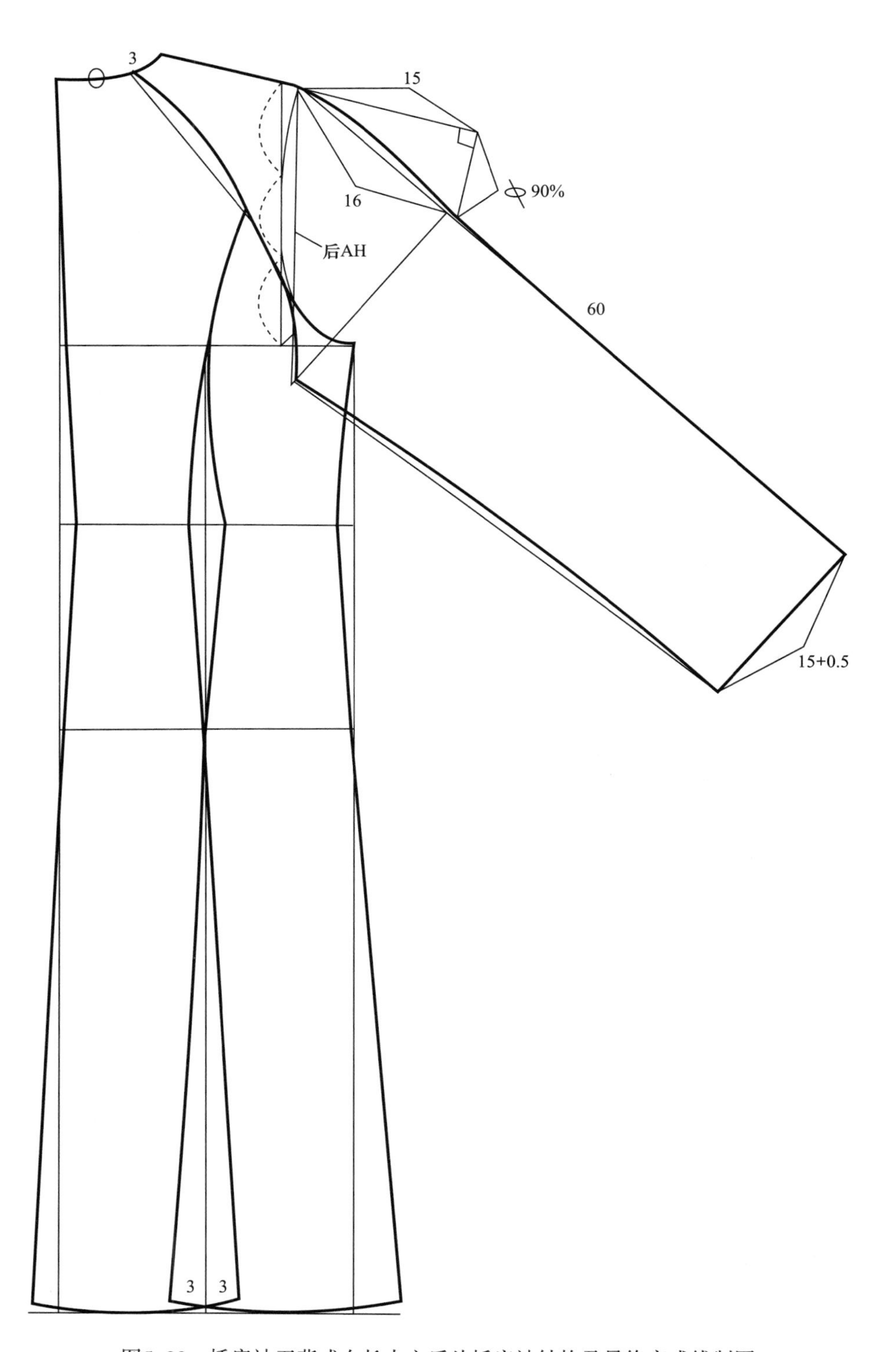

图5-38 插肩袖刀背式女长大衣后片插肩袖结构及最终完成线制图

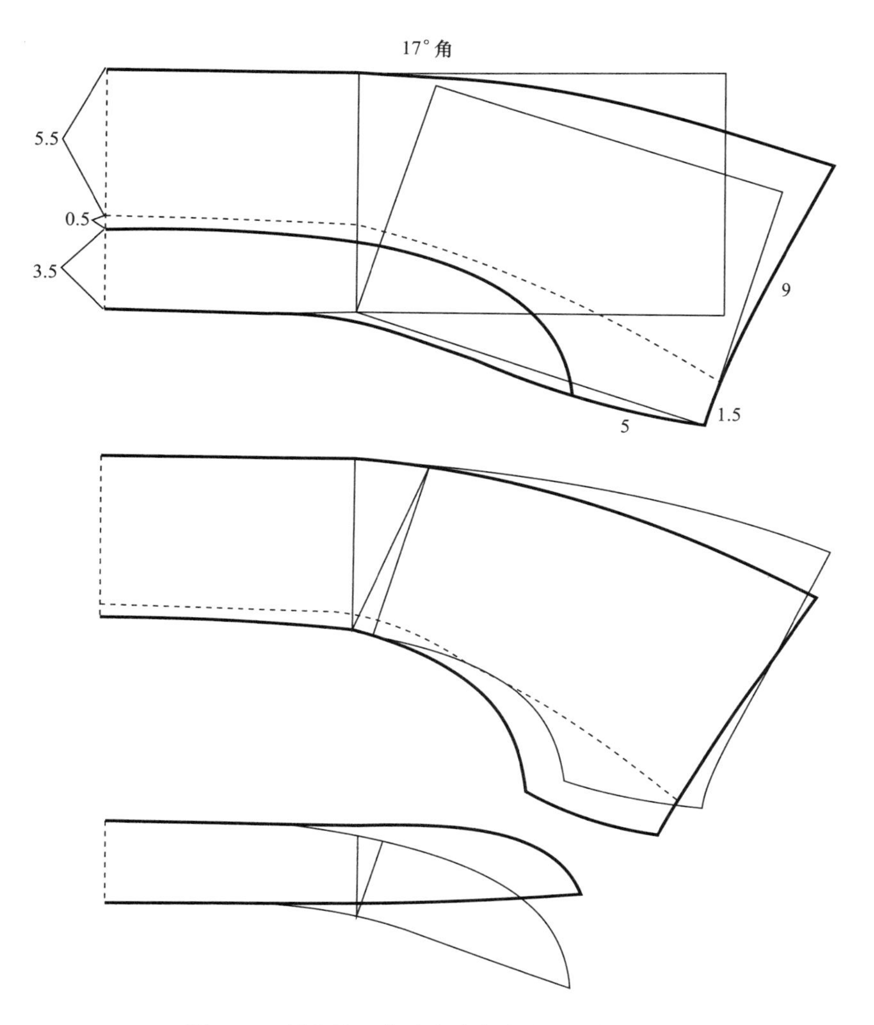

图5-39　插肩袖刀背式女大衣大翻领结构制图

二、插肩袖双排扣中长女风衣纸样设计

（一）款式说明

女风衣的结构最早来源于男风衣，因其存在特定的功能性一般都采用插肩袖形式，此款为较适体的中长款四开身插肩袖风衣，立领、双排九枚扣，腰带造型可自然控制腰部的松紧度。衣片前后下摆自然放摆，袖口设装饰袖襻。其松量在胸围基础上加放14cm，腰围加放23cm，臀围加放10cm，袖子采用全插肩袖结构。可采用质地高级的精纺风衣专用面料或精纺毛、化纤面料制作。

插肩袖双排扣中长女风衣效果如图5-40所示。

图5-40 插肩袖双排扣中长女风衣效果图

（二）成品规格

成品规格按国家号型160/84A制订，如表5-10所示。

表5-10 插肩袖双排扣中长女风衣成品规格表 单位：cm

部位	衣长	胸围	腰围	臀围	腰节	总肩宽	袖长	袖口
尺寸	82	98	91	100	38	39.5	60	16

（三）制图步骤

采用原型裁剪法。首先按照号型160/84A制作日本文化式女子新原型图，然后依据原型进行修正制作纸样（具体方法如前所述日本文化式女子新原型制图）。

1. **前后片结构基础线制图**（图5-41）

（1）将上衣原型画好，四开身结构。

（2）从原型后中心线画衣长线82cm。

（3）前后领宽各展宽1.5cm。

（4）前后胸围各展宽1cm，前后胸宽各展宽0.5cm。

（5）胸围线挖深2cm。

（6）处理原型后肩省，肩点上移1cm，即后肩胛省保留0.7cm。

（7）取冲肩1.5cm，以此确定后肩点。

（8）前肩点上抬0.5cm，前小肩为后小肩减0.7cm。

（9）前胸凸省撇胸1cm，其余省量全部放入前袖窿。

（10）制图中前后衣片胸腰差：$\frac{总省量}{2}$为4.5cm，后片后中腰收1.5cm省量，侧缝收1.5cm，前中腰侧缝收1.5cm省量。

（11）后中下摆放摆2.5cm，侧缝放摆4cm，前侧缝放摆4cm。

（12）搭门宽8cm，衣身双排十枚扣。在腰节下设斜插袋，长16cm，宽4cm。

（13）腰部设腰带，宽4cm，长150cm。

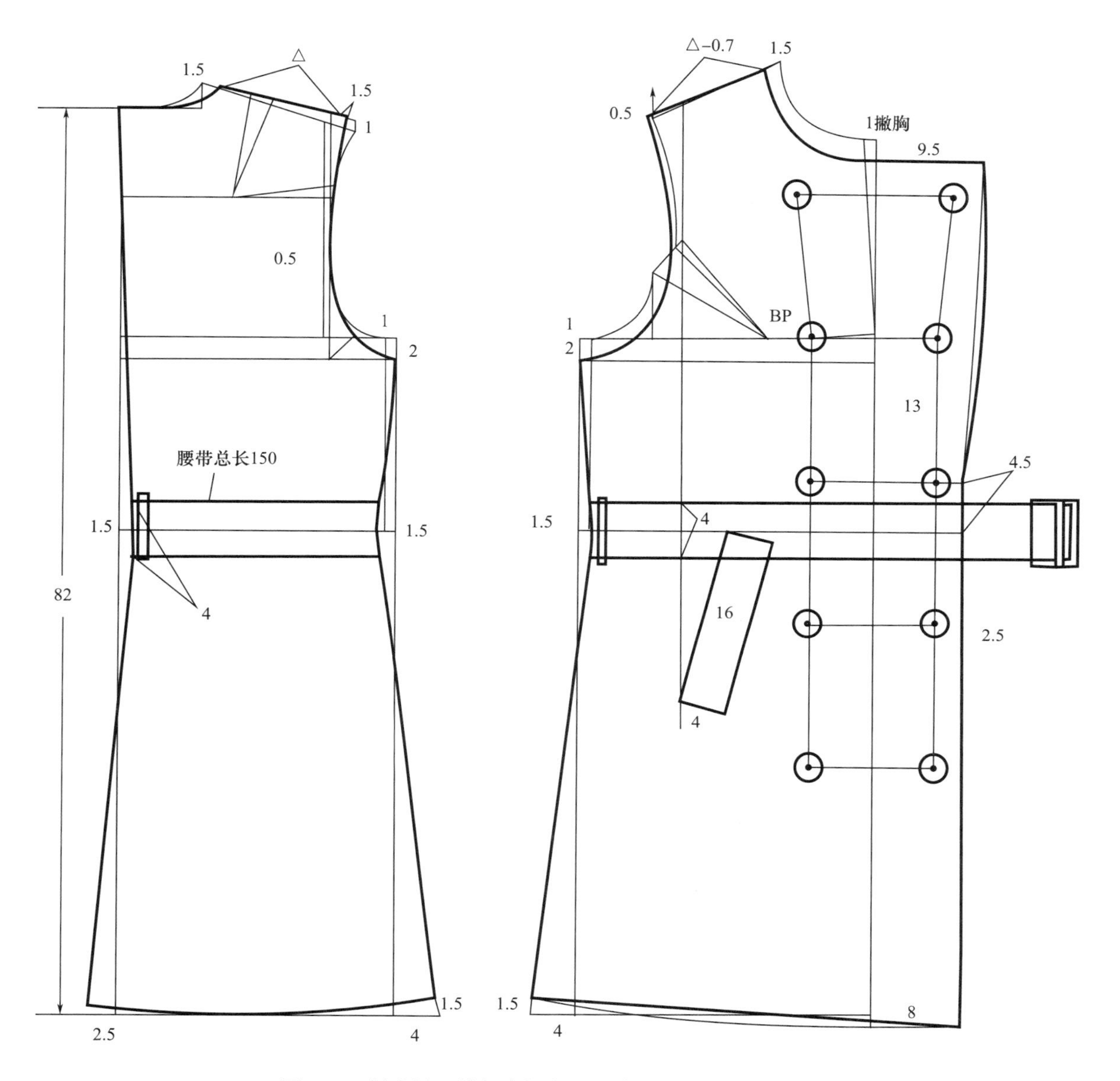

图5-41　插肩袖双排扣中长女风衣前后片结构基础线制图

2. **前右片插肩袖结构及最终完成线制图**（图5-42）

（1）在前小肩斜线的延长线上确定30°角，以此设定前袖中线，袖长60cm，作袖口垂线，前袖口宽为16cm−0.5cm。袖口上6cm处设袖襻，宽3cm，长35cm。

（2）将前小肩斜线的肩点自然延长15cm，作垂线，以此线段作为确定后袖中线的辅助线。

（3）袖山高为$\frac{AH}{2}\times 0.65$，确定前袖肥线，以前AH长确定前肥宽。

（4）从前颈侧领弧线处下移5cm左右以确定插肩袖分割线，并画顺袖窿底及袖底弧线。

（5）连接前袖内侧缝并内凹画顺。

（6）以前中线为基准设五枚对称扣。

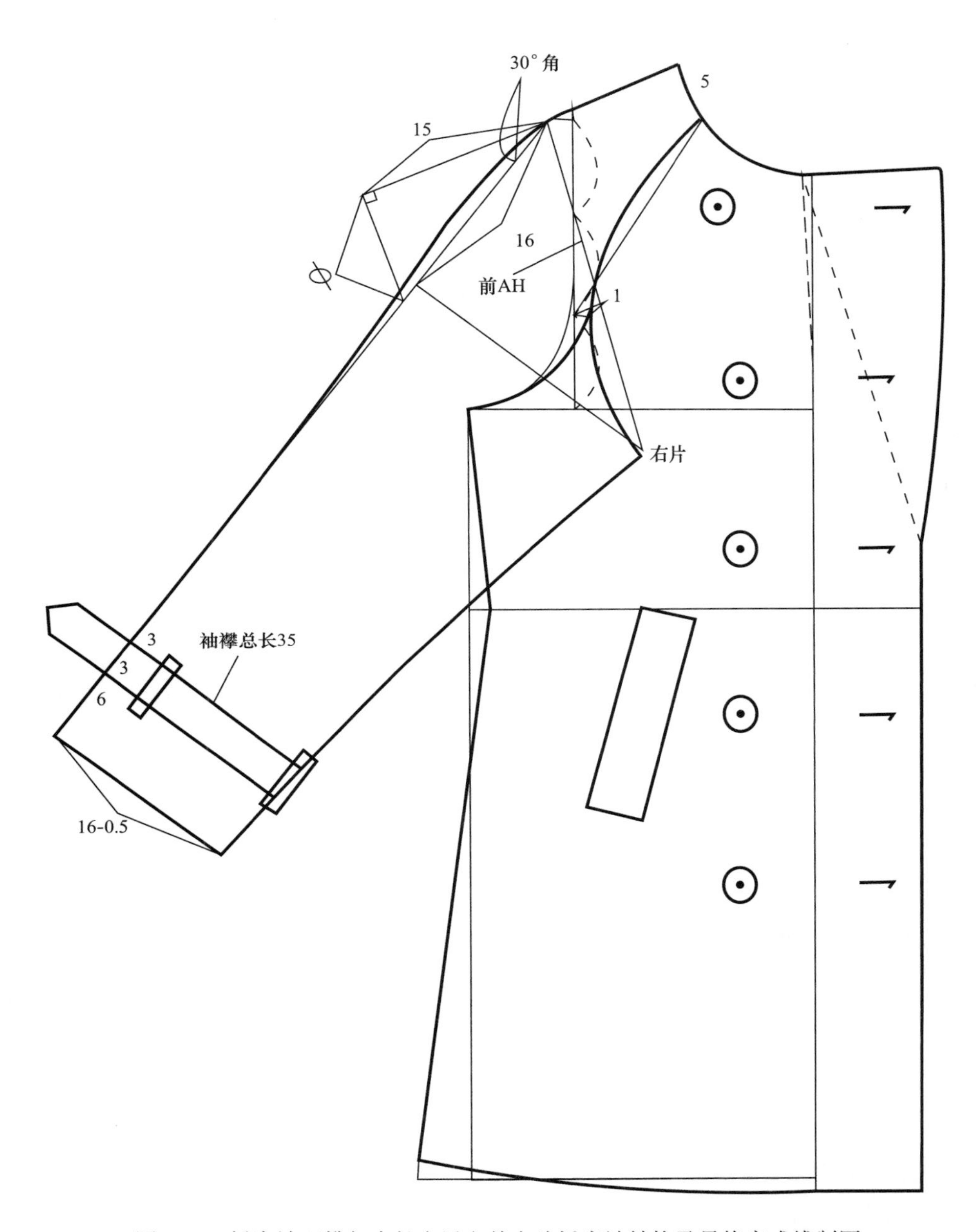

图5-42 插肩袖双排扣中长女风衣前右片插肩袖结构及最终完成线制图

3. **前左片插肩袖结构及最终完成线制图**（图5-43）

（1）左片前胸部设一约克造型。

（2）左右肩襻各一个，宽4cm，长12.5cm。

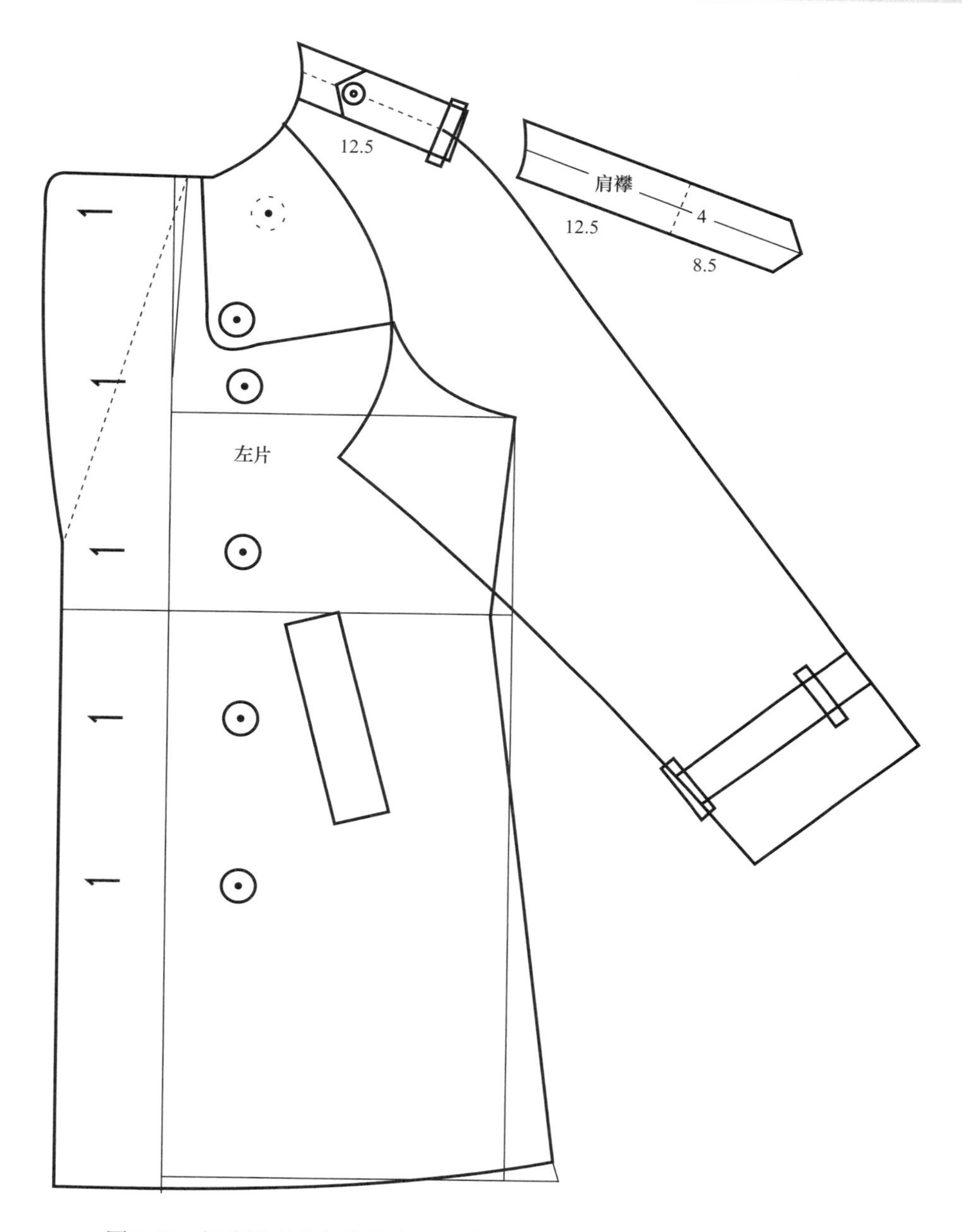

图5-43　插肩袖双排扣中长女风衣前左片插肩袖结构及最终完成线制图

4. **后片插肩袖结构及最终完成线制图**（图5-44）

（1）将后小肩斜线从肩点自然延长 15cm，作垂线（为前片对应处辅助线长的 90%），以此画袖长线并参照前袖山高作袖肥垂线。

（2）后袖口宽为 16cm+0.5cm。

（3）从后肩点以后 AH 长画斜线交于袖肥线，确定后袖肥。

（4）从后颈侧领弧线处下移 3cm 左右以确定插肩袖分割线，并画顺袖窿底及袖底弧线。

(5)连接后袖内侧缝并内凹画顺。

(6)后肩上部设披风，其长度为胸围线下 3cm 左右。

(7)从腰线下 10cm 的后中缝下摆处设开衩，宽 4cm。

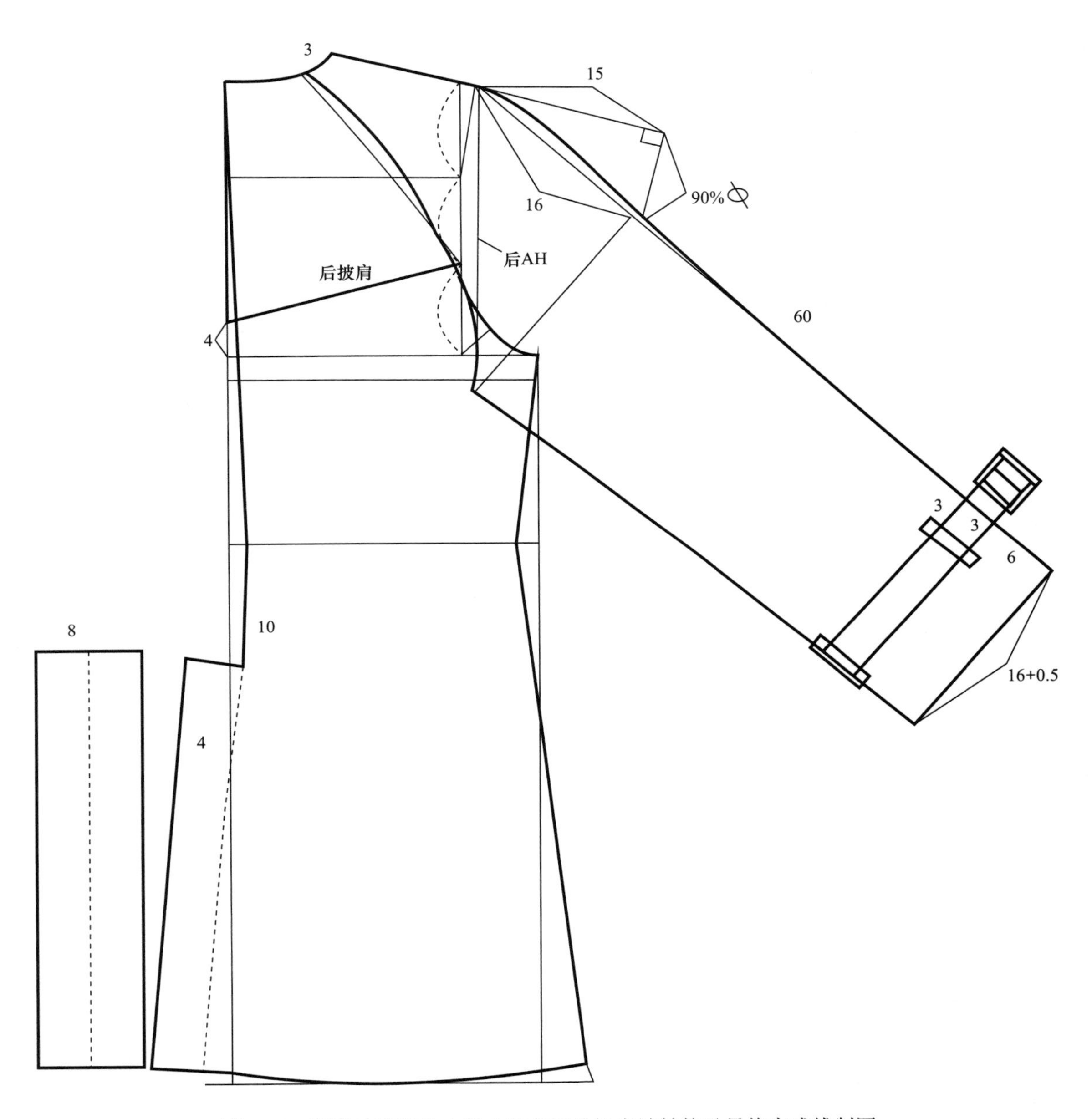

图5-44 插肩袖双排扣中长女风衣后片插肩袖结构及最终完成线制图

5. **立领结构制图**（图5–45）

（1）总领宽9cm，其底领宽3.5cm、翻领宽5.5cm。

（2）前领起翘4.5cm，在前后领窝弧线长分割线处自然画顺。领襻长6.5cm。

（3）领后中起翘8cm，领尖长9cm，依据外领口松量修正上下领弧线。

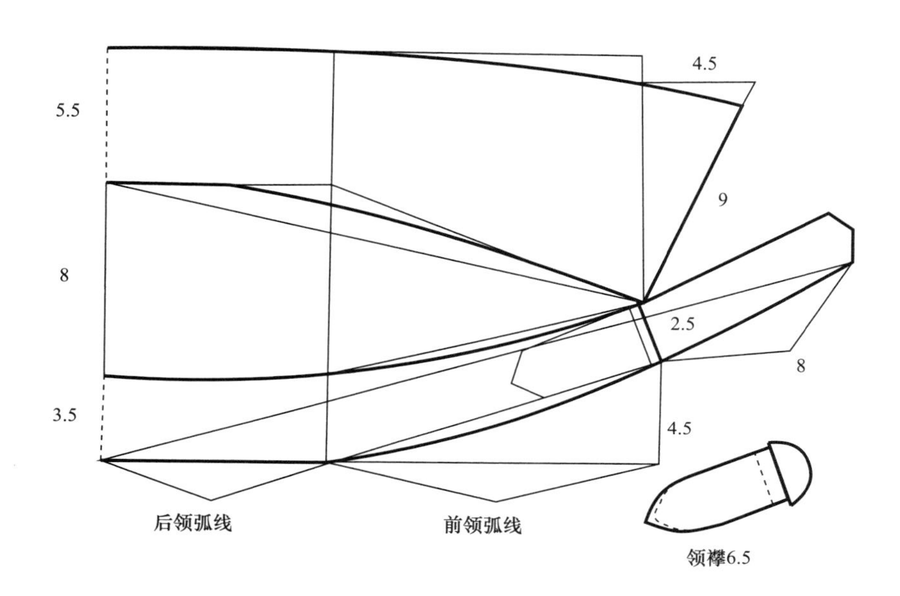

图5–45 插肩袖双排扣中长女风衣立领结构制图

三、插肩袖双排扣女长风衣纸样设计

（一）款式说明

此款为较适体的女长风衣，西服领，双排十枚扣，衣身采用的刀背结构对塑胸、收腰、放摆创造出条件，腰带可自然控制腰部的松紧度。衣片前后下摆自然放摆，袖口设装饰袖襻。其松量在胸围基础上加放14cm，腰围加放23cm，臀围加放10cm，袖子采用全插肩袖结构。采用质地高级的精纺中厚风衣专用面料或毛型面料制作。

插肩袖双排扣中女长风衣效果如图5–46所示。

（二）成品规格

成品规格按国家号型160/84A制订，如表5–11所示。

图5-46 插肩袖双排扣女长风衣效果图

表5-11 插肩袖双排扣女长风衣成品规格表 单位：cm

部位	衣长	胸围	腰围	臀围	腰节	总肩宽	袖长	袖口
尺寸	105	98	79	100	38	39.5	60	16

（三）制图步骤

采用原型裁剪法。首先按照号型160/84A制作日本文化式女子新原型图，然后依据原型进行修正制作纸样。具体方法如前所述日本文化式女子新原型制图。

1. **前后片结构基础线制图**（图5-47）

（1）将上衣原型画好，四开身结构。

（2）从原型后中心线画衣长线105cm。

（3）前后领宽各展宽1.5cm。

（4）前后胸围各展宽1cm，前后胸宽各展宽0.5cm。

（5）胸围线挖深2cm。

（6）原型后肩点上移1cm，即后肩胛省保留0.7cm。

（7）取冲肩1.5cm，以此确定后肩点。

（8）前肩点上抬0.5cm，前小肩为后小肩-0.7cm。

（9）将前胸凸省的$\frac{1}{3}$转移至袖窿作为松量，撇胸1cm，其余省量转移至侧缝线待用。

（10）制图中前后衣片胸腰差：$\frac{总省量}{2}$为10.5cm，首先后中收1.5cm、侧缝收1.5cm，前侧缝收1.5cm。其余省量在前后刀背线处收。

（11）后侧缝放摆4cm，前侧缝放摆4cm。

（12）搭门宽8cm，设双排10枚扣。在腰节下设斜插袋，长16cm，宽4cm。

（13）腰部设腰带，宽4cm，长150cm。

（14）驳领宽11.5cm。

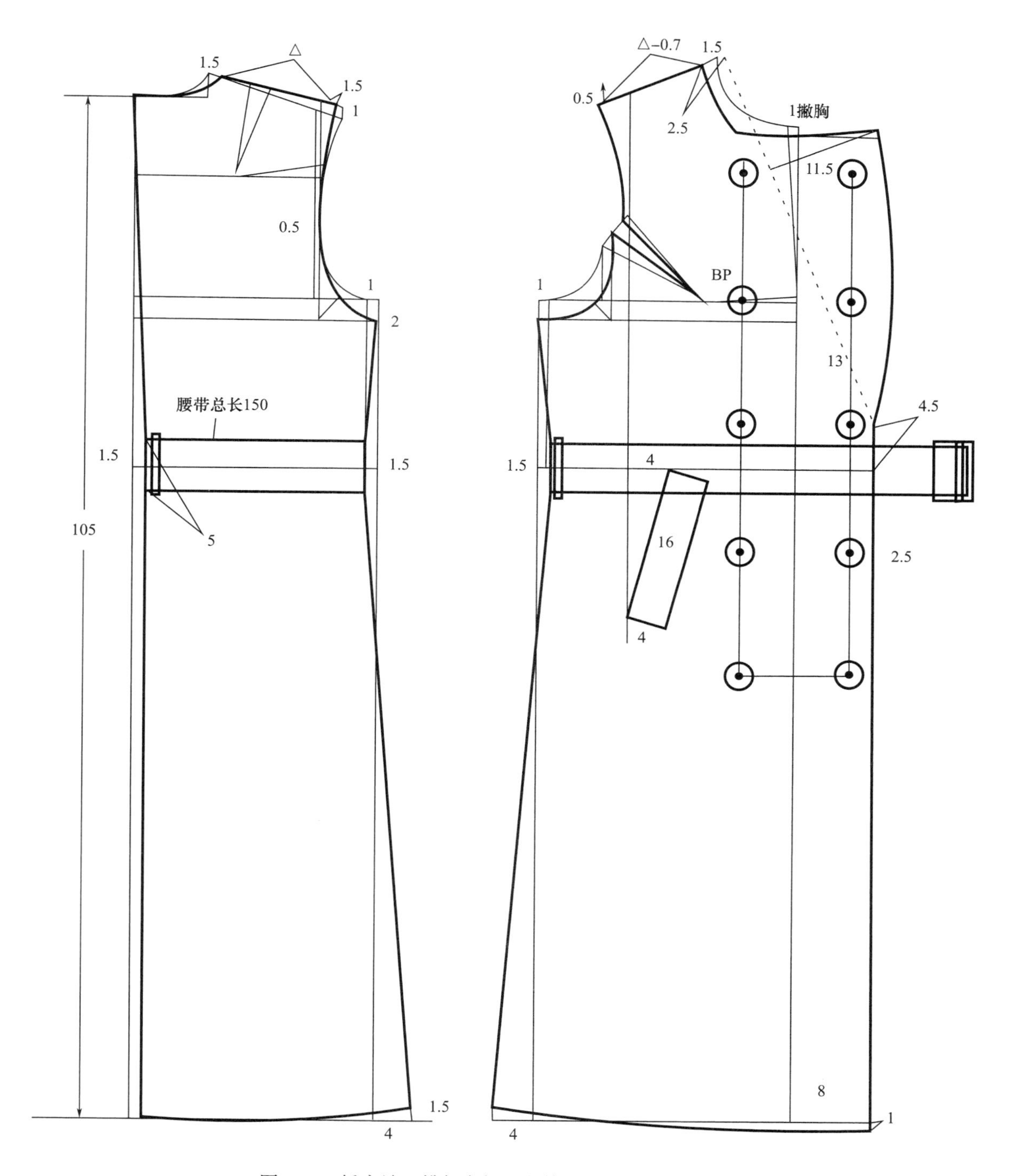

图5-47　插肩袖双排扣女长风衣前后片结构基础线制图

2. 前右片插肩袖结构及领片最终完成线制图（图5-48）

（1）在前小肩斜线的延长线上确定30°角，以此设定前袖中线，袖长60cm，作袖口垂线，前袖口宽为16cm-0.5cm。袖口上6cm处设袖襻，宽3cm，长35cm。

(2)将前小肩斜线的肩点自然延长15cm，作垂线，以此线段作为确定后袖中线的辅助线。

(3)袖山高为$\frac{AH}{2}\times 0.65$，确定前肥线，以前AH长确定前肥宽。

(4)从前颈侧领弧线处下移5cm左右以确定插肩袖分割线，并画顺袖窿底及袖底弧线。

(5)连接前袖内侧缝并内凹画顺。

(6)以前中线为基准设五枚对称扣。

(7)将前片插肩袖拷贝下来，侧缝胸凸省转移至刀背省与腰省画顺，下摆交叉放摆3cm左右。

(8)设总领宽9cm，底领宽3.5cm、翻领宽5.5cm。

(9)参照驳口线，将后领弧线作倒伏量5cm。

(10)领尖长10cm，依据外领口松量修正上下领弧线。

(11)前刀背在腰节线处收省3cm。

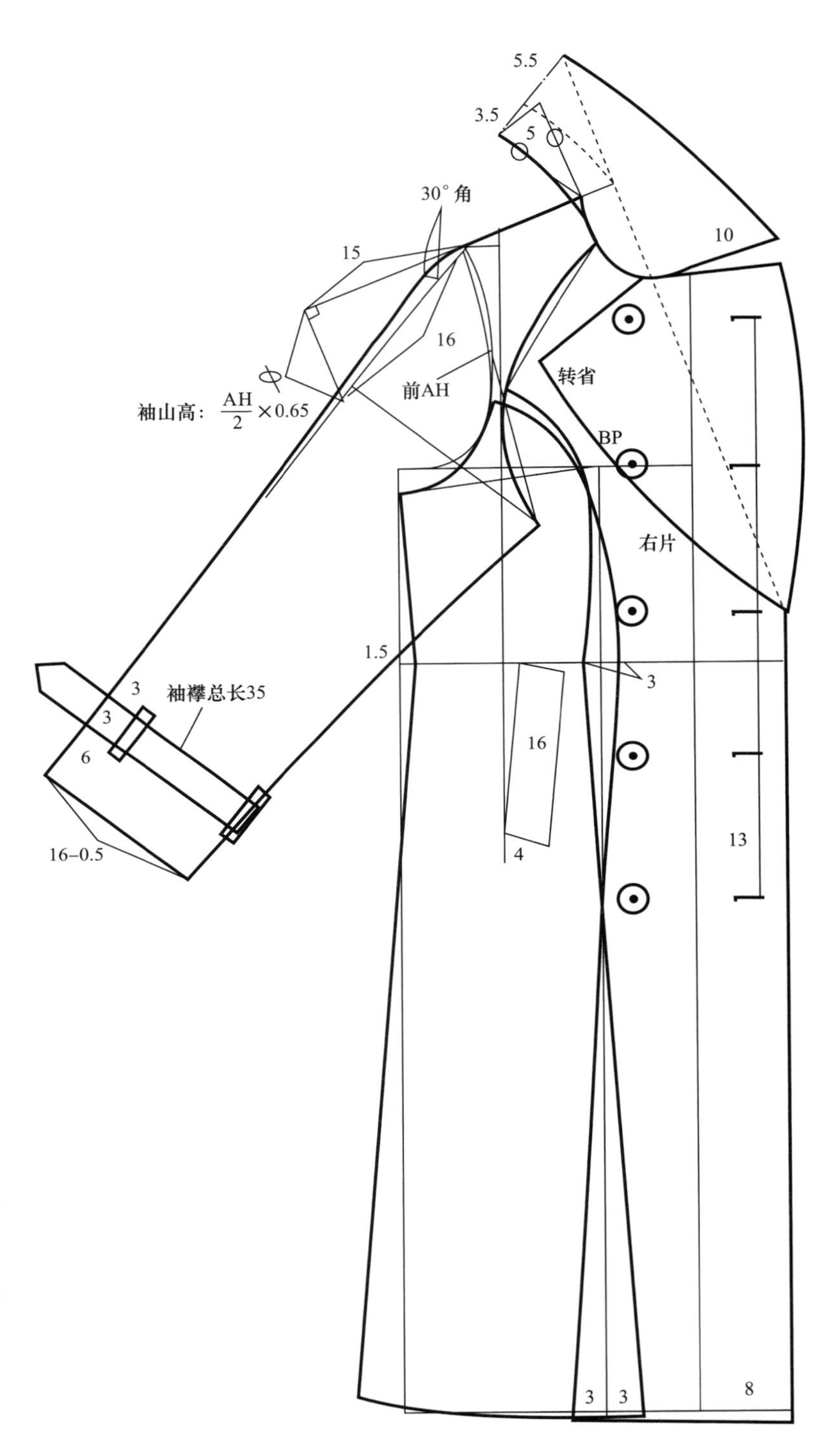

图5-48 插肩袖双排扣女长风衣前右片插肩袖结构及领片最终完成线制图

3. **前左片插肩袖结构及最终完成线制图**（图5-49）

（1）左片前胸部设一约克造型。

（2）左右肩襻各一个，宽 4cm，长 12.5cm。

（3）将后刀背缝与腰省线画顺，下摆交叉放摆 3cm 左右。

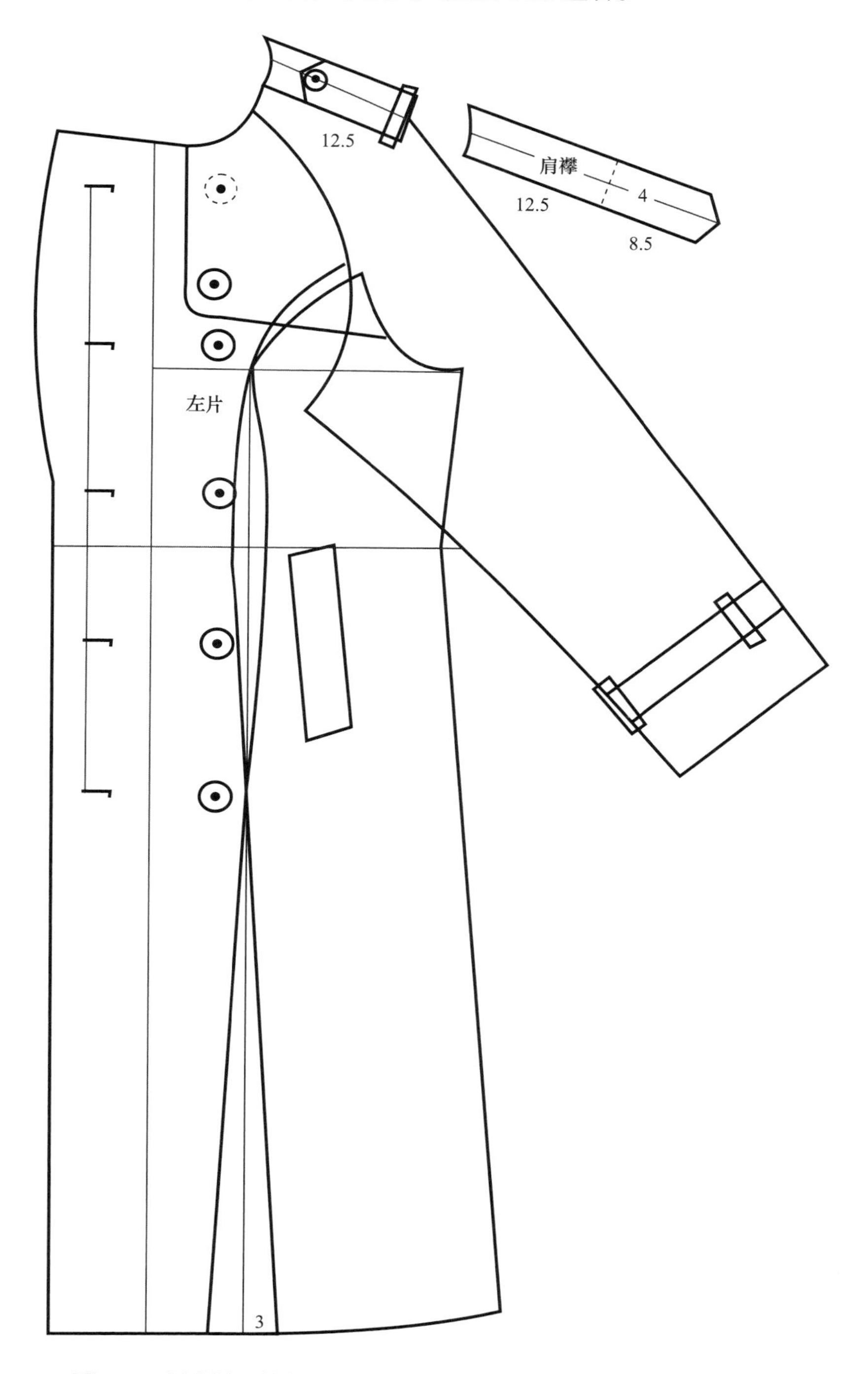

图5-49 插肩袖双排扣女长风衣前左片插肩袖结构及最终完成线制图

4. ***后片插肩袖结构及最终完成线制图***（图5-50）

（1）将后小肩斜线从肩点自然延长15cm，作垂线（为前片对应处辅助线长的90%），以此画袖长线并参照前袖山高作袖肥垂线。

（2）后袖口宽为16cm+0.5cm。

（3）从后肩点以后AH长画斜线交于袖肥线，确定后袖肥。

（4）从后颈侧领弧线处下移3cm左右以确定插肩袖分割线，并画顺袖窿底及袖底弧线。

（5）连接后袖内侧缝并内凹画顺。

（6）后肩上部按款式要求设披风造型。

（7）从腰线下20cm的后中缝下摆处设开衩，宽4cm。

（8）后刀背在腰节线处收省3cm。

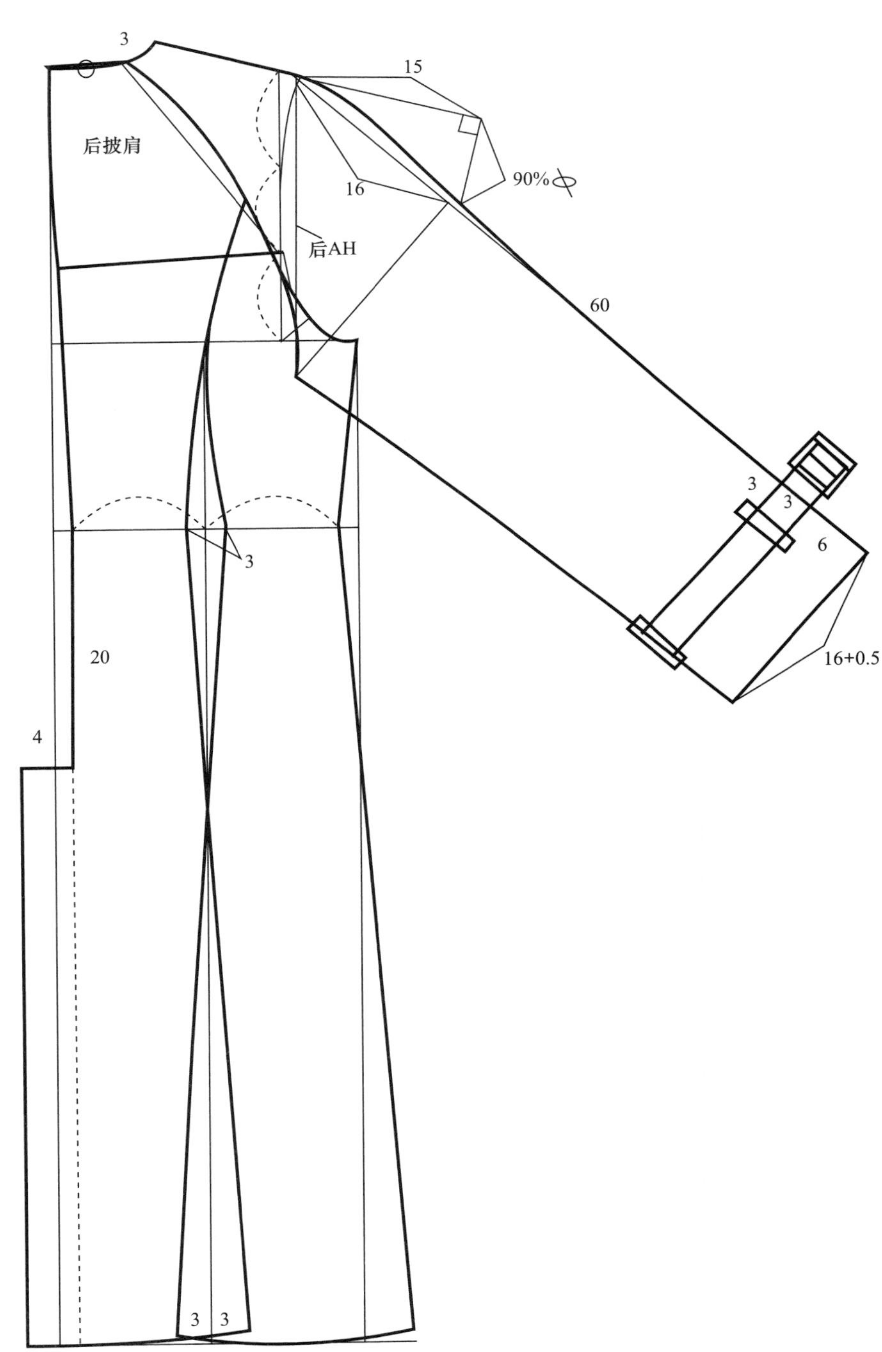

图5-50 插肩袖双排扣女长风衣后片插肩袖结构及最终完成线制图

归结提示：

以上几章内容为女上装的制图方法，通过强化练习可以归总出纸样设计的基本规律：采用上衣原型制图简易、方便、准确。服装包裹人体首要的是保障结构的平衡与均衡。衣片作为软雕塑，从纵向和横向围绕人体要有相应的正确比例关系，多元化的人体体积也更需要有准确的肩胛省、胸凸省和胸腰差省来控制。原型作为一个工具，建立起的基本纸样就像一个标准尺，对后续的制板进行了严格地控制。

接下来的纸样设计正是参照这个标准尺、结合具体的款式再修正制图。

第一是长度、围度和宽度的重新确立，即成品舒适量的准确设计。通过以上实例不难总结出梭织面料的三围松量：比较贴体类的服装松量应在 3 ~ 4cm，例如旗袍、晚装；合体类的服装松量应在 6 ~ 8cm，例如女时装、西服。较舒适的服装松量应在 9 ~ 12cm，例如衬衫、普通生活装；舒适性非常好的服装松量应在 13 ~ 20cm，例如休闲装、大衣等。控制好基本松量后，再根据原型建立的比例关系适当调整相应的宽度、深度、高度尺寸，即前后胸宽、肩宽、袖窿底宽、袖窿深、袖山高、肩斜角度等服装控制部位。

第二是省的准确设计与应用。以“省”塑型是女装纸样设计的关键，实例中不乏各类不同款式的省的应用方法。例如根据原型建立的后肩胛骨省要准确塑造出人体后背的体积感，一般通过款式线所提供的条件进行转移、分散，也可以为工艺提供相应加垫肩或归拔处理条件。最重要的是原型提供的袖窿上的胸凸省，它是塑造女性人体乳胸的重点，要结合特定款式的造型线进行反复推敲，巧妙利用转移、分散的方法进行修正，或将胸凸省与款式线结合在一起，或将其隐藏在衣片中，为工艺提供相应归拔处理条件。

另外由于纸样中的胸腰差与臀腰差自然产生的腰省，必须依据女体脊柱及腰部曲面状态合理分配省量。一般标准体由于人体曲度的变化特征，后身省量占总省量的 60% ~ 65%，前身占总省量的 35% ~ 40%，特定人体则要结合具体体型状态分配好省量、省位、省长、省形的相互关系。

第三是袖子与袖窿的合理配置。应该结合具体运动功能和舒适性的要求，确立袖窿的宽深比例，合体状态的袖窿宽深比应控制在 65% 左右。与其相对应的袖子应为高袖山袖型，其基本要求是纸样形成的袖窿圆高要与袖山圆高基本一致，才可能获得最佳造型。其他袖型可依据这一原理作相应的调整。

第六章　裙子制板方法实例

第一节　裙子的结构特点

在现代女装中裙子是非常重要的一个种类。裙子的形式多样，其结构包括三个围度，即腰围、臀围、摆围，两个长度，即腰围至臀围的长度（臀高）和裙子的长度。任何一款裙子都涉及这些结构，它涉及具体个体的体型和下肢的运动功能以及裙子的款式造型，因此必须配合腰部、臀部及下肢部位的形体特点和裙子的各种用途及生活的需要进行纸样设计。例如，不同体型和臀腰差的设计决定了省的大小、省的位置、省的长度、省的形状，同时省也可以根据造型转移分散使用。以省塑型在裙装的结构设计中也非常重要，我们可以通过各种不同造型的裙装纸样设计充分理解其中的构成原理。

裙子主要分为直身裙（紧身裙）、斜裙（圆摆裙）、节裙（塔裙）、多片裙（拼接裙）等，在此基础上可以组合出多种款式。

第二节　直身裙纸样设计

一、直身筒裙纸样设计

（一）款式说明

此款是基础裙，三围等各部位的松量较少，属紧身设计，其松量在臀围的基础上加放4cm，腰围不加放，下摆与臀围围度相同，后中线有开衩，便于活动。可采用高级精毛纺或化纤面料制作。

直身筒裙效果图如图 6-1 所示。

（二）成品规格

成品规格按国家号型 160/68A 制订，如表 6-1 所示。

图6-1　直身筒裙效果图

表6-1　直身筒裙成品规格表　　单位：cm

部位	裙长	腰围	臀围	臀高	腰头宽
尺寸	57	68	94	18	3

（三）制图步骤（图6-2）

（1）裙长减腰头宽取54cm，画前中直线，画上下平行线。

（2）臀高为$\frac{总体高}{10}$+2cm，画平行线制订臀围线，在臀围线上确定臀围肥。

①前片臀围肥取$\frac{H}{4}+1$cm。

②后片臀围肥取$\frac{H}{4}-1$cm。

（3）成品尺寸臀腰差为 26cm，在腰围线上制订前后片的腰围肥度。

①前片腰围侧缝线收省 1.5cm，实际前片腰围肥为$\frac{W}{4}$+1cm+5cm。省中线垂直于腰口线。

②后片腰围侧缝线收省 1.5cm，实际后片腰围肥为$\frac{W}{4}$−1cm+5cm。省中线垂直于腰口线。

（4）下摆与臀围围度相同，为便于活动，后中线下部设开衩，长 14cm，后中线上部设拉链，开口至臀围下 2cm。

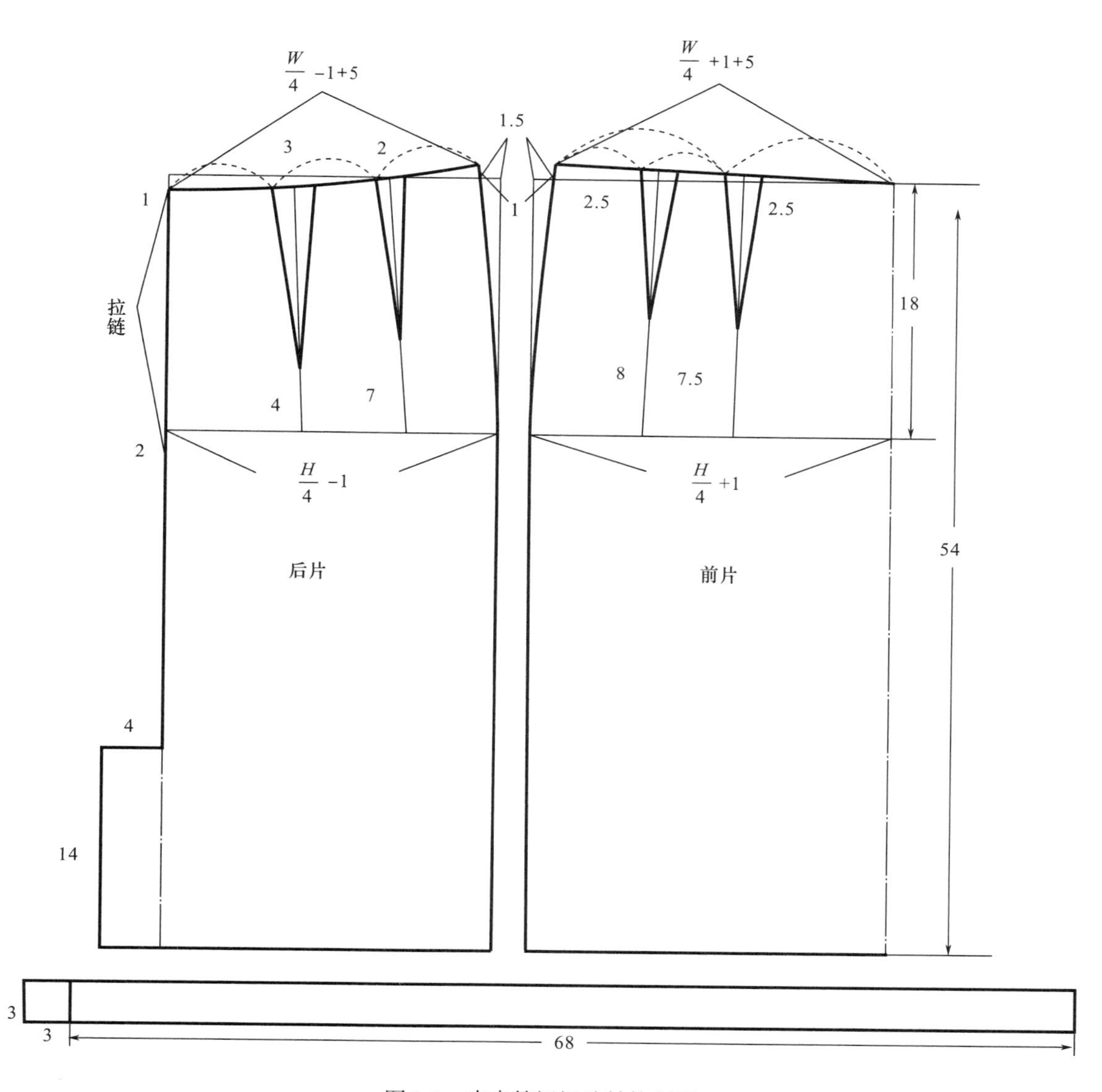

图6-2　直身筒裙裙片结构制图

二、西服裙纸样设计

（一）款式说明

此款是配合正装西服设计而来的西服裙，裙长可参照膝盖位置或稍向上一些，其松量在臀围的基础上加放4cm，腰围不加放，下摆略放摆量，前中设一褶裥。可采用垂感较好的精纺面料制作。

西服裙效果图如图6-3所示。

图6-3 西服裙效果图

（二）成品规格

成品规格按国家号型160/68A制订，如表6-2所示。

表6-2 西服裙成品规格表 单位：cm

部位	裙长	腰围	臀围	臀高	腰头宽
尺寸	57	68	94	18	3

（三）制图步骤（图6-4）

（1）裙长减腰头宽取54cm，画前中直线并画上下平行线。

（2）臀高为$\frac{总体高}{10}$+2cm，画平行线确定臀围线，在臀围线上确定臀围肥。

①前片臀围肥为$\frac{H}{4}$+1cm。

②后片臀围肥为$\frac{H}{4}$−1cm。

（3）成品尺寸臀腰差为26cm，在腰围线上制订前后片的腰围肥度。

①前片腰围侧缝线收省3cm，实际前片腰围肥为$\frac{W}{4}$+1cm+3.5cm。省中线垂直于腰口线。

②后片腰围侧缝线收省3cm，实际后片腰围肥为$\frac{W}{4}$−1cm+3.5cm。省中线垂直于腰口线。

（4）下摆各放3cm摆量，呈稍短的小喇叭形，为便于活动前中线设10cm褶裥，侧缝线上部设拉链，开口至臀围下2cm。

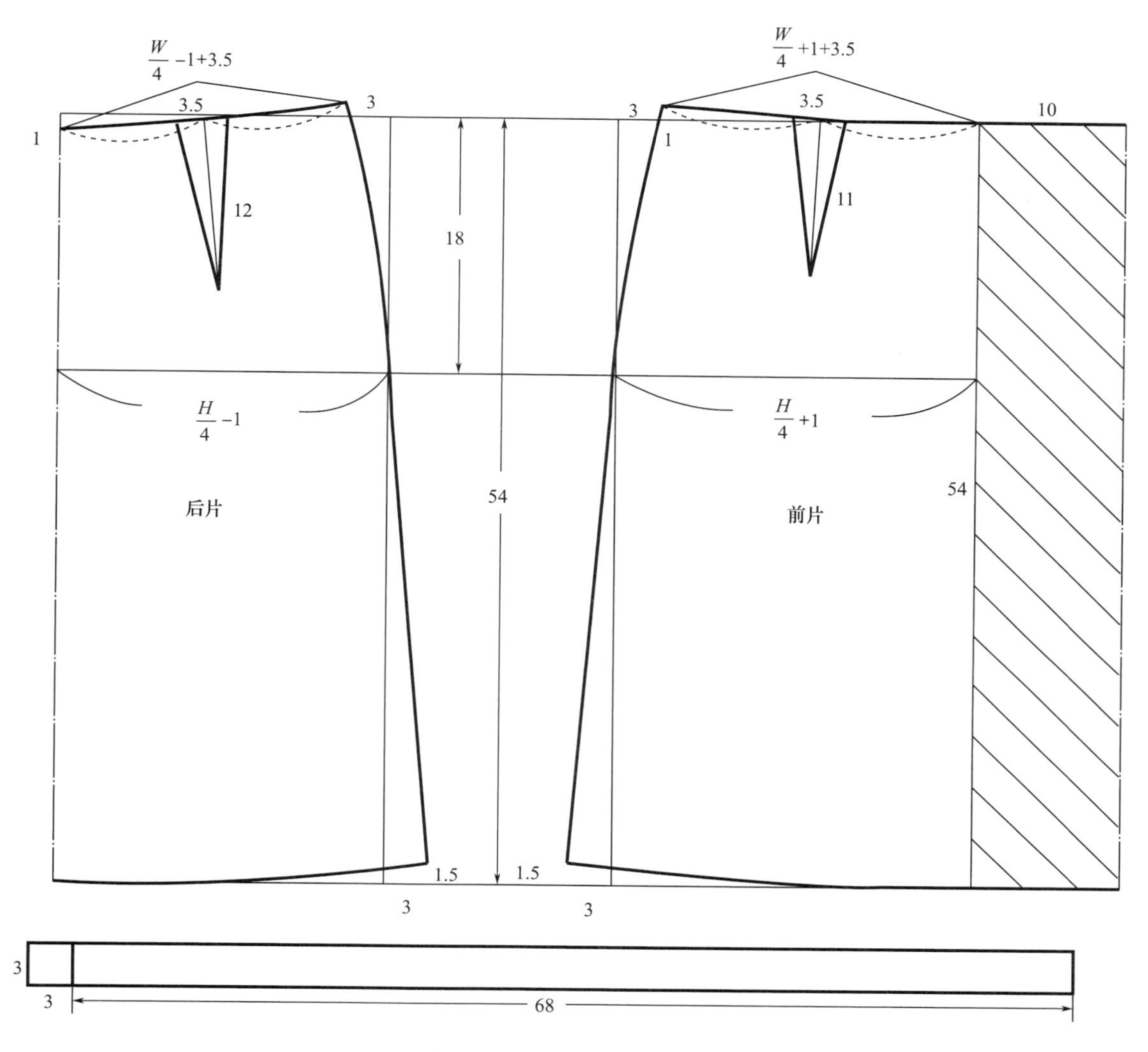

图6-4 西服裙裙片结构制图

三、吊带高腰裙纸样设计

（一）款式说明

此款是吊带式的高腰小喇叭裙，臀部和腰部松量较多些，穿着舒适。其松量在臀围的基础上加放 10cm，腰围加放 4cm，下摆略放摆量，可采用垂感较好的面料制作。

吊带高腰裙效果图如图 6-5 所示。

图6-5　吊带高腰裙效果图

（二）成品规格

成品规格按国家号型 160/68A 制订，如表 6-3 所示。

表6-3　吊带高腰裙成品规格表　　单位：cm

部位	裙长	腰围	臀围	臀高	腰头宽
尺寸	70	72	100	18	12

（三）制图步骤（图6-6）

（1）腰围以下裙长 70cm，腰围以上高腰宽 12cm。

（2）臀高为$\frac{1.5\text{总体高}}{10}$+2cm，设定臀围线，在臀围线上确定臀围肥。

①前片臀围肥为$\frac{H}{4}$+1cm。

②后片臀围肥为$\frac{H}{4}$−1cm。

（3）成品尺寸臀腰差为28cm，在腰围线上确定前后片的腰围肥度。

①前片腰围侧缝线收省2cm，实际前片腰围肥为$\frac{W}{4}+1cm+5cm$。

②后片腰围侧缝线收省2cm，实际后片腰围肥为$\frac{W}{4}-1cm+5cm$。

③可依据穿着者体型略肥的特点，在腰线上的侧缝及省上略放出些松量。

（4）为便于活动，下摆放各4cm摆量，使裙片呈喇叭形。依据原型前后肩斜位置设置吊带长度。

图6-6　吊带高腰裙裙片结构制图

四、牛仔裙纸样设计

（一）款式说明

此款是连腰头造型设计的紧身牛仔裙，在臀围的基础上加放 3 ~ 4cm，腰围不加放，下摆略收进，前片前腰省处设有造型分割线，面料应具有弹力，后下摆下部为便于活动设有小开叉。可采用垂感较好的薄型牛仔面料制作。

牛仔裙效果图如图 6–7 所示。

图6–7 牛仔裙效果图

（二）成品规格

成品规格按国家号型 160/68A 制订，如表 6–4 所示。

表6–4 牛仔裙成品规格表 单位：cm

部位	裙长	腰围	臀围	臀高	腰头宽
尺寸	59	68	94	18	5

（三）制图步骤（图6–8）

（1）裙长包括腰头取 59cm，画前中直线并画上下平行线。

（2）臀高为$\frac{总体高}{10}$ +2cm，画平行线制订臀围线，在臀围线上确定臀围肥。

①前片臀围肥为$\frac{H}{4}$ +1cm。

②后片臀围肥为$\frac{H}{4}$ –1cm。

（3）成品尺寸臀腰差为 26cm，在腰围线上确定前后片的腰围肥度。

①实际前片腰围肥为$\frac{W}{4}$ +1cm+4cm，前片收省 4cm 以塑造较平伏的腰腹状态，其余省收在侧缝线上。

②实际后片腰围肥为$\frac{W}{4}$ –1cm+5cm，后片省量相对前片较多，臀部塑型效果较好，其余省收在侧缝线上。

（4）下摆前后侧缝各收进 2cm，为便于活动，后中线下部设 10cm 开叉，后中线上部设拉链，开口至臀围下 2cm。

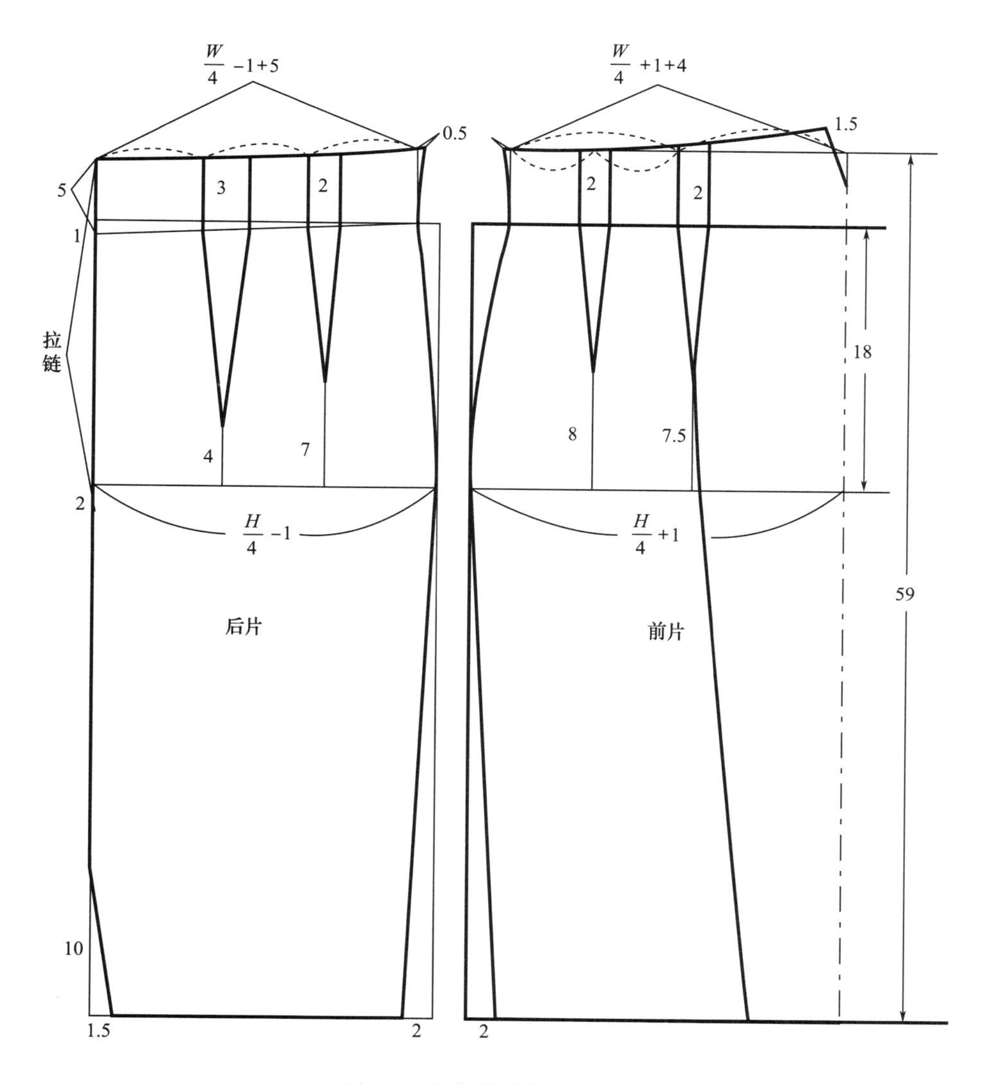

图6-8　牛仔裙裙片结构制图

第三节　多片裙纸样设计

一、六片裙纸样设计

（一）款式说明

此款裙子是较紧身的设计，六片结构，其松量在臀围的基础上加放 4cm，腰围不加放，下摆可根据造型要求加放摆量，拉链设计在侧缝上。可采用垂感较好的面料制作。

六片裙效果图如图 6–9 所示。

图6–9　六片裙效果图

（二）成品规格

成品规格按国家号型 160/68A 制订，如表 6–5 所示。

表6–5　六片裙成品规格表　　单位：cm

部位	裙长	腰围	臀围	臀高	腰头宽
尺寸	69	68	94	18	3

（三）制图步骤（图6–10）

（1）裙长纵向线为实际裙长减腰头宽，取 76cm，同时画上下平行基础线。

（2）臀高为$\frac{总体高}{10}$+2cm，画平行线确定臀围线，在臀围线上确定臀围肥。

①前片臀围肥为$\frac{H}{4}+1\text{cm}$，分三等份，在前中心线向里的$\frac{1}{3}$处分割裙片。

②后片臀围肥为$\frac{H}{4}-1\text{cm}$，分三等份，在后中心线向里的$\frac{1}{3}$处分割裙片。

（3）成品尺寸臀腰差为 26cm，在腰围线上确定前后片的腰围肥度。

①实际前片腰围肥为$\frac{W}{4}+1\text{cm}+3.5\text{cm}$，前片侧缝收省 3cm。

②实际后片腰围肥为$\frac{W}{4}-1\text{cm}+3.5\text{cm}$，后片侧缝收省 3cm。

（4）前后片侧摆及下摆处分割线各放 6cm 摆量，为便于活动，在侧缝线上设拉链，开口至臀围下 2cm。

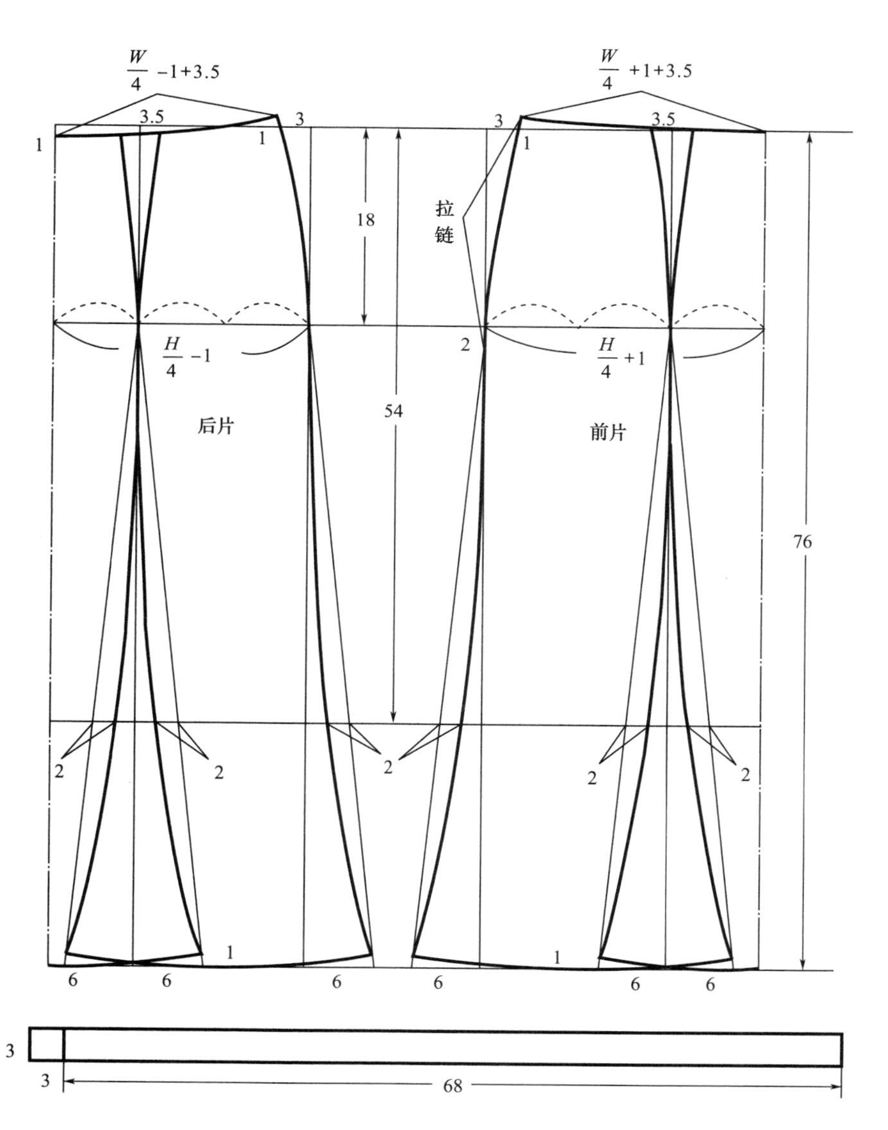

图6-10　六片裙裙片结构制图

二、八片鱼尾裙纸样设计

（一）款式说明

此款是腰臀部位较紧身的八片鱼尾裙，八片结构使下摆呈美人鱼造型，其松量在臀围的基础上加放4cm，腰围不加放，裙长及下摆可根据造型任意放量，拉链可设计在后中缝或侧缝上。可采用垂感较好的面料制作。

八片鱼尾裙效果图如图6-11所示。

图6-11　八片鱼尾裙效果图

（二）成品规格

成品规格按国家号型160/68A制订，如表6-6所示。

表6-6　八片鱼尾裙成品规格表　单位：cm

部位	裙长	腰围	臀围	臀高	腰头宽
尺寸	79	68	94	18	3

（三）制图步骤（图6-12）

（1）裙长纵向线为实际裙长减腰头宽，取76cm，同时画上下平行基础线。

（2）臀高为$\frac{总体高}{10}$+2cm，画平行线确定臀围线，在臀围线上确定臀围肥。

①前片臀围肥$\frac{H}{4}$+1cm，分两等份，在臀围线中点处分割裙片。

②后片臀围肥$\frac{H}{4}$−1cm，分两等份，在臀围线中点处分割裙片。

（3）成品尺寸臀腰差为26cm，在腰围线上确定前后片的腰围肥度。

①实际前片腰围肥为$\frac{W}{4}$+1cm+3.5cm，前片侧缝省1.75cm，前中心线省1.75cm。

②实际后片腰围肥为$\frac{W}{4}$−1cm+3.5cm，后片侧缝省1.75cm，后中心线省1.75cm。

（4）下摆前后共分割成八片，侧缝各放6cm摆量，为便于活动在侧缝线上部设拉链，开口至臀围下2cm。

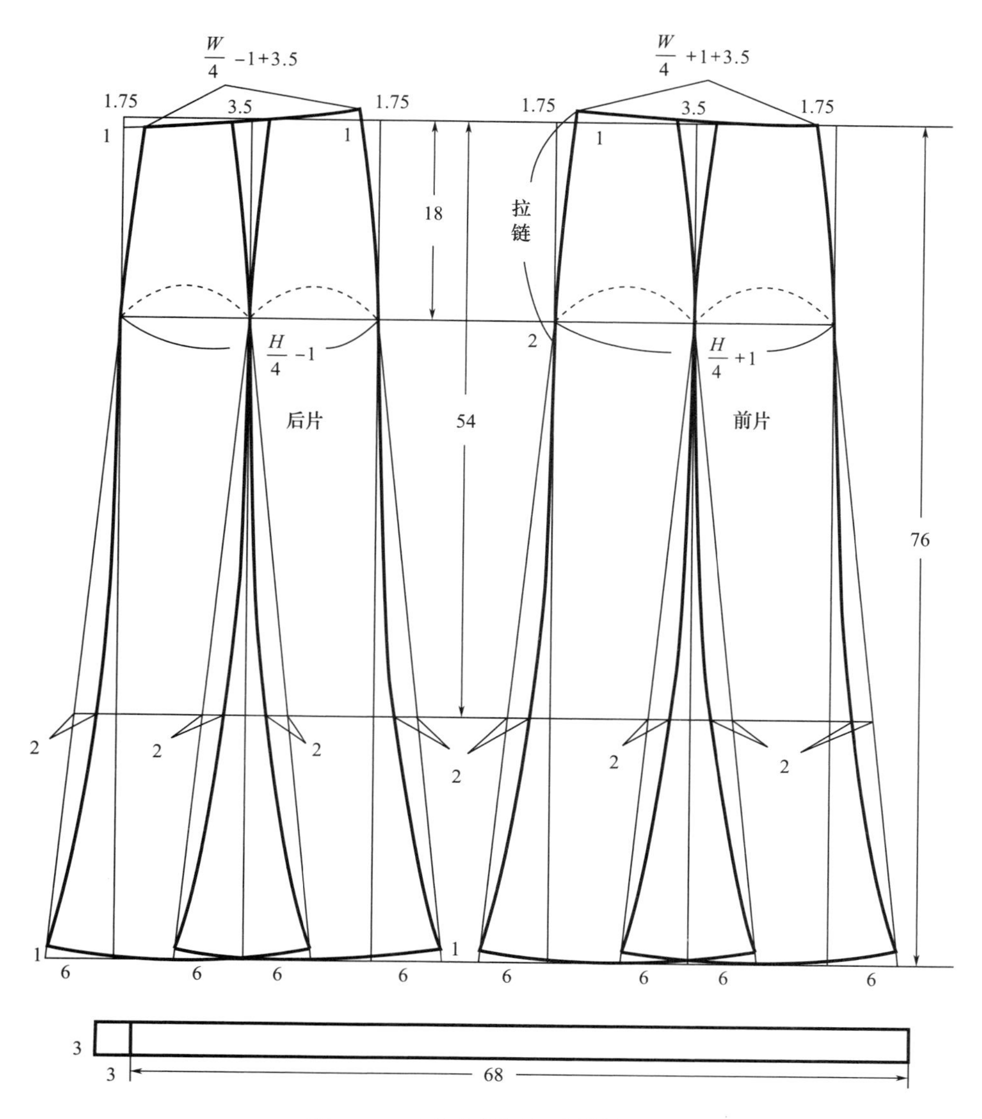

图 6-12 八片鱼尾裙裙片结构制图

第四节 斜裙类纸样设计

一、360° 大圆摆裙纸样设计

(一)款式说明

此款是以腰围展开设计的正圆大圆摆两片裙，$\frac{\text{摆围}}{4}$为 114.39cm，腰围不加放，侧缝有拉链。可采用垂感较好的薄型或中厚面料制作。

360° 大圆摆裙效果图如图 6–13 所示。

图6–13　360° 大圆摆裙效果图

（二）成品规格

成品规格按国家号型 160/68A 制订，如表 6–7 所示。

表6–7　360° 大摆圆裙成品规格表　　单位：cm

部位	裙长	腰围	腰头宽
尺寸	65	68	3

（三）制图步骤（图6–14）

（1）依据腰围尺寸求出正圆半径，画出腰围弧线长。

（2）以裙长减腰头尺寸为半径，画摆围弧线长。

（3）裁剪时可以将裙片分为两大片或四片，注意经纱向的应用。

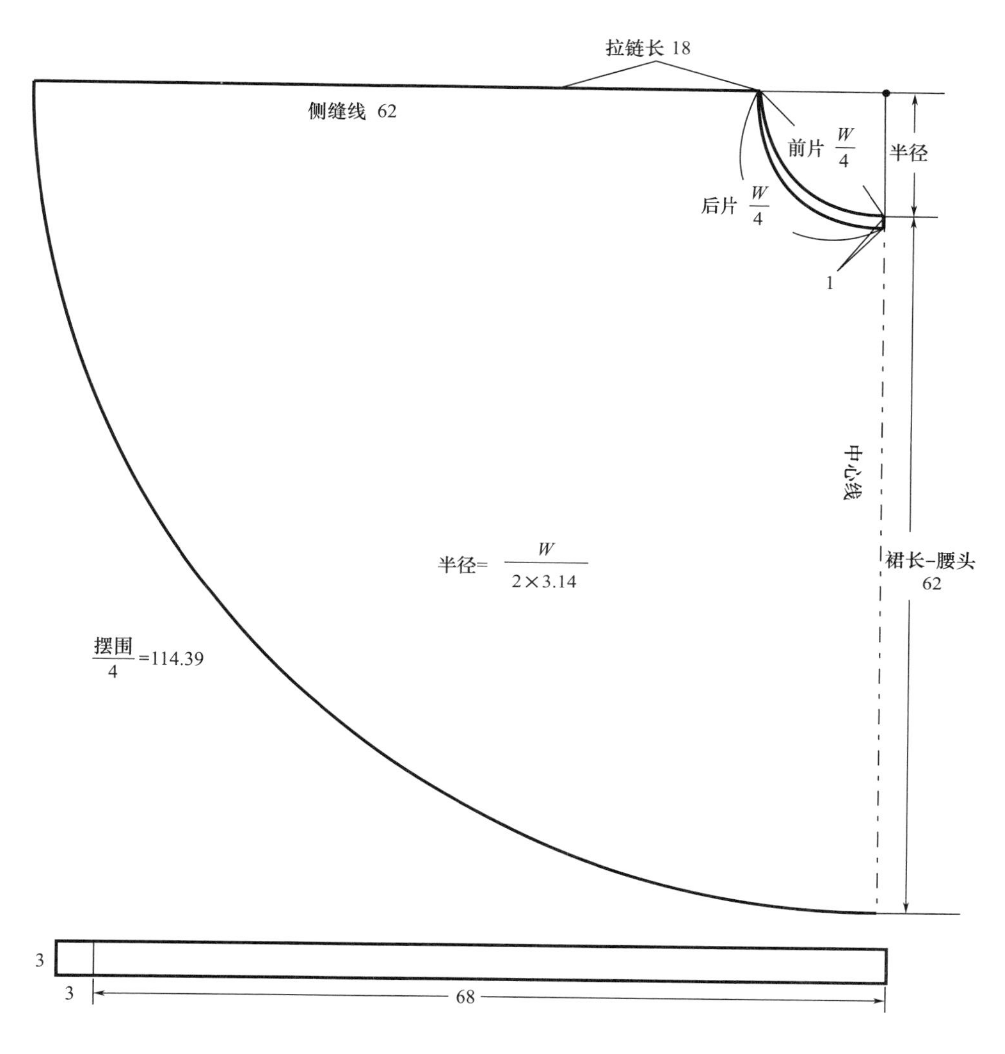

图6−14　360° 大摆圆裙裙片结构制图

二、180° 四片斜裙纸样设计

（一）款式说明

此款是 180° 四片斜裙，$\frac{摆围}{4}$为 65.7cm，裙长 65cm，腰围不加放，侧缝有拉链。可采用垂感较好的薄型或中厚面料制作。

180° 四片斜裙效果图如图 6−15 所示。

图6-15　180° 四片斜裙效果图

（二）成品规格

成品规格按国家号型 160/68A 制订，如表 6-8 所示。

表6-8　180° 四片斜裙成品规格表　　单位：cm

部位	裙长	腰围	腰头宽
尺寸	65	68	3

（三）制图步骤（图6-16）

（1）依据腰围求出 45° 角的半径，画出$\frac{1}{4}$腰围弧线。

（2）以裙长减腰头尺寸为半径，画摆围弧线长。

（3）裁剪时根据设计注意经纱向的应用。

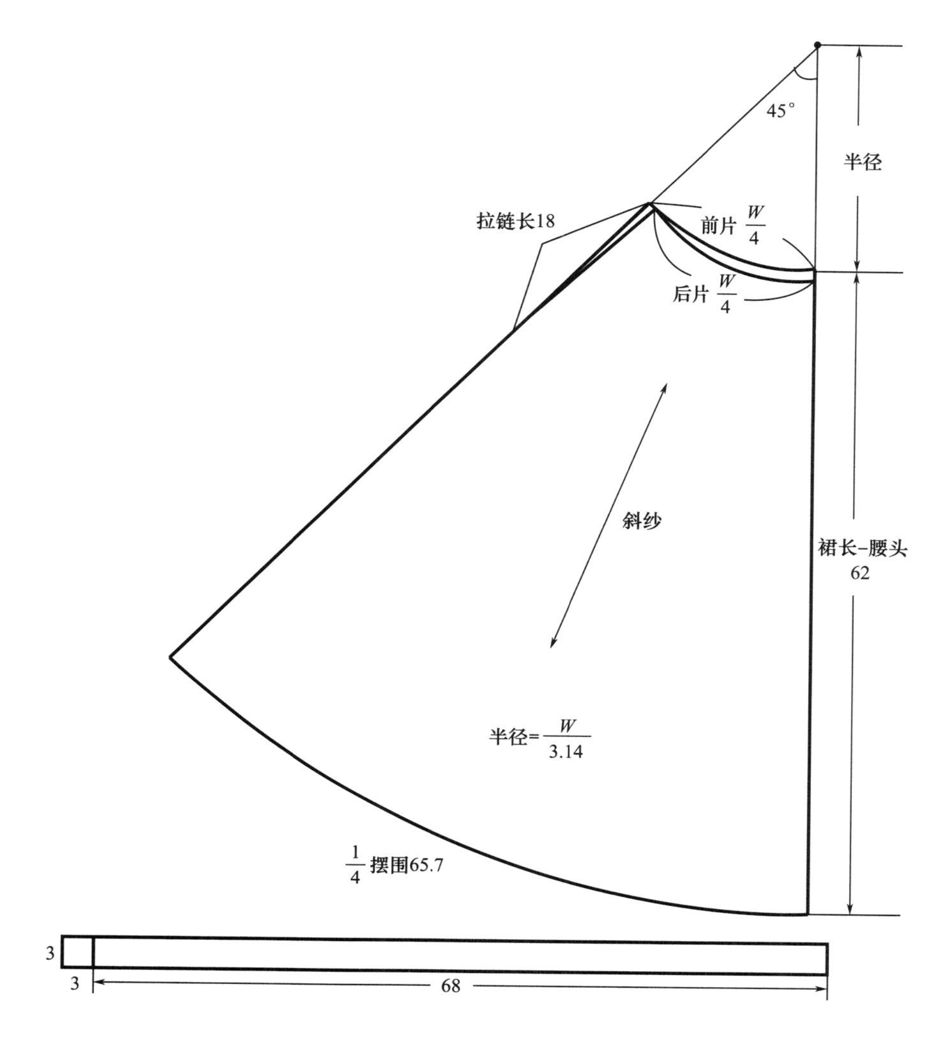

图6-16　180° 四片斜裙裙片结构制图

三、四片喇叭长裙纸样设计

（一）款式说明

此款是优先依据裙摆尺寸（$\frac{摆围}{4}$为 95cm）设计的四片斜裙，裙长 80cm，腰围不加放，后中线上设有拉链。可采用垂感较好的薄型或中厚面料制作。

四片喇叭长裙效果图如图 6-17 所示。

图6-17 四片喇叭长裙效果图

(二)成品规格

成品规格按国家号型 160/68A 制订，如表 6-9 所示。

表6-9 四片喇叭长裙成品规格表 单位：cm

部位	裙长	腰围	裙摆	腰头宽
尺寸	80	68	380	3

(三)制图步骤(图6-18)

(1)依据数学弧度制的计算方法求出依据摆围设计要求所需制图时的半径，即

$$\frac{(\text{裙长} \times \frac{W}{4})}{(\frac{\text{摆围}}{4} - \frac{W}{4})}。$$

(2)再以裙长减腰头尺寸为半径画摆围弧线长。

（3）裁剪时根据设计注意经纱向的应用。

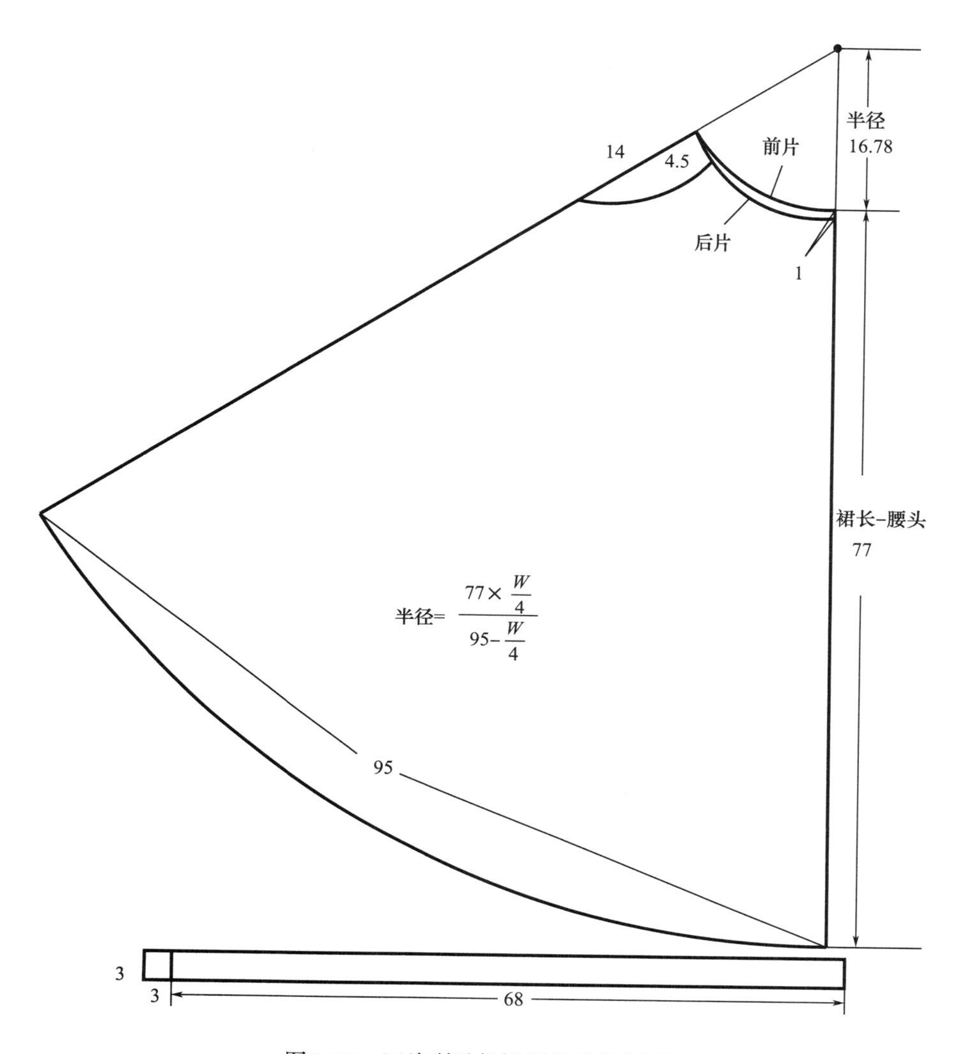

图6–18　四片喇叭长裙裙片结构制图

第五节　节裙纸样设计

一、塔裙纸样设计

（一）款式说明

此款是三层塔式造型的裙子，重要的是控制好每层裙片的褶量比例，衬裙松量在臀围的基础上加放4cm，腰围不加放，下两层裙片附着在里衬裙上，每层的长度比例可随意设计。

可采用垂感较好的纱质薄型面料制作。

塔裙效果图如图 6–19 所示。

图6–19 塔裙效果图

（二）成品规格

成品规格按国家号型 160/68A 制订，如表 6–10 所示。

表6–10 塔裙成品规格表 单位：cm

部位	裙长	腰围	臀围（衬裙）	臀高	腰头宽
尺寸	73	68	94	17.5	3

（三）制图步骤（图6–20）

（1）第一层裙片的缩褶量参照$\frac{腰围}{4}$的$\frac{1}{2}$加放。

（2）第二层裙片的缩褶量参照第一层长度的 $\frac{1}{2}$ 加放。

（3）第三层裙片的缩褶量参照第二层长度的 $\frac{1}{2}$ 加放。

（4）塔裙里的衬裙按照基础裙的制图方法制图。

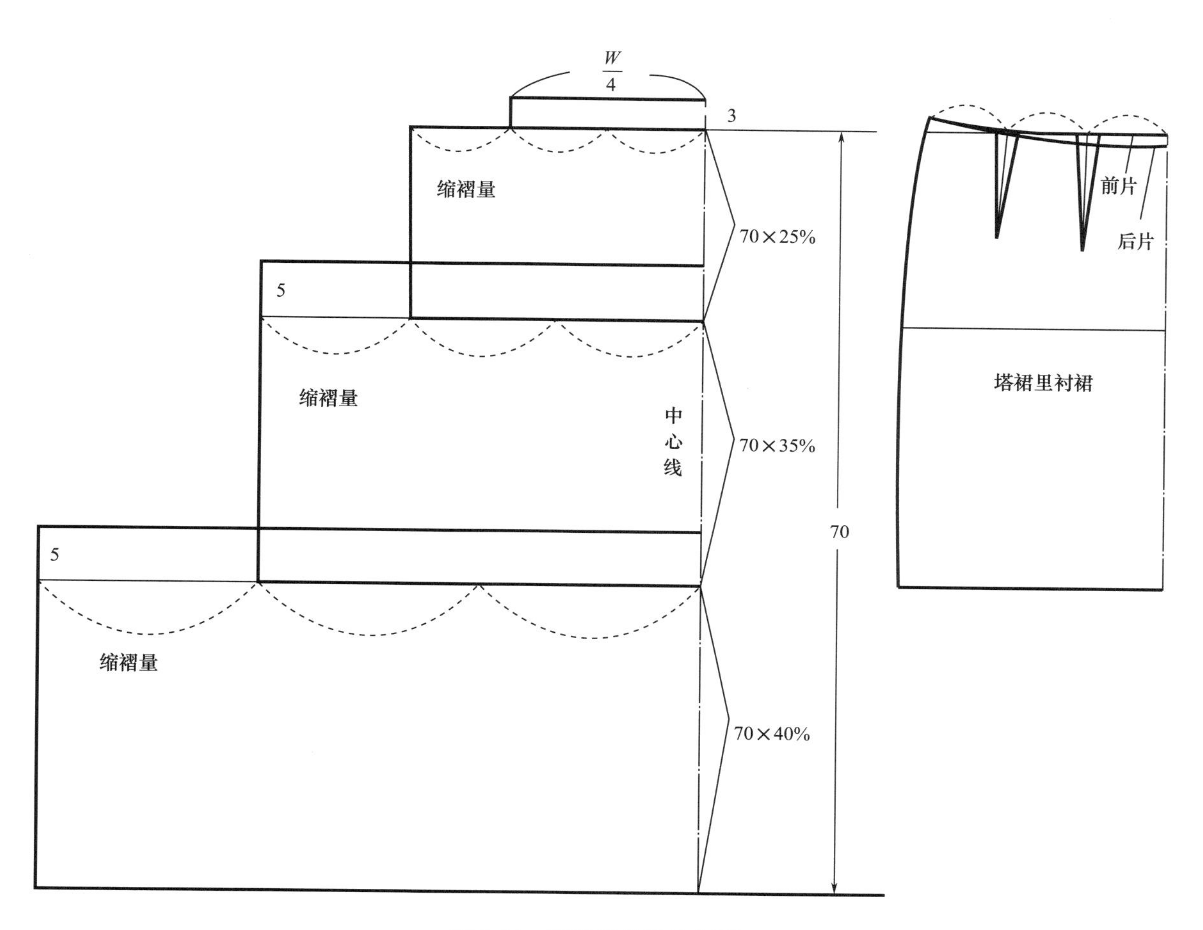

图6-20　塔裙裙片结构制图

二、三层节裙纸样设计

（一）款式说明

此款是三层节裙，每层裙片的长度比例可随意设计，控制好每层的褶量比例。可采用垂感较好的丝质或纱质薄型面料制作。

三层节裙效果图如图 6-21 所示。

图6-21 三层节裙效果图

（二）成品规格

成品规格按国家号型 160/68A 制订，如表 6-11 所示。

表6-11 三层节裙成品规格表 单位：cm

部位	裙长	腰围	腰头宽
尺寸	57	68	3

（三）制图步骤（图6-22）

（1）第一层裙片的缩褶量参照$\frac{腰围}{4}$的$\frac{1}{2}$加放。

（2）第二层裙片的缩褶量参照第一层长度的$\frac{1}{2}$加放。

（3）第三层裙片的缩褶量参照第二层长度的$\frac{1}{2}$加放。

（4）节裙里的衬裙按照基础裙的制图方法制图，衬裙一般在臀围的基础上加放4cm松量。

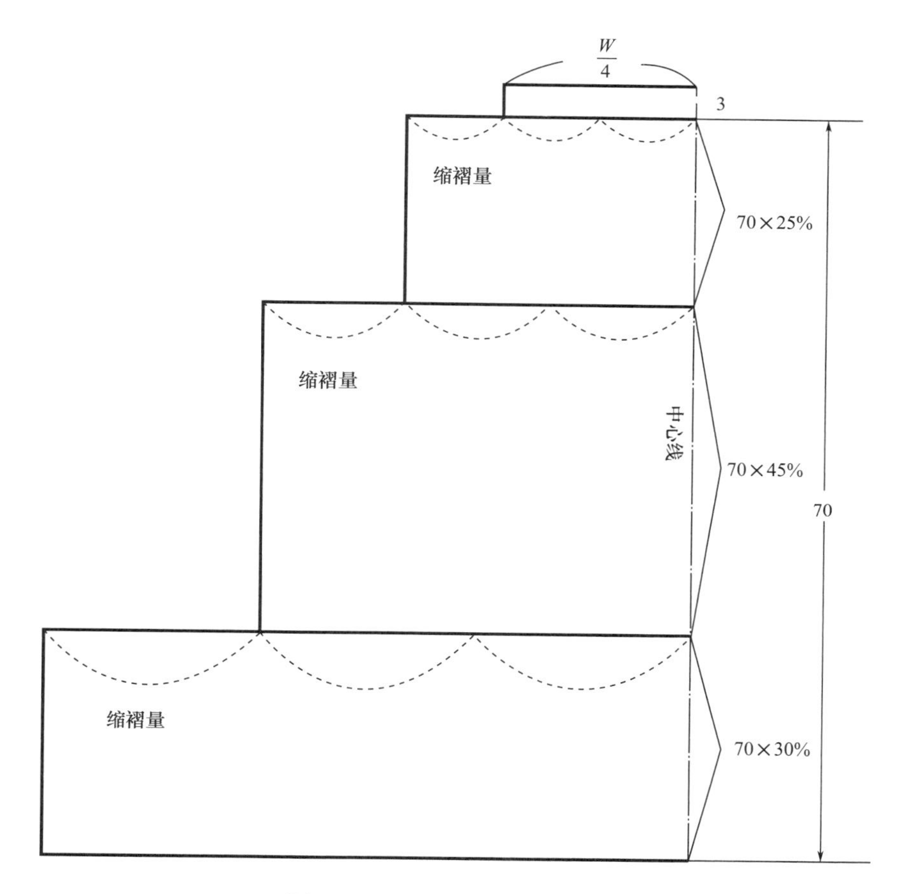

图6-22　三层节裙裙片结构制图

第六节　变化组合裙纸样设计

一、臀腰紧身下节圆摆裙纸样设计

（一）款式说明

此款是直身裙与圆摆裙结合设计而来的裙子，其松量在臀围的基础上加放4cm，腰围不加放，裙子下摆部分采用圆摆裙的方法组合而成。可采用垂感较好的丝、纱质薄型面料制作。

臀腰紧身下圆摆裙效果图如图6-23所示。

图6-23　臀腰紧身下节圆摆裙效果图

（二）成品规格

成品规格按国家号型 160/68A 制订，如表 6-12 所示。

表6-12　臀腰紧身下节圆摆裙成品规格表　　单位：cm

部位	裙长	腰围	臀围	臀高	腰头宽
尺寸	57	68	94	18	3

（三）制图步骤（图6-24）

（1）裙长减腰头宽取 54cm，画前中直线并画上下平行线。

（2）臀高为：$\frac{总体高}{10}+2\text{cm}$，画平行线确定臀围线，在臀围线上确定臀围肥。

①前片臀围肥为$\frac{H}{4}+1\text{cm}$。

②后片臀围肥为$\frac{H}{4}-1$cm。

（3）成品尺寸臀腰差为26cm，在腰围线上制订前后片的腰围肥度。

①前片腰围侧缝线收省3cm，实际前片腰围肥为$\frac{W}{4}+1$cm+3.5cm。省中线垂直于腰口线。

②后片腰围侧缝线收省3cm，实际后片腰围肥为$\frac{W}{4}-1$cm+3.5cm。省中线垂直于腰口线。

（4）在前后片臀高下7cm处分割下摆部分，用切展的方法打开下摆。

（5）在后中缝线上部设拉链，开口至臀围下3cm左右。

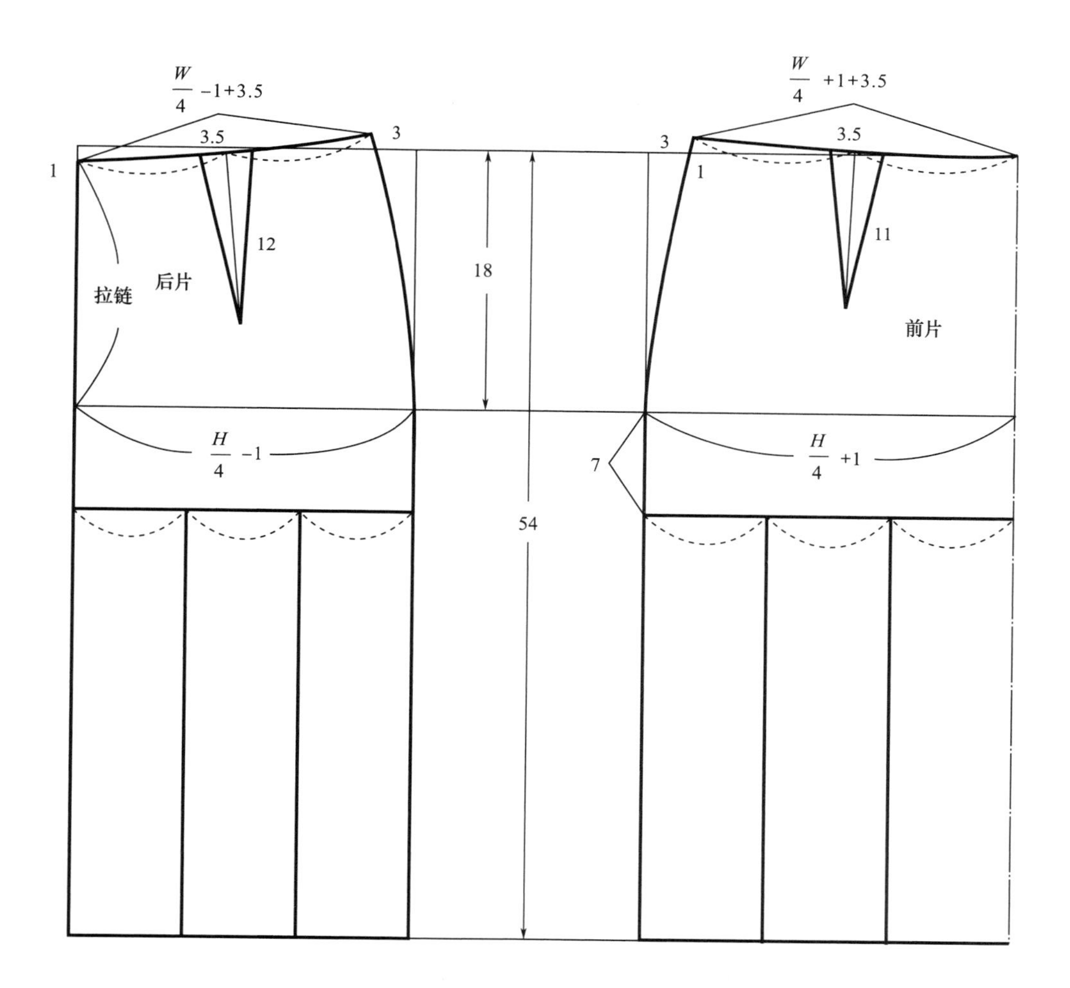

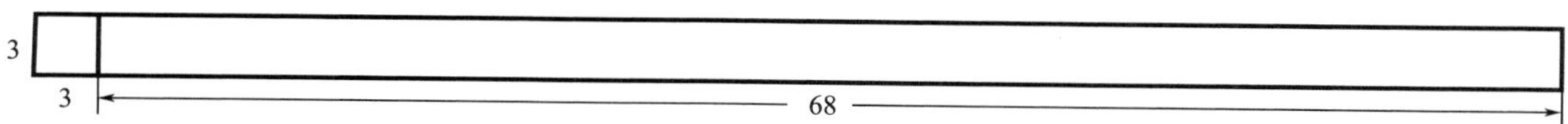

图6-24

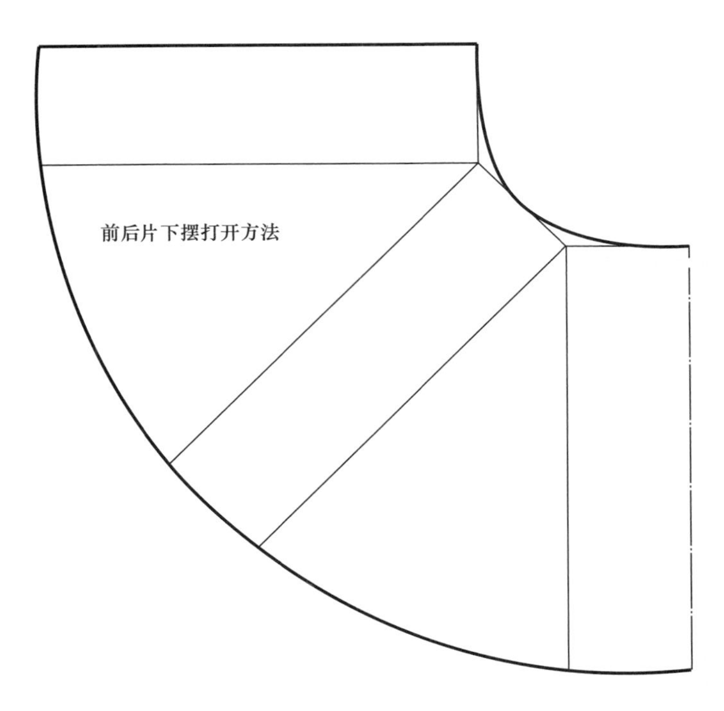

图6-24　臀腰紧身下节圆摆裙裙片结构制图

二、臀腰紧身荷叶边装饰裙纸样设计

（一）款式说明

此款参照直身裙设计，前片有荷叶边，其松量在臀围的基础上加放 4cm，腰围不加放，由前右片搭过左片。可采用垂感较好的丝、纱质薄型面料制作。

臀腰紧身荷叶边装饰裙效果图如图 6-25 所示。

（二）成品规格

成品规格按国家号型 160/68A 制订，如表 6-13 所示。

表6-13　臀腰紧身荷叶边装饰裙成品规格表　单位：cm

部位	裙长	腰围	臀围	臀高	腰头宽
尺寸	63	68	94	18	3

图6-25　臀腰紧身荷叶边装饰裙效果图

（三）制图步骤

1. 裙片基础结构制图（图6-26）

（1）裙长减腰头宽取60cm，画前中直线并画上下平行线。

（2）臀高为$\frac{总体高}{10}$+2cm，画平行线确定臀围线，在臀围线上确定臀围肥。

（3）前片臀围肥为$\frac{H}{4}$+1cm。

（4）后片臀围肥为$\frac{H}{4}$-1cm。

（5）成品尺寸臀腰差为26cm，在腰围线上确定前后片的腰围肥度。

（6）前片腰围侧缝线收省1.5cm，实际前片腰围肥为$\frac{W}{4}$+1cm+5cm。省中线垂直于腰口线。

（7）后片腰围侧缝线收省1.5cm，实际后片腰围肥为$\frac{W}{4}$-1cm+5cm。省中线垂直于腰口线。

（8）前后片下摆侧缝部分各收1.5cm摆量。

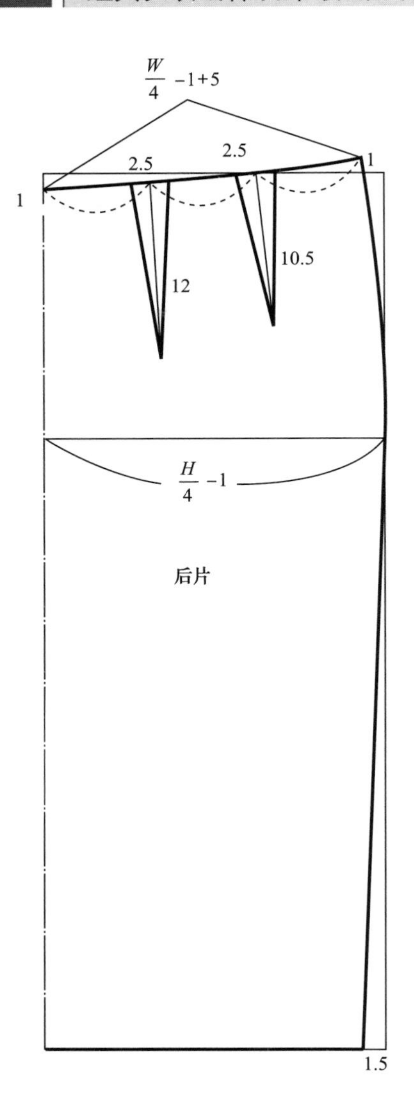

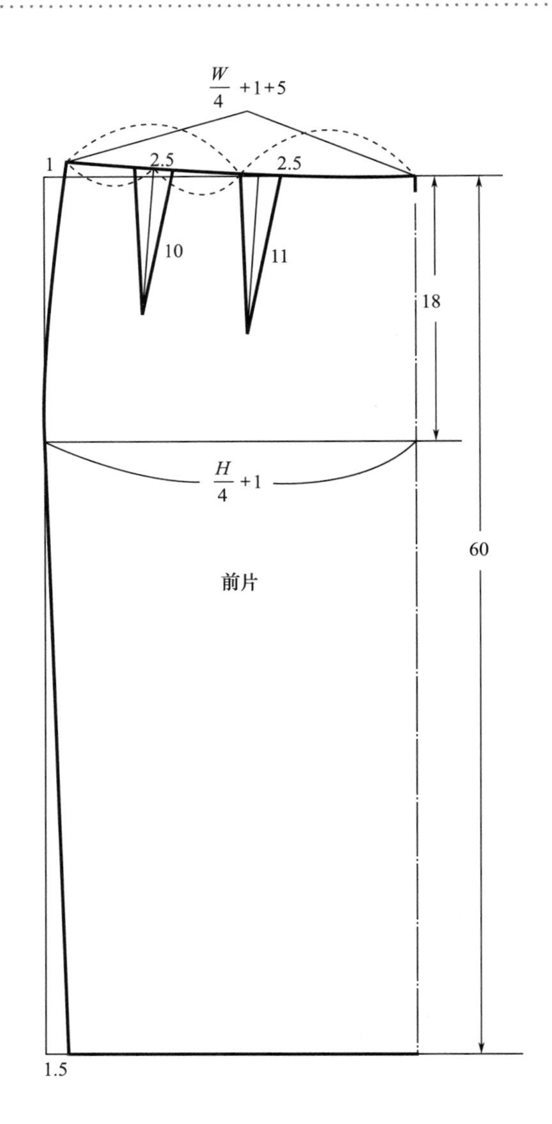

图6-26 臀腰紧身荷叶边装饰裙裙片基础结构制图

2. 右前裙片制图(图6-27)

(1)按照基础裙右前片画出左前片。

(2)依据款式需要加出瀑布造型部分的长度弧线。

(3)设置三条分割线的同时收两腰省,打开下垂瀑布造型的裙片长度量。

(4)腰头缝止位置为前中线向后 10.5cm 处。

3. 其他零部件尺寸

腰头长 68cm+10.5cm,宽 3cm,搭门宽 3cm。

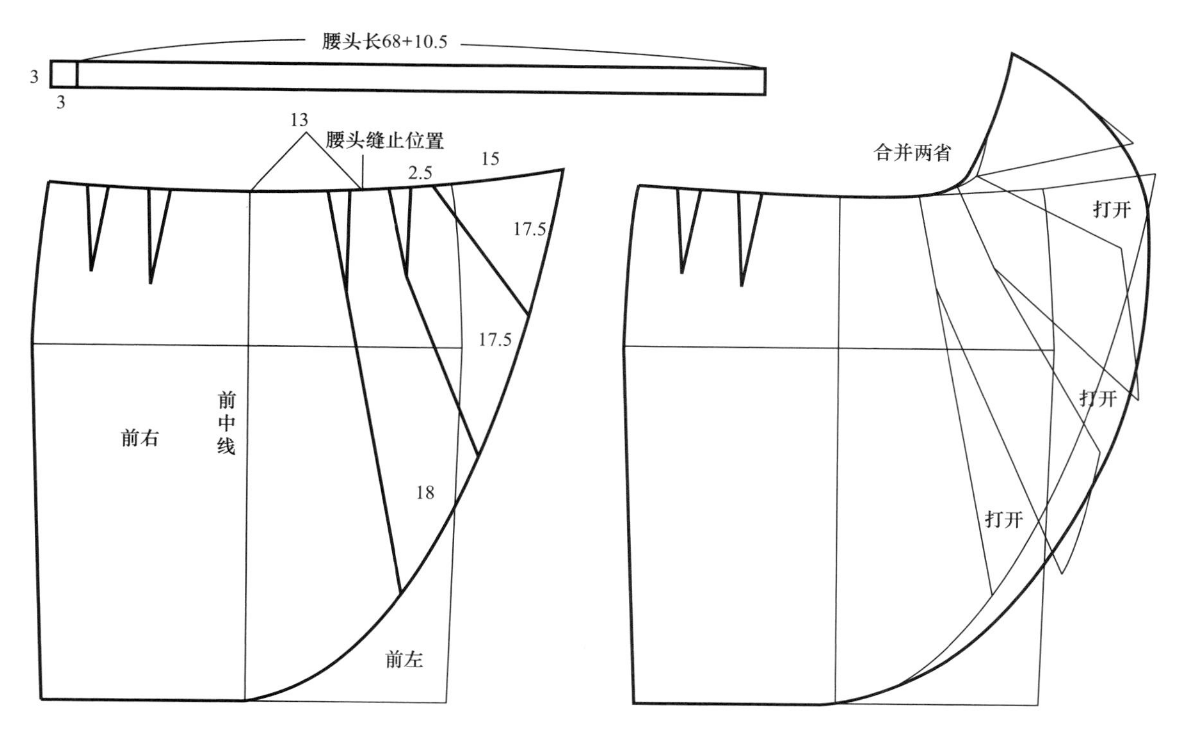

图6–27　臀腰紧身荷叶边装饰裙右前裙片制图

三、臀腰八片下摆缩褶长裙纸样设计

（一）款式说明

此款长裙腰臀部位较紧身，上半部八片结构，下半部斜向断开加出缩褶裙摆，其松量在臀围的基础上加放 4cm，腰围不加放，裙长及下摆可根据造型任意放量，拉链设计在后中缝或侧缝上均可。可采用垂感较好的纱质薄型面料制作。

臀腰八片下摆缩褶长裙效果图如图 6–28 所示。

（二）成品规格

成品规格按国家号型 160/68A 制订，如表 6–14 所示。

表6–14　臀腰八片下摆缩褶长裙成品规格表　单位：cm

部位	裙长	腰围	臀围	臀高	腰头宽
尺寸	88	68	94	18	3

图6-28 臀腰八片下摆缩褶长裙效果图

（三）制图步骤（图6-29）

（1）裙长纵向线为实际裙长减腰头宽，同时画上下平行基础线。

（2）臀高为$\frac{总体高}{10}$+2cm，画平行线确定臀围线，在臀围线上确定臀围肥。

①前片臀围肥为$\frac{H}{2}$，分四等份分割裙片。

②后片臀围肥为$\frac{H}{2}$，分四等份分割裙片。

（3）成品尺寸臀腰差为26cm，在腰围线上确定前后片的腰围肥度。

①实际前片腰围肥为$\frac{W}{2}$+1cm+10.5cm，前片侧缝省1.75cm、前中心线省1.75cm，剩余三个省各3.5cm。

②实际后片腰围肥为$\frac{W}{2}$+10.5cm，后片侧缝省1.75cm、后中心线省1.75cm，其余三个省

各 3.5cm。

③腰口侧缝起翘 1cm，后片中央线下凹 1cm。侧缝线上部设拉链，开口至臀围下 2cm。

（4）裙下摆处理方法。

①在臀围下右侧 12cm、左侧 28cm 处设分割线，下摆各放 8cm 摆量。

②分割下摆裙片后，将纵向三条分割线剪开，各放 10cm 缩褶量，使之符合裙下摆造型。

（5）腰头长 68cm，宽 3cm，搭门宽 3cm。

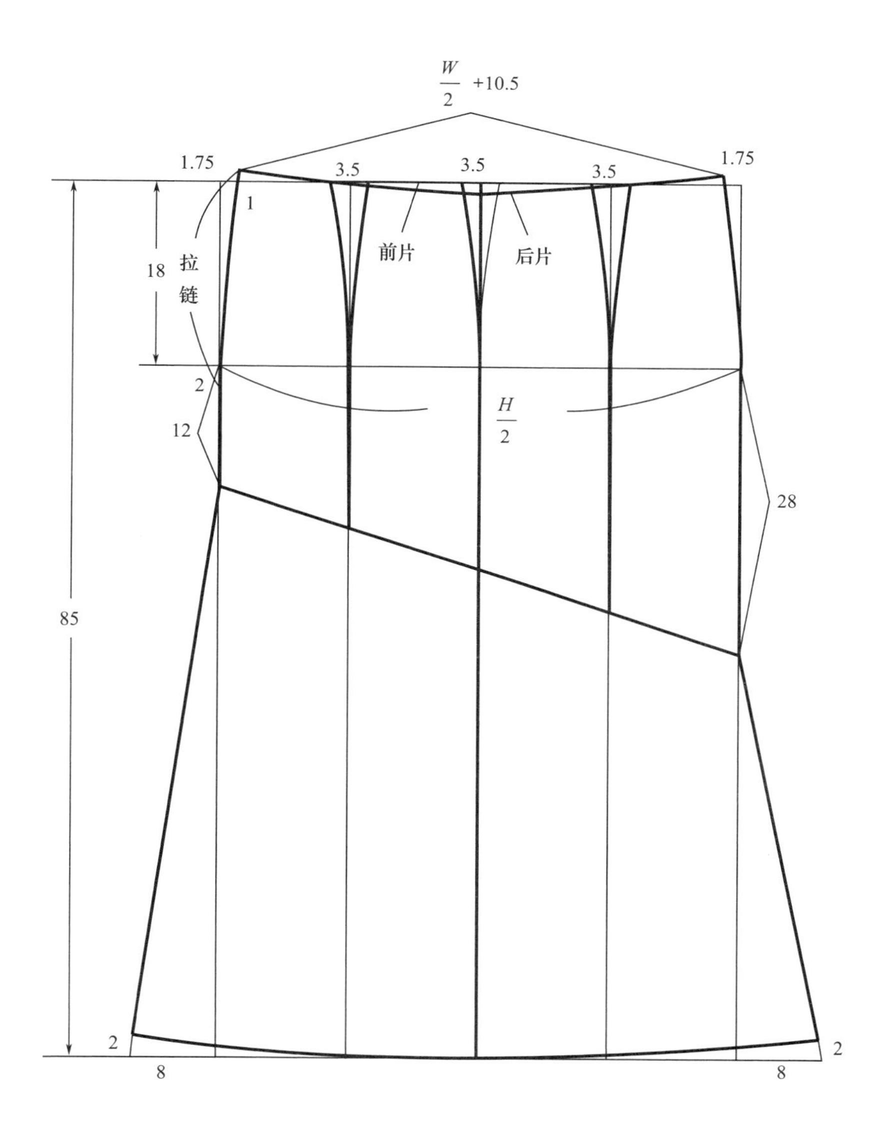

图6–29

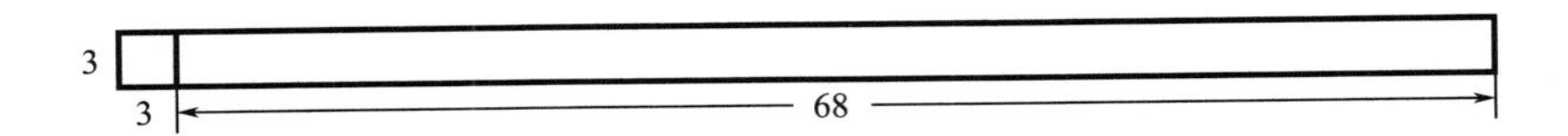

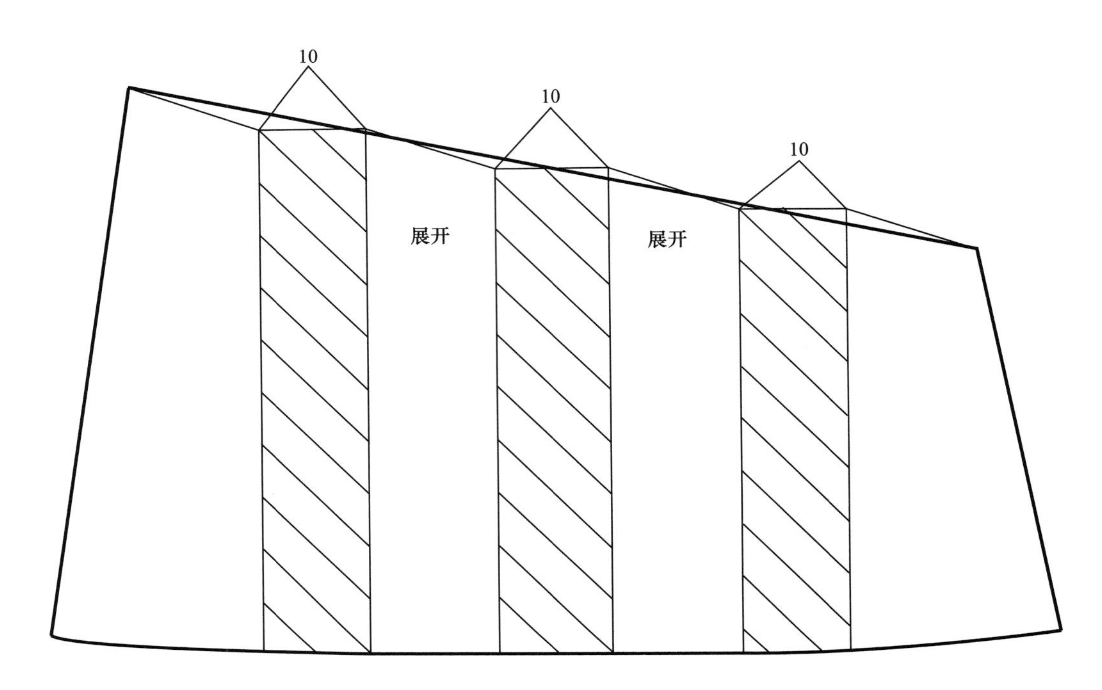

图6-29　臀腰八片下摆缩褶长裙裙片结构制图

第七章　裤子制板方法实例

第一节　裤子的结构特点与纸样设计

一、裤子的基本造型特点

在现代女装中，裤子也是非常重要的一个服装种类，且形式多样。裤子的结构比裙子要复杂得多，包括五个围度：腰围、臀围、横裆围、中裆围、裤口围；四个长度：腰围至臀围的长度（臀高）、腰围至大腿根横裆围的长度（上裆）、横裆至膝围的长度、腰围至裤口围的裤子长度。任何一款裤子都涉及这些部位，它涉及具体人的体型和下肢的运动功能及款式造型。因此必须配合人体腰部、臀部及下肢部位的形体特点和裤子的各种用途及生活中活动的需要，进行裤装纸样设计。

臀围是造型的基础，不同裤型要求的臀部加放松量是不同的。裤口是造型的关键，裤口的松量大小决定了不同的裤子外形特征。中裆的肥瘦、长度及位置在结构设计中起着衬托和顺应造型的作用。以省塑型在裤装的结构设计中也非常重要。不同体型、款式与臀腰差的设计决定了省的大小、省的位置、省的长度、省的形状，同时根据造型，省也可以转移分散使用。我们可以通过各种不同裤子纸样设计的反复应用，充分理解其中的构成方法原理。

裤子主要分为直筒裤、紧身裤、大小锥形裤、大小喇叭裤、裙裤等，在此基础上还可以组合变化出多种款式。

二、裤子基本结构纸样设计

（一）臀围部分的结构

裤片包裹臀部一般采取四片结构，为取得结构平衡必须准确分配臀围前后人体的比例关系。首先是侧缝分割线涉及后臀的凸起状态和前腰腹的形态，这两个部位的形态与腰部前后形态又有结构上的联系。由于臀腰不在一个中轴线上，为使裤片侧缝处于中心线的位置，合体类裤子的$\frac{1}{2}$后片臀围需要加放1cm左右，前片相对减少1cm。

裤片臀围的加放松量奠定了不同裤型的造型基础。越是紧身合体类的裤型，前后裤片侧缝的分配差即后裤片所占的比例越大。而宽松类的裤型前后裤片侧缝的分配差则较小，甚至相等或相反，如多褶裤前裤片围度大于后裤片，以满足前腰多收褶的需要。

后腰椎的凹陷和后臀部的凸起等复杂状态致使后裤片的纸样设计较为复杂。通过立裁方法展开的后股沟线为较长的斜线，称为大裆斜线，其长出后腰围线的量称为起翘量。合体类的裤型起翘量一般在 2.5 ~ 3cm，臀峰越高此线斜度越大，起翘量增大；臀峰越低此线斜度越小，起翘量减少。制图中可参照臀凸与后中腰处的夹角角度确定具体的斜度，一般标准体倾斜角度为 10° ~ 12°，平臀体为 7° ~ 9°，臀高体为 13° ~ 15°，臀凸体为 16° ~ 19°（图 7-1）。大裆斜线与大小裆宽线、前中线形成围裆线，它们对裤子的合体性塑造至关重要。

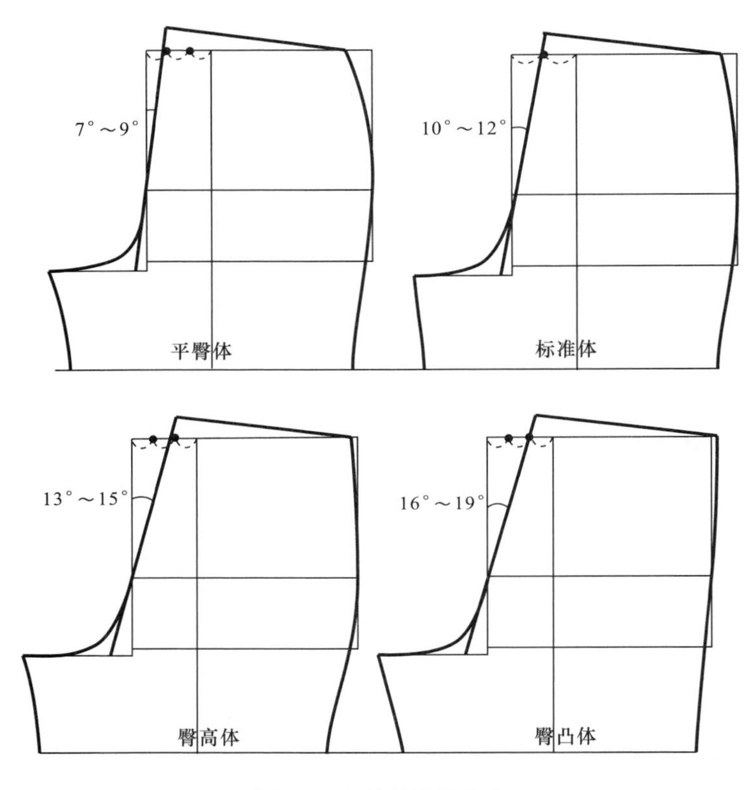

图7-1　大裆斜线的角度

（二）裤裆部分的结构

人体裆部的长宽度与组成臀部的骨盆大小及深度有关，裤片上裆结构设计主要参照臀围的松量取得，越是合体的裤型其裆部松量越少，相对宽松的裤型则裆部松量也较大。但并非松量越多活动功能就越好，如果任意加深上裆会影响下肢运动机能需要的正常长度，重要的是款式与造型要和谐统一。

人体裆部的宽度与臀围和大腿根部的厚度有直接关系，通过测量与在人体上所做立体裁剪获取的标准体数据，不难分析出裆部与臀部围度的比例关系，一般裆底宽占臀围的 14% ~ 15%。但由于大腿根部的粗细程度与臀围也不都是成正比，所以在确定大小裆的具体宽度时，应视具体体型加以调整。

由于裆底的形态与骨盆的结构和臀部的肌肉有关，固在分割大腿内侧前后裤片时，为获得结构平衡，后片裆部较宽，占臀围的 10% 左右，称为大裆宽，前片裆部相对较窄，占臀围的 5% 左右，称为小裆宽。

另外，裤片前后裆弯的分界点不是在裆底正中和最低点，而是靠前、靠上，制图时后裆一般需要下落 1 ~ 1.5cm。耻骨与坐骨前高后低的状态也决定了大裆宽要低于小裆宽。

由于款式造型的要求，女裤合体性要求高，舒适量相对男体少得多，故裤子横裆至中裆要结合裤口的款式要求做相应的收紧或加长的调整。

第二节 西裤类纸样设计

一、基础女西裤纸样设计

（一）款式说明

此款是基础型女裤，是非常紧身的直筒式造型，其他裤型都可以由这款女裤的制图原理派生出来。在臀围的基础上加放 4cm 松量，腰围加放功能松量 2cm，上裆加放 0.5cm。可采用垂感较好的薄型面料制作。

基础女西裤效果图如图 7–2 所示。

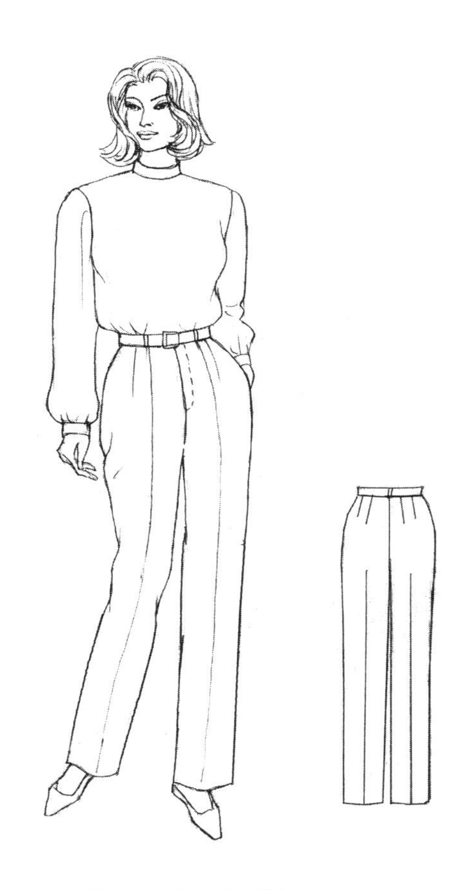

图7–2 基础女西裤效果图

（二）成品规格

成品规格按国家号型 160/68A 制订，如表 7–1 所示。

表7–1 基础直筒女西裤成品规格表 单位：cm

部位	裤长	腰围	臀围	臀高	上裆	腰头宽	裤口
尺寸	100	70	94	18	28	3	19

（三）制图步骤（图7–3）

1. **前片结构制图**

（1）裤长减腰头宽，画上下平行基础线。

（2）上裆减腰头宽，从上平线向下画横裆线。

（3）臀高为$\frac{总体高}{10}$+2cm。

（4）前片臀围肥为$\frac{H}{4}$−1cm。

（5）前小裆宽为$\frac{H}{20}$−0.5cm，画小裆弧线的辅助线，画小裆弧线。

（6）在横档宽的$\frac{1}{2}$处画裤中线。

（7）前片腰围肥为$\frac{W}{4}$−1cm+5cm，其中中线倒褶量3cm、省量2cm。画侧缝弧线，在侧缝横裆处进0.5cm，在侧缝线上设直插口袋，长14cm。

（8）前裤口宽为裤口尺寸−1cm，被裤线平分。

（9）在横裆至裤口线的$\frac{1}{2}$上移7cm处设中裆线，肥度同裤口一样。

（10）前裤口在裤中线处上凸0.5cm，保障脚面的需要。

2. **后片结构制图**

（1）裤长、上裆、臀高尺寸同前片。

（2）后片臀围肥为$\frac{H}{4}$+1cm。

（3）后裤线位置为在臀高线上从侧缝线向内取$\frac{H}{5}$−（1.5～2cm）。

（4）大裆斜线位置为后裤线至后中线的$\frac{1}{2}$处，垂直起翘3cm。

（5）横裆参照前片，下落1cm，大裆斜线交于落裆线，取大裆宽线$\frac{H}{10}$。画大裆弧线的辅助线，画大裆弧线。

（6）后片腰围肥为$\frac{W}{4}$+1cm+4cm，包括后腰上的两个省量。画侧缝弧线，在侧缝横裆处进1cm。

（7）后裤口宽为裤口尺寸+1cm，被裤线平分。

（8）中裆线位置与前片相同，肥度同裤口一样。

（9）后裤口在裤中线处下凹0.5cm。

3. **其他零部件尺寸**

腰头长70cm、宽3.5cm，搭门宽3cm。

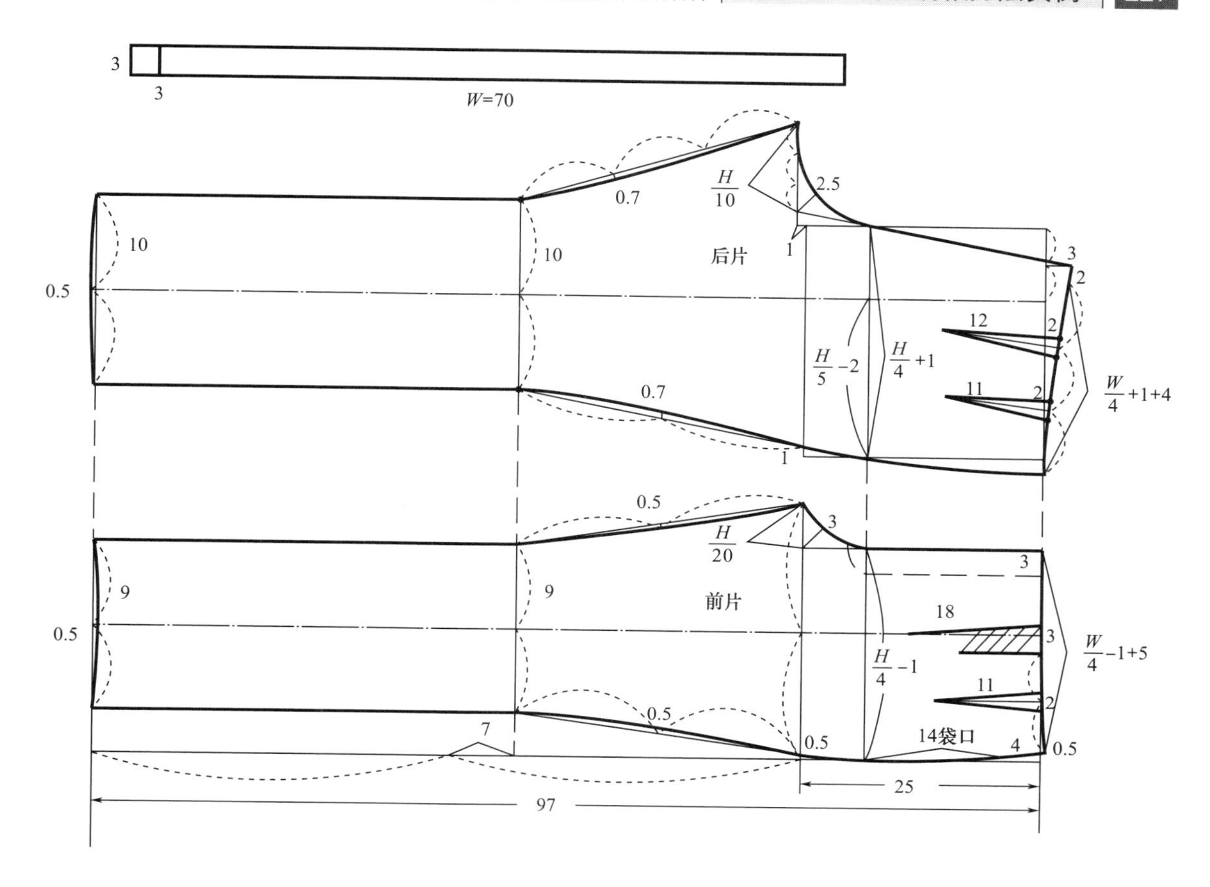

图7–3 基础女西裤结构制图方法

二、标准女西裤纸样设计

（一）款式说明

此款是与女西服配套设计的裤型，为标准西裤型，其松量在臀围的基础上加放 8 ~ 10cm，腰围加放 2cm，上裆加放 1cm。可采用垂感较好的薄型面料制作。

标准女西裤效果图如图 7–4 所示。

（二）成品规格

成品规格按国家号型 160/68A 制订，如表 7–2 所示。

表7–2 标准女西裤成品规格表

单位：cm

部位	裤长	腰围	臀围	臀高	上裆	腰头宽	裤口
尺寸	100	70	98	18	28.5	3	20

图7-4 标准女西裤效果图

（三）制图步骤（图7-5）

1. 前片结构制图

（1）裤长减腰头宽，画上下平行基础线。

（2）上裆减腰头宽，从上平线向下画横裆线。

（3）臀高为18cm。

（4）前片臀围肥为$\frac{H}{4}$ –1cm。

（5）前小裆宽为$\frac{H}{20}$ –0.5cm，画小裆弧线的辅助线，画小裆弧线。

（6）在横裆宽的$\frac{1}{2}$处画裤中线。

（7）前片腰围肥为$\frac{W}{4}$ –1cm+5cm，其中中线倒褶量3cm、省量2cm。画侧缝弧线，在侧缝横裆处进0.5cm，在侧缝线上设直插口袋，长14cm。

（8）前裤口宽为裤口尺寸 -2cm，被裤线平分。

（9）在横裆至裤口线的$\frac{1}{2}$上移 5cm 处设中裆线，肥度为前裤口宽 +2cm。

（10）前裤口在裤线处上凸 0.5cm，保障脚面的需要。

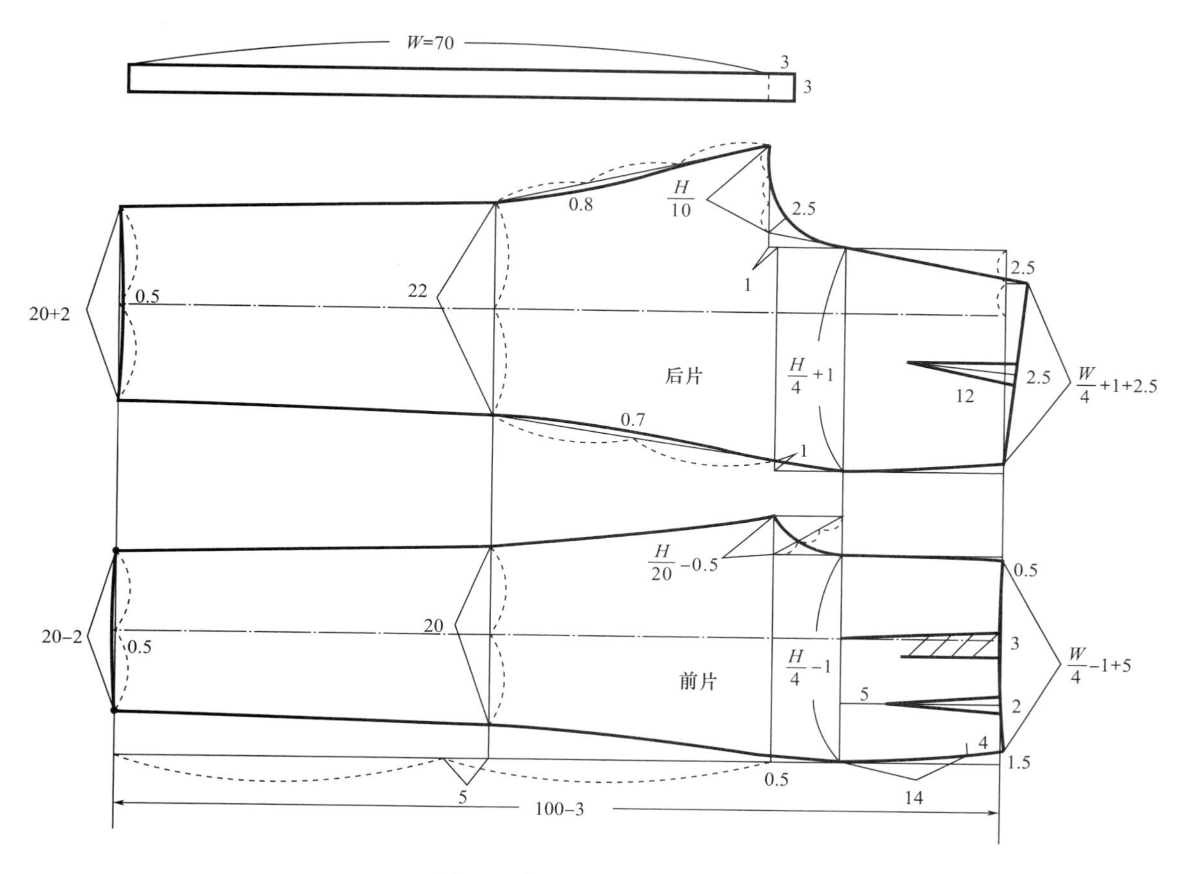

图7-5 标准女西裤结构制图

2. 后片结构制图

（1）裤长、上裆、臀高尺寸同前片。

（2）后片臀围肥为$\frac{H}{4}$ +1cm。

（3）后裤线位置为在臀高线上从侧缝线向内取$\frac{H}{5}$ -1.5cm。

（4）大裆斜线位置为后裤线至后中线的$\frac{1}{2}$处，垂直起翘 2.5cm。

（5）横裆下落 1cm，大裆斜线交于落裆线，取大裆宽线$\frac{H}{10}$。画大裆弧线的辅助线，画大裆弧线。

（6）后片腰围肥为$\frac{W}{4}$+1cm+2.5cm，包括一个省。画侧缝弧线，在侧缝横裆处进1cm。

（7）后裤口宽为裤口尺寸+2cm，被裤线平分。

（8）中裆线位置与前片相同，肥度为后裤口宽+2cm。

（9）后裤口在裤中线处下凹0.5cm。

3. 其他零部件尺寸

腰头长70cm、宽3.5cm，搭门宽3cm。

第三节　时装裤类纸样设计

一、高连腰锥形女裤纸样设计

（一）款式说明

此款女裤是臀部较宽松，连腰腰头褶量较大，裤口收紧的造型，其松量在臀围的基础上加放16cm，腰围加放2cm，上裆加放3cm，属于时装裤型。可采用垂感较好的薄型面料制作。

高连腰锥形女裤效果图如图7-6所示。

图7-6　高连腰锥形女裤效果图

（二）成品规格

成品规格按国家号型160/68A制订，如表7-3所示。

表7-3　高连腰锥形女裤成品规格表　单位：cm

部位	裤长	腰围	臀围	臀高	上裆	腰头宽	裤口
尺寸	103.5	70	106	18	34.5	6.5	14

（三）制图步骤（图7-7）

1. 前片结构制图

（1）腰头宽6.5cm，画上平行线，从腰口线上画裤长减腰头宽，画下平行基础线。

（2）上裆减腰头宽，从腰口线向下画横裆线。

（3）臀高为18cm。中裆线为横裆至裤口长的$\frac{1}{2}$处。

（4）前片臀围肥为$\frac{H}{4}$ −1cm。

（5）前小裆宽为 $\frac{H}{20}$ −0.5cm，画小裆弧线的辅助线，画小裆弧线。

（6）在横裆宽的$\frac{1}{2}$处画裤中线。

（7）前片腰围肥为$\frac{W}{4}$ −1cm+9cm，设两个省褶。侧缝省取 1.5cm，画侧缝弧线，在侧缝线上设斜插口袋，长 14cm。

（8）前裤口宽为裤口尺寸 −1cm，被裤线平分。

（9）中裆线位置为横裆至裤口线的$\frac{1}{2}$处，肥度由侧缝线至裤线的连线决定。

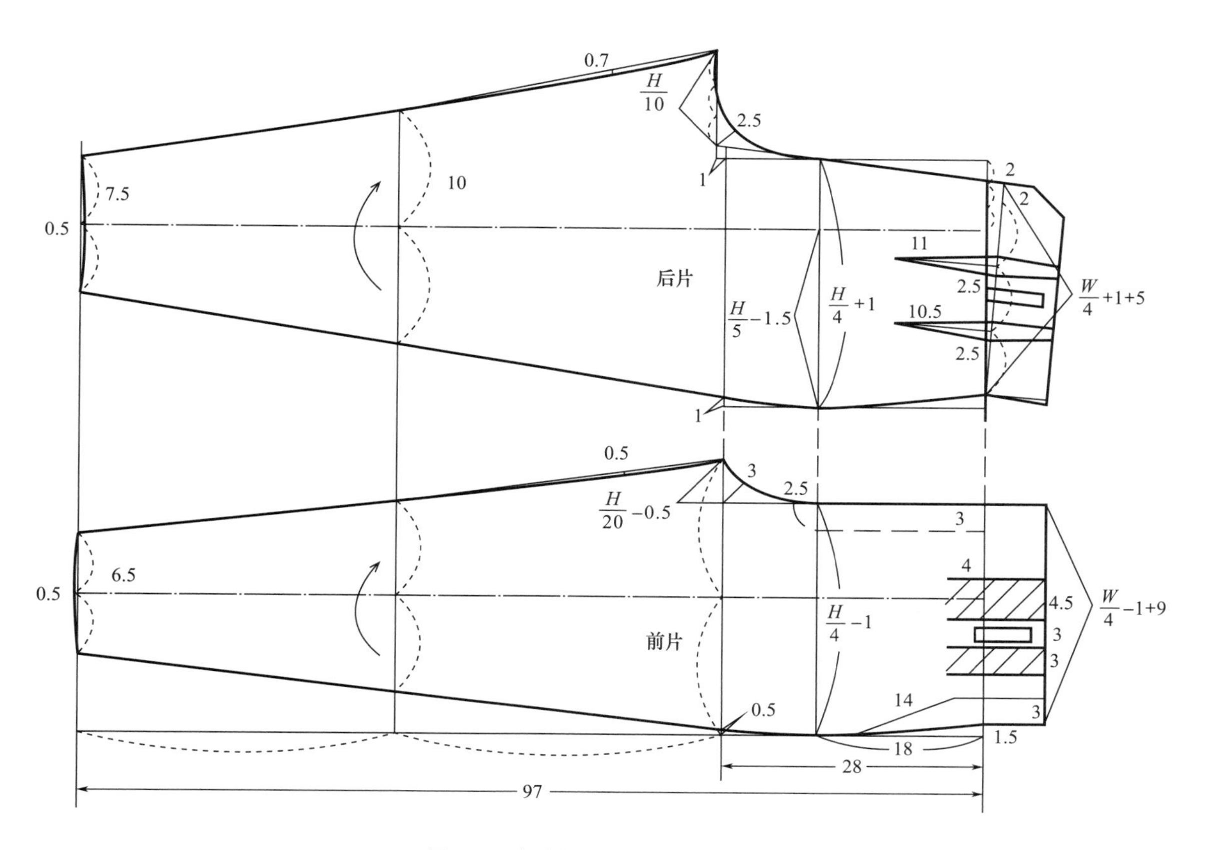

图7–7　高连腰锥形女裤结构制图

2. **后片结构制图**

（1）腰头宽、裤长、上裆、臀高同前片。

（2）后片臀围肥为$\frac{H}{4}$+1cm。

（3）后裤线位置为在臀高线上从侧缝线向内取$\frac{H}{5}$−1.5cm。

（4）大裆斜线位置为裤线至后中线的$\frac{1}{3}$处，垂直起翘2cm。

（5）横裆下落1cm，大裆斜线交于落裆线，取大裆宽线$\frac{H}{10}$。画大裆弧线的辅助线，画大裆弧线。

（6）后片腰围肥为$\frac{W}{4}$+1cm+6cm，包括两个省。画侧缝弧线。

（7）后裤口宽为裤口尺寸+1cm，被裤线平分。

（8）中裆线位置与前片相同，肥度由侧缝线至裤线的连线决定。

3. **其他零部件尺寸**

腰头宽6.5cm，后腰口上线省及侧缝略放些松量。

二、胯部较宽松的女时装裤纸样设计

（一）款式说明

此款是臀胯部较夸张、瘦裤口设计的时装裤型，有马裤的造型，其松量在臀围的基础上加放16cm，腰围加放2cm，上裆加放3.5cm。可采用薄型挺括面料制作。

胯部较宽松的女时装裤效果图如图7-8所示。

（二）成品规格

成品规格按国家号型160/68A制订，如表7-4所示。

表7-4 胯部较宽松的女时装裤成品规格表 单位：cm

部位	裤长	腰围	臀围	裤口	上裆	腰头宽
尺寸	97	70	106	15.5	31.5	3.5

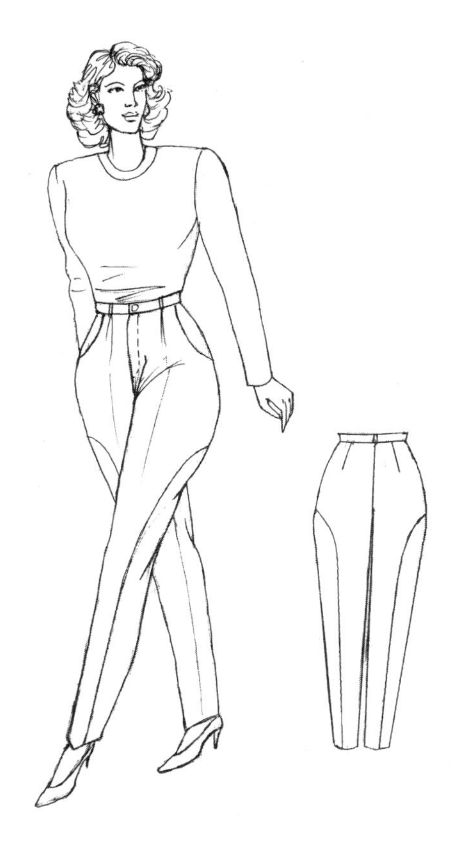

图7-8 胯部较宽松的女时装裤效果图

（三）制图步骤（图7–9）

1. 前片结构制图

（1）裤长减腰头宽，画上下平行基础线。

（2）上裆减腰头宽，从上平线向下画横裆线。

（3）臀高为18cm。中裆线为横裆至裤口长的$\frac{1}{2}$处。

（4）前片臀围肥为$\frac{H}{4}-1$cm。

（5）前小裆宽为$\frac{H}{20}-0.5$cm，画小裆弧线的辅助线，画小裆弧线。

（6）在横裆宽的$\frac{1}{2}$处画裤中线。

（7）前片腰围肥为$\frac{W}{4}-1$cm+3cm，包括一个省褶。画侧缝大弧线，在侧缝线上设斜插口袋，长17cm。

（8）前裤口宽为裤口尺寸–0.5cm，被裤线平分。

（9）中裆线位置为横裆至裤口线的$\frac{1}{2}$处，肥度为前裤口宽+4cm，被裤线平分。

（10）在前裤片侧缝横裆线下10cm处，参照裤中线和裤口线画造型分割线。

2. 后片结构制图

（1）裤长、上裆、臀高同前片。

（2）后片臀围肥为$\frac{H}{4}+1$cm。

（3）后裤线位置为在臀高线上从侧缝线向内取$\frac{H}{5}-1.5$cm。

（4）大裆斜线位置为裤中线至后中线的$\frac{1}{3}$处，起翘2cm。

（5）横裆线下落1cm，大裆斜线交于落裆线，取大裆宽线$\frac{H}{10}$。画大裆弧线的辅助线，画大裆弧线。

（6）后片腰围肥为$\frac{W}{4}+1$cm+3cm，包括一个省。画侧缝大弧线。

（7）后裤口宽为裤口尺寸+0.5cm，被裤线平分。

（8）中裆线位置与前片相同，肥度为后裤口宽+4cm，被裤线平分。

（9）在后裤片侧缝横裆线下10cm处，参照裤中线和裤口线画造型分割线。

3. 其他零部件尺寸

腰头长70cm、宽3.5cm，搭门宽3cm。

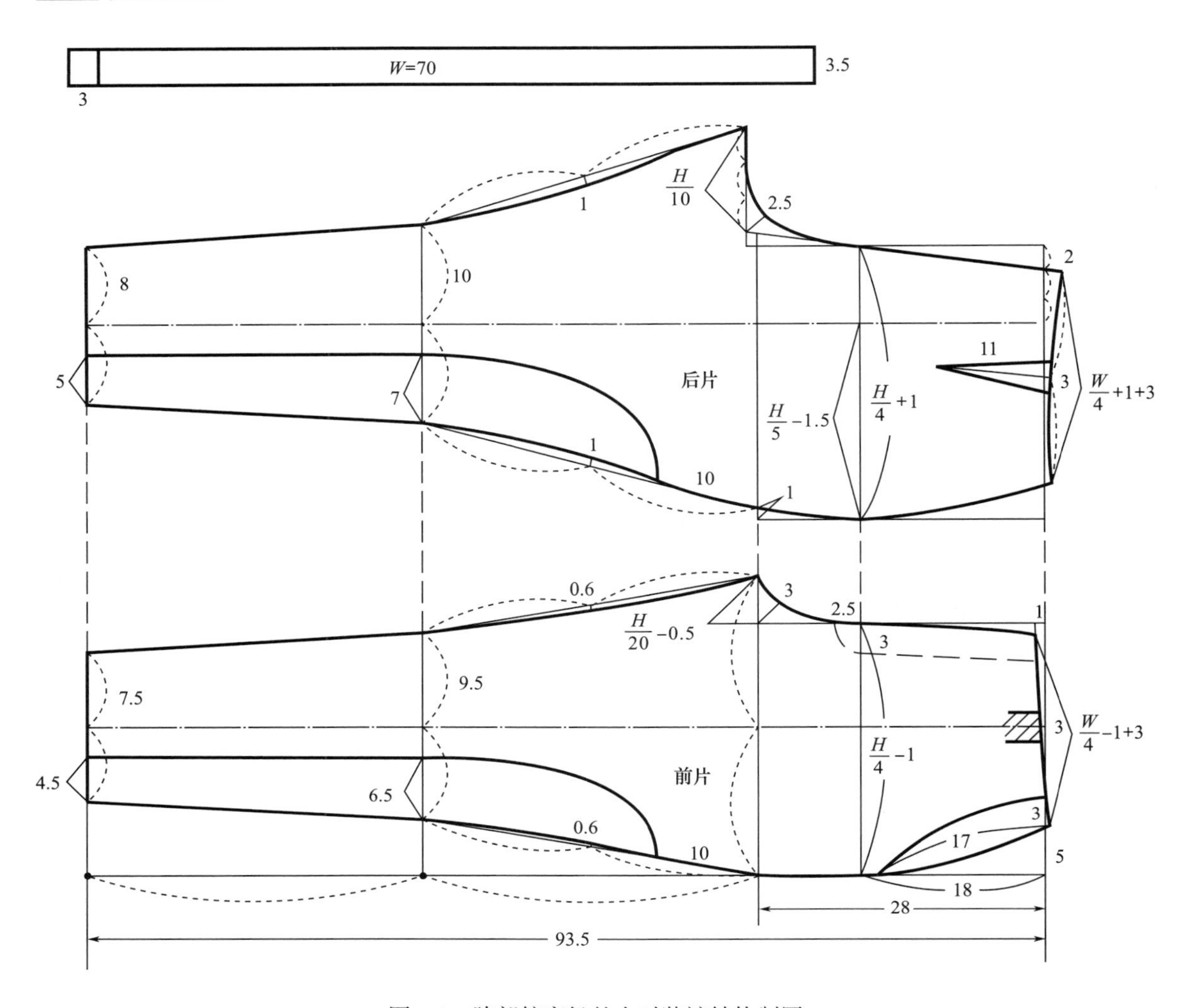

图7-9 胯部较宽松的女时装裤结构制图

三、宽松女裤纸样设计

（一）款式说明

此款是臀围和裤口非常宽松的时装裤型，其松量在臀围的基础上加放 26cm，腰围加放 2cm，上裆加放 10cm。可采用垂感较好的薄型面料制作。

宽松女裤效果图如图 7-10 所示。

（二）成品规格

成品规格按国家号型 160/68A 制订，如表 7-5 所示。

表7-5　宽松女裤成品规格表　单位：cm

部位	裤长	腰围	臀围	裤口	上裆	腰头宽
尺寸	91.5	70	116	38	38	3

图7-10　宽松女裤效果图

（三）制图步骤（图7-11）

1. **前片结构制图**

（1）裤长减腰头宽，画上下平行基础线。

（2）上裆减腰头宽，从上平线向下画横裆线。

（3）臀高为$\frac{2}{3}$上裆长。

（4）前片臀围肥为$\frac{H}{4}$ −1cm。

（5）前小裆宽为$\frac{H}{20}$ +3cm，画小裆弧线。

（6）前片腰围肥为$\frac{W}{4}$ −1cm+7.5cm，包括三个省褶。画侧缝弧线，在侧缝线上设直插口袋，长15cm。

（7）前裤口下裆线收 2cm，侧缝放 1.5cm。

2. **后片结构制图**

（1）裤长、上裆、臀高同前片。

（2）后片臀围肥为$\frac{H}{4}$ +1cm。

（3）后裤线位置为在臀高侧缝线处向内取$\frac{H}{5}$ −1.5cm。

（4）大裆斜线位置为裤线至后中线的$\frac{1}{2}$处，起翘 2cm。

（5）大裆斜线交于横裆线，取大裆宽线$\frac{H}{10}$。画大裆弧线的辅助线，画大裆弧线。

（6）后片腰围肥为$\frac{W}{4}$ +1cm+5cm，包括两个省。画侧缝弧线。

（7）后裤口下裆线收 2cm，侧缝放 1.5cm。

3. **其他零部件尺寸**

腰头长 70cm、宽 3cm，搭门宽 3cm。

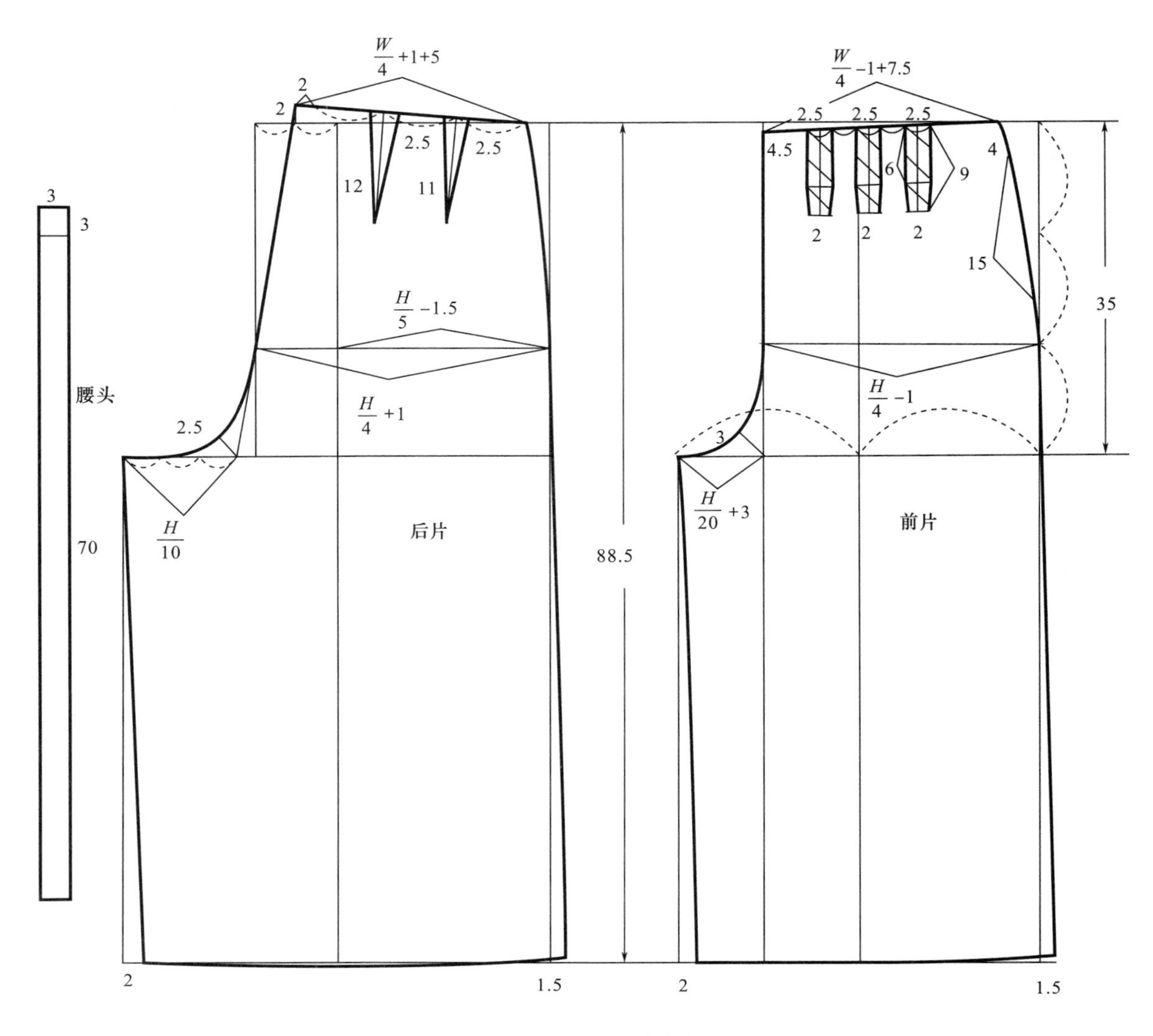

图7-11　宽松女裤结构制图

第四节　牛仔裤纸样设计

一、喇叭形牛仔女裤纸样设计

（一）款式说明

此款牛仔裤是臀胯部较紧身、裤口呈喇叭形的设计，其松量在臀围的基础上加放4cm，腰围加放2cm，上裆不加放，为强调喇叭口造型，将中裆位置上调9cm，起到修饰下肢的作用。

可采用较好的、具有弹性的薄型牛仔面料制作。

喇叭形牛仔女裤效果图如图 7-12 所示。

图7-12 喇叭形牛仔女裤效果图

（二）成品规格

成品规格按国家号型 160/68A 制订，如表 7-6 所示。

表7-6 喇叭形牛仔女裤成品规格表 单位：cm

部位	裤长	腰围	臀围	裤口	上裆	腰头宽
尺寸	100	70	94	23	27.5	3

（三）制图步骤（图7-13）

1. 前片结构制图

（1）裤长减腰头宽，画上下平行基础线。

（2）上裆减腰头宽，从上平线向下画横裆线。

（3）臀高为$\frac{总体高}{2}$+2cm，即 18cm。

（4）前片臀围肥为$\frac{H}{4}$−1cm。

（5）前小裆宽为$\frac{H}{20}$，画小裆弧线。

（6）在横裆宽的$\frac{1}{2}$处画裤中线。

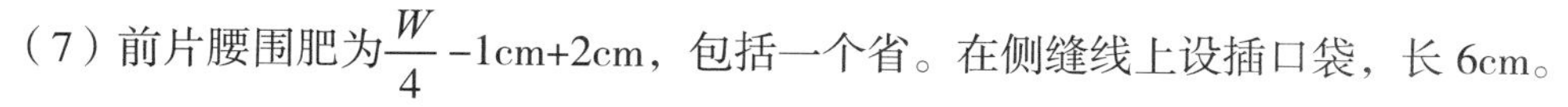

（7）前片腰围肥为$\frac{W}{4}$−1cm+2cm，包括一个省。在侧缝线上设插口袋，长 6cm。

（8）前裤口宽 23cm−1cm，被裤线平分。

（9）在横裆线至裤口线的$\frac{1}{2}$处向上调整 9cm 画中裆线，肥度为前裤口宽 22cm−4cm，被裤线平分。

（10）裤口在前裤线处向上凸 0.5cm。

2. 后片结构制图

（1）裤长、上裆、臀高同前片。

（2）后片臀围肥为$\frac{H}{4}$+1cm。

（3）后裤线位置为臀高侧缝线向内取$\frac{H}{5}$−2cm。

（4）大裆斜线位置为裤线至后中线的$\frac{1}{2}$处，垂直起翘 3cm。

（5）横裆线下落 1cm，大裆斜线交于落裆线，取大裆宽线为$\frac{H}{10}$。画大裆弧线的辅助线，画大裆弧线。

（6）后片腰围肥为$\frac{W}{4}$+1cm+1.5cm，包括一个省，省长 10cm。画侧缝弧线。

（7）在后中腰下分割腰贴片，取大裆斜线 7cm、侧缝线 2.5cm，分割后将腰贴片省合并成一整片，分割线下设后贴袋。

（8）后裤口宽为裤口尺寸 23cm+1cm，被裤线平分。

（9）中裆线位置同前片，肥度为后裤口宽 24cm−4cm，被裤线平分。

（10）裤口在后裤线处向下凹 0.5cm。

3. **其他零部件尺寸**

腰头长 70cm、宽 3cm，搭门宽 3cm。

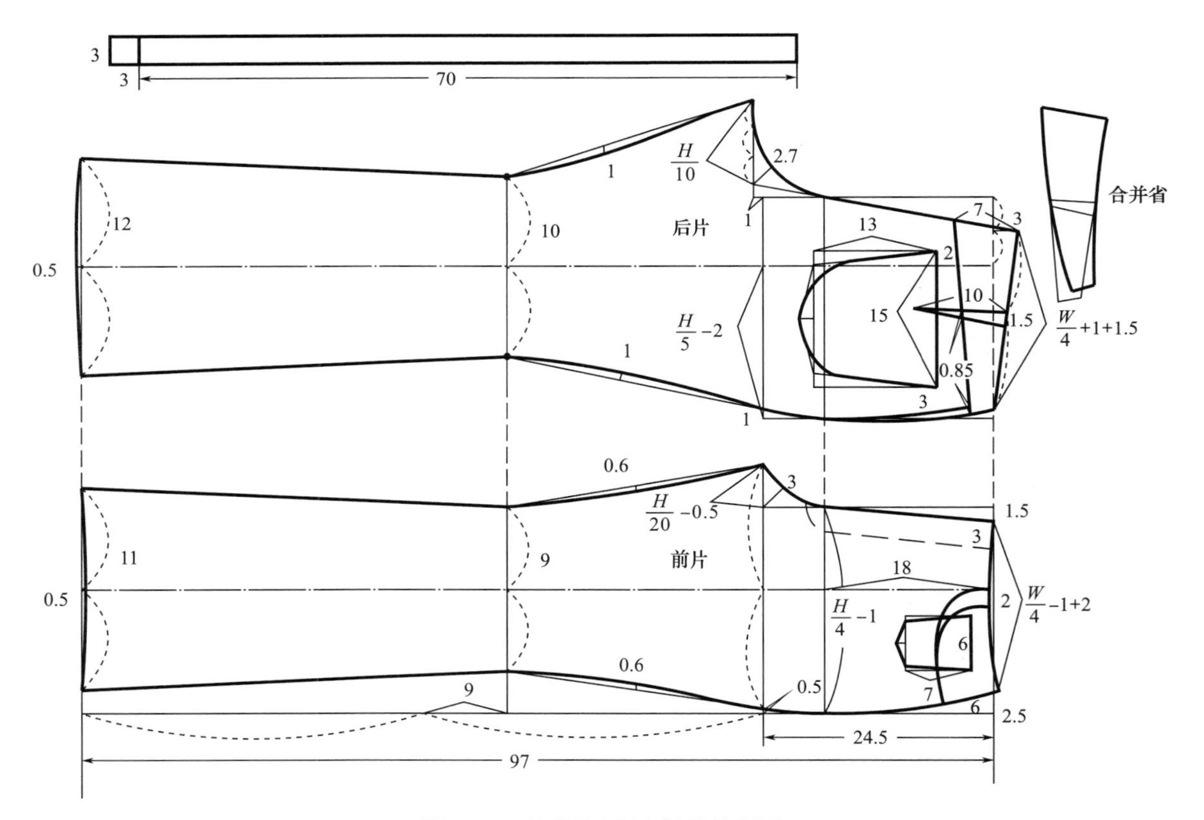

图7-13 喇叭形牛仔女裤结构制图

二、低腰短上裆锥形牛仔女裤纸样设计

（一）款式说明

此款牛仔裤是臀胯部较紧身、低腰短上裆、裤口呈锥形的设计，其松量在臀围的基础上加放4cm，腰围加放2cm，上裆不加放，为强调锥形裤长略短，中裆位置上调5.5cm，有修饰下肢的作用。可采用垂感较好的薄型牛仔面料制作。

低腰短上裆锥形牛仔女裤效果图如图7-14所示。

图7-14　低腰短上裆锥形牛仔女裤效果图

（二）成品规格

成品规格按国家号型160/68A制订，如表7-7所示。

表7-7　低腰短上裆锥形牛仔女裤成品规格表　单位：cm

部位	裤长	腰围	臀围	裤口	上裆	腰头宽
尺寸	94	70	94	17	24.5	3.5

（三）制图步骤（图7-15）

1. 前片结构制图

（1）裤长减腰头宽，画上下平行基础线。

（2）上裆取24.5cm，从上平线向下画横裆线。

（3）臀高为$\frac{总体高}{2}$+2cm，即18cm。

（4）前片臀围肥为$\frac{H}{4}$-1cm。

（5）前小裆宽为$\frac{H}{20}$，画小裆弧线。

（6）在横裆宽的$\frac{1}{2}$处画裤中线。

（7）前片腰围肥为$\frac{W}{4}$-1cm+2cm，包括一个省。

（8）为强调低腰短上裆造型，从腰围线向下剪去3.5cm腰长，在侧缝线上设插口袋，长

6cm。

（9）前裤口宽 17cm−1cm，被裤线平分。

（10）在横裆线至裤口线的$\frac{1}{2}$处向上调整 5.5cm 画中裆线，肥度为前裤口宽 16cm+2cm，被裤线平分。

（11）裤口在前裤线处向上凸 0.5cm。

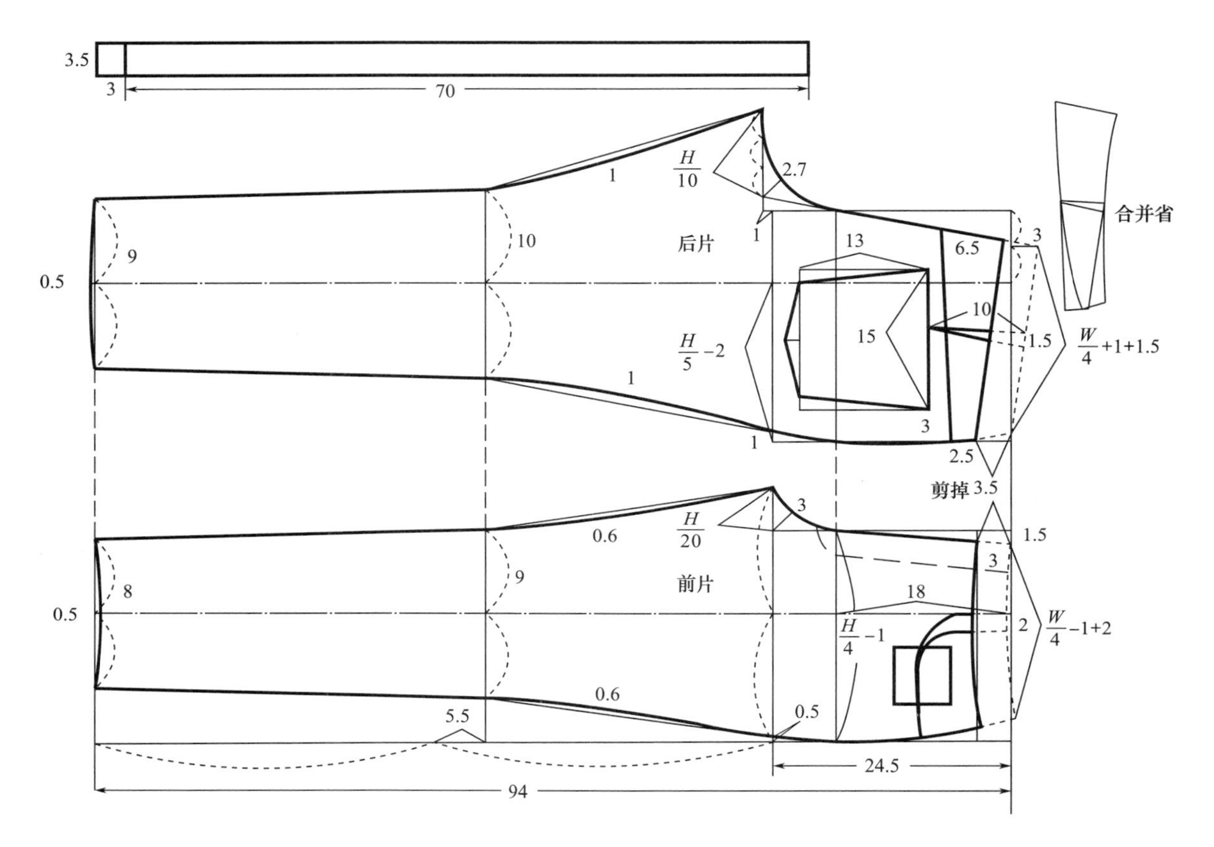

图7-15 低腰短上裆锥形牛仔女裤结构制图

2. **后片结构制图**

（1）裤长、上裆、臀高同前片。

（2）后片臀围肥为$\frac{H}{4}$+1cm。

（3）后裤线位置为侧缝臀高线向内取$\frac{H}{5}$−2cm。

（4）大裆斜线位置为裤线至后中线的$\frac{1}{2}$处，垂直起翘 3cm。

（5）横裆线下落 1cm，大裆斜线交于落裆线，取大裆宽线为$\frac{H}{10}$。画大裆弧线的辅助线，画大裆弧线。

（6）后片腰围肥为$\frac{W}{4}$+1cm+1.5cm，包括一个省，省长 10cm。画侧缝弧线。

（7）为强调低腰短上裆造型，从后腰围线向下剪去 3.5cm 腰长。

（8）在后中腰下分割腰贴片，取大裆斜线 6.5cm、侧缝 2.5cm，分割后将腰贴片省合并成一整片，分割线下设后贴袋。

（9）后裤口宽为裤口尺寸 17cm+1cm，被裤线平分。

（10）中裆线位置同前片，肥度为后裤口宽 18cm+2cm，被裤线平分。

（11）裤口在后裤线处向下凹 0.5cm。

3. **其他零部件尺寸**

腰头长 70cm、宽 3cm，搭门宽 3cm。

第五节　变化组合裤纸样设计

一、时装式连身裤纸样设计

（一）款式说明

此款是西裤造型上连吊带式上衣的时装裤，其松量在臀围的基础上加放 10cm，腰围加放 12cm，上裆加放 2cm，是上衣与裤子结合的结构，可以组合成各类生活装和时装款式。可采用垂感较好的各类薄型面料制作。

时装式连身裤效果图如图 7-16 所示。

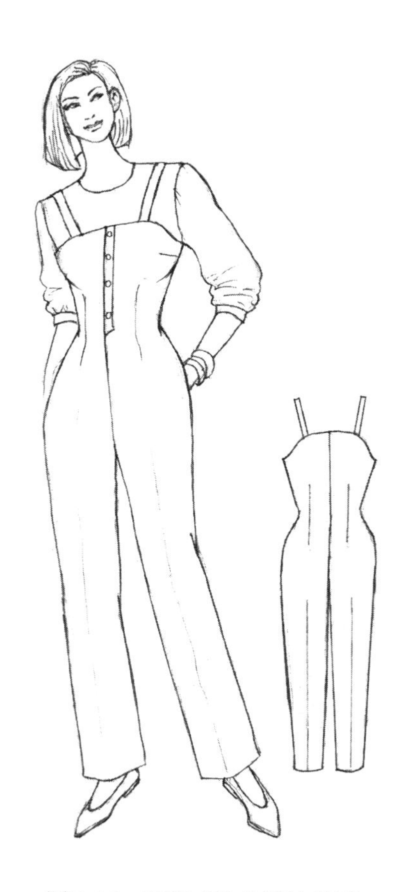

图7-16　时装式连身裤效果图

（二）成品规格

成品规格按国家号型 160/68A 制订，如表 7-8 所示。

表7-8　时装式连身裤成品规格表　　单位：cm

部位	裤长	腰围	臀围	裤口	上裆	上衣长
尺寸	100	80	100	22	26	38

（三）制图步骤（图7-17）

1. 前片结构制图

（1）首先按西裤制图方法画前裤片。

①裤长尺寸画上下平行基础线。

②上裆从上平线向下画横裆线。

③臀高18cm。

④前片臀围肥$\frac{H}{4}-1$cm。

⑤前小裆宽$\frac{H}{20}-0.5$cm，画小裆弧线。

⑥在横裆的$\frac{1}{2}$处画裤中线。

⑦前裤口宽为裤口尺寸-2cm，被裤线平分。

⑧在横裆至裤口线的$\frac{1}{2}$上移5cm处设中裆线，肥度为前裤口宽+2cm。

⑨前裤口在裤线处上凸0.5cm，保障脚面的需要。

（2）将上衣原型画好，腰节线与前裤片腰围线置于同一位置。

（3）按上衣款式造型，将原型袖窿上的胸凸省转移至侧缝。

（4）将上衣侧缝与裤子侧缝衔接，收省画顺，裤子的中腰省与上衣中腰省衔接画顺。

（5）前胸上部设2.5cm宽吊带，画顺前抹胸的造型，加出搭门宽2.5cm。

2. 后片结构制图

（1）首先按西裤制图方法画后裤片。

①裤长、上裆、臀高尺寸同前片。

②后片臀围肥为$\frac{H}{4}+1$cm。

③后裤线位置为在臀高线上从侧缝线向内取$\frac{H}{5}-1.5$cm。

④大裆斜线位置为后裤线至后中线的$\frac{1}{2}$处垂直起翘2.5cm。

⑤横裆下落1cm，大裆斜线交于落裆线，取大裆宽线$\frac{H}{10}$，再画大裆弧线。

⑥后片腰围肥为$\frac{W}{4}+1$cm+3cm省。

⑦后裤口宽为裤口尺寸+2cm，被裤线平分。

⑧中裆线位置与前片相同，肥度为后裤口宽+2cm。

⑨后裤口在裤中线外下凹0.5cm。

（2）将上衣原型画好，腰节线与后裤片腰围线置于同一位置。

（3）将上衣侧缝与裤子侧缝衔接，收省画顺，裤子的中腰省与上衣中腰省衔接画顺。

（4）上衣后片上部设 2.5cm 宽吊带，与前部对合，画顺背部抹胸的造型。

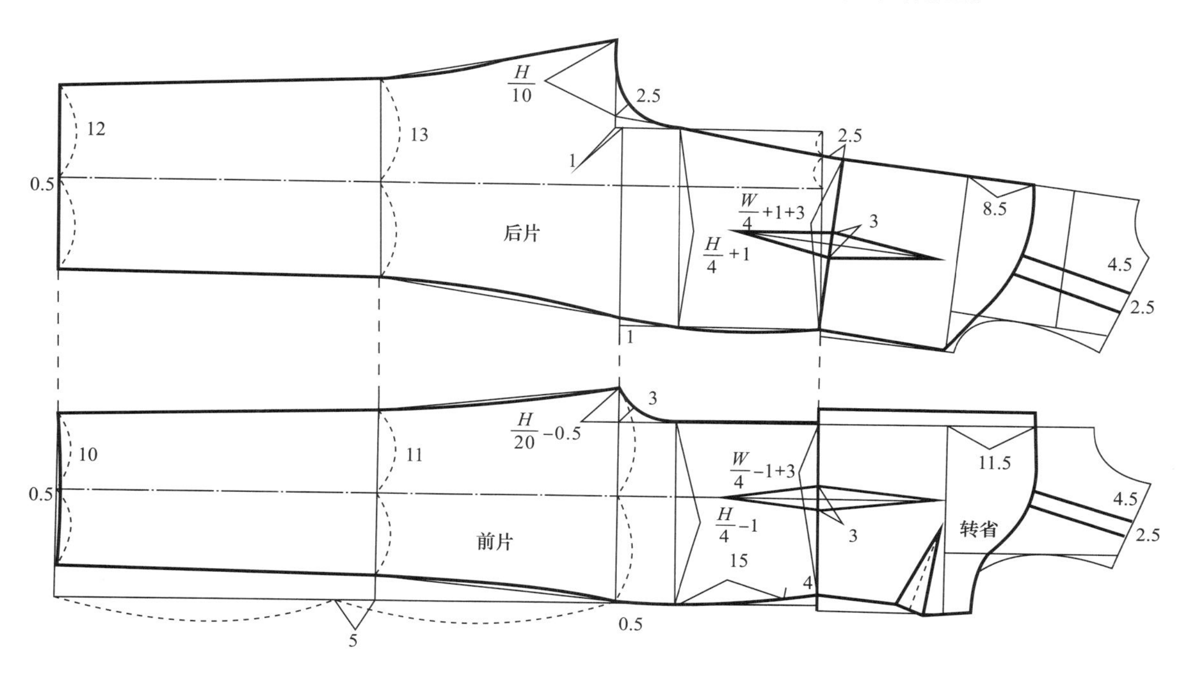

图 7–17　时装式连身裤结构制图

二、刀背式连身裤纸样设计

（一）款式说明

此款是在较宽松造型的锥形裤上连接背带式上衣的时装裤，其松量在臀围 90cm 的基础上加放 16cm，腰围 68cm 加放 9cm，上裆 25.5cm 加放 2.5cm，裤口较瘦，上衣有刀背结构，与裤子相结合，是休闲的连身裤款式造型。可采用垂感较好的各类薄型面料制作。

刀背式连身裤效果图如图 7–18 所示。

（二）成品规格

成品规格按国家号型 160/68A 制订，如表 7–9 所示。

表7–9　刀背式连身裤成品规格表

单位：cm

部位	裤长	腰围	臀围	裤口	上裆	上衣长
尺寸	97	77	106	14	28	38

图7-18　刀背式连身裤效果图

（三）制图步骤（图7-19）

1. 前片结构制图

（1）首先按锥形裤制图方法画前裤片，腰围为$\frac{W}{4}-1\text{cm}+6\text{cm}$，设2个褶量。

（2）将上衣原型画好，腰节线与前裤片腰围线置于同一位置。

（3）按上衣款式造型将原型袖窿上的$\frac{1}{3}$胸凸省转移至袖窿作为松量，其余转移至刀背造型处，与腰部褶皱结合画顺。

（4）将上衣侧缝与裤子侧缝衔接，收省画顺。

（5）前胸上部设4cm宽背带，画顺前领口的造型，加出搭门宽2.5cm。

2. 后片结构制图

（1）首先按锥形裤制图方法画后裤片，其腰围为$\frac{W}{4}+1\text{cm}+3\text{cm}$，设1个省。

（2）将上衣原型画好，腰节线与后裤片腰围线置于同一位置。

（3）将上衣侧缝与裤子侧缝衔接，收省画顺，后裤片的中腰省与上衣刀背衔接画顺。

（4）上衣后片上部设 4cm 宽背带，与前部对合，画顺后领口的造型。

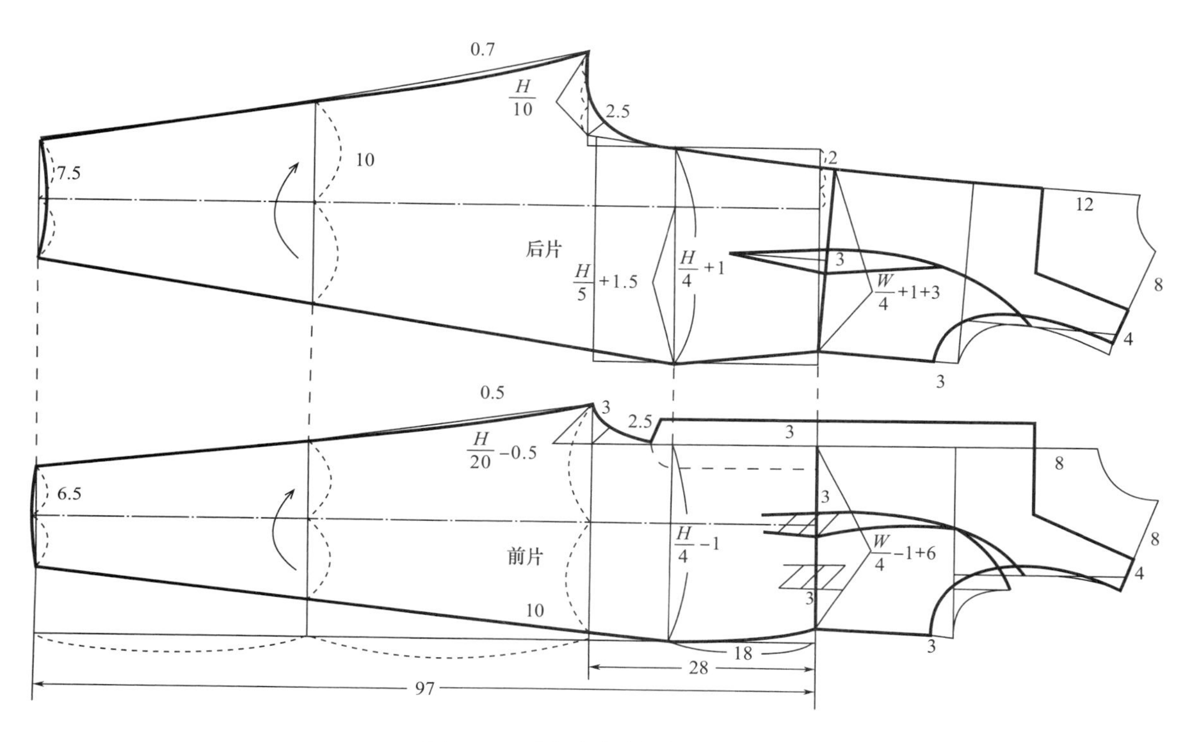

图7–19　刀背式连身裤结构制图

三、多褶裙式女裙裤纸样设计

（一）款式说明

此款是具有褶裙形式的裙裤设计，其松量在臀围的基础上加放 30cm，腰围加放 2cm，上裆加放 10cm，为强调褶裙效果，在前片腰线上共设计 5 个倒褶；为穿着舒适，保持后裤片的结构与造型。可采用垂感较好的各类薄型面料制作。

多褶裙式女裙裤效果图如图 7–20 所示。

（二）成品规格

成品规格按国家号型 160/68A 制订，如表 7–10 所示。

图7-20　多褶裙式女裙裤效果图

表7-10　多褶裙式女裙裤成品规格表　单位：cm

部位	裙裤长	腰围	臀围	裤口	上裆	腰头宽
尺寸	91.5	70	120	47	38	3.3

(三)制图步骤(图7-21)

1. 前片结构制图

(1)裤长减腰头宽，画上下平行基础线。

(2)上裆取35cm，从上平线向下画横裆线。

(3)臀高为$\frac{总体高}{2}$+2cm，即18cm。

(4)前片臀围肥为$\frac{H}{4}$+1cm。

(5)前小裆宽为$\frac{H}{20}$+4，画小裆弧线。

(6)在横裆宽的$\frac{1}{2}$处画裤中线。

(7)前片腰围肥为$\frac{W}{4}$+1cm+10cm，包括5个省褶。

(8)为强调裙摆造型，侧缝下摆放4cm摆量，下裆下摆放2cm，在侧缝线上可设插袋。

2. 后片结构制图

(1)裤长、上裆、臀高同前片。

(2)后片臀围肥为$\frac{H}{4}$−1cm。

(3)后裤线位置为从侧缝臀高线向内取$\frac{H}{5}$−3.5cm。

(4)大裆斜线位置为裤线至后中线的$\frac{1}{2}$处，起翘2cm。

(5)大裆斜线交于横裆线，取大裆宽线为$\frac{H}{10}$。依据大裆弧线的辅助线画大裆弧线。

(6)后片腰围肥为$\frac{W}{4}$−1cm+6cm，包括2个省，省量分别为3cm。画侧缝弧线。

(7)后裤口下裆放2cm摆量，侧缝放4cm摆量。

3. 其他零部件尺寸

腰头长70cm、宽3cm，搭门宽3cm。

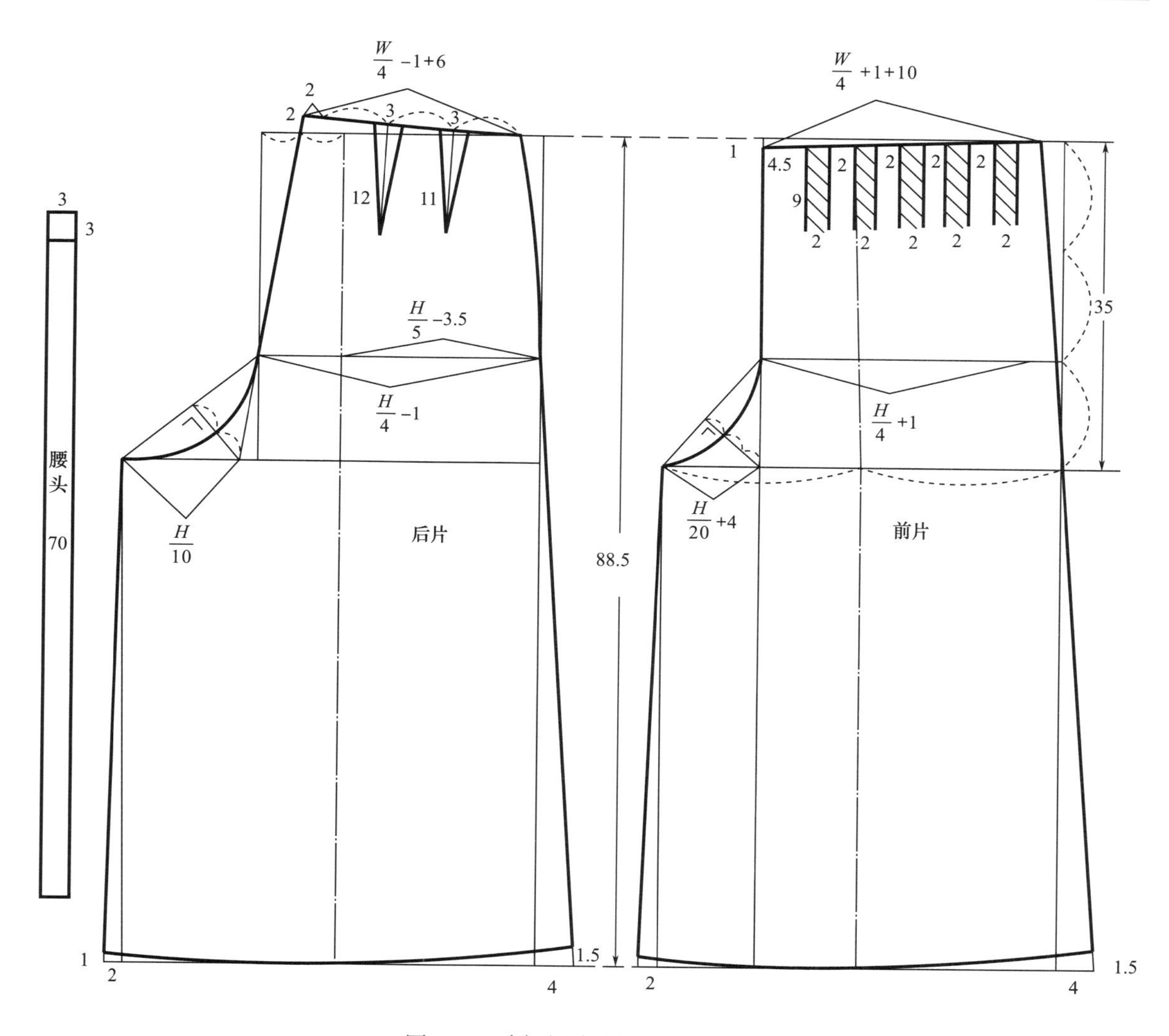

图7-21 多褶裙式女裙裤结构制图

四、四片喇叭裙式裙裤纸样设计

（一）款式说明

此款是具有四片裙形式的裙裤设计，其松量在臀围的基础上加放 30cm，腰围加放 2cm，上裆加放 10cm，为强调褶裙效果，在前片腰线上共设计 5 个倒褶，为穿着舒适，保持后裤片的结构与造型。可采用垂感较好的各类薄型面料制作。

四片喇叭裙式裙裤效果图如图 7-22 所示。

（二）成品规格

成品规格按国家号型 160/68A 制订，如表 7-11 所示。

图7-22　四片喇叭裙式裙裤效果图

表7-11　四片喇叭裙式裙裤成品规格表　　单位：cm

部位	裙裤长	腰围	臀高	裤口	上裆	腰头宽
尺寸	80	70	18	95	33	3

（三）制图步骤（图7-23）

（1）依据数学弧度制的计算方法，求出依据摆围设计要求所需制图时的半径，即 $\dfrac{\text{裙长}\times\dfrac{W}{4}}{\dfrac{\text{摆围}}{4}-\dfrac{W}{4}}$。

（2）以加出裙长减腰头尺寸为半径，画摆围弧线长。

（3）在前中线上取臀高 18cm。

（4）在成品上裆尺寸 33cm-3cm 的位置上画前片小裆宽 10cm，参照辅助线画前裆弧线。

（5）后片腰口中线下降 1cm，在成品上裆尺寸 33cm-3cm 的位置上画后片大裆宽 12cm，参照辅助线画后裆弧线。

（6）腰头宽 3cm、长 70cm，搭门宽 3cm。

（7）裁剪时根据设计需要，注意经纱向的应用。

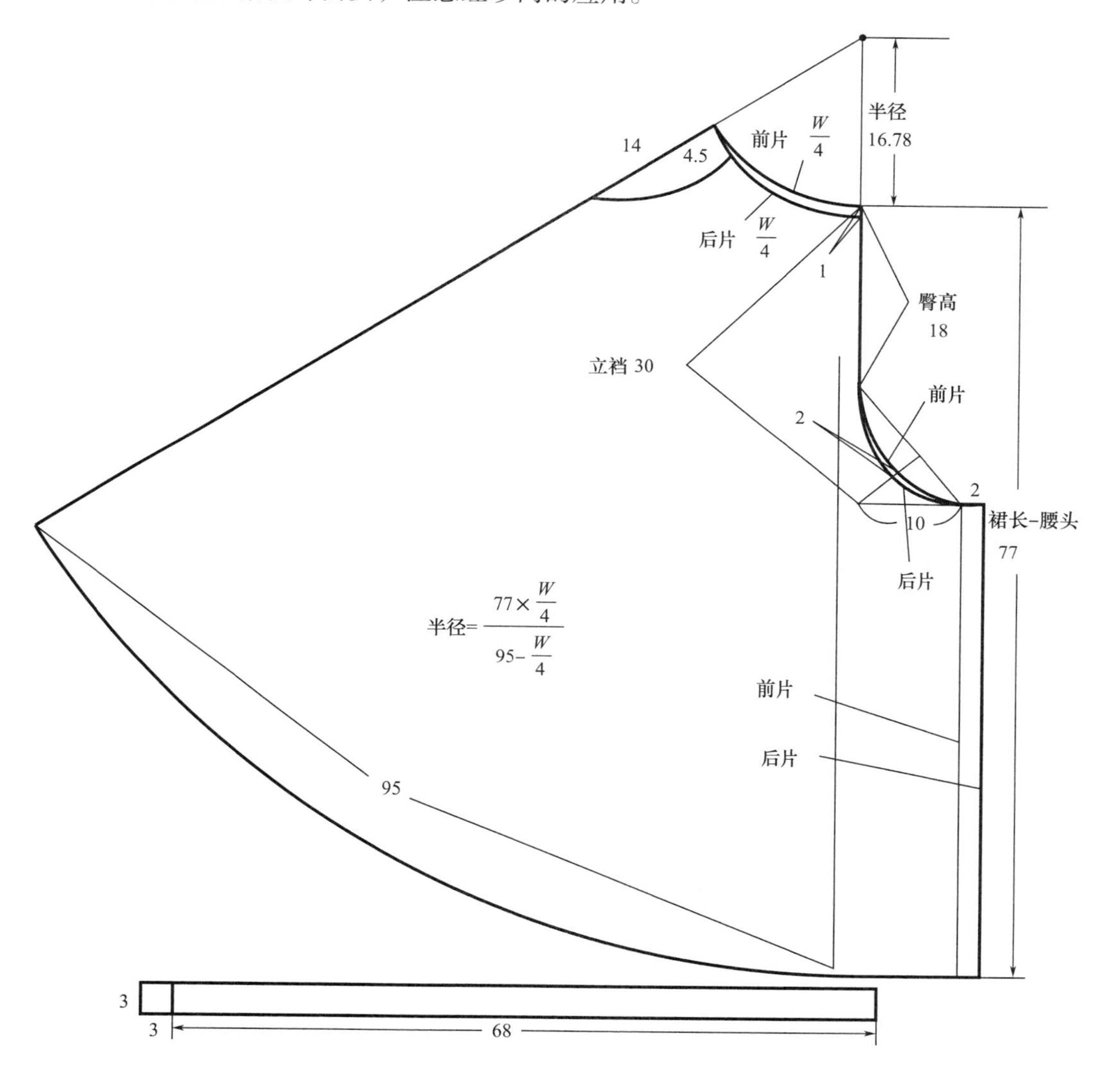

图7-23　四片喇叭裙式裙裤结构制图

五、八片裙式裙裤纸样设计

（一）款式说明

八片裙式裙裤效果图如图 7-24 所示。

图7-24 八片裙式裙裤效果图

（二）成品规格

成品规格按国家号型160/68A制订，如表7-12所示。

表7-12 八片裙式裙裤成品规格表 单位：cm

部位	裙裤长	腰围	臀高	上裆	腰头宽
尺寸	79	70	18	33	3

此款是具有八片裙形式的裙裤设计，其松量在臀围的基础上加放4cm，腰围加放2cm。为强调八片裙效果设计，保持裙子的结构与造型，可加出裤子裆的结构。可采用垂感较好的各类薄型面料制作。

（三）制图步骤（图7-25）

（1）裙长纵向线为实际裙长减腰头宽，同时画上下平行基础线。

（2）臀高为$\frac{总体高}{10}$+2cm，画平行线确定臀围线。

①前片臀围肥$\frac{H}{4}$+1cm，分两等份，在前中心线往里的$\frac{1}{2}$处分割裙片。

②后片臀围肥$\frac{H}{4}$−1cm，分两等份，在后中心线往里的$\frac{1}{2}$处分割裙片。

（3）成品尺寸臀腰差为26cm，在腰围线上确定前后片的腰围肥度。

①实际前片腰围肥为$\frac{W}{4}$+1cm+3.5cm，包括前片侧缝省1.75cm、前中心线省1.75cm。

②实际后片腰围肥为$\frac{W}{4}$−1cm+3.5cm，包括后片侧缝省1.75cm、后中心线省1.75cm。

（4）下摆前后共分割成八片，侧缝各放6cm摆量。

（5）在前中线上设上裆30cm，取小裆宽$\frac{H}{10}$，依据辅助线画小裆弧线。

（6）在后中线上设上裆30cm，取大裆宽$\frac{H}{10}$+2cm，依据辅助线画大裆弧线。

（7）腰头宽3cm、长70cm，搭门宽3cm。

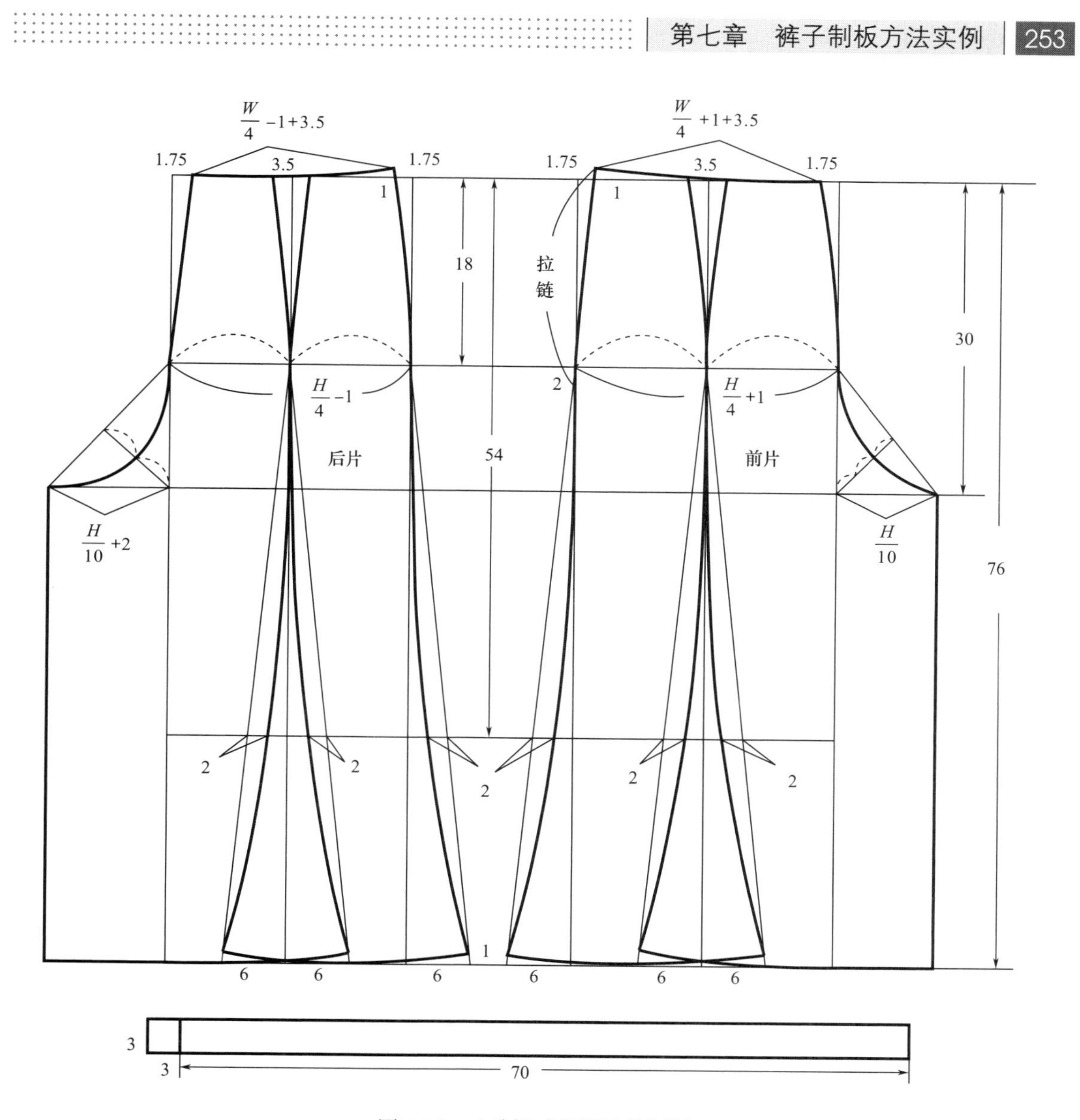

图7-25　八片裙式裙裤结构制图

第八章　服装样板缩放（推板）

女装造型的准确度，是通过正确掌握女装结构特点及服装纸样构成的原理实现的。服装工业生产是在结构设计的基础上，深入研究纸样设计方法，结合成衣批量化加工工艺的要求，建立服装系列化样板，这样才能高效率地满足市场需求。

因此服装样板的放缩即推板也是服装工艺学的重要环节，这需要在准确的基础样板上，通过正确的操作方法，参照国家服装号型标准，才可能依据推板原理获得成衣生产的系列化样板。

第一节　服装样板缩放原理

一、服装推板的基本原理

服装推板的原理来自于数学中任意图形的相似变换，但又不完全等同于规则几何图形的扩缩比例关系。在推放样板时，我们既要用任意图形相似变换的原理来控制“板型”，又要按合适的推档规格差数（即档差）来满足“数量”。因此“量”与“型”是推放样板的依据。

（一）“量”与“型”的关系

1. “量”是数量，即服装规格国家标准

成衣工业化生产的制板规格需要参照服装号型国家标准来执行，这是“量”的基础。服装号型规格是推档的依据，服装样板各控制部位的“量”也是以此为基础确定的。

2. “型”是造型，其出发点是衣片结构

量与型的关系相辅相成，“量”在服装样板各部位的分布要符合款型需要、准确无误。“型”要满足“量”，“量”实质上是为“型”服务的，“型”又受到“量”的控制，因此在推板时必须进行“量”与“型”的双向考虑。

（二）推板原则

（1）系列号型的样板推放，是按照服装结构的平面图形（裁剪样板）中各个被分解开的局部板来进行放大与缩小的。而每一块样板都因款式造型需要和特定的局部位置，形成了各自的板块形（平面几何图形），有的图形比较复杂，有的图形比较简单，但它们都互为关联、统一在一个整体的结构造型中。

（2）服装整体结构中每个独立的样板块有的是因款式造型需要断开的，有的是因人体结构的需要而分割开的，有的还需要将两者有机结合。例如三开身结构使样板分割形成不同板块，有时一件衣服可能是由多块样板分割组成的，较为复杂，但最终它们都离不开人体，都与塑造人体密不可分。这是由服装结构设计的根本属性所决定的。

因此服装推板离不开人体体型，以及人体体型的变化发展规律。总体板型是在标准型的基础上确定的，样板的放大与缩小建立在标准体的变化生长发展规律之上。可以说“量”与“型”的把握离不开人体，所以推板首先要掌握和了解人体的变化规律以及服装各控制部位标准数据的推算。

（3）国家标准号型数据基本体现了人体的变化规律，给出了主要标准数据。例如女装服装号型系列分档数值中标准A型体生长发展规律表明人体总体高，即“号”每增长或减少5cm，上体基本增长或减少2cm，下体基本增长或减少3cm，全臂长增长或减少1.5cm，肩宽增长或减少1cm，背长增长或减少1cm，胸围增长或减少4cm，腰围增长或减少2cm，臀围增长或减少1.8cm，领围增长或减少1cm。这是主要的服装号型各系列分档数值。

成年男女上衣服装号型系列分档数值为5·4系列，下装服装号型系列分档数值为5·2系列。

（4）确定服装样板中各个部位的局部分档差数首先应该从整体样板出发，分出主要部位的档差比例关系，确保比例的正确完整，再按局部与整体的关系确定细部的部位档差。细部档差的确定除按整体比例外，有的部位必须按照人体的自然生长规律和基础样板各控制部位的比例公式推算，例如前宽差、后宽差、领宽差、领深差、落肩省量差等。另外，与结构有直接关系的各部位档差一定要推算控制准确。

（5）因款式需要分割的部位，大多可以参照样板的纵向、横向长度比例推算出各部位档差。合理部位档差数值的确定是推档的重要环节，这是因为样板的推放虽然参照了数学原理，但它绝不是都能按同一比例扩缩的，样板的每个局部隶属于不同人体各部位增长和减少的档差变化之中，这就要综合考虑“量”的变化，以确保“型”的正确性。

二、推板的基本操作方法

（一）坐标基准点的应用方法

服装样板的放缩，是一个平面面积的增减过程。样板的整体形状可以被看作是一个复杂的平面几何图形，所以要控制面积的增长就必须在一定的二维坐标系中进行。在中号样板上确定坐标原点及纵向Y轴，横向X轴作为基准公共线。由此运用分坐标关系进而形成分档斜线，逐次分档，它不能完全采用几何图形的数学比例放缩方法进行。坐标原点及纵、横轴向基准公共线的选择应符合以下几个原则：

（1）坐标的选择必须与服装结构紧密结合起来，这样才能保证与服装样板相关的平面图形放缩的合理性。在每块样板中，都要确定一个主坐标原点，确定互为垂直的 X、Y 坐标轴线后才可以在样板的各端点、定位点、辅助点设立分坐标基准点。分坐标的 X、Y 轴线与主坐标 X、Y 轴线要互为平行，手工制图时要用直角尺和三角板画准，否则会产生误差。

（2）主坐标原点和基准公共线应优先选择样板中对服装结构与人体结构有重要关联的位置与部位。如上衣类 X 轴最好选择胸围线或腰节线，Y 轴选在前、后胸宽线或前、后中线上较好。

例如衬衫板的前片，主坐标的原点最好设置在胸围线与前中线的交点上，也可以设置在前胸宽线与胸围线的交点上。虽然主坐标的原点设置在样板的任何一点上都可以放缩，但应考虑设在人体结构的变化较明晰的分档位置上，以利于各分坐标的计算、分档线的画制及御板的方便，因此主坐标的原点位置选择的准确是很重要的。

（3）在同一样板上的坐标轴原点基准公共线一般应取两条互为垂直的坐标轴线，有时也可以只取一条，但轴心点只有一个。对于相互关联的复杂图线，坐标轴原点基准公共线有时会同时选取两个，如插肩袖的放缩。

（4）坐标基准公共线，最好选择有利于各档放缩样板上的大曲率轮廓较小的弧线分档，方便各档曲率轮廓弧线分画准确。

（二）推档端点、定位点及辅助点

二维坐标系分坐标推档的各位置点应主要选择在样板服装各控制部位的关键位置上。如上衣类推档位置点主要有肩颈点、肩端点、前后领深点、前后中线点、前后胸围宽点、前后袖窿弧切点、前后袖窿弧角平分线处凹凸点、省位置点、省宽点、省尖点、装袖吻合点、衣片前后腰节位置点、袋位点、口袋长宽高点、衣长下摆止点、前止口点、扣位点等。

（三）部位差的确定

一般部位差的确定可以从平面裁剪的比例计算公式中推导，线段长度、宽度比例则可按百分比计算，也可按人体比例及经验尺寸确定。

无论是用立裁法还是原型法得到的标准样板，都可以参照平面比例法的公式设置来确定样板上的各结构部位的关系。公式设置不同，部位差则不同，所以公式设置要符合人体及服装的结构关系，符合服装各控制部位的变化规律。成衣样板各结构部位比例关系应严谨，跳档后要保证各部位比例符合号型的要求。

除了用上述方法确定部位差，很多部位也可以根据人体的自身变化规律，从线段长度、宽度、高度、角度出发，在总体上按数学比例计算求得。可依据省的位置、大小，口袋的位置及长、宽、高尺寸，款式破断线、分割的关系等确定各部位档差。

（1）具体服装的衣长、裤长、裙长档差的设置，长度的确定应按人体自然增长规律即国家号型中总体高(号)和每档5cm跳档系数进行推导，计算公式如下：

衣长每档增减量=衣长/号(总体高)×5(号的档差)；

裤长每档增减量=裤长/号(总体高)×5(号的档差)；

裙长每档增减量=裙长/号(总体高)×5(号的档差)。

(2)具体各部位档差的确定，应按照结构设计原理中的合理比例公式设置：部位差=比例公式×总档差。

如：原型前胸宽部位差=$\frac{1}{8}$×4(胸围总档差)，原型后袖窿深部位差=$\frac{1}{12}$×4(胸围总档差)。

(四)终点差与分档斜线

1. 终点差

服装样板的结构是相互关联的统一体，在推板的操作过程中，总体档差确定后，首先应确定出结构的部位差，然后再依据两个部位差或几个部位差之间的关系，确定出终点差。

例如衣片图形在二维坐标系中以坐标原点呈放射性的放缩，前胸宽部位差确定为0.5cm，与之有关联的领宽部位差在单独计算出来后，就要按推档的基准位置，算出实际画线的终点差。若前胸宽部位差是0.5cm，前领宽的部位差是0.2cm，那么就应在颈侧点的坐标横向X轴上向两边各放缩终点差量0.3cm(0.5–0.2=0.3cm)。在同一坐标系条件下同时还关联着肩宽差的问题。

另外还有落肩部位差与袖窿深部位差之间的终点差的确定。将坐标原点设在前胸宽与胸围线的交点上，袖窿深部位差是0.8cm，落肩差单独计算为0.1cm，肩端终点差量应为0.7cm(0.8cm–0.1cm=0.7cm)。在同一坐标系条件下同时还关联着肩宽差的问题，这样就保证了各部位档差的相互关系。

2. 分档斜线

在样板的各推档位置点上设置与主坐标互为平行关系的分坐标，在分坐标上纵向与横向放或缩的终点与其基准点可连接成一条斜线，各档差在斜线上可逐次划分成若干档，因此这条线被称为分档斜线。在推档时，建立在各端点、定位点及辅助点上的分坐标都应画好分档斜线，在分档斜线上逐次划分档差，各档差点连接后就形成了新的图形，基本保证了各档样板在形态、规格两个方面的准确性和相似性。

因样板款式不同，当某一条样板轮廓弧线较长或弧线曲率非均匀变化时，可以多取一些辅助位置点，以分坐标的方式，在分档斜线上取得与其他各点等分的档差点，连接点越多，轮廓弧线越容易画得准确光滑。但一定要注意分档时各部位档差的比例关系要正确，否则会适得其反，当然这都要根据实际情况而定。

第二节 女装样板缩放实例

一、西服裙推板的基本操作方法

（一）成品规格及主要部位推板档差

西服裙号型 160/68A，5・2 系列，成品规格及推板档差如表 8–1 所示。

表8–1 西服裙成品规格及主要部位推板总档差

单位：cm

部位	裙长	腰围	臀围	臀高	腰头宽	摆围
尺寸	54	68	94	18	3	106
档差	± 1.7	± 2	± 1.8	± 0.5	0	± 1.8

（二）坐标轴及坐标原点

因从腰围至臀围的裙侧缝有较大弧度，故坐标原点、主坐标轴要选择在臀围线与前中线和后中线互为垂直的交点 O 上，推档时应拉开档间距，弧线要画准确，然后设分坐标点。

（三）推板制图步骤

1. **根据西服裙中间号型 160/68A绘制样板（具体制图方法参照前章西服裙纸样设计）**
2. **依据主坐标设置各分坐标点，计算出各部位档差，推板（图8–1）**

（1）裙长总档差：$\frac{54}{160}\times 5=1.7$cm。

（2）臀高（A）：Y 轴为 $\frac{1}{10}\times 5=0.5$cm。

（3）裙下（F）：Y 轴为 1.7–0.5=1.2cm。

（4）裙下（G）：Y 轴为 1.7–0.5=1.2cm，X 轴为 $\frac{1}{4}\times 1.8=0.45$cm。

（5）前、后片臀围肥（E）：X 轴为 $\frac{1}{4}\times 1.8=0.45$cm。

（6）前、后片腰围肥（D）：X 轴为 $\frac{1}{4}\times 2=0.5$cm，Y 轴为 0.5cm。

（7）前后片省（B、C）：X 轴为 $\frac{1}{2}\times 0.5=0.25$cm，$Y$ 轴为 0.5cm。

（8）前后片省位（R）：X 轴为 $\frac{1}{2}\times 0.5=0.25$cm。

（9）腰头长档差：2cm。

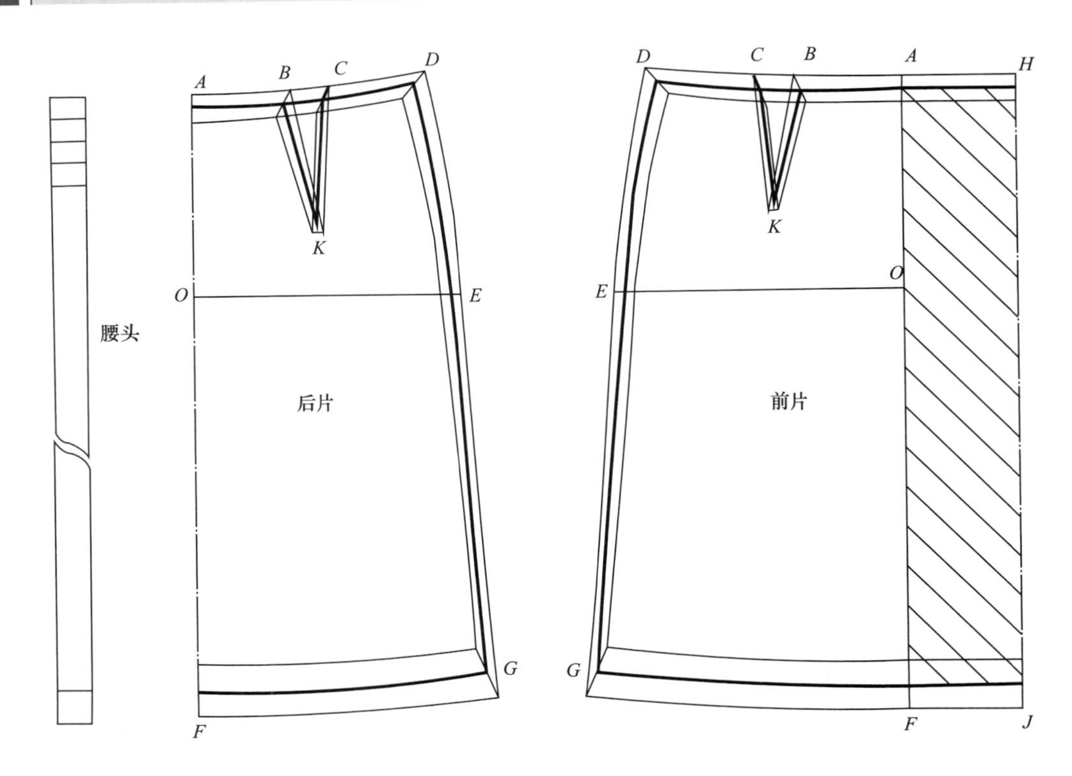

图8-1　西服裙推板

二、女裤推板的基本操作方法

（一）成品规格及主要部位档差

女裤号型 160/68A，5·2 系列，成品规格及推板档差如表 8-2 所示。

表8-2　西服裙成品规格及主要部位推板总档差　　单位：cm

部位	裤长	腰围	臀围	上裆	腰头宽	裤口
尺寸	100	70	94	28	3	19
档差	±3	±2	±1.8	±0.8	0	±0.5

（二）坐标轴及坐标原点

坐标原点、主坐标轴选择在前后裤片中线与横裆围线的交点 O 上，这样可以从 Y 轴向两个纵方向扩缩，以横裆线为轴向两横方向扩缩，然后设分坐标点。

（三）推板制图步骤

1. 根据女裤中间号型160/68A绘制样板（具体制图方法参照前章女裤纸样设计）

2. 依据主坐标设置各分坐标点，计算出前裤片各部位档差，推板（图8-2）

（1）裤长总档差：$\frac{100}{160}\times5=3cm$。

（2）臀高及前片臀围肥（C）：Y轴为$\frac{1}{3}\times0.8=0.27cm$，$X$轴为$\frac{1}{10}\times1.8=0.18cm$。

（3）臀高及前片臀围肥（D）：Y轴为$\frac{1}{3}\times0.8=0.27cm$，$X$轴为$\frac{1.5}{10}\times1.8=0.27cm$。

（4）前片腰围肥（A）：Y轴为0.8cm，X轴为$\frac{1}{10}\times2=0.2cm$。

（5）前片腰围肥（B）：Y轴为0.8cm，X轴为$\frac{1.5}{10}\times2=0.3cm$。

（6）前片省褶（K）：Y轴为0.8cm，褶量不变。

（7）前片省位（L）：Y轴为0.8cm，X轴为$\frac{1}{2}\times0.3=0.15cm$。

（8）口袋位（R）：X轴为$\frac{1.5}{10}\times2=0.3cm$，$Y$轴为0.8cm。

（9）口袋位（S）：Y轴为$\frac{1}{3}\times0.8=0.27cm$，$X$轴为$\frac{1.5}{10}\times1.8=0.27cm$。

（10）小裆（E）：X轴为$\frac{0.5}{10}\times1.8+\frac{1}{10}\times1.8=0.27cm$。

（11）横裆（F）：X轴为$\frac{1.5}{10}\times1.8=0.27cm$。

（12）中裆（G、H）：Y轴为$\frac{1}{2}\times2.2=1.1cm$，$X$轴为0.25cm。

（13）裤口（I）：Y轴为3cm−0.8cm=2.2cm，X轴为0.25cm。

（14）裤口（J）：Y轴为3cm−0.8cm=2.2cm，X轴为0.25cm。

（15）腰头长档差：2cm。

3. 依据主坐标设置各分坐标点，计算出后裤片各部位档差，推板（图8-3）

（1）裤长总档差：$\frac{100}{160}\times5=3cm$。

（2）臀高及后片臀围肥（C）：Y轴为$\frac{1}{3}\times0.8=0.27cm$，$X$轴为$\frac{0.6}{10}\times1.8=0.108cm$。

（3）臀高及后片臀围肥（D）：Y轴为$\frac{1}{3}\times0.8=0.27cm$，$X$轴为$\frac{1.9}{10}\times1.8=0.342cm$。

（4）后片腰围肥（A）：Y轴为$0.8+\frac{1}{40}\times1.8=0.845cm$，$X$轴为$\frac{0.3}{10}\times2=0.06cm$。

（5）后片腰围肥（B）：Y轴为0.8cm，X轴为$\frac{2.2}{10}\times2=0.44cm$。

（6）后片省位（K）：Y轴为0.8cm，X轴为$\frac{1}{3}\times0.44=0.147cm$，省量不变。

（7）后片省位（L）：Y轴为0.8cm，X轴为$\frac{2}{3}\times0.44=0.29$cm，省量不变。

（8）大裆（E）：X轴为$\frac{1}{10}\times1.8+\frac{0.6}{10}\times1.8=0.288$cm。

（9）横裆（F）：X轴同大裆一样取0.288cm。

（10）中裆（G、H）：Y轴为$\frac{1}{2}\times2.2=1.1$cm，X轴为0.25cm。

（11）裤口（I）：Y轴为3cm−0.8cm=2.2cm，X轴为0.25cm。

（12）裤口（J）：Y轴为3cm−0.8cm=2.2cm，X轴为0.25cm。

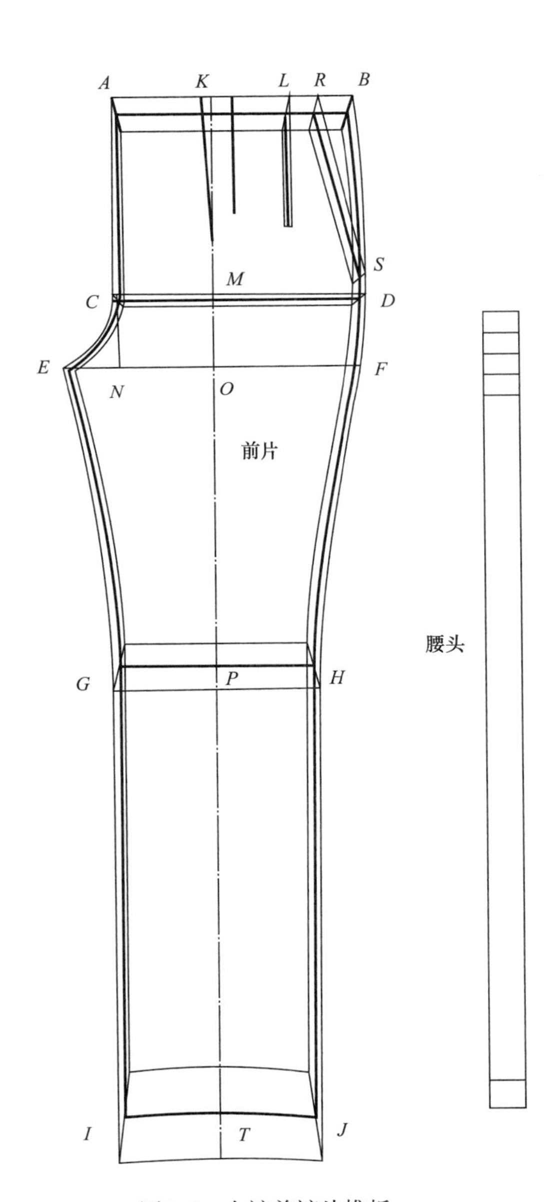

图8-2 女裤前裤片推板

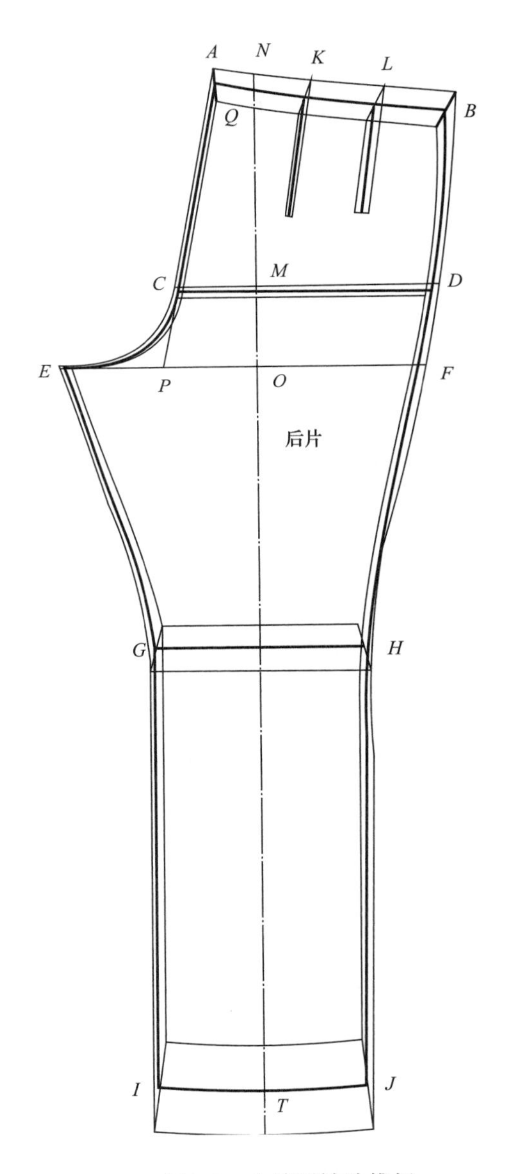

图8-3 女裤后裤片推板

三、四开身刀背女西服推板的基本操作方法

（一）成品规格及主要部位推板档差

四开身刀背女西服号型 160/68A，5·4 系列，成品规格及推板档差如表 8-3 所示。

表8-3 四开身刀背女西服成品规格及主要部位推板总档差

单位：cm

部位	后衣长	胸围	腰围	臀围	腰节	总肩宽	袖长	袖口
尺寸	64	94	74	96	38	37	54	13
档差	±2	±4	±4	±4	±1	±1	1.5	0.5

（二）坐标轴及坐标原点

后片坐标原点、主坐标轴选择在后衣片的胸围线与后中线垂线的交点 O 上，前片选择在前衣片的胸围线与前胸宽线垂线的交点 O 上。这样可以以 Y 轴向两个纵方向扩缩，以胸围线为轴向两横方向扩缩。两片袖的大小袖片主坐标设在袖肥线与前袖折线的交点 O 上，再确定各分坐标点。

（三）推板制图步骤

1. **根据四开身刀背女西服中间号型 160/84A绘制样板（具体制图方法参照前章女纸样设计）**
2. **依据主坐标设置各分坐标点，计算出后衣片各部位档差，推板（图8-4）**

（1）衣长档差：$\frac{64}{160} \times 5=2cm$。

（2）后领深（B）：Y 轴为$\frac{1}{12} \times 4=0.33cm$，$X$ 轴为 0。

（3）后颈侧点（A）：Y 轴为 $0.33cm+\frac{0.2}{3}cm=0.4cm$，$X$ 轴为 0.2cm。

（4）后落肩（C）：Y 轴为 0.4cm−0.1cm=0.3cm，X 轴为 0.5cm。

（5）后袖窿刀背分割点（D）：Y 轴为 $0.3 \times \frac{2}{3}=0.2cm$，$X$ 轴为 0.5cm。

（6）胸围线（E）：X 轴为 0.5cm。

（7）后腰节（G）：Y 轴为 1cm−0.33cm=0.67cm，X 轴为 0。

（8）后腰节（I）：Y 轴为 1cm−0.33cm=0.67cm，X 轴为 0.5cm。

（9）后下摆（H）：Y 轴为 2cm−0.33cm=1.67cm，X 轴为 0。

（10）后下摆（J）：Y 轴为 2cm−0.33cm=1.67cm，X 轴为 0.5cm。

（11）后刀背缝（K）：Y 轴为 $0.3\times\frac{2}{3}$=0.2cm，X 轴为 0.5cm。

（12）后刀背胸围线（L）：X 轴为 0.5cm。

（13）后刀背胸围线（F）：X 轴为 1cm。

（14）后刀背腰节（M）：Y 轴为 1cm−0.33cm=0.67cm，X 轴为 0.5cm。

（15）后刀背腰节（N）：Y 轴为 1cm−0.33cm=0.67cm，X 轴为 0.5cm。

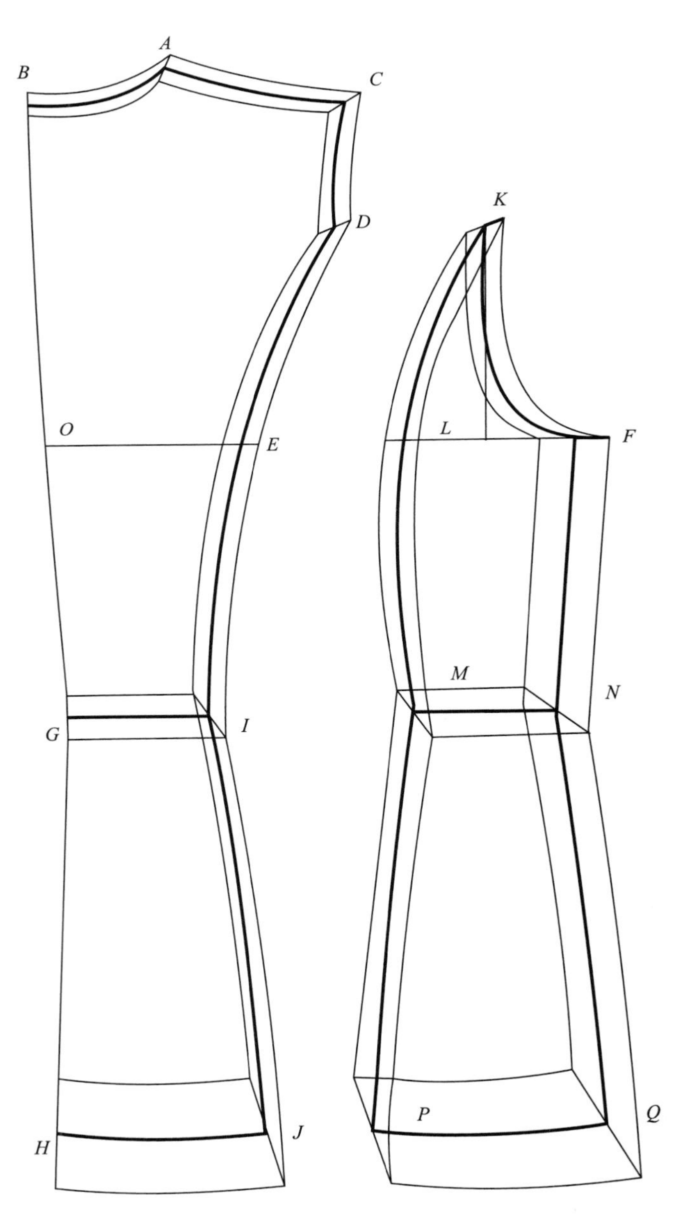

图 8-4　四开身刀背女西服后片推板

（16）后刀背下摆（*P*）：*Y* 轴为 2cm−0.33cm=1.67cm，*X* 轴为 0.5cm。

（17）后刀背下摆（*Q*）：*Y* 轴为 2cm−0.33cm=1.67cm，*X* 轴为 1cm。

3. 依据主坐标设置各分坐标点，计算出前衣片各部位档差，推板（图8–5）

（1）衣长档差：$\frac{64}{160}\times 5=2$cm。

（2）前颈侧点（*A*）：*Y* 轴为$\frac{1}{5}\times 4=0.8$cm，*X* 轴为$\frac{1}{8}\times 4-0.2=0.3$cm。

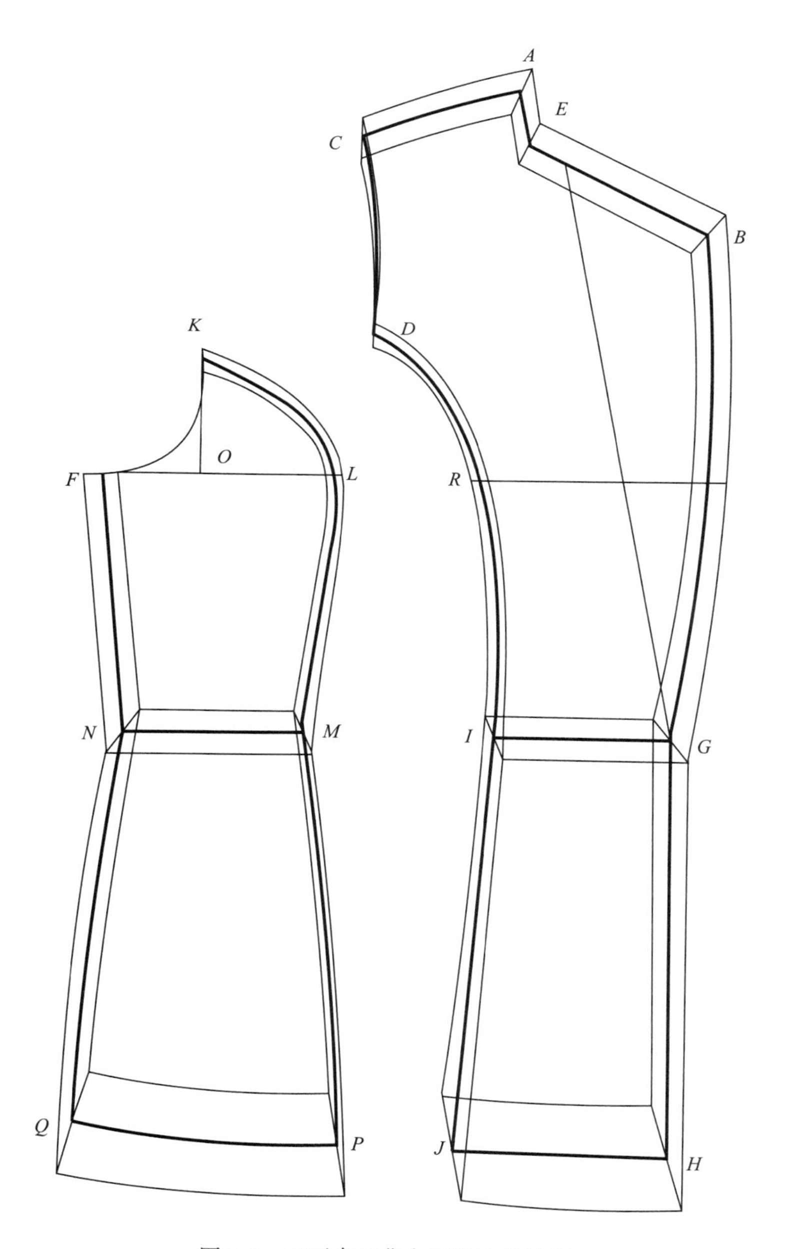

图8–5　四开身刀背女西服前片推板

（3）前领深（B）：Y轴为$\frac{1}{5}\times4-\frac{1}{5}\times1$=0.6cm，$X$轴为$\frac{1}{8}\times4$=0.5cm。

（4）前落肩（C）：Y轴为0.8cm−0.1cm=0.7cm，X轴为0。

（5）前袖窿刀背分割点（D）：Y轴为$0.7\times\frac{1}{2}$=0.35cm，X轴为0。

（6）胸围线（R）：X轴为$\frac{0.5}{2}$=0.25cm。

（7）前腰节（G）：Y轴为1cm−0.33cm=0.67cm，X轴为$\frac{1}{8}\times4$=0.5cm。

（8）前腰节（I）：Y轴为1cm−0.33cm=0.67cm，X轴为0.25cm。

（9）前下摆（H）：Y轴为2cm−0.33cm=1.67cm，X轴为0.5cm。

（10）前下摆（J）：Y轴为2cm−0.33cm=1.67cm，X轴为0.25cm。

（11）前刀背缝（K）：Y轴为$0.7\times\frac{1}{2}$=0.35cm，X轴为0。

（12）前刀背胸围线（L）：X轴为$\frac{0.5}{2}$=0.25cm。

（13）前刀背胸围线（F）：X轴为1cm−0.5cm=0.5cm。

（14）前刀背腰节（M）：Y轴为1cm−0.33cm=0.67cm，X轴为0.25cm。

（15）前刀背腰节（N）：Y轴为1cm−0.33cm=0.67cm，X轴为0.5cm。

（16）前刀背下摆（P）：Y轴为2cm−0.33cm=1.67cm，X轴为0.25cm。

（17）前刀背缝下摆（Q）：Y轴为2cm−0.33cm=1.67cm，X轴为0.5cm。

4. 依据主坐标设置各分坐标点，计算出领子各部位档差，推板（图8-6）

（1）$\frac{1}{2}$领大档差为0.5cm，总领宽及领尖宽不变。

（2）领下口（O）：为坐标原点，不动。

（3）领后中线（A）：X轴为0.3cm。

（4）领尖（B）：X轴为0.2cm。

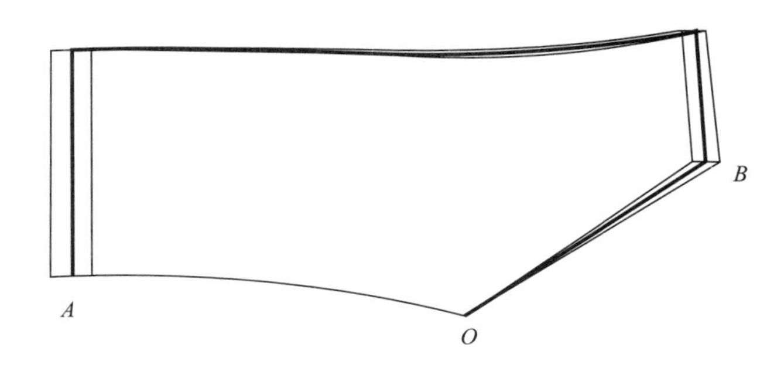

图8-6　四开身刀背女西服领片推板

5. 依据主坐标设置各分坐标点，计算出袖子各部位档差，推板（图8-7）

（1）大袖袖山高点（A）：Y轴为 $0.5\times\frac{5}{6}$=0.42cm，X轴为$\frac{0.9}{2}$=0.45cm。

（2）大袖后袖山高点（B）：Y轴为 $0.42\times\frac{1}{2}$=0.21cm，X轴为 0.9cm。计算方法采用勾股定理，即$\frac{\text{AH}}{2}$每档增减 1cm，袖山高每档增减 0.42cm，因此袖肥每档增减量约为 0.9cm。

（3）大袖前袖山点（C）：Y轴为 $0.42\times\frac{1}{2}$=0.21cm，X轴为 0。

（4）后袖肘位置点（D）：Y轴为 $1.5\times\frac{1}{2}-0.42$=0.33cm，$X$轴为$\frac{0.9+0.5}{2}$=0.7cm。

（5）前袖肘位置点（E）：Y轴为 $1.5\times\frac{1}{2}-0.42$=0.33cm，$X$轴为 0。

（6）大袖口后位点（F）：Y轴为 1.5cm−0.42cm=1.08cm，X轴为 0.5cm。

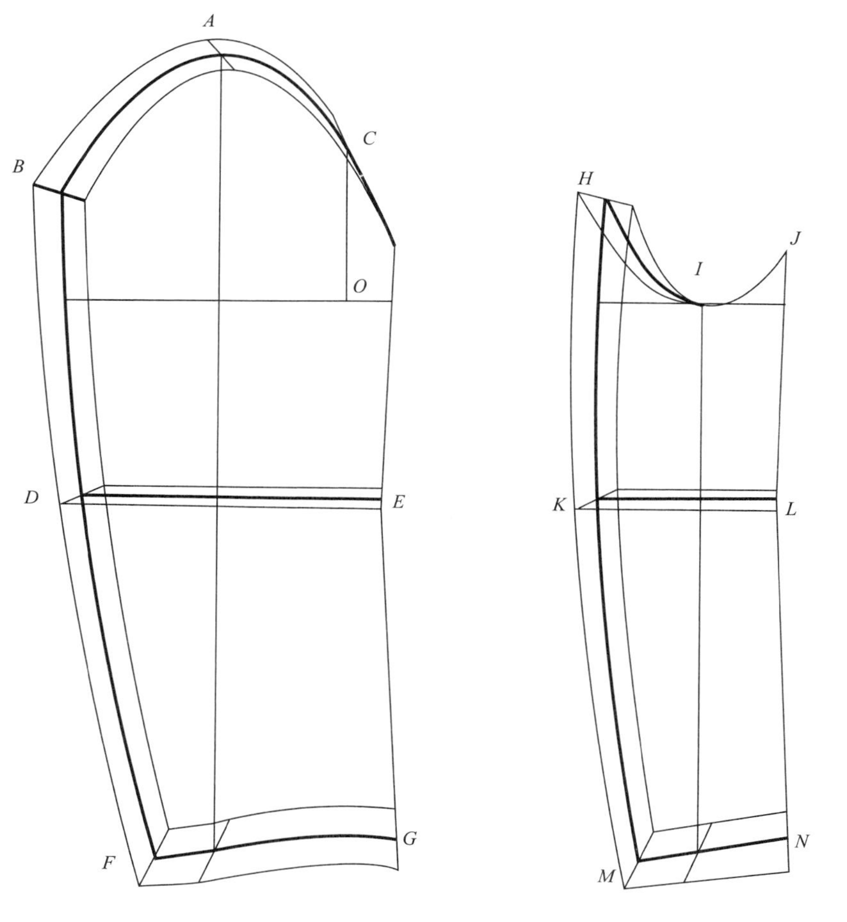

图8-7　四开身刀背女西服袖片推板

（7）大袖口前位点（G）：Y 轴为 1.5cm−0.42cm=1.08cm，X 轴为 0。

（8）小袖片后袖山高点（H）：Y 轴为 $0.42\times\frac{1}{2}$=0.21cm，X 轴为袖肥部位差 0.9cm。

（9）小袖片前袖山高点（J）：Y、X 轴不动。

（10）小袖袖山底点（I）：X 轴为 $0.9\times\frac{1}{2}$=0.45cm。

（11）小袖后袖肘位置点（K）：Y 轴为 $1.5\times\frac{1}{2}-0.42$=0.33cm，$X$ 轴为 $\frac{0.9+0.5}{2}$=0.7cm。

（12）小袖前袖肘位置点（L）：Y 轴为 $1.5\times\frac{1}{2}-0.42$=0.33cm，$X$ 轴为 0。

（13）小袖口后位点（M）：Y 轴为 1.5cm−0.42cm=1.08cm，X 轴为 0.5cm。

（14）小袖口前位点（N）：Y 轴为 1.5cm−0.42cm=1.08cm，X 轴为 0。

第三节　服装CAD工业制板及样板缩放实例

在熟练掌握了手工制板与推放服装样板原理的基础上，应该逐步掌握服装 CAD 制板与样板推板方法，这是现代服装工业生产的需要。本节以变化较复杂的女时装样板缩放（推板）为例，女时装基础规格要选择标准中间号型，推板档差按工业化要求一般都采用国家号型 5·4 系列，衣长差要根据衣长与总体身高比例制订。应注意女装的档差要求，推板时应掌握女时装的特点，号型之间量与型的准确度是把握的要点。

采用何种软件可根据企业需要选定（以下制图实例采用的是富怡 CAD 系统，具体工具操作方法这里从略）。

一、宽肩袖女时装工业制板的基本操作方法

（一）款式说明

宽肩袖女时装效果图如图 8-8 所示。

图8-8　宽肩袖女时装效果图

（二）成品规格及推板档差

宽肩袖女时装号型 160/84A，5·4 系列，成品规格及推板档差如表 8-4 所示。

表8-4　宽肩袖女时装成品规格及推板档差

单位：cm

部位	后衣长	胸围	腰围	臀围	腰节	总肩宽	袖长	袖口
尺寸	62	92	72	96	38	37	54	13
档差	±2	±4	±4	±4	±1	±1	1.5	0.5

（三）结构制图步骤（图8-9）

1. 前后片结构制图

（1）将原型的前后片侧缝线分开画好，腰线置于一水平线。

（2）从原型后中心线画衣长线 62cm。

（3）原型胸围前后片各减去 0.5cm，以保障符合胸围成品尺寸。

（4）前后胸宽各减去 0.25cm，以保障符合成品尺寸。

（5）前后领宽各展宽 1cm。

（6）将后肩省的$\frac{2}{3}$转至后袖窿处，其余省量放入后过肩款式分割线。

（7）胸围线下挖 1.5cm，以保证袖窿深度的松量合理性。

（8）后片根据款式分割线，在胸围线上分别收 0.7cm 和 0.3cm 省量。

（9）后片腰部分别收 2cm、2.5cm 和 1.5cm 省量。

（10）下摆根据臀围尺寸适量放出侧缝和后中摆量，以保证臀围松量。

（11）将前衣片胸凸省的$\frac{1}{3}$转至袖窿，以保证袖窿的活动需要，剩余省量放入款式分割线，作为塑胸的主省。

（12）前中腰省位收省 2.5cm，侧缝收省 1.5cm。

（13）下摆适量放摆，应与后片相等以保证侧缝线等长。

（14）驳领宽 7.5cm，与衣片分割成弧线以保证驳口线的曲度造型。

（15）戗驳领底领宽 3cm，翻领宽 4cm。

2. 袖片结构制图［图8-10（1）］

（1）袖长 54cm。

（2）袖山高取$\frac{AH}{2}\times 0.7$或$\frac{5}{6}\times$袖窿平均深。

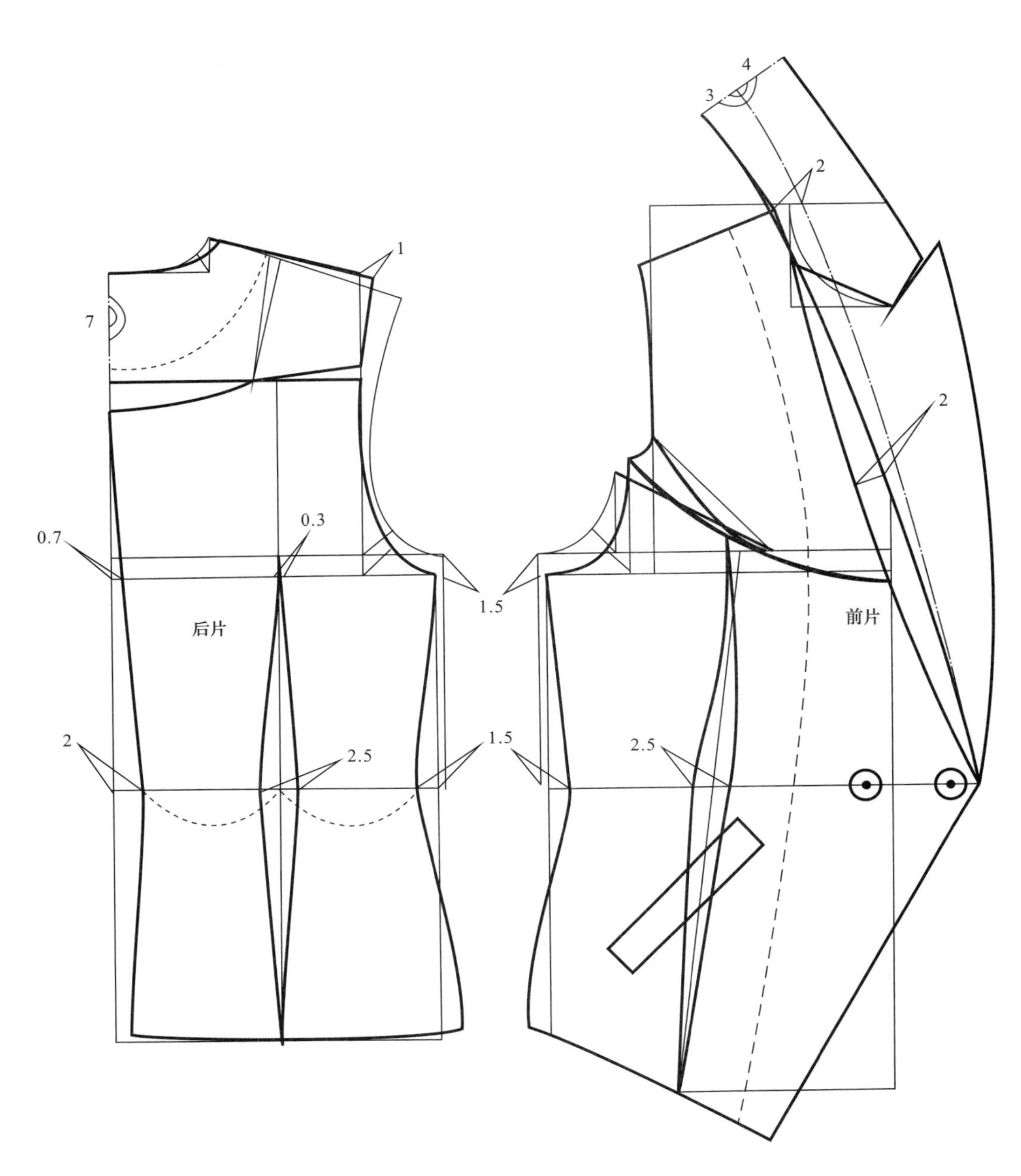

图8-9 宽肩袖女时装前后片结构制图

（3）袖肘线从上平线向下取$\frac{袖长}{2}$+3cm。

（4）袖口宽 13cm。

（5）前袖缝互借 3cm，后袖缝互借 1.5cm。

（6）将大袖分割出一个 8cm 的部分，然后把分开后的外袖适量展开，中间加出 3cm，作为制作时的凹进的造型量［图 8-10（2）］。

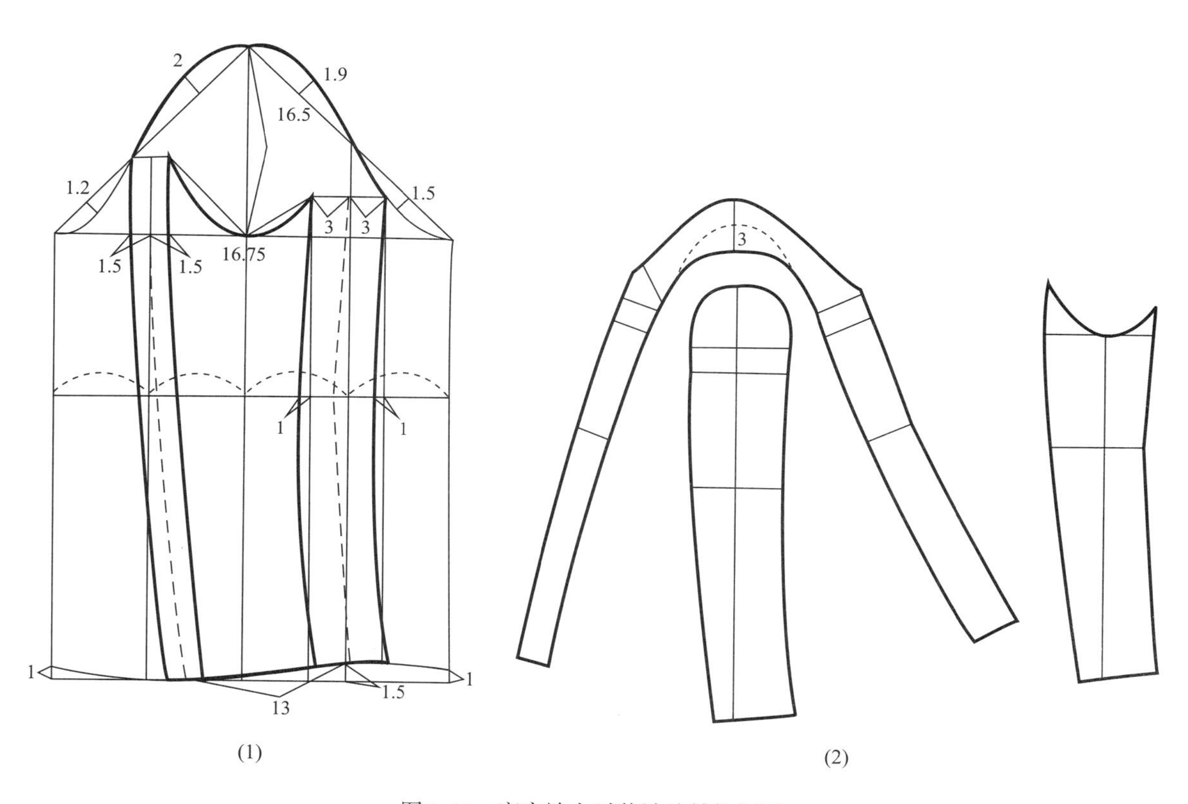

图8-10 宽肩袖女时装袖片结构制图

（四）工业制板衣片毛板制图

1. **前后片毛板制图**（图8-11）

除下摆加放 4cm 折边、前贴边下摆加放 2cm 折边外，其余板块外边缘均加放 1cm 缝份。

2. **袖片、领片毛板制图**（图8-12）

袖口折边加放 4cm，其余板块均加 1cm 缝份。

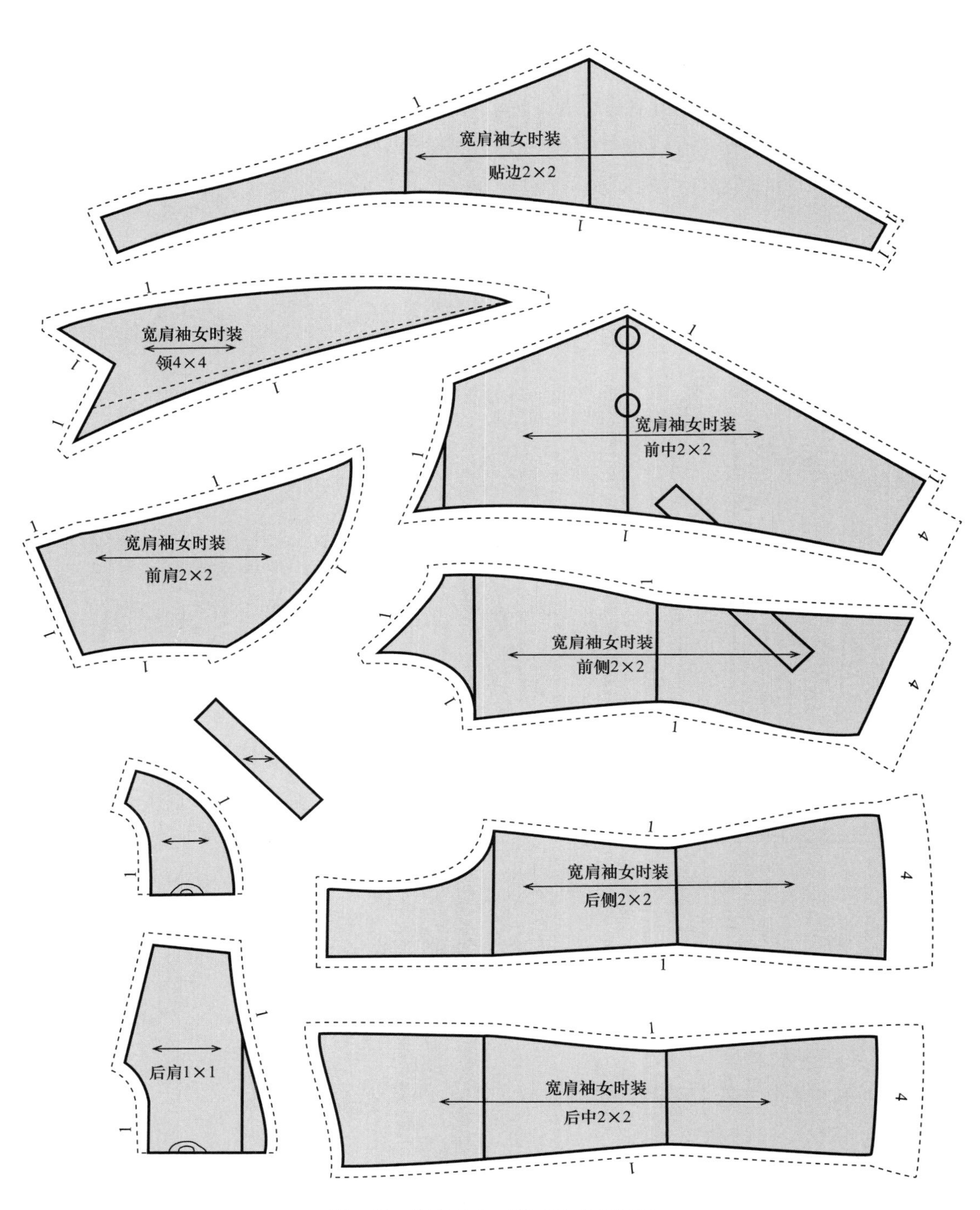

图8-11　宽肩袖女时装衣片毛板制图

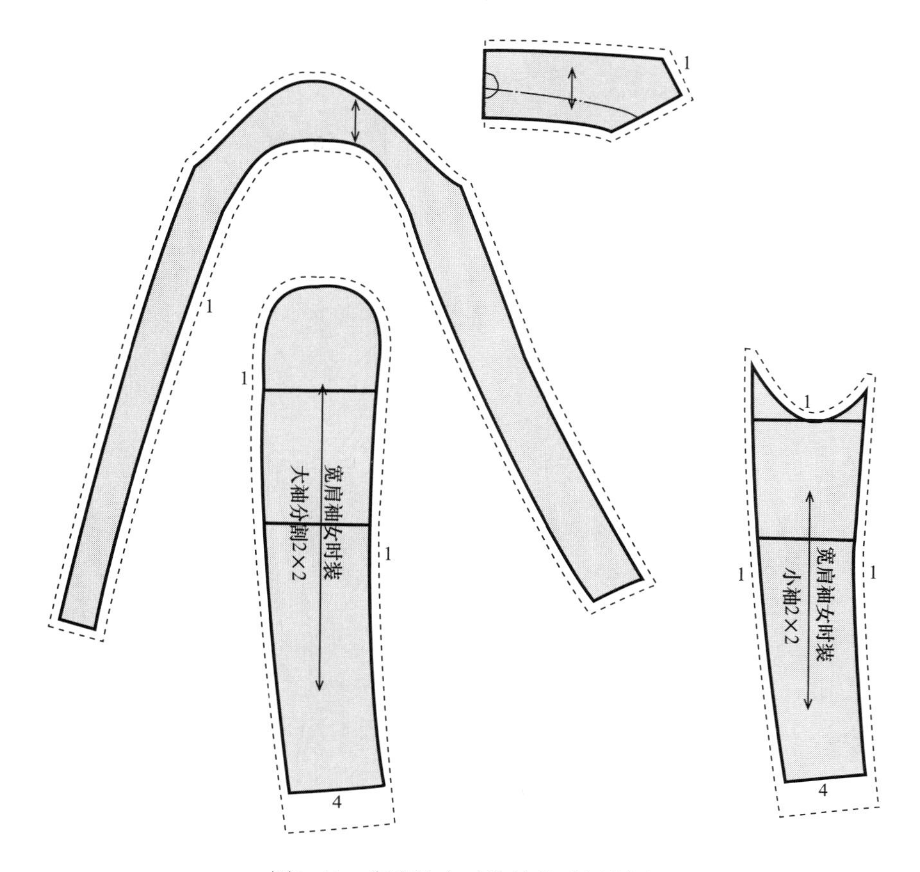

图8-12　宽肩袖女时装袖片毛板制图

（五）服装CAD推板

1. **服装CAD后片推板**（图8-13）

（1）采用点放码的推板方法，将后片主坐标原点设在 *Y* 轴后中线与 *X* 轴胸围线交点位置。

（2）后中线领深 *Y* 轴部位档差为 0.33cm。颈侧点 *Y* 轴部位档差为 0.4cm，*X* 轴部位档差为 0.2cm。

（3）后肩点 *Y* 轴部位档差为 0.3cm，*X* 轴部位档差为 0.5cm。

（4）后胸宽 *X* 轴部位档差为 0.5cm。

（5）胸围 *X* 轴部位档差为 1cm。

（6）腰节后中线 *Y* 轴部位档差为 0.67cm，腰节侧缝 *Y* 轴部位档差为 0.67cm，*X* 轴部位档差为 1cm。

（7）下摆侧缝 *X* 轴部位档差为 1cm，*Y* 轴部位档差为 1.67cm。下摆后中 *Y* 轴部位档差为 1.67cm。

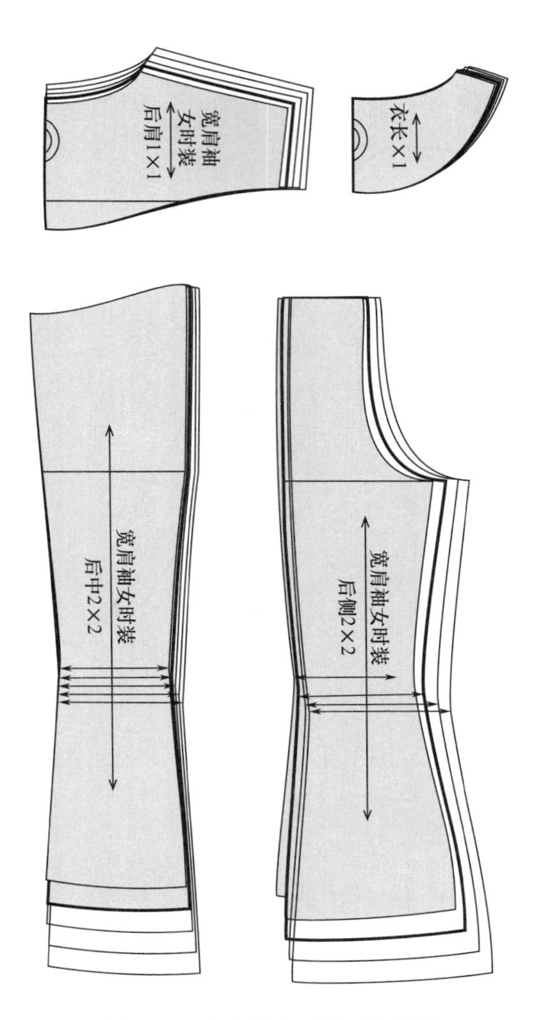

图8-13　宽肩袖女时装后片推板

2. **服装CAD前片推板**（图8-14）

（1）将前片主坐标原点设在 *Y* 轴前宽线与 *X* 轴胸围线的交点位置。

（2）胸围线以上颈测点 *Y* 轴部位档差为 0.8cm，*X* 轴为 0.3cm，前胸宽 *X* 轴部位档差为 0.5cm。

（3）前肩点 *Y* 轴部位档差为 0.7cm，*X* 轴为 0。

（4）胸围线侧缝 *X* 轴部位档差为 0.5cm，前中 *X* 轴部位档差为 0.5cm。

（5）腰节线侧缝 *X* 轴部位档差为 0.5cm，前中 *X* 轴部位档差为 0.5cm，*Y* 轴部位档差为 0.67cm。

（6）下摆侧缝 *X* 轴部位档差为 0.5cm，*Y* 轴部位档差为 1.67cm。下摆前下 *X* 轴部位档差为 0.5cm，*Y* 轴部位档差为 1.67cm。

（7）驳领宽不变，前领深 *Y* 轴部位档差为 0.6cm，驳尖长不变。

（8）贴边宽不变，颈侧 *Y* 轴部位档差为 0.8cm，腰节 *Y* 轴部位档差为 0.67cm，下摆 *Y*

轴部位档差为 1.67cm，X 轴部位档差为 0。

（9）口袋板宽不变，口袋板长部位档差为 0.5cm。

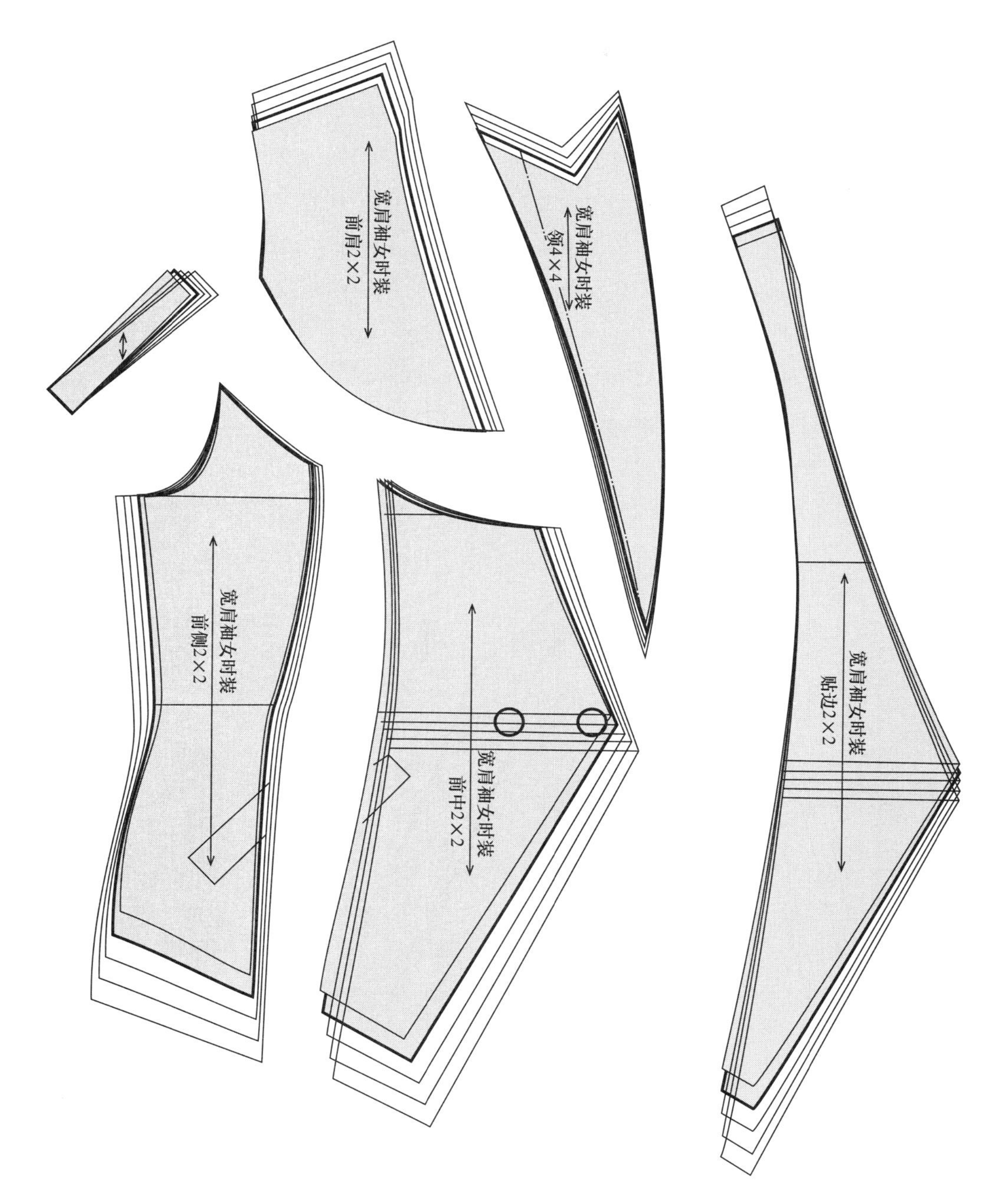

图8-14　宽肩袖女时装前片推板

3. **服装CAD袖片及领片推板（图8-15）**

（1）将袖子主坐标原点设在 Y 轴前袖缝线与 X 轴袖肥线交点位置。

（2）大袖袖山高 Y 轴部位档差为 0.42cm，X 轴部位档差为 0.45cm。

（3）大袖后袖山高 Y 轴部位档差为 0.21cm，X 轴部位档差为 0.9cm。

（4）大袖后袖肥 X 轴部位档差为 0.9cm，前袖缝 X 轴部位档差为 0。

（5）大袖后袖肘 Y 轴部位档差为 0.33cm，X 轴部位档差为 0.7cm。肘前中线 Y 轴部位档差为 0.33cm，X 轴部位档差为 0。

（6）大袖后袖口 Y 轴部位档差为 1.08cm，X 轴部位档差为 0.5cm。

（7）大袖前袖口 Y 轴部位档差为 1.08cm，X 轴部位档差为 0。

（8）小袖后袖山高 Y 轴部位档差为 0.21cm，X 轴部位档差为 0.9cm。

（9）小袖后袖肥 X 轴部位档差为 0.9cm，前袖缝 X 轴部位档差为 0。

（10）小袖后袖肘 Y 轴部位档差为 0.33cm，X 轴部位档差为 0.7cm。肘前中线 Y 轴部位档差为 0.33cm，X 轴部位档差为 0。

（11）小袖后袖口 Y 轴部位档差为 1.08cm，X 轴部位档差为 0.5cm。

（12）小袖前袖口 Y 轴部位档差为 1.08cm，X 轴部位档差为 0。

（13）领子坐标原点设在前领口深位置。

（14）领子后中线 X 轴部位档差为 0.3cm，领尖 X 轴部位档差为 0.2cm。总领宽不变。

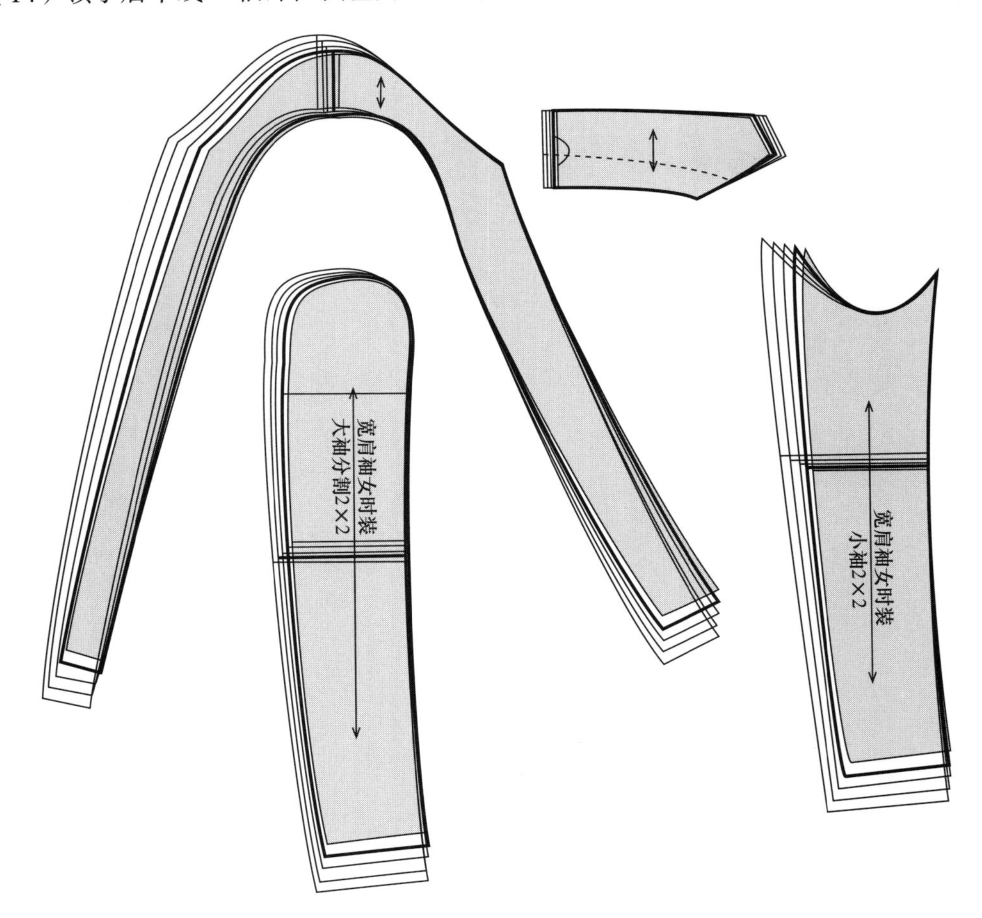

图8-15　宽肩袖女时装袖片及领片推板

二、立翻领女时装工业制板的基本操作方法

（一）款式说明

立翻领女时装效果图如图 8–16 所示。

图8–16 立翻领女时装效果图

（二）成品规格及推板档差

立翻领女时装号型 160/84A，5·4 系列，成品规格及推板档差如表 8–5 所示。

表8–5 立翻领女时装成品规格及推板档差 单位：cm

部位	衣长	胸围	总肩宽	腰围	臀围	腰节	袖长	袖口	基本领围
尺寸	56	92	38	72	96	38	54	13	38
档差	± 2	± 4	± 1	± 4	± 4	± 1	± 1.5	± 0.5	± 1

（三）结构制图步骤

1. *前后片结构制图*（图8–17）

（1）将原型的前后片侧缝线分开画好，腰线置于一水平线。

（2）从原型后中心线画衣长线 56cm。

（3）原型胸围前后片各减 0.5cm，以保障符合胸围成品尺寸。

（4）前后胸宽各减 0.25cm，以保障符合成品尺寸。

（5）前后领宽各展宽 1cm。

（6）将后肩省的$\frac{2}{3}$转至后领口处，与款式分割线相结合，其余作为缩缝处理。

（7）胸围线下挖 1cm，以保证袖窿深度的松量合理性。

（8）后片根据款式分割线，在胸围线上分别收 0.7cm 和 0.3cm 省量。

（9）后片腰部分别收 2cm、2.5cm 和 1.5cm 省量。

（10）剪开后片分割线，放出款式所需的抽褶量。

（11）将前衣片胸凸省的$\frac{1}{3}$转至袖窿以保证袖窿的活动需要，剩余省量放入款式分割线，作为塑胸的主省。

（12）将塑胸的主省依据款式分割线合并，在下边款式分割线处打开，作收褶处理。

（13）前中腰省位收省 2.5cm，侧缝收省 1.5cm。

（14）画圆下摆，侧缝适量放摆，应与后片相等以保证侧缝线等长。

（15）搭门宽 2cm，两枚扣，参照前领深下挖位置画出驳领，宽 9cm。

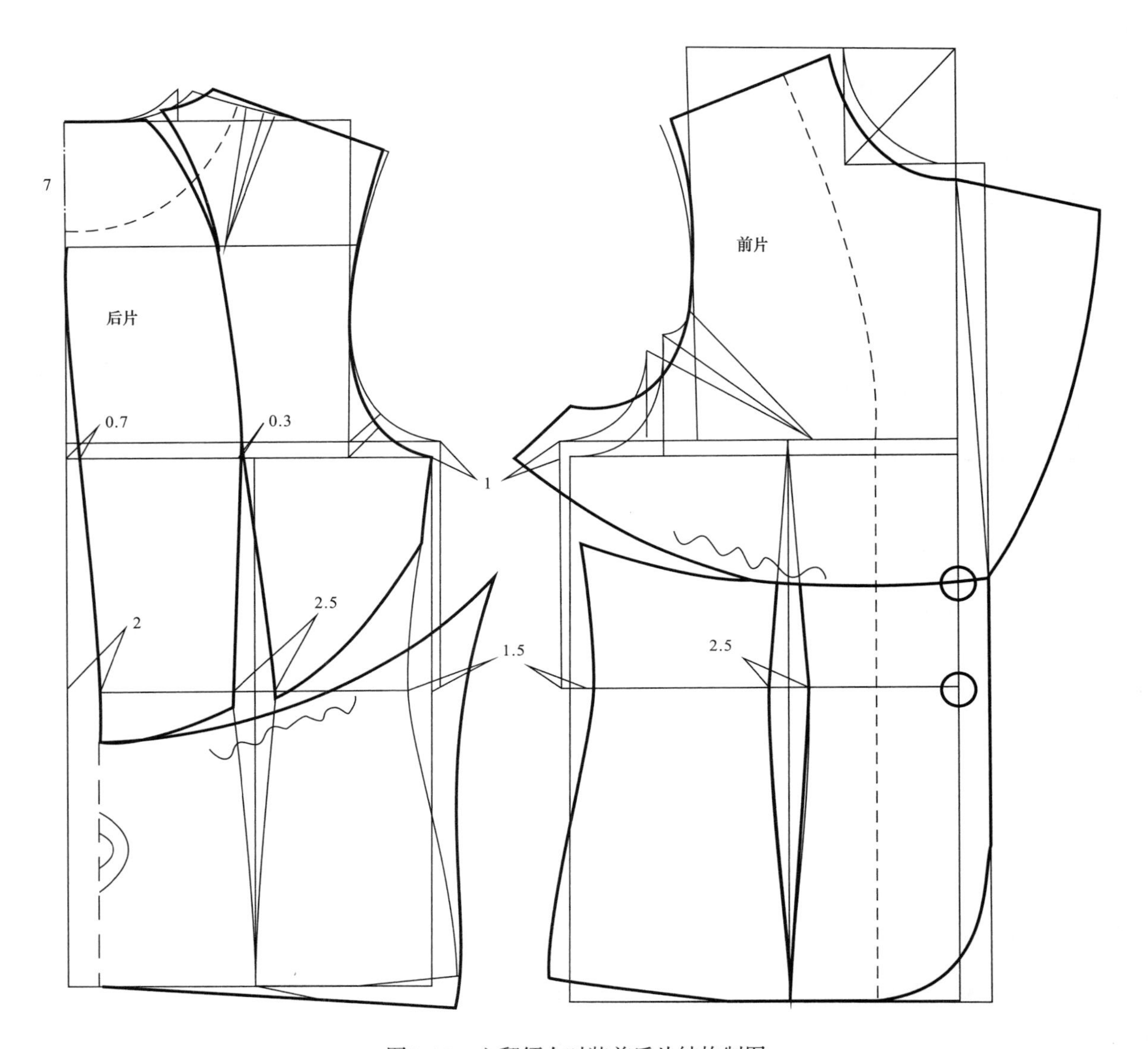

图8-17 立翻领女时装前后片结构制图

2. **袖片结构制图**（图8-18）

（1）袖长 54cm。

（2）袖山高取 $\frac{5}{6}\times$ 袖窿平均深度。

（3）袖肘线从上平线向下取$\frac{袖长}{2}$+3cm。

（4）袖口宽 13cm。

（5）前袖缝互借 3cm，后袖缝互借 1.5cm。

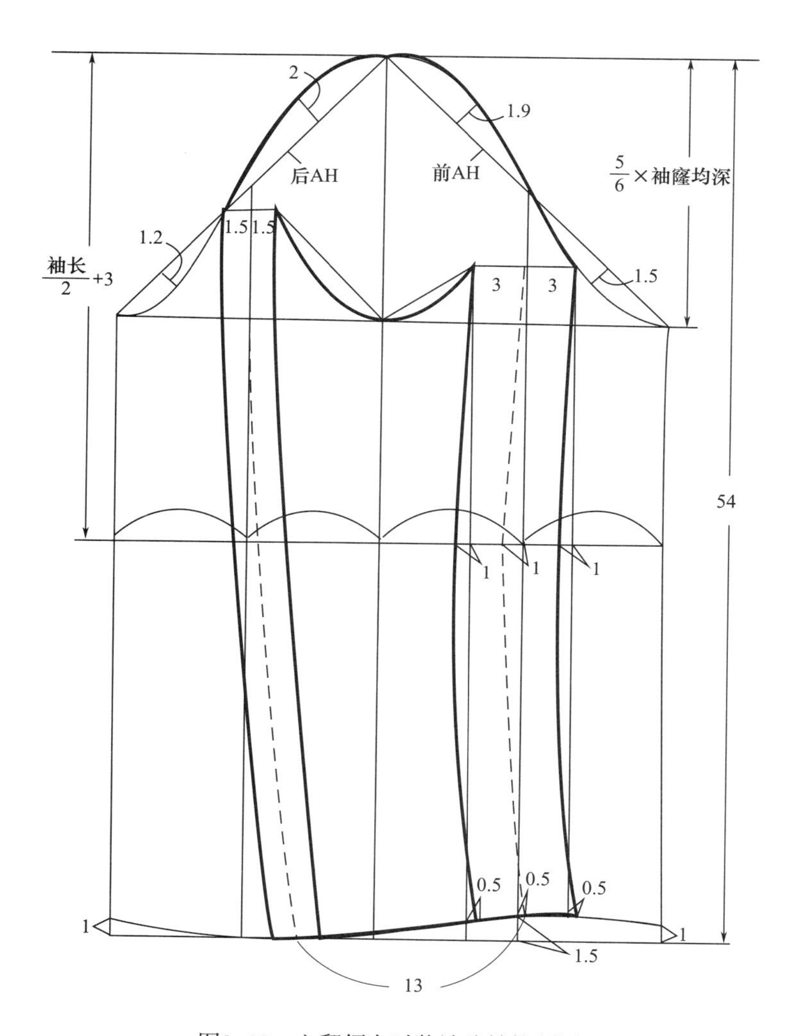

图8-18 立翻领女时装袖片结构制图

3. **领片结构制图（图8-19）**

（1）按照前后领窝弧线长与总领宽画矩形，在后领窝弧线长处打开 10° 角，按款式画顺上下领弧线。

（2）底领宽 3cm，翻领宽 4cm，在翻折线下 0.5cm 处剪开底领，在底领处打开 10° 角，画顺上下弧线。

（3）在翻领部分的翻折线处打开 10° 角，画顺弧线。

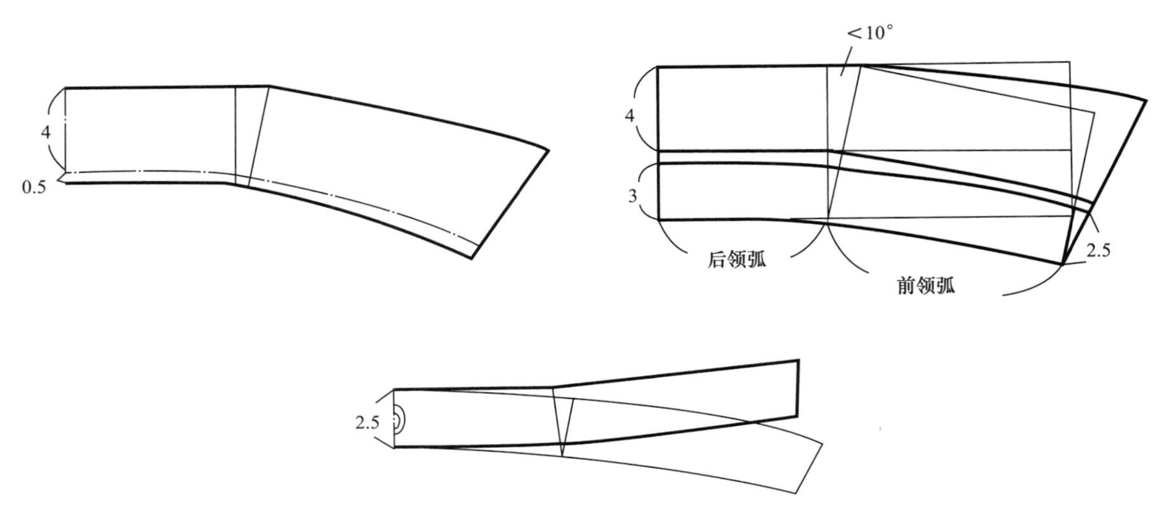

图8-19 立翻领女时装领片结构制图

（四）工业制板衣片面、里料毛板制图（图8-20）

1. 衣片面料毛板制图

下摆加放4cm折边，前过面下摆加放2cm，止口加放1.5cm，其余板块外边缘均加放1cm缝份。

2. 袖片面料毛板制图

袖口加放4cm折边，外边缘均加放1cm缝份。

3. 领片面料毛板制图

外边缘均加放1cm缝份。

4. 衣片里料毛板制图

下摆加放2cm折边，其余外边缘均加放1.5cm缝份。

5. 袖片里料毛板制图

袖口加放2cm，后袖山加2.5cm、袖山中间部分加2cm、前袖山加3.5cm缝份。

（五）服装CAD推板

1. 服装CAD后片推板（图8-21）

（1）采用点放码的推板方法，将后片主坐标原点设在 Y 轴后中线与 X 轴胸围线交点位置上。

（2）后中片后领深 Y 轴部位档差为0.33cm。颈侧点 Y 轴部位档差为0.4cm，X 轴部位档差为0.2cm。后中片分割线领深 Y 轴部位档差为0.33cm，X 轴部位档差为0.25cm。

（3）腰节后中线 Y 轴部位档差为0.67cm，腰节分割线缝 Y 轴部位档差为0.67cm，X 轴部位档差为 0.25cm。

（4）后侧片颈侧点 Y 轴部位档差为 0.4cm，X 轴部位档差为 0.2cm。后侧片分割线领深 Y 轴部位档差为 0.33cm，X 轴部位档差为 0.25cm。下腰节 Y 轴部位档差为 0.67cm。

（5）后肩点 Y 轴部位档差为 0.3cm，X 轴部位档差为 0.5cm。后背宽档差为 0.5cm。

（6）后胸围线 X 轴部位档差为 1cm。

（7）后片下摆后中 Y 轴部位档差为 1.67cm，侧缝下摆 Y 轴部位档差为 1.67cm，X 轴部位档差为 1cm。

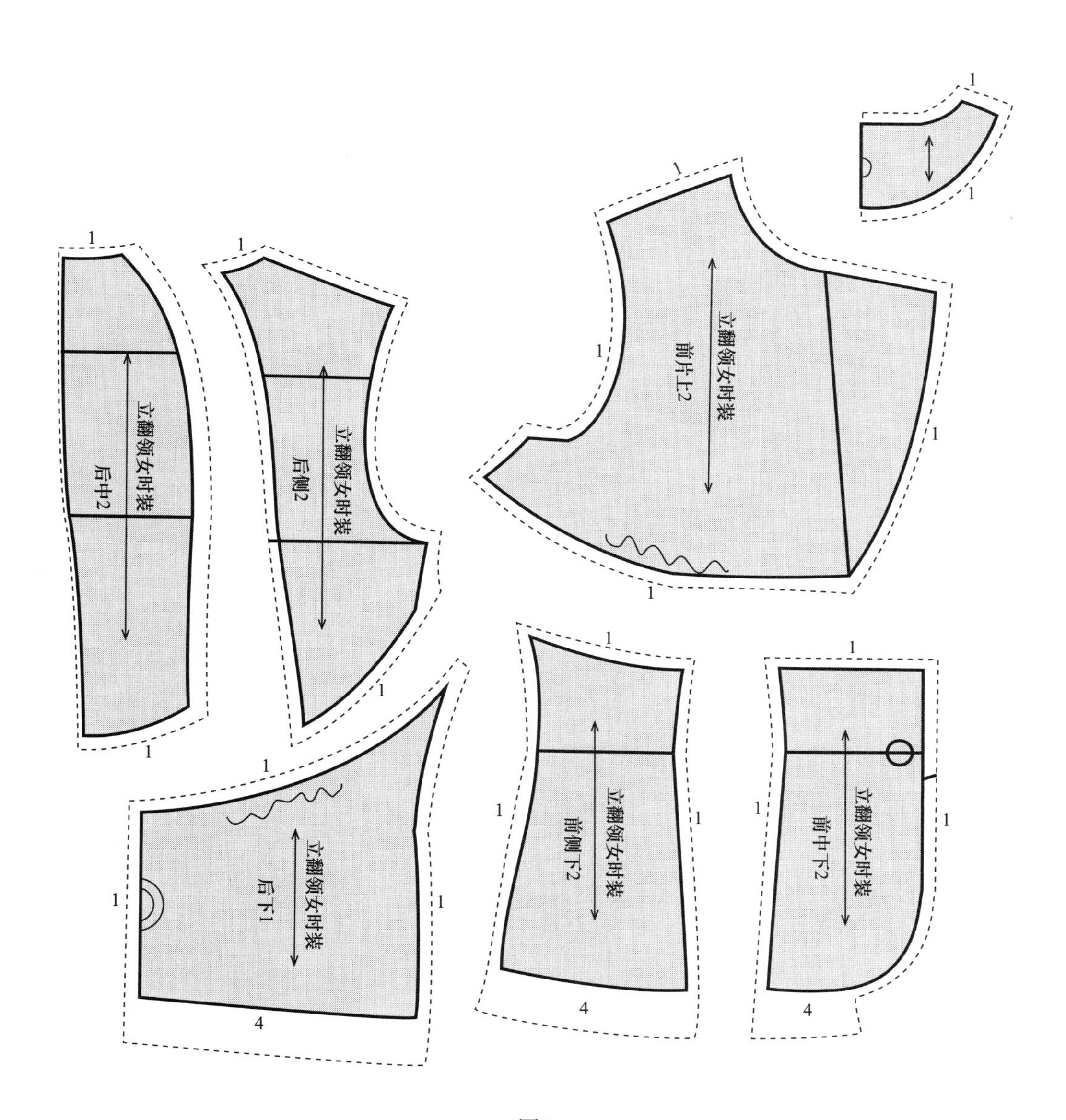

图8-20

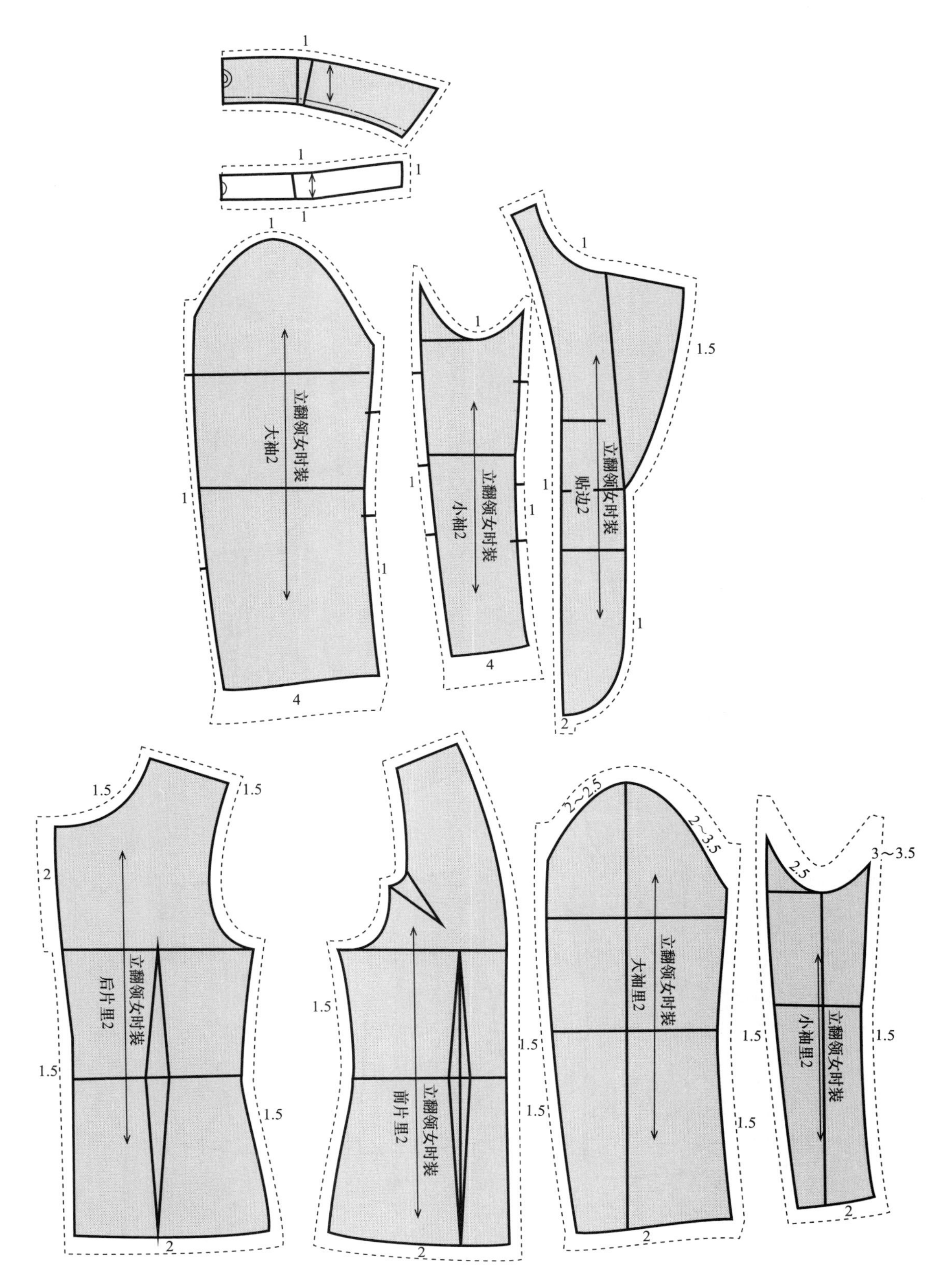

图8-20　立翻领女时装衣片面、里料毛板制图

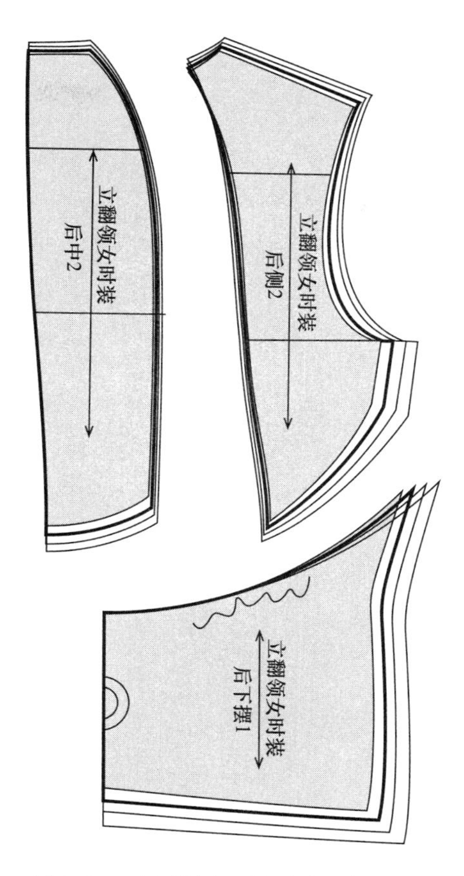

图8-21　立翻领女时装后片面料推板

2. **服装CAD前片推板**（图8-22）

（1）将前片主坐标原点设在 Y 轴前胸宽线与 X 轴胸围线的交点位置上。

（2）胸围线以上颈测点 Y 轴部位档差为0.8cm，X 轴为0.3cm，前胸宽 X 轴部位档差为0.5cm。

（3）前肩点 Y 轴部位档差为0.7cm，X 轴为0。

（4）胸围线侧缝 X 轴部位档差为0.5cm，前中 X 轴部位档差为0.5cm。

（5）前领口深 Y 轴部位档差为0.6cm，X 轴为0.3cm。串口端点 Y 轴部位档差为0.6cm，X 轴为0.5cm。

（6）前片分割线侧缝 Y 轴部位档差为0.67cm，X 轴为0.5cm。前止口 Y 轴部位档差为0.67cm，X 轴为0.5cm。

（7）前侧下片腰节 Y 轴部位档差为0.67cm，分割线 Y 轴部位档差为0.67cm，X 轴为0.25cm。

（8）前侧下摆侧缝 X 轴部位档差为0.5cm，Y 轴部位档差为1.67cm，分割线 Y 轴部位档差为1.67cm，X 轴为0.25cm。

（9）前中下摆分割线 Y 轴部位档差为 1.67cm，X 轴为 0.25cm。止口档差为 0.5cm。

（10）过面宽不变，颈侧点 Y 轴部位档差为 0.8cm，X 轴为 0.2cm。

（11）领深 Y 轴部位档差为 0.6cm，串口 Y 轴部位档差为 0.6cm，X 轴为 0。

（12）过面下摆 Y 轴部位档差为 1.67cm，X 轴为 0。

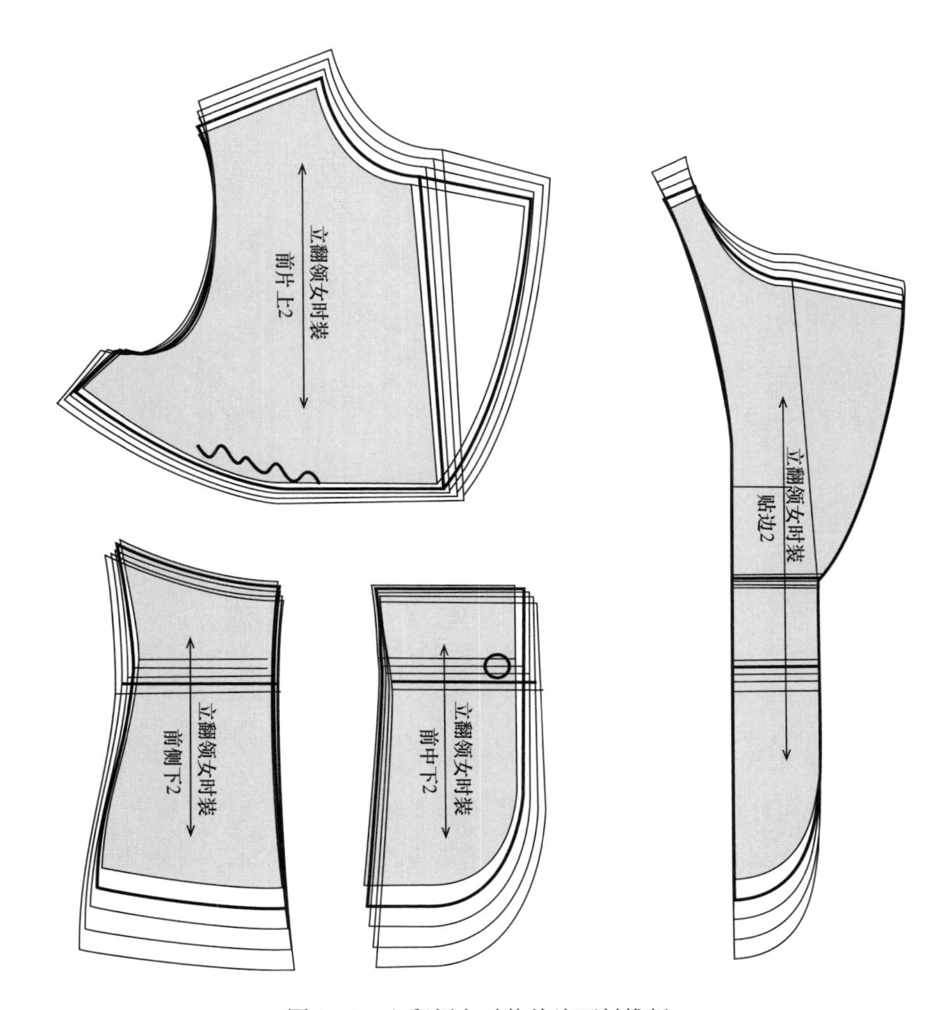

图8-22　立翻领女时装前片面料推板

3．服装（CAD）袖片推板（图8-23）

（1）大袖袖山高 Y 轴为 0.48cm，X 轴为 $\frac{1}{2}$ 袖肥差 0.5cm。

（2）大袖后袖山高 Y 轴为 0.32cm，X 轴为袖肥差 1cm，计算方法采用勾股定理（$\frac{AH}{2}$ 增加 1cm，袖山高增加 0.48cm，袖肥增加量为 1cm）。

（3）大袖前袖山 Y 轴和 X 轴均为 0。

（4）大袖后袖肘位 Y 轴为 0.27cm，X 轴为 0.75cm。

（5）大袖前袖肘位 Y 轴为 0.27cm，X 轴为 0。

（6）大袖前袖缝下部袖口 Y 轴为 1.02cm，X 轴为 0。

（7）大袖后袖缝下部袖口 Y 轴为 1.02cm，X 轴为 0.5cm。

（8）小袖片上部 Y 轴与 X 轴同大袖一致，后袖山高 Y 轴为 0.32cm，X 轴为袖肥差 1cm。

（9）小袖袖肘前后 Y 轴与 X 轴同大袖一致。

（10）小袖袖口前后 Y 轴与 X 轴同大袖一致。

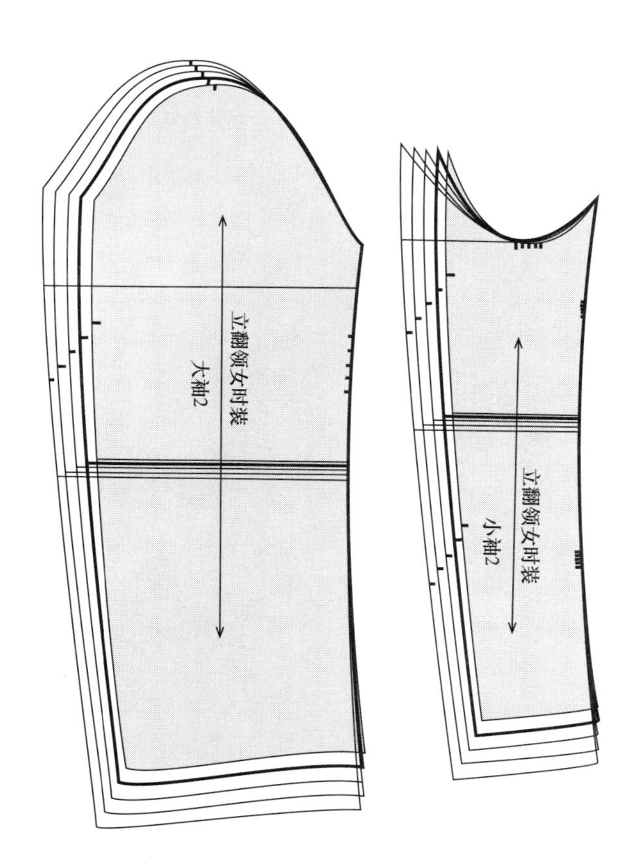

图8-23　立翻领女时装袖片推板

4. 服装CAD领片推板（图8-24）

总领宽及底领和翻领宽不变，$\frac{1}{2}$ 领口增长 0.5cm。

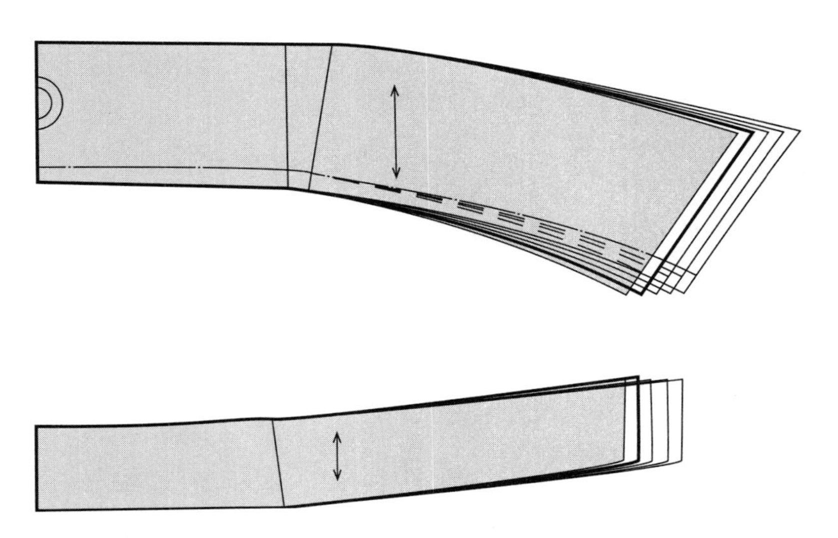

图8-24　立翻领女时装领片推板

第九章　制订正确样板与样衣及合理用料

服装样板依据人体与款式造型特点通过结构设计完成，纸样的准确性与结构方法应用的正确与否至关重要。至于能否应用于生产还需要经过反复进行样衣的试制修正，进一步获得适应于批量生产所需要的正确样板，这一过程非常必要，要有严谨的技术性与科学性。

第一节　样板与样衣的修正

服装工业生产需要有严格的技术指标，首先要掌握生产工艺中样板制作技术标准，这是因为在整个样板生产过程中，几乎每个环节都是不可缺少的。成衣生产中裁剪用全套样板，包括工艺样板、定型样板、工具样板等，一定要确保批量生产的衣片标准化、外形的一致性和精确性。

一、建立全套工业化生产工艺样板

成衣工业生产样板来源于服装结构设计的纸样，是以服装裁剪制图为基础制作的，最后转化为适合于工业化生产的服装标准系列化样板。它在生产中起着图样模具和型板的作用，是排料画样、裁剪和缝制过程中的技术依据，也是检验产品质量的直接衡量标准。根据样板的用途可将其划分为基准样板、生产样板和辅助样板。服装样板有严格的技术标准化要求。

（一）工业化生产所需用的样板

1. **基准样板**

服装基准样板是用于校正生产板和辅助样板的标样，包括所有衣片的毛板及部分衣片的净板。毛板是指在净板的基础上加放一定缝份的衣片样板。

2. **生产样板（裁剪样板）**

服装生产样板是排料画样及裁剪所用的样板，也称工作样板。生产样板均为加放缝份后的毛板，其上须画出面料的经纬纱方向，打出对位剪口、定位孔等标记，并标明号型规格。

3. **辅助样板（工艺样板）**

服装辅助样板是用于服装缝制过程中的扣烫、勾缝、标定扣眼、纽扣位置等的样板，俗称小样板或模板，是为了便于工艺操作和质量控制而使用的样板，如口袋、衣领、袖口等衣片的净板。

（二）工业化生产用样板的分类与用途

1. 样板分类

具体分类如图9–1所示。

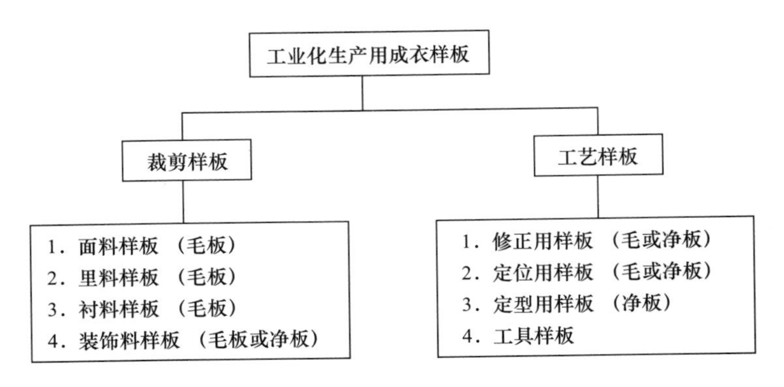

图9–1 工业化生产用样板分类

2. 样板用途

（1）裁剪样板：裁剪工序中所必备的样板，供裁剪面里料前排料画样（俗称画皮）时所使用。

（2）工艺样板：在成衣缝制加工生产过程中，为保证产品规格的一致性及产品质量的稳定性，方便工艺实施过程中对服装衣片的关键部位进行比照、衡量、控制、测试所需要的样板。

（三）工业化生产制订样板的审核要求

服装工业样板在生产中起着标样和模板的作用，其正确性和准确度直接影响裁片的精度、缝制的难易及成品质量的高低。为确保样板的质量，避免技术事故发生，所制作的各类样板必须在经过严格的审定后才能交付使用。

（1）成衣工业生产基准样板，要以制成的样衣为评价的标准：

①款式造型的直观效果表达是否正确。

②材料的性质与组成是否符合服装整体与局部的轮廓关系。

③是否保证了款式所需要的浪势、皱折或悬垂飘逸感。

（2）成衣工业生产基准样板面料评价的标准：

①面料毛向、布基、色彩、图案纹样的配伍性是否合适。

②基准板为面料工艺处理所制造的条件，在缝制与熨烫中的推、归、拔等工艺处理是否正确合理。

③各部件的连接及各层材料之间的组合形式是否最大限度保证了款式的需要。

（3）确立成衣基准样板技术标准：

①首先要以基准样板及与之制成的样衣为依据，确立质量标准、技术要求。

②技术标准的制订应考虑成品规格及生产流程，包括产品的包装、储运等因素。

（四）建立工业化标准生产样板的要求

1. 样衣标准

（1）工业化样板是按照服装款式图（即效果图或客户提供来样）制成的，要以样衣来衡量它的准确性。

（2）选择合理准确的样品规格，试制规格必须正确。

（3）成人服装应符合国家号型中的中间标准尺寸，即女上衣160/84A，女下装160/68A。

（4）外销一般应符合“M”号规格（即中心规格），如果客户有来样，可按实物样品制订规格，或根据客户要求选定中间规格。中间号型标准应确保设计效果的完美。

（5）必须通过标准人体模特试穿来验证服装款式造型及服用功能等直观的技术标准。

2. 号型标准

（1）参考国家或各地区所制订的号型标准。

（2）内销成衣产品必须根据《中华人民共和国国家标准服装号型》执行。女子服装号型标准代号为GB/T 1335.2—2008。

（3）男女衬衫规格可参照国家标准GB/T 2667—2008；男女单服套装规格可参照国家标准GB/T 2668—2008；男女毛呢套装规格可参照国家标准GB/T 14304—2008。

（4）外销成衣产品应参照该国家和地区的服装规格及参考尺寸确立号型标准。

3. 材料标准

（1）工业化服装样板必须结合服装所使用的材料，包括面料、里料、辅料等性能，在样板设计中尽可能地达到功能合理性和经济合理性的要求。

（2）面料、里料、辅料的不同伸缩率、经纬纱的性能等问题都应该严格通过理化测试，使服装样板符合材料标准的指标。

4. 工艺标准

（1）工业化服装样板要满足工艺设计的合理性，它包括分割线的组合及部位之间的吻合等因素，同时还要符合制作工艺的各项正确要求。

（2）合理性成衣生产过程中首要的是保证操作的便利，尽可能地精简“操动”和“操动”时间，这就要求所采取的工艺手段必须适应材料的特性，符合材料的风格。

（3）服装样板、工艺操作样板要为裁剪、缝制、熨烫等环节奠定好基础，才能达到内外质量的稳定性，工艺工序排列设计的合理性。

（五）建立制订全套样板

1. **打制毛样板**

将结构图转化分割为独立的多块净样板，根据不同面辅料的特点、性能及工艺缝制熨烫的要求，加放出缝份，打制出毛样板。

2. **修正毛样板**

确认样衣后重新修正毛样板，得到成衣生产所需要的标准裁剪用毛样板。毛样板有面料用样板、里料用样板、衬料用样板、装饰用样板。毛样板缝份的加放要准确，尤其是边角部分及省形、省位、剪口等标记应特别注意做到准确无误（图9–2、图9–3）。

3. **制订工艺操作辅助样板**

（1）根据服装特定产品加工需要，还要再打制工艺样板、定型样板、工具样板等，这些一般称为工艺操作样板。

（2）要根据不同的产品及生产工艺特点，参照标准基础样板制订出各类具体的批量生产的衣片工艺操作样板，要确保样板的正确性、外形的一致性和精确性。

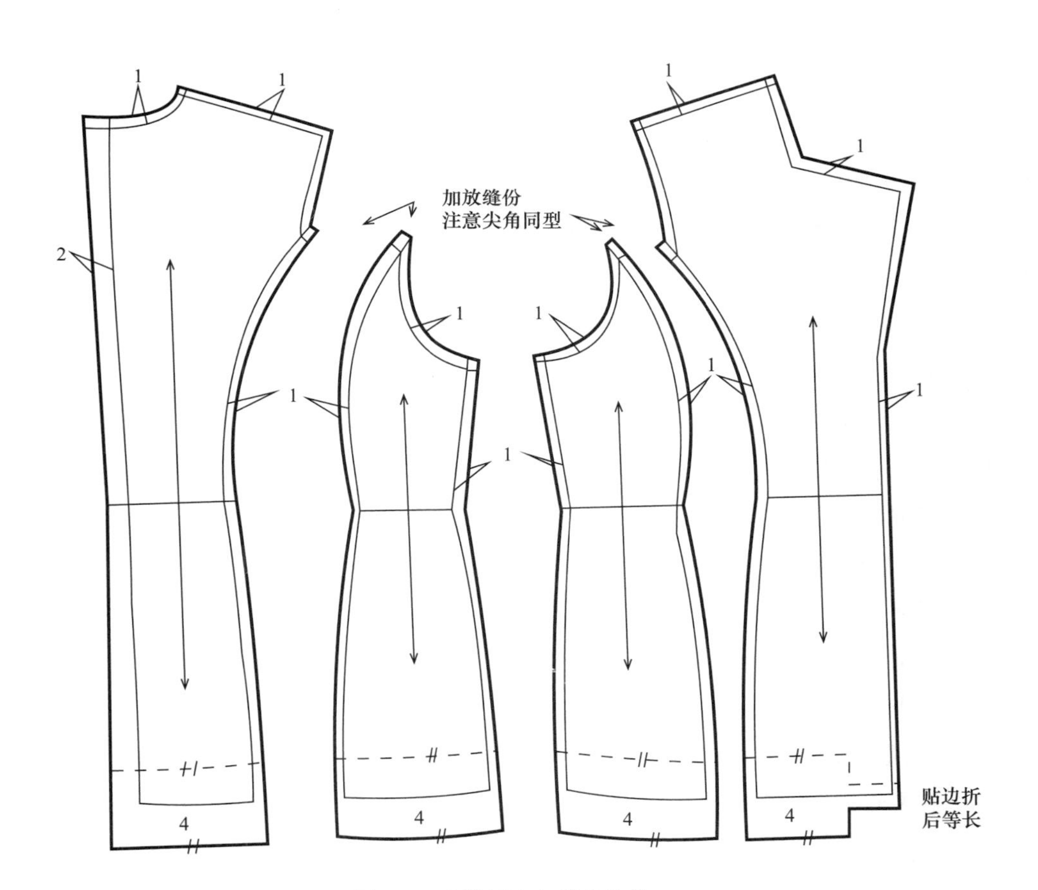

图9–2 毛样板边角部分缝份

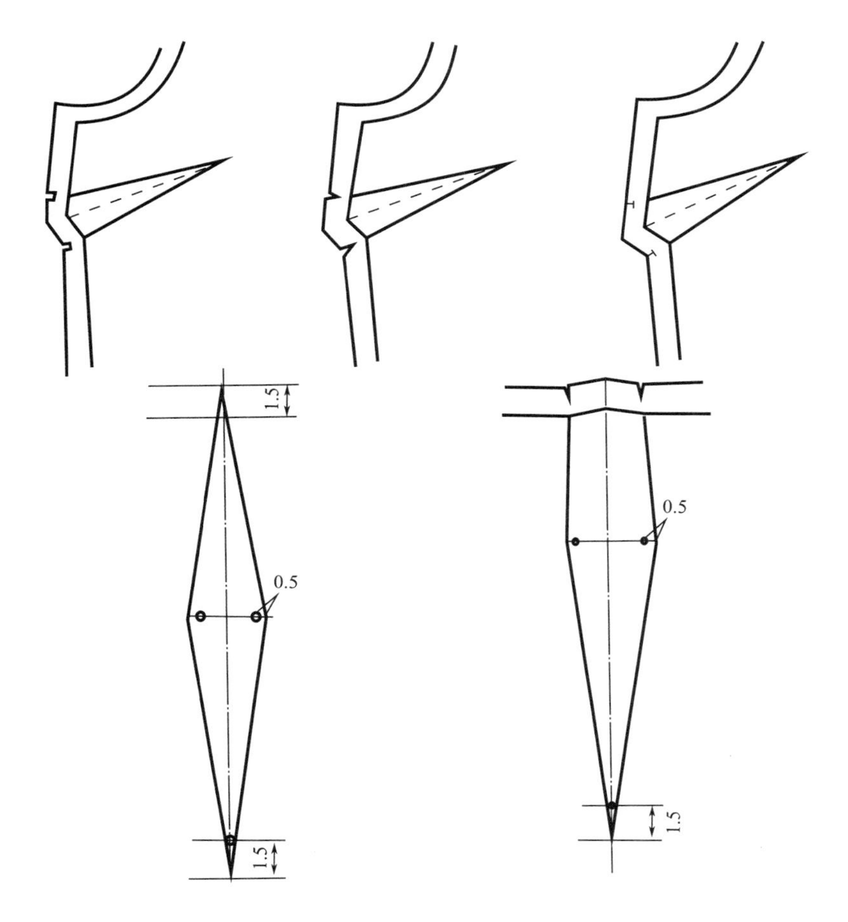

图9-3　毛样板省形、省位、剪口

4. *准确制定倒顺料及有图案面料样板*

倒顺毛是指衣料表面的绒毛有方向性地倒伏。这种方向性绒毛的倒伏，对不同角度光照反射方向不同，因而致使衣料在倒顺对比中，会产生颜色深浅、光泽明暗的差异，影响服装外观。因此要求构成一件服装的所有裁片在排料画样时必须顺同一个方向，才可能保持光色一致。排料时要按照以下方法进行。

（1）顺毛排料：

①对于绒毛较长、倒伏较重的衣料，如长毛大衣呢、人造皮毛等，必须顺毛排料。

②若戗毛（倒毛）制成服装，则绒毛散乱，绒毛倒伏无规律显露毛根和空隙，影响服装整体外观，并容易积尘纳污。

（2）倒毛排料：

对于绒毛较短的衣料，如灯芯绒、平绒等，为了毛色顺和，应采用倒毛（逆毛向上）排料较好，制成服装外观效果较好。

（3）组合排料：

①有些衣料绒毛较长，但绒毛刚直，倒伏较轻，如长毛绒、丝绒等，视服装设计效果顺向、戗向均可。为了光色和顺、富于主体感，逆排戗毛效果可能更好。

②对一些绒毛较短、倒向较轻或者服装设计效果无严格要求的平绒等，为了节省衣料，在排料时可顺可戗。但每一成品的组合裁片必须按同一个方向排画，不能有顺有戗。

③注意领面的毛向在领面翻下后与后衣身的毛向一致。

（4）倒顺光衣料的排料画样：

①有一些衣料，虽然不是绒毛状的，但由于织物轧光整理，外观有倒、顺两个方向的光泽明暗不同，应采用逆光向上排料以免反光。

②不允许一件衣服上部件的光泽有顺有倒地排料。

（5）倒顺花衣料的排料画样：

①服装面料有些图案在设计中因倒顺花型有明显的方向性，如人体、头像、动物、山、水、桥、亭台楼阁、船、树等，因此在裁片中需按人们正常视觉习惯排料。

②不可以倒置的图案，排料画样时必须使图案与人的正常视觉方向一致，不可倒置，更不可一片顺、一片倒。

③服装面料专用花型图案是纺织品设计师依据特定的款式设计的，具有一定的设计要求，图案的位置专用性强，如花色裙子和某些花衬衫下摆花型密集色彩浓重，但越往上花型和色彩自然渐变，在整体面料中呈有规律的变化。在排料画样时图案位置要固定，不可随意变动。

5. 准确制订对条、格、花衣料样板排料方法

纺织品中条格、花型面料品种繁多，因此必须参照具体服装款式的特定需要对条格面料、花型面料进行排料画样，才可能符合设计。

（1）对条排料画样：

①条子衣料多为经向的竖条形式，横条很少。对条排料画样，除了左右对称外，主要是横向或斜向结构上的直丝对条。较多的是贴袋或暗袋的袋盖、袋板条与衣身对条，横领面与背领口对条。

②条子明显的高档服装还要求驳领的串口缝、领面与挂面斜向对条。

③裤子的后袋盖、前斜插袋与裤身等都要求对条。

（2）对格排料画样：

①对格比对条繁杂得多，难度更大。它除了要求横缝或斜缝上下对直条以外，还要求直缝或斜缝两侧对横条。这不仅使应对条纹的部位增多，而且使排料的部件取料难度增大。

②服装的对格，除左右两侧应对称外，主要的对格部位有：上衣的左右门襟、前后身摆缝、背缝的横直格，后领与后背、袖山与袖窿、大袖与小袖的横条，贴袋或暗袋盖与衣身的对格等。

（3）女西服及裤子对条、对格排料画样技法示例：

衣身的条格如图9-4所示。

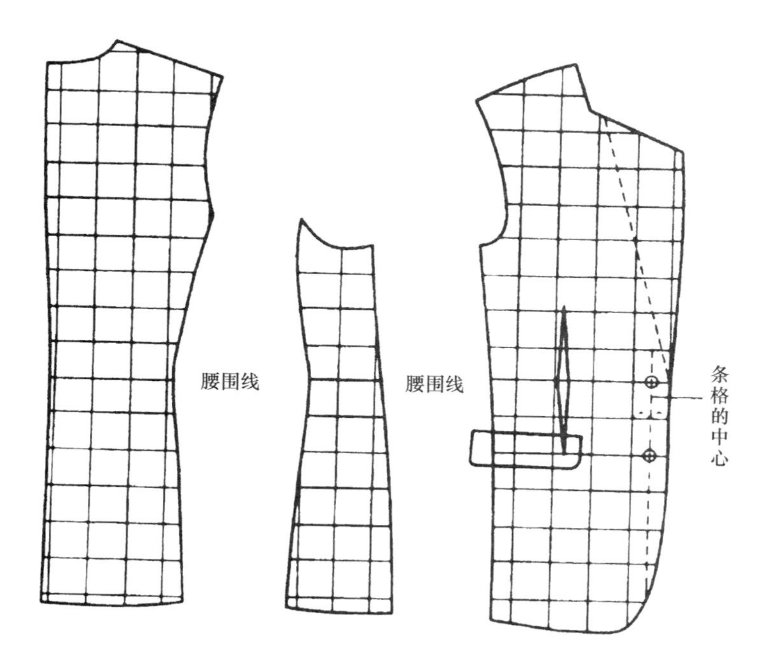

图9-4 对齐衣身的条格

①纵向的条格以前后衣片的中间线为准效果较好。

②后衣片的中心线对准纵向条格，前衣片的前中心线对准纵向条格。

③横向条格基本应对齐衣片的腰围线。

④如果是大的横向条格，应保证腰围线、臀围线及下摆整体平衡。

⑤袋盖片应以袋盖前部为准对准衣身上的条格，如果遇到省也要保证袋盖前部为准对准衣身上的条格。

⑥贴袋或暗袋袋盖、袋片以衣身的袋位条、格配画。

袖子的条格如图 9-5 所示。

①纵向的条格以袖子中间线为准通过，或者在纵格与纵格的中央通过。

②大小袖片纵横条格对准。

③横条位置要按前衣片袖窿胸侧绱袖对位点横条为准画大袖片，再以大袖片横条为准画小袖片。袖子与衣身对条、对格一般是对横不对直。

领子的条格如图 9-6 所示。

①以后衣片背中缝条格对准领面纵向线。

②横向在领口处放上领子纸样，对齐领外口的条格。

挂面的条格如图 9-7 所示。

①在挂面的串口线上对齐翻领的条格，与通过前中线的纵向条格对齐。

②驳头比较宽时，纵条应与驳头止口平行，可将挂面下半截剪开，下半截采用直丝绺拼接。

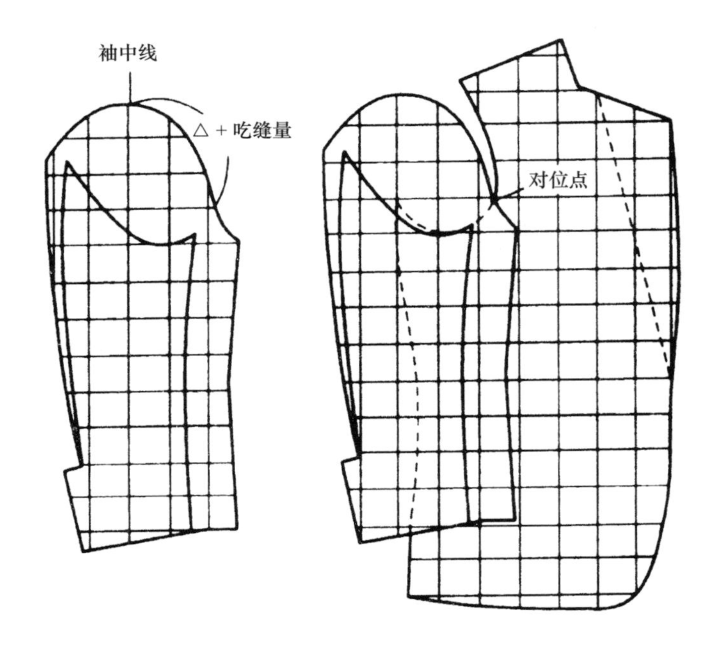

图9-5　袖子的条格

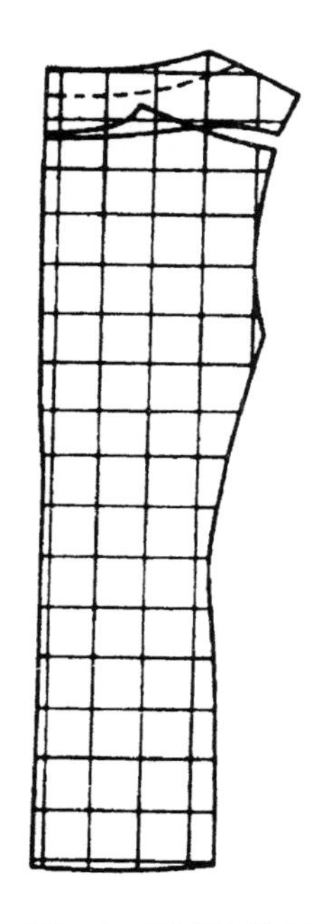

图9-6　领子的条格

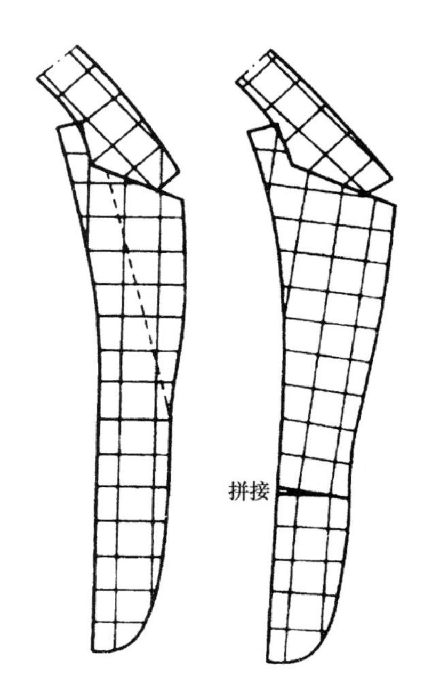

图9-7　挂面的条格

裤子的条格如图 9-8 所示。

①前后裤片的裤中线通过纵向条格线为准，或者通过纵向条格的中央。

②臀围线位置与配套西服的横格一致。

6．对花衣料的排料画样

一般时装对花衣料的排料画样：

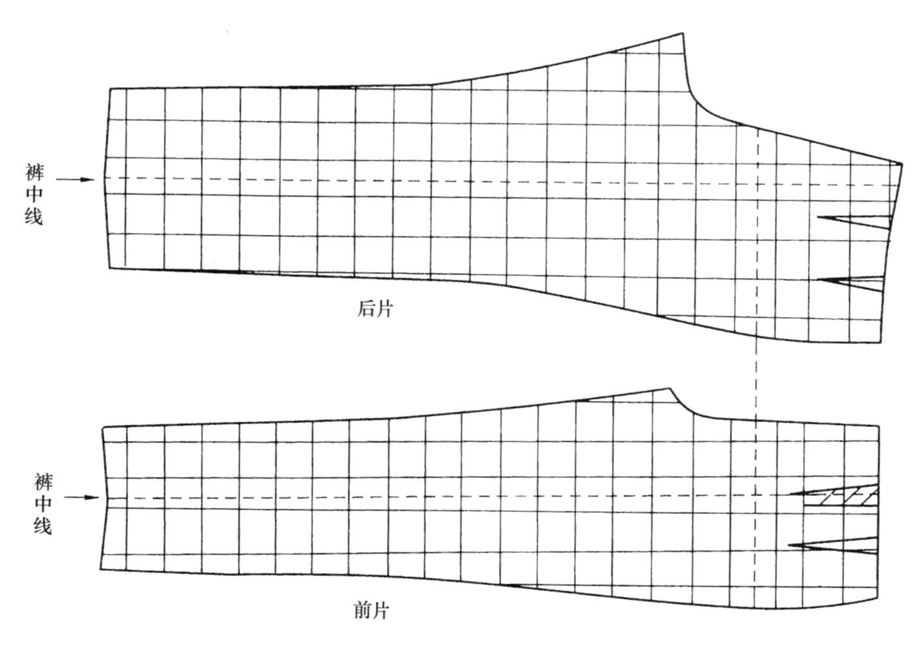

图9-8　裤子的条格

①花型不可颠倒，以主要花纹、花型为准。如有文字图案则以文字图案为准。

②花型有方向性的，要全部顺向排画。如花型中有倒有顺，但其中文字图案则力求顺向排画。

③花纹中如大部分无明显倒顺，但主体花纹、花型不得倒置排画。

④前衣身左右两片在胸部位置的团花、排花要求对准。

⑤两袖的团花、排花，要对前衣身的团花排花，但散花可以不对。

⑥团花和散花的排花，只对横排不对直排。

⑦按技术标准要求：排花高低误差不大于2cm，团花组合拼接误差不大于0.5cm。

二、样板的使用与保存方法

（一）样板的检查复核

工业生产的每一个环节都必须有严格的品质控制技术标准，对其加以检查应贯彻于生产总过程中。在每一套样板制作完成后，也应按一定的程序实行品质控制活动。即使遵守标准作业有时也会有出现差错的情况，因此检查复核是绝对必要的。

样板的检查首先要进行自检，要认真核对工艺技术文件中制板的要求及规格制造单、款式效果图、标准样衣和产品裁剪缝制标准。尤其是初次投产的产品，须从生产工艺方面结合样板的标准，检查其合理性，以防裁剪缝制错误，从而提高生产效率、把好质量第一关。

（二）互检、复核主要内容和操作

（1）按照工艺技术文件所规定的该产品系列板的标准，对每套样板的号型、规格尺寸做总体的检查，确定其合理性，然后逐一对样板相关的各部位尺寸进行检查。对服装的各控制部位及细部规格是否符合规格，各部位之间吻合装配线的长度，对位标记间的长度缝制配合等逐一进行校对。同时应确定缝制标准、设备、技术条件等方面与样板的毛缝宽度是否相适应，是否规范。

（2）检查各部件的总数量，部件的结构是否合理，各细部的组合形式是否清楚，样板的轮廓线是否光滑流畅、角度组合后曲线是否光滑，沿边缘画线的准确程度如何，尤其在弧线外沿不能有丝毫凸凹现象。

（3）检查每档样板的面料板、里料板、衬板、袋布板、装饰材料用板和工具样板等是否齐全，样板上的文字说明、品号、规格、片数等是否完整、有否疑误。

（4）检查每档样板的面、里、衬等原辅料板的定位、丝绺、对称标记是否正确及齐全，纸样边缘有无翻卷折破等破损现象。

（三）样板的确认

按检查内容逐一完成样板检查后，应由技术主管部门负责最后审核确认，如无问题应在每片样板的部件交角处或主要凹凸部位加盖一个审核确认章，表示该样板已经确认生效。未经审核确认的样板不得使用。

（四）样板的管理及操作

（1）经过审核后的样板交由技术档案部门进行登记注册，进行分类归档，定位存放。一般应采用吊挂方式存放，样板宽度部位朝上。存放样板的地方应通风干燥，谨防样板边缘翻卷折损变形。

（2）各类样板应建立领用、退还、登记手续。裁剪部门使用完毕后，应仔细核对系列数量，如有残损应及时补修。对外单位借用或复制时，必须经过主管部门批准，注意技术保密。

（3）应建立样板使用条例，要保证板面整洁，不得涂改或修改样板上的文字内容。如在画样、画皮、排料时发生某部位互借，只能在样板上移动互借尺寸，不得改变样板原形，如确有样板不符合生产技术或技术要求，应通知技术主管部门，视其严重程度做出相应的解决办法。

第二节　按照工业化生产需要进行排料与画样

排料和画样是服装工业化裁剪的显著特征，也是结构制图、推板制板的具体运用。它不同于单件“量体裁衣”直接在衣料上画样裁剪，而是运用成套的号型规格系列样板，按照既定的号型搭配比例和有关要求，进行周密地计算与科学地套排、画样，做出裁剪下料的具体设计，可以说这是一项重要的技术工作。对于实施服装工业化裁剪、保障产品规格系列化和规格准确一致、适应市场需要、实现机械化、自动化裁剪、节约原材料等都有举足轻重的重要作用。

由于服装立体造型的原因，衣片的形状是不规则的，所以裁剪面料时必定有多余的面料成为生产中的损耗。为了降低成本必须减少面料的损耗，因此要学习了解服装工业生产用料的基本计算方法与排料画样的规则和具体方法，这样才能有效地控制好面料的利用率。

一、服装工业生产用料计算方法

服装工业生产的排料画样，主要目的之一在于保证产品质量、提高工作效率和节约用料。每一次排料画样的用料结果都是裁剪耗料计算的最基本依据。衡量排料画样的结果是否合理、用料是否节约，一般都是以产品对比的结果为依据。

（一）工业生产用料计算

1. 按排料长度计算平均单耗

一副排料图，先测量其长度（m），再除以排料件数，即得到平均单耗米数。它可与相同幅宽的排料平均单耗（m）进行对比。

2. 按排料面积计算平均单耗

将排料图的长度和衣料幅宽相乘，得到用料面积（m^2）；再用用料面积除以排画件数即得到每件平均单耗（m^2）。此数据可以同相同幅宽或任意幅宽的每件平均单耗（m^2）进行对比。

（二）计算材料利用率

1. 材料利用率的概念

材料利用率是指排料图中所有的衣片、部件所占实际面积与排料用料面积的比例。以材料的利用率进行同产品耗料对比更为精确。

2. 材料利用率的计算

（1）按照实际排料画面，将其以$\frac{1}{10}$的比例缩小后，绘制在方格坐标纸上。

（2）计算空余面积，对其中半格面积实行四舍五入（空格合计为排料空余面积的近似值）。

（3）以排料用料面积减去空余面积得到衣片实际面积。

（4）材料利用率计算公式：

材料利用率＝（排料用料面积－空余面积）÷ 排料用料面积 ×100%

＝衣片实际消耗面积 ÷ 排料用料面积 ×100%

（5）通常，80% 以上的面料利用率是可以接受的，在 20% 的面料损耗中，裁剪耗损约占 12%，其余耗损约占 8%。

（三）利用服装CAD进行排料

现代服装企业大部分都利用服装 CAD 进行排料，电脑程序自动计算材料利用率比较快捷准确。由于现有的 CAD 软件不同，所以要以产品对比的结果为依据衡量耗料的合理性。

服装工业生产原辅材料消耗的计算必须根据特定产品的生产规格、数量、幅宽等进行排料计算，以获得最佳的用料率。上述几种方法皆可用于对比、衡量材料用量以及用料是否合理。但应注意必须是在产品品种、款型、号型、规格及衣料特点都相同或基本相同的条件下，才有可比性。

（四）面料的利用与服装成本

（1）批量生产的服装，一般原辅材料成本构成约占总成本的 50%，统计方法如下（表 9–1）。

表 9–1 服装成本构成

<table>
<tr><td rowspan="6">出厂价</td><td rowspan="5">总生产成本</td><td rowspan="4">制造成本</td><td rowspan="3">主要成本</td><td>直接原辅料成本</td><td>总生产成本的50%</td></tr>
<tr><td>直接人工成本</td><td rowspan="2">总生产成本的15%</td></tr>
<tr><td>直接费用</td></tr>
<tr><td>生产间接费用</td><td>主要成本的20%</td><td></td></tr>
<tr><td colspan="2">销售、行政及供销等间接费用</td><td colspan="2">制造成本的2%</td></tr>
<tr><td>利润</td><td></td><td colspan="3">总生产成本的12%</td></tr>
</table>

（2）如果能有效地节约面料，服装生产的利润空间便有可能增加（表 9–2）。

表9–2 节约面料与利润的关系

出厂价	300 元 / 件
生产量	800 件
批出厂销售额	240000 元
利润（按服装成品出厂价的 10.7% 计算）	240000 × 10.7% =25680 元
面料成本（按服装成品出厂价的 50% 计算）	240000 × 50% =120000 元
如合理排料，能节省 2.5% 的面料。可节约面料成本	120000 × 2.5% =3000 元
与利润额相比，该批量成衣的利润可提高百分比	120000 × 2.5% ÷ 25680=11.7%

二、服装工业生产排料方法

（一）排料技术准备

1. **排料前准备**

（1）把握服装生产产品、名称、编号、批量、规格。

（2）了解衣片主体结构，包括部件和衣身的结构、主要衣片的分割结构、省道褶裥结构的形式及特征等。

（3）了解衣片深层结构，包括衣面和衣里、衬布的结构形式和特征。

（4）了解衣片加工工艺要求和特征，即设备及流水线的设计情况。

（5）了解面、里、衬的性能和特征，包括成分、性能、幅宽、匹长、厚度、颜色、花型、表面特征（倒顺毛、条格特点）及缩水等情况。

2. **核验、清点服装样板**

（1）检验样板数量、号型、样板大小块数、零部件配置数量。

（2）检验样板质量、确认审核、是否符合技术标准。

（3）检验样板标位、文字标注、加放量、备缩量等是否符合技术标准，样板线条边缘是否圆滑、衔接准确。

3. **排料划皮要求**

（1）经纬纱向同样板纱向一致。

（2）衣片的互借拼接应符合毛呢服装国家标准。

（3）画样线条准确、弧线部位圆顺，注意拐角、折角清晰。

（4）防止画粉及画笔颜色污染布料。

（5）准确使用衣片标记符号，刀眼、对位点对称。

（6）正确摆放、排放衣片。

（7）凸凹互套、弯弧相交、大片定局、小片填空。

（8）利用衣片差异，合理拼排衣片。

（二）排料画样具体方法

（1）根据服装裁片主、附件的结构特点，应齐边平靠，斜边颠倒。即样板有平直边时，应尽量并齐靠拢或平贴于衣料一边；有斜边的部件时应颠倒其一，使两个斜边顺向一致，两线合并消灭空档。

（2）凸凹互套，弯弧相交。即样板中带有凹缺与外凸的边形，应利用其较接近的余缺关系相互套进、咬合，达到套排合理、省料的目的。

（3）大片先排，小片填空。即一定要使主部件、大片组成的排料总体图在定长的第一层布料上两边排齐、两端排满，不落空边、空头，形成基本大格局。然后利用小片、小部件将空缺填满，使排料整齐划一。

（4）经短求省，指排料画样占用的经面布料长度越短越好，以节约衣料。纬满在巧，指在经短求省的同时，在大片主体格局完成后的空隙中灵巧精心安排小片、小部件，将排料的纬向空间填满，做到经向长度的“省”与纬向空间“满”的统一。

（三）利用号型差异合理套排

（1）在保证裁片数量、质量的前提下，利用不同品种、规格产品的长短、大小差异，各个号型产品主件、部件的不同形状、结构，按前述排料画样要求进行灵巧搭配合理套排。

（2）同一号型、规格的产品在同一排料图中，其件数越多越利于各样板的相互套进，从而节省用料，便于大批量裁剪。

（3）不同号型规格多件套排比同规格多件套排灵活，但须掌握号型的比例及件数的合理配比。

（4）不同号型或同号型西服上下装的套排，由于衣片结构复杂，主件与附件、零件与部件较多，因此套排的条件也较多，混合套排更容易相互穿插套进，便于充分利用各横直边及空档，使用量更趋于合理。但要注意衣料颜色应一致，不要出现色差问题，以保证裁片的外观质量。

（5）采用服装CAD软件可以提高大批量生产排料的效率，应充分利用其不同功能优势获得最佳合理的生产方案。

第十章　纸样设计与缝制工艺应用实例

第一节　婚礼服（婚纱）的纸样设计

女礼服基本制板方法前章已涉及，婚纱也属于礼服类，其纸样设计原理基本相同。这节选择一婚礼服款式，重点学习落实纸样设计与缝制工艺的关系及具体的操作技术。婚纱相对于女时装来说缝制工艺有较多不同，难度也大，从款式效果图设计入手，结合具体穿着者的体型测量分析，制定成品尺寸。绘制女装原型，并依据原型制图的二次成型法进行修正，进而取得准确的婚纱结构图，再根据面料、里料、辅料和工艺制作要求制出毛板，同时并制订出工艺流程，据此进行缝制，完成成衣。通过举一反三地反复练习，能充分理解、掌握纸样设计与服装成品成型的应用技术技能。

一、婚礼服的款式造型

正式的西方婚礼服造型是裙摆较大、拖地连身形式的结构。受宗教礼仪的要求与规定有一定的程式化的要求，但依据穿着的时间、地点、场合及现代服饰流行的影响，其款式也有很多的设计变化。较正规礼仪场合的结婚礼服是不能袒胸、显露较多肩背的，领口不要开得太大应密贴于前胸，袖子为长袖（因季节关系也可短袖），前裙摆长至地板，裙后摆要拖地可以延至比较长。衣料选用真丝绸缎、乔其纱、菱纹绸或婚纱专用的有浮雕感的绣花面料等，裙型需要裙撑等辅助材料进行制作。头前部有发饰，头部盖有面纱，面纱可以有多层至臂长及以下。面纱一般采用绢尼龙纱、绢网绣花薄纱等。

二、婚礼服的款式纸样设计

（一）效果图

此款实例为正式结婚礼服，根据婚纱设计规律，上身腰部以上衣服与人体中间松量较少，臀部蓬松，通过前后公主线塑造出优美人体曲线，袖子长至手背，中指有指套，上部有夸张的大泡泡袖，衣身后片大拖摆裙，后身腰部设计有一个较大的蝴蝶结造型装饰裙带。整体大方，线条流畅，适合礼仪场合穿着，婚礼服效果图如图 10-1 所示。

图10-1 婚礼服效果图

（二）人体测量方法及成品规格制定

测量前应该仔细审视效果图，参照设计要求并结合特定人体体型特征进行测量。主要测量净体尺寸包括：身高、胸围、腰围、臀围、颈围、上臂围、腕围、头围、背长、全臂长、下肢长、前后腰节长、总肩宽、前胸宽、后背宽等。测量中要标注体型特征。

成品规格的制定：以下规格表是根据国家服装号型女子标准体160/84A的净体尺寸参照款式设计制定的，如表10-1所示。

表10-1 婚礼服成品规格表 号型160/84A 单位：cm

部位	后衣裙长	胸围	腰围	臀围	总肩宽	后腰节	袖长	袖口	裙撑臀围
尺寸	165	87	68	110	37	38	62	17	96

净胸围84cm加放3cm，腰围66cm加放2cm，臀围90cm加放20cm。

（三）制图步骤

采用原型裁剪法。首先按照号型160/84A制作文化式女子新原型图，具体方法如前所述文化式女子新原型制图，然后依据原型修正制作纸样。

1. **前后片结构制图**（图10-2）

（1）将原型的前后片画好，胸围线、腰线置于同一水平线。

（2）从原型后中心线画后衣长线165cm。腰节向下画前裙长107cm。

（3）修正原型胸围尺寸。原型胸围尺寸为$\frac{B}{2}$+6cm，保障符合胸围成品尺寸因此需要减4.5cm，前后侧缝各减少2cm，后片胸围线减少0.5cm。

（4）前后胸背宽各减少1cm，以保障符合结构关系。后肩省设1.8cm，前胸省随着前宽的减少省量调整加大，其中将1cm放置前袖窿做松量处理。

（5）前后肩端点收进1cm，修正画好前后袖窿弧线，制定好肩宽。

（6）依据原型基础领宽，前后领宽各展宽4cm，前领深再挖深7cm，后领深同时挖深，成V字领。

（7）制图中衣片$\frac{1}{2}$胸腰差：总省量为9.5cm+0.5cm共收10cm，后片腰部收60%左右省

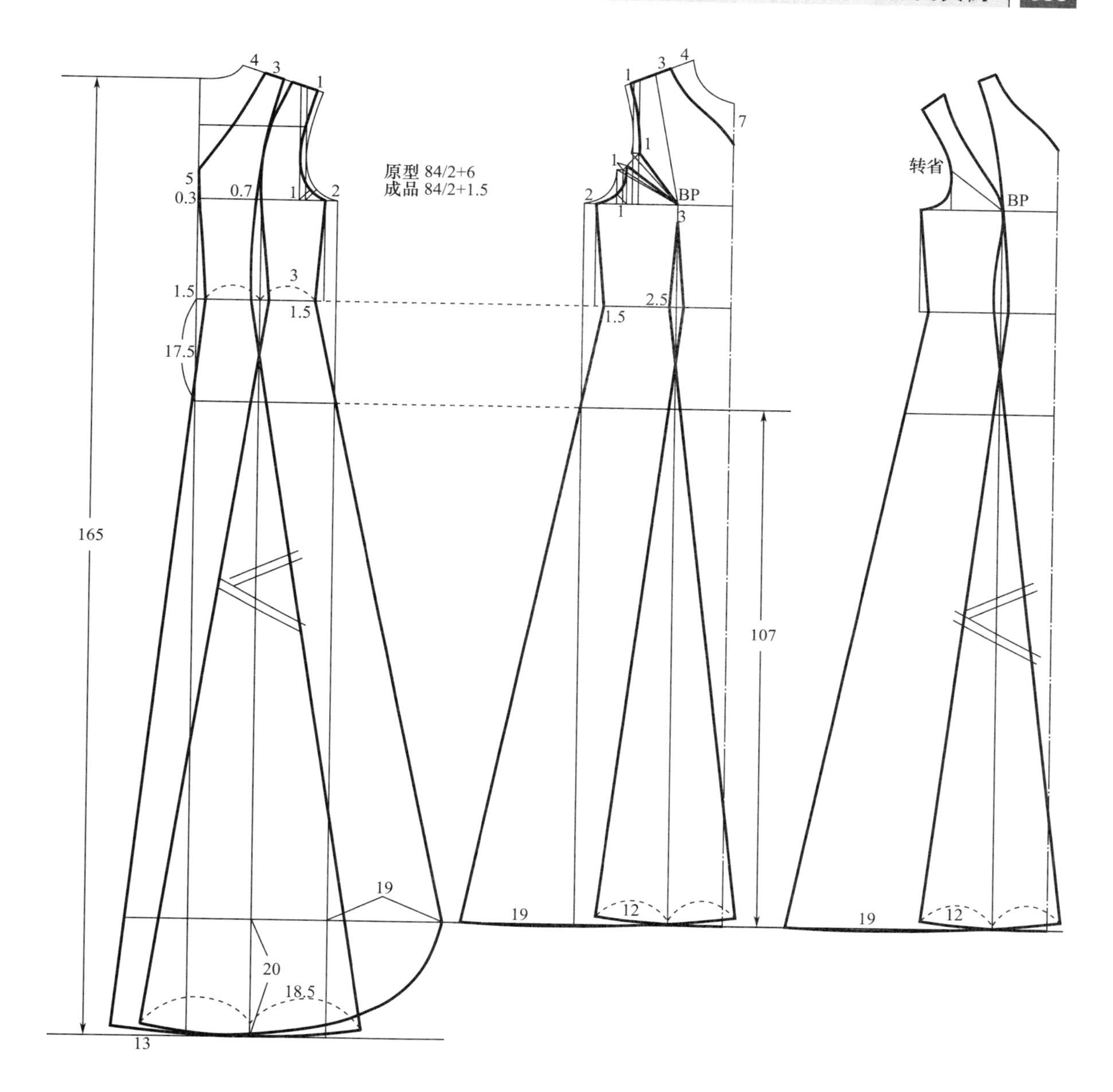

图10-2　婚礼服前后片结构制图

量，前片收40%左右省量，可依据特定体型做调整。后中线、侧缝腰部收各1.5cm省量中腰省3cm，后片根据款式分割线在胸围线上分别收0.2cm省量和0.3cm省量，保证成品胸围松量。前片腰部两个省分别收2.5cm，侧缝收1.5cm。

（8）后片从肩省至腰省画公主线，后片下摆后中及侧缝、公主线处参照图示分别放出较大的摆量。后片下摆拖裙可以依据造型加放出较多的量。

（9）前片在肩线设公主线位置点，以BP点为圆心将前袖窿上的胸凸省转移至前小肩。

（10）前后片从肩省至腰省画公主线，前片侧缝、公主线处参照图示分别放出较大的摆量。

（11）前后片里子参照下摆收短5cm。

2. **袖子制图**（图10–3）

（1）画基础袖型。袖长62cm，袖山高为$\frac{AH}{2}\times0.6$，袖肘29cm，袖口17cm，袖口至指套位置长9.2cm。画袖子侧缝前后侧缝差1cm，为后袖袖肘处设计的袖肘省，前袖口侧缝下部设开衩8cm，如图10–3（a）所示。

（2）袖肥线至袖肘线平分为二等份，将其剪开向上打开各2cm，同时袖山在其高端处加出3cm，重新修正并画顺袖山弧线，如图10–3（b）所示。袖子上部泡泡袖部分采用基础袖型的上部分，通过纸样展开的方法，加大加肥泡泡袖的造型，如图10–3（c）所示。

（3）画袖山支撑条长60cm、宽8cm，此条为袖山造型支撑物，必要时可适当加宽，一般采用较挺括的树脂衬为好，如图10–3（d）所示。

3. **裙撑制图**（图10–4）

（1）裙长参照前片裙长减10cm，臀高为$\frac{身高}{10}+1.5$cm，前后片臀围肥为$\frac{H}{4}$。

（2）各在前后片臀围肥线的$\frac{1}{3}$处设分割线，腰部收省量为$\frac{H-W}{4}$，同时放出裙摆量。

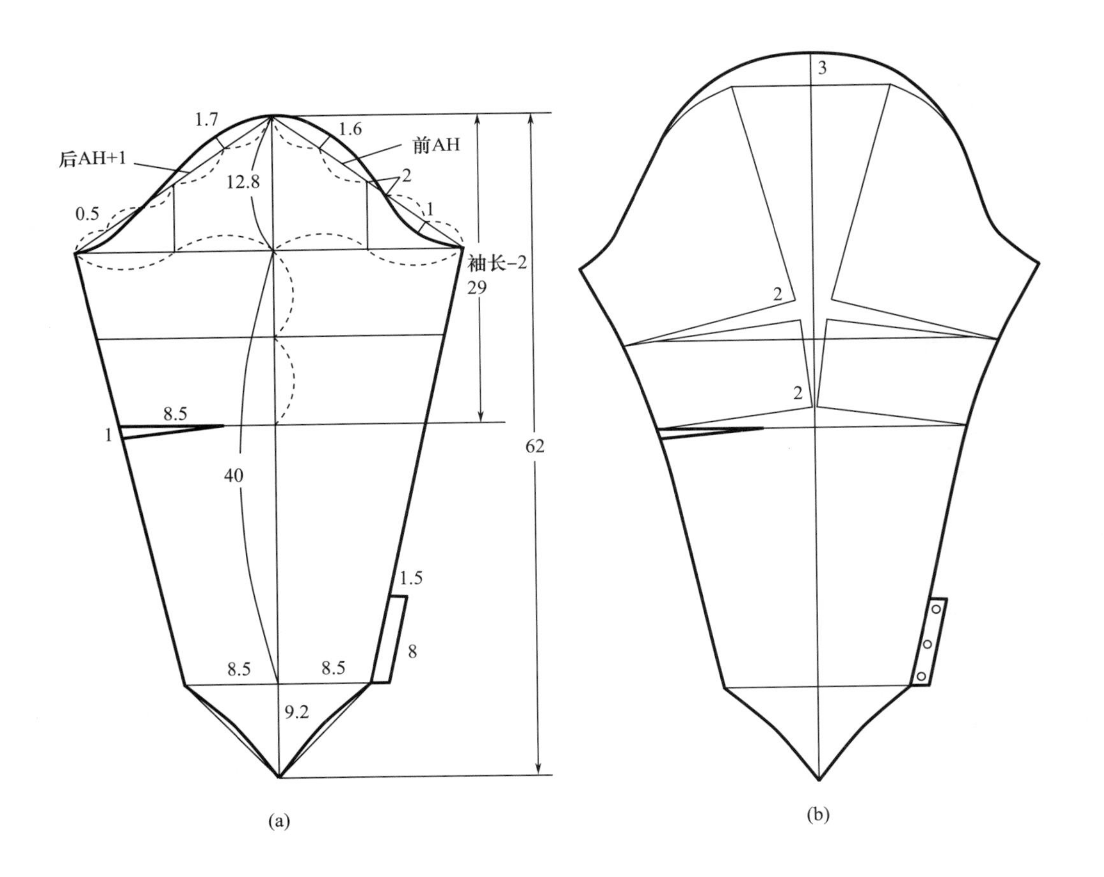

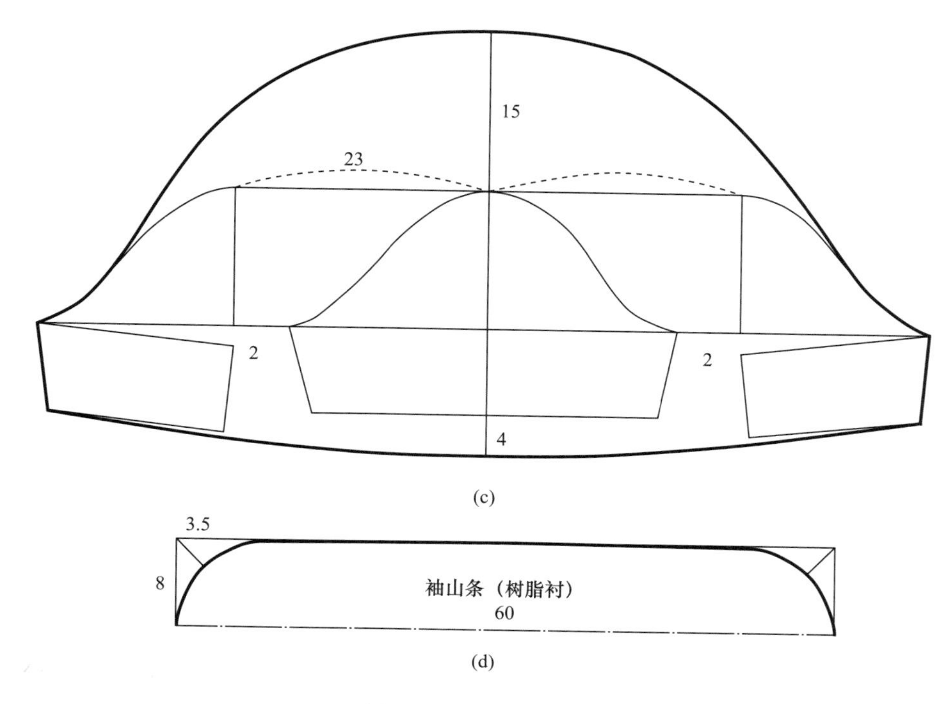

(c)

(d)

图10-3 袖子制图

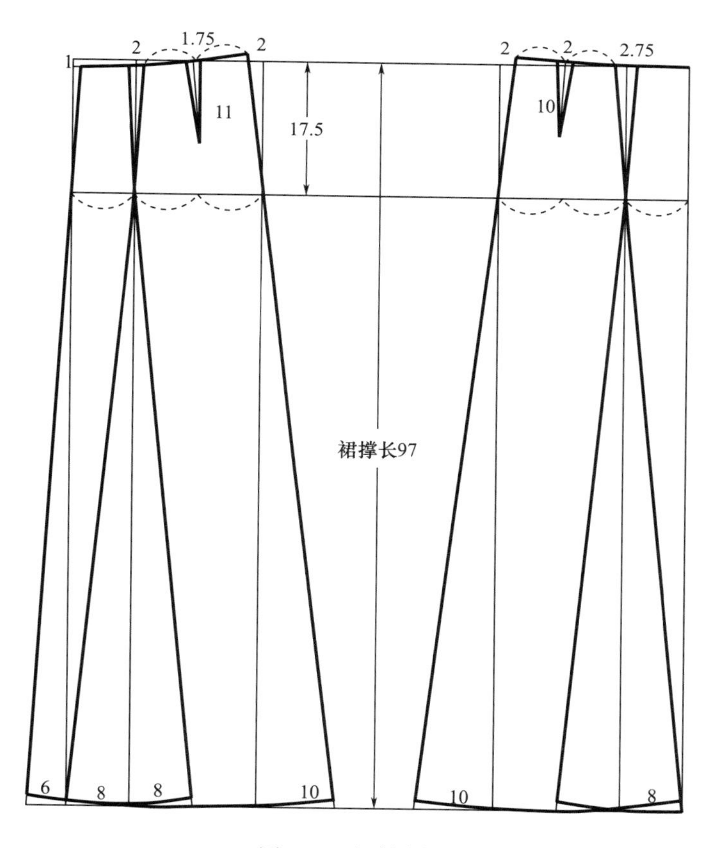

图10-4 裙撑制图

（四）毛板的制订与排料

1. 面料

图 10–5、图 10–6 所示为后身、前身、袖子等毛板及排料图，剩余面料可用来制作后身蝴蝶结装饰布。

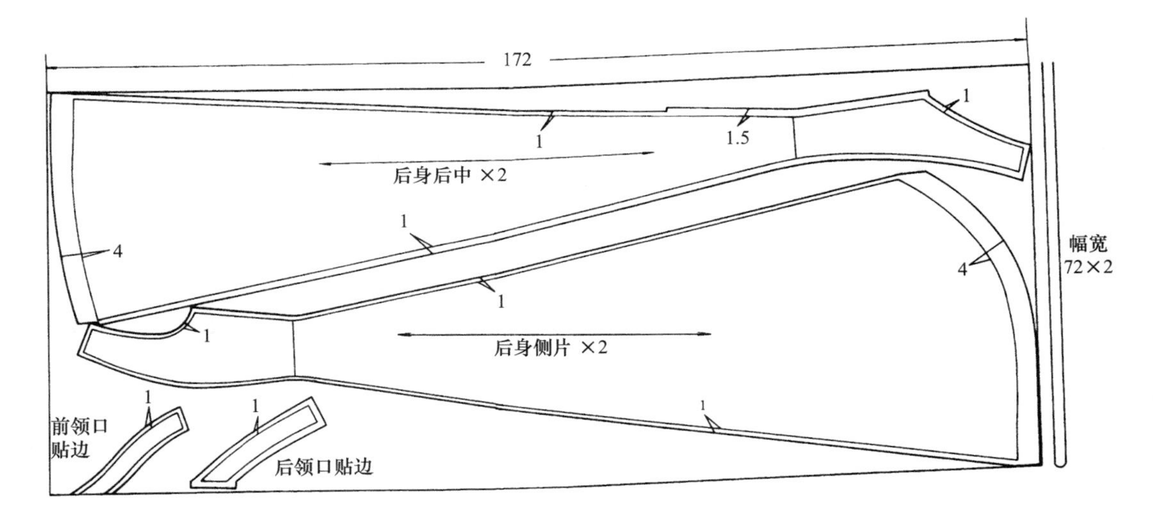

图10–5　面料后身毛板及排料图

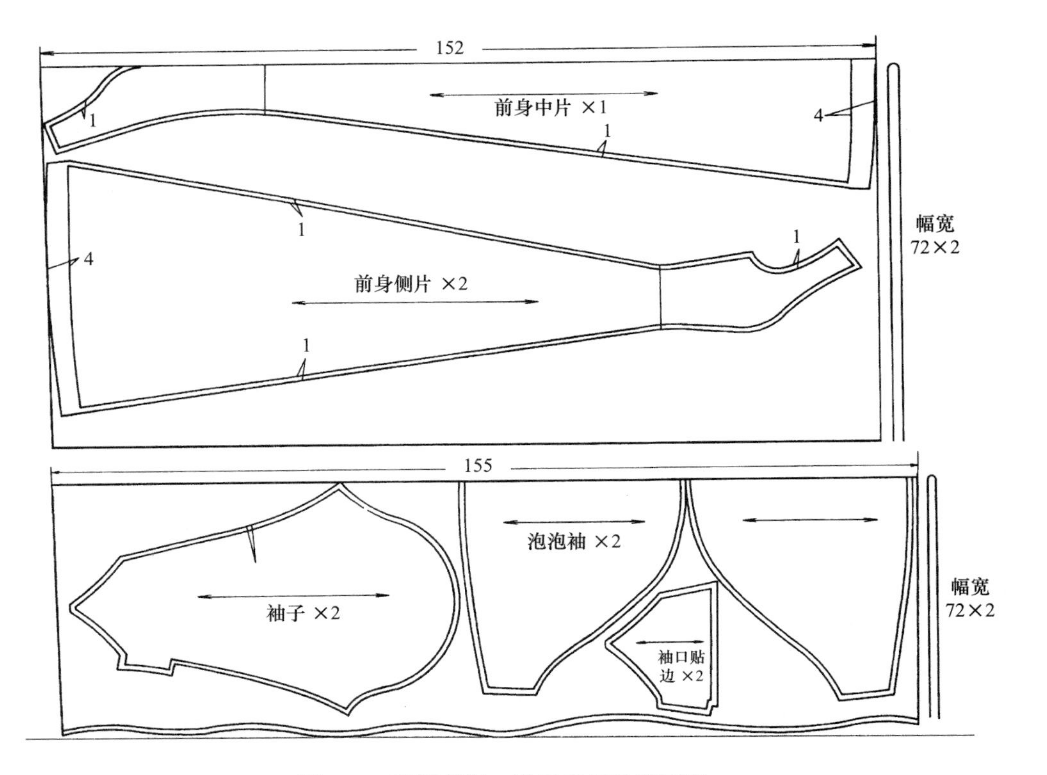

图10–6　面料前身、袖子毛板及排料图

2. 裙撑基布及造型褶布

图 10–7 所示为裙撑基布毛板及排料图，图 10–8 所示为裙撑造型褶布用料，另需要一条宽 12cm、长 245cm 的裙撑底摆贴边布。

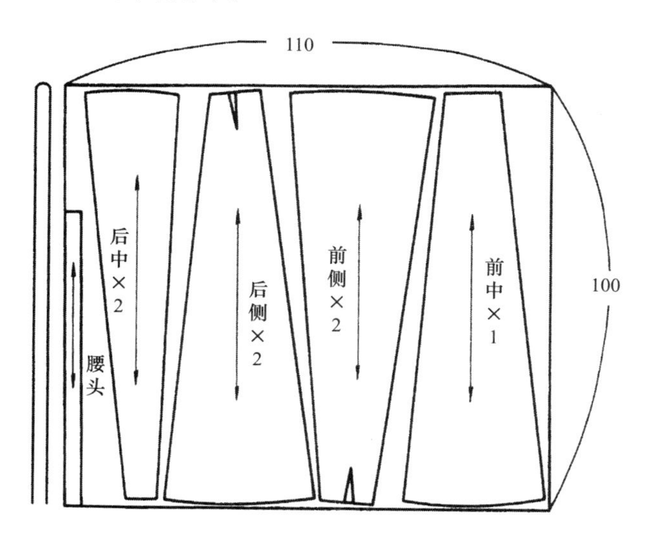

图10–7 裙撑基布毛板及排料图

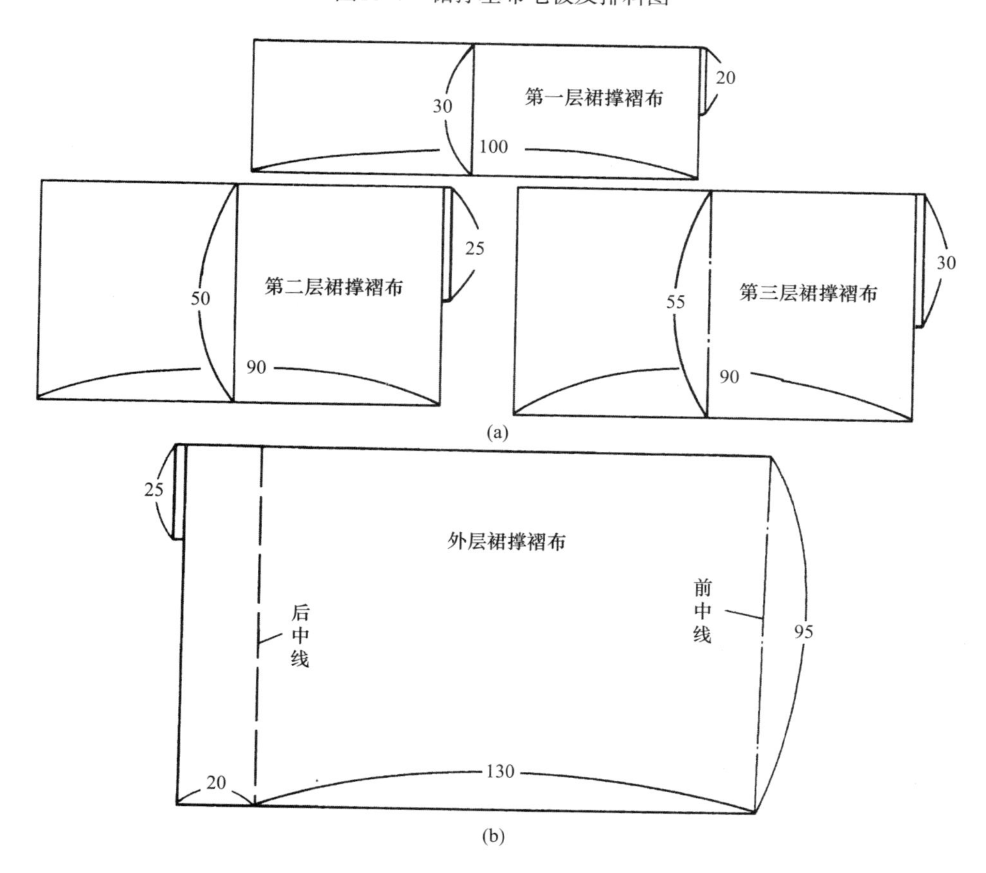

图10–8 裙撑造型褶布用料

3. **裙里子**

裙里子前片毛板及排料图，如图 10–9 所示。裙里子后片毛板及排料图，如图 10–10 所示。

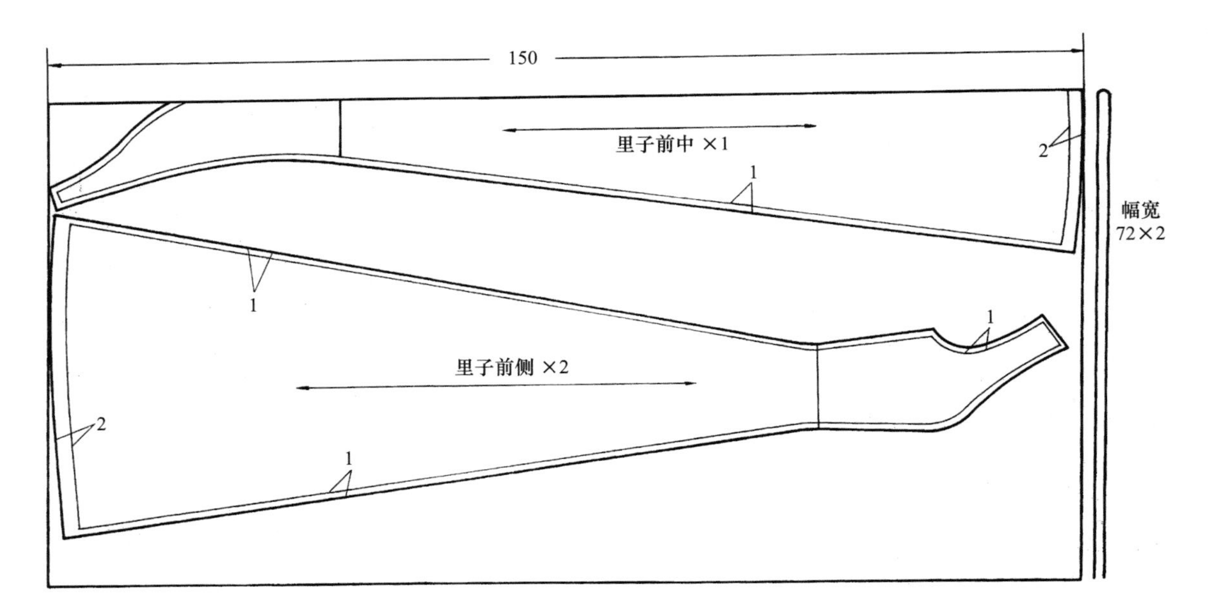

图10–9　裙里子前片毛板及排料图

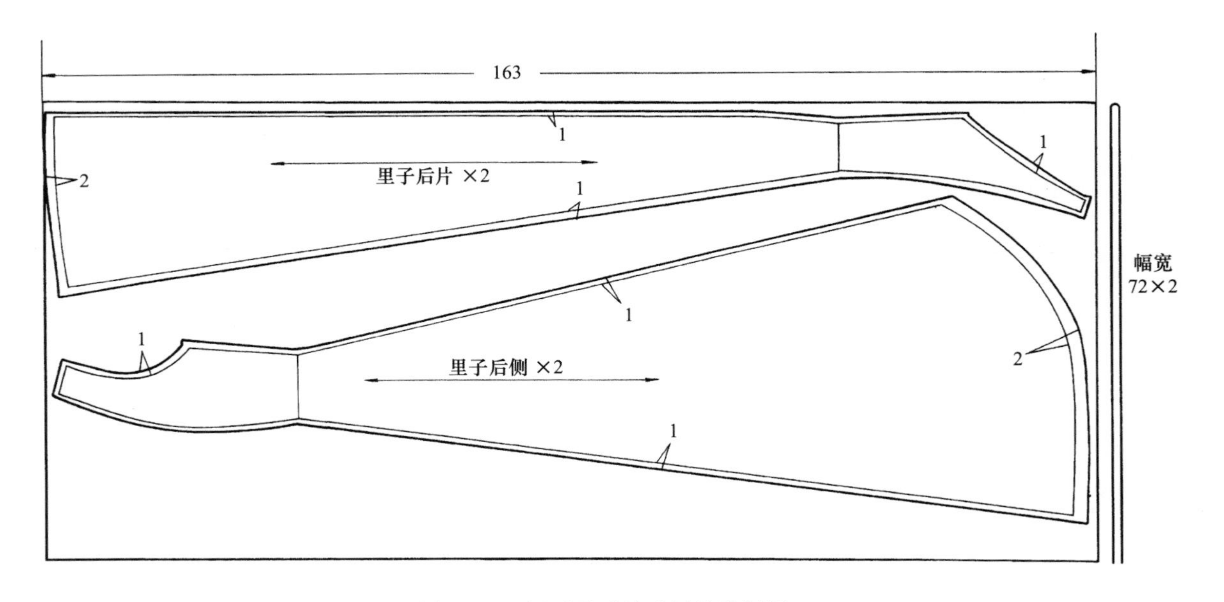

图10–10　裙里子后片毛板及排料图

第二节　婚礼服（婚纱）的缝制方法及步骤

一、婚礼服（婚纱）的缝制工艺流程

婚礼服（婚纱）的缝制工艺流程图如图 10-11 所示。

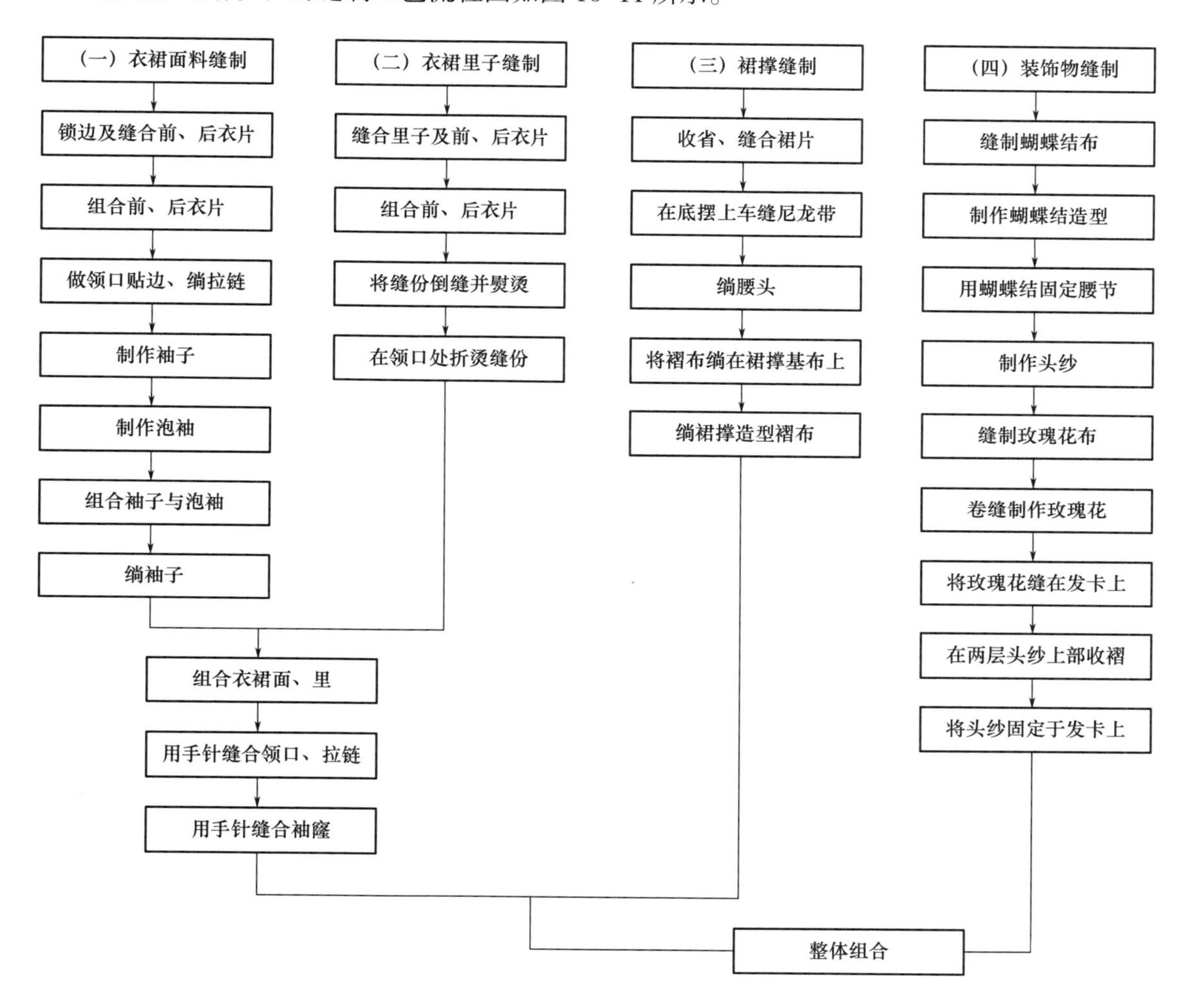

图10-11　婚礼服（婚纱）的缝制工艺流程图

二、婚礼服（婚纱）的缝制步骤

（一）衣裙面料前、后片的制作

（1）前后衣片边缝包缝，各将前后公主线按缝份车缝，缝份劈开烫平，用熨斗将腰部充分拔开，同时臀部归烫，使衣片产生吸腰的立体状态。

（2）胸部通过公主线省及熨烫塑出乳胸圆润高度，后背通过公主线省及熨烫塑出背部体积，如图 10–12、图 10–13 所示。

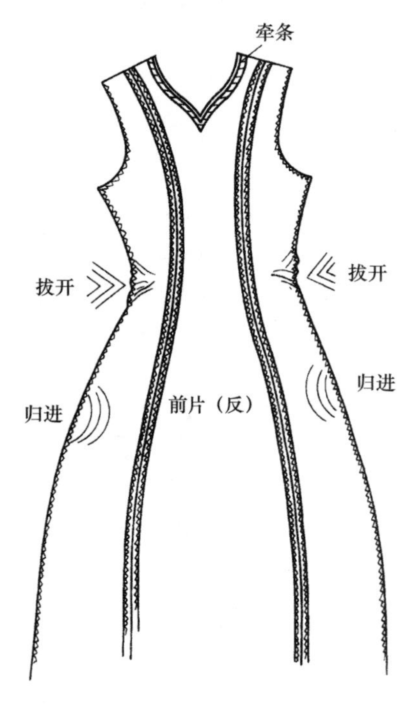

图10–12　前片缝制熨烫

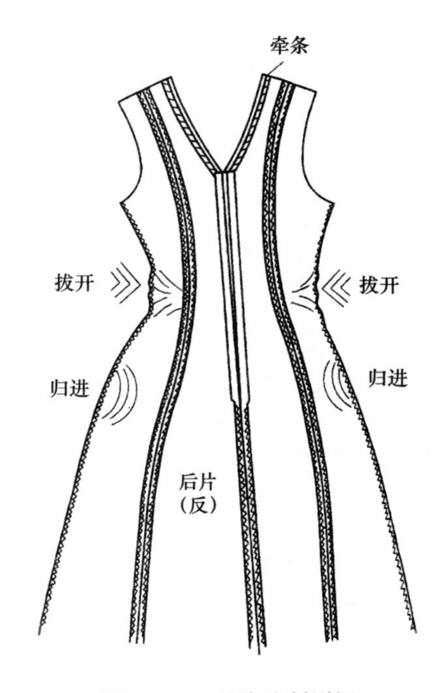

图10–13　后片缝制熨烫

（二）组合前、后衣片（图10–14）

（1）在前后领口的贴边处贴黏合衬，缝合前、后贴边，缝份劈开烫平，如图 10–14（a）所示。

（2）缝合前后肩缝，劈缝烫平，如图 10–14（b）所示。

（3）将衣片与领口贴边缝合，注意缝时不要将领口拉伸，应平顺，如图 10–14（c）所示。

（4）领口贴边烫平，注意止口不要倒吐。车缝侧缝线并劈开烫平，如图 10–14（d）所示。

（5）绱后中拉链，车缝固定，如图 10–14（e）所示。

（6）在裙下摆缝份处贴黏合衬，包缝后扣烫平服，手缝三角针固定，如图 10–14（f）所示。

（三）制作袖子（图10–15）

（1）车缝袖肘省，袖侧缝包缝，将指套绳固定于袖下端处，如图 10–15（a）所示。袖口贴边的反面贴黏合衬，上口包缝，与袖子车缝。在袖山头手拱针法缝两道线，以备缩缝袖山头，如图 10–15（b）、图 10–15（c）所示。

（2）反转袖贴边，缝合袖缝，袖缝劈烫熨平。将袖山头缩缝线拉紧，均匀收好袖山头圆，与袖窿长相等，如图 10–15（d）、图 10–15（e）所示。

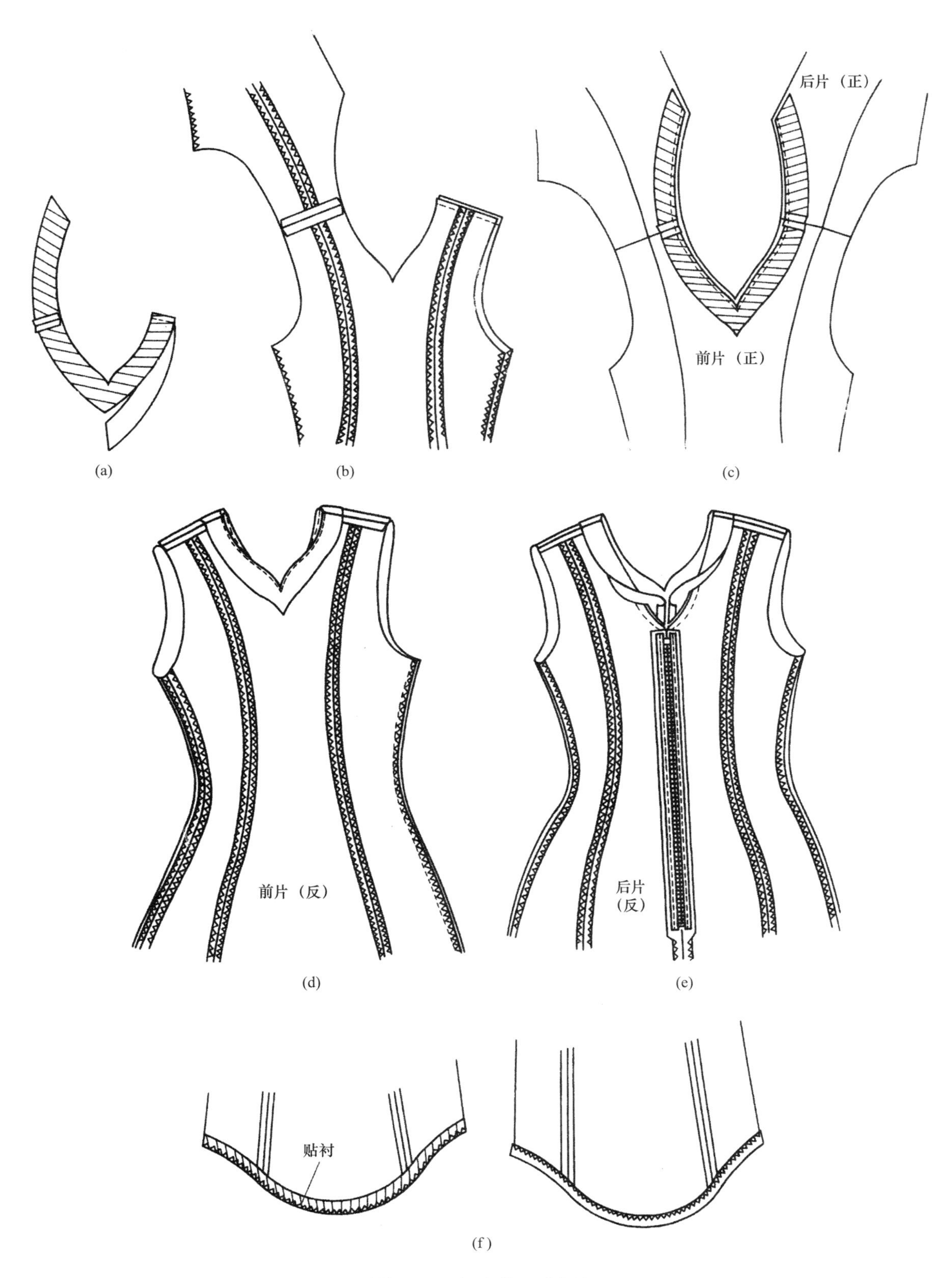

图10-14　组合前、后衣片

（3）制作袖上部的泡泡袖。车缝泡泡袖缝并劈烫熨平，在袖山头手拱针法缝两道线，收缩泡泡袖袖山头，收缩应圆顺。在泡泡袖下部口处用同样方法收缩要均匀，并与长袖结合部分等长，如图 10-15（f）所示。

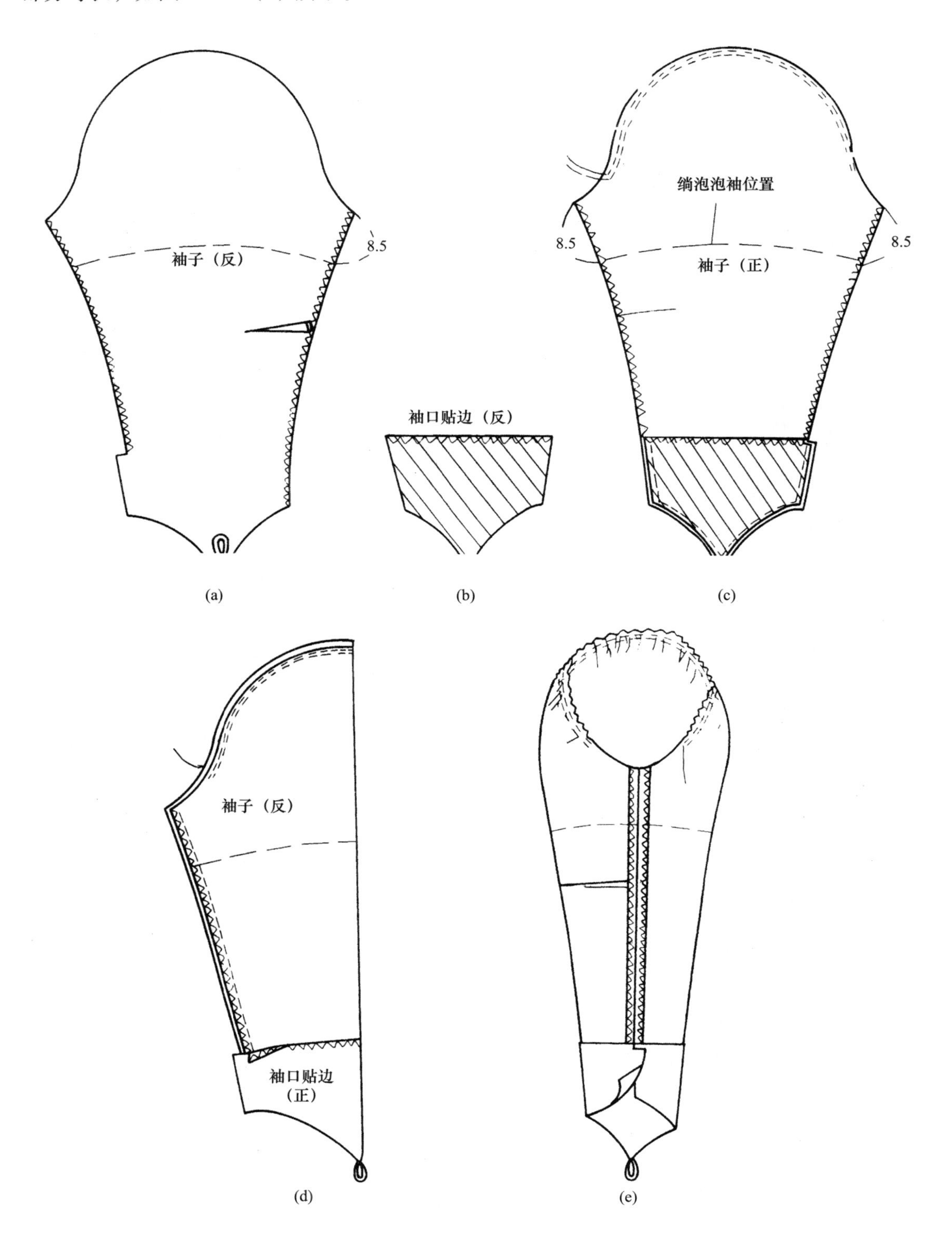

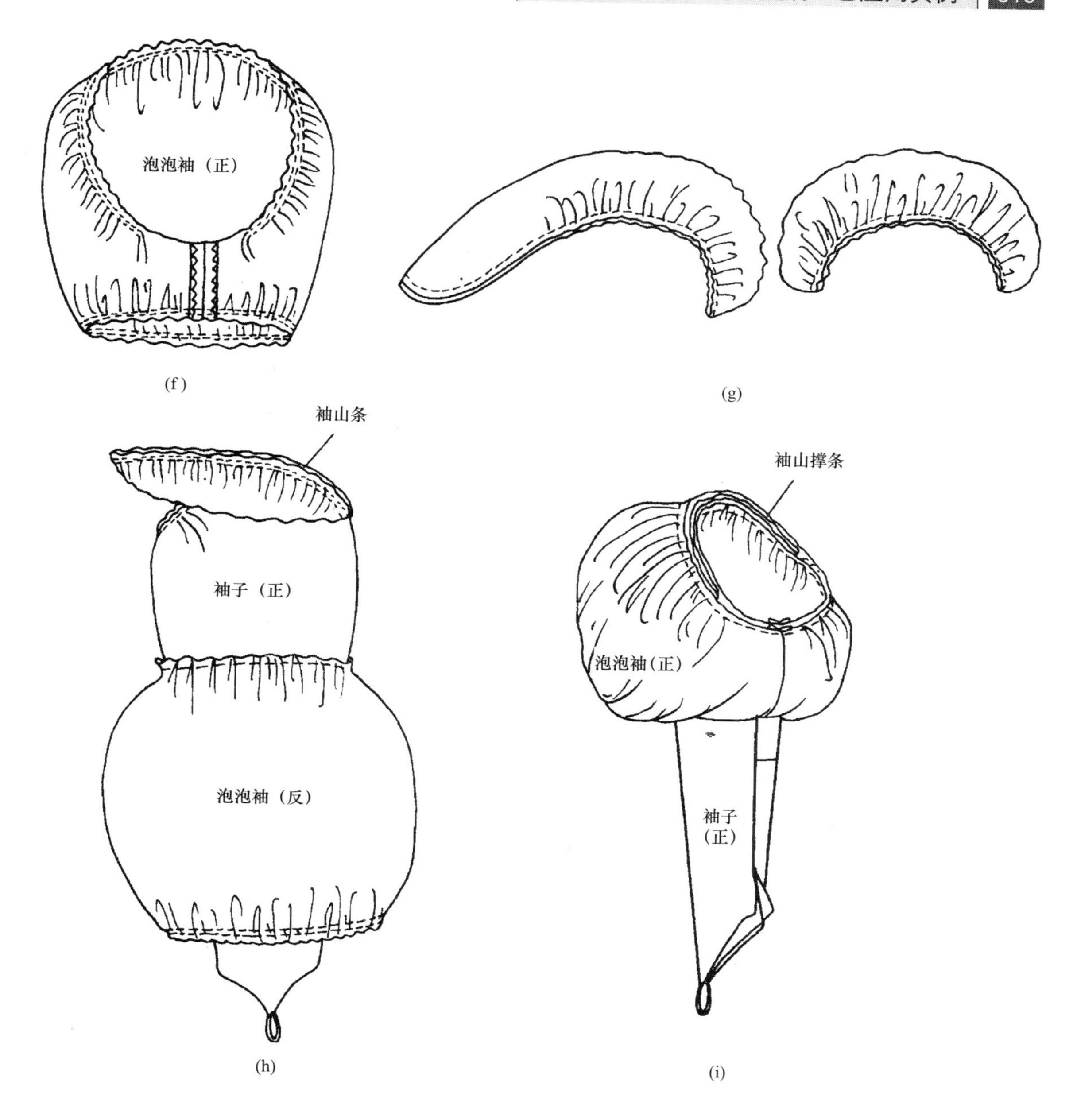

图10-15　制作袖子

（4）制作袖山撑条。将袖山撑条用手拱针法自然收缩成弧形，如图 10-15（g）所示。

（5）组合袖子。将泡泡袖口与长袖上部位对好，用手针缝合固定，将袖山撑条用手针缝合在袖山头部位，然后将泡泡袖翻转使泡泡袖袖山圆弧与长袖袖山圆弧对合，整理圆顺，然后用手针将三片缝合固定在一起，如图 10-15（h）、图 10-15（i）所示。

（6）绱袖子。将制作好的袖山圆与袖窿圆部位对合，手针缝固定，如图 10-16 所示。

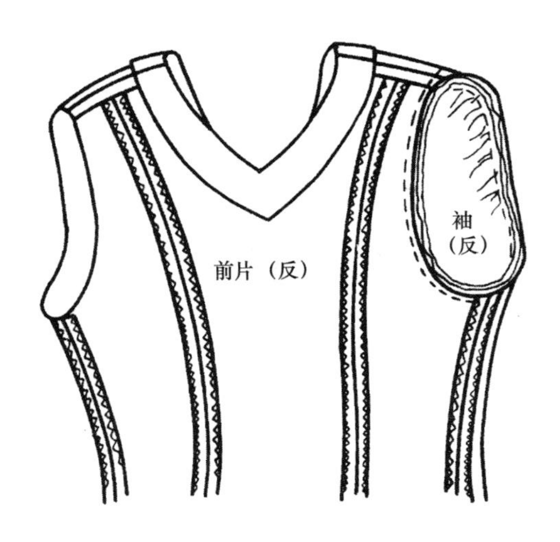

图10-16 绱袖子

(四)制作衣裙里子(图10-17)

(1)车缝前、后片里子公主线，倒缝熨烫平服。然后依次车缝肩缝、侧缝、同样倒缝熨烫平服，并将裙底摆边卷折缝。

(2)将领口缝份折向反面，打剪口熨烫平服。

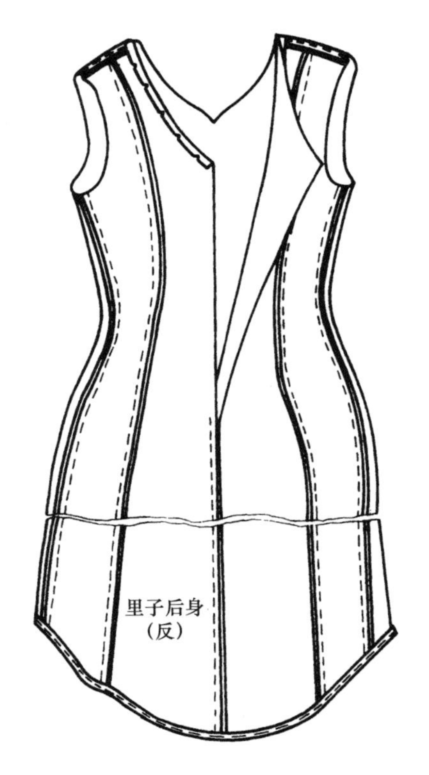

图10-17 制作衣裙里子

（五）衣裙面与里子组合（图10–18）

（1）将里子的反面与衣裙面的反面相对合，先用手针将领口与贴边及后片拉链开口、袖窿用大针码擦缝好，然后用小针码手针暗缲固定。

（2）袖窿处的毛边采用斜丝条包裹缝，也可将袖子拉出，使袖窿缝份倒向衣身后再用袖窿处的里子包住缝。两种方法最终形成袖压肩和肩压袖的不同外观效果。

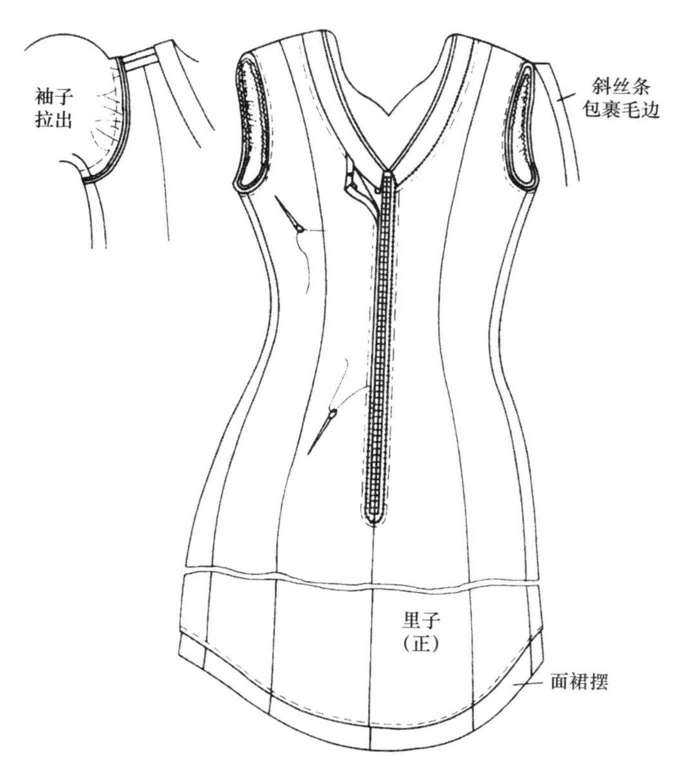

图10–18　衣裙面与里子组合

（六）制作裙撑（图10–19）

（1）裙撑片包缝，收省，缝合裙片。劈缝烫平底摆边向上 10cm 内的区域，平分成五等份，每份的中间部位将专用尼龙带缝在上面（作用是利用尼龙带的硬挺性将裙撑底摆撑起）。然后将底摆贴边与裙撑基布的底摆缝合，如图 10–19（a）所示。

（2）绱腰头。在腰头布的反面贴黏合衬，将制作好的腰头与裙撑腰口车缝固定。腰头上车缝明线，如图 10–19（b）所示。

（七）缝制裙撑造型褶布（图10–20）

（1）将三层裙撑褶布上部抽碎褶。三层的位置要以裙撑基布为基准标好，如图 10–20（a）

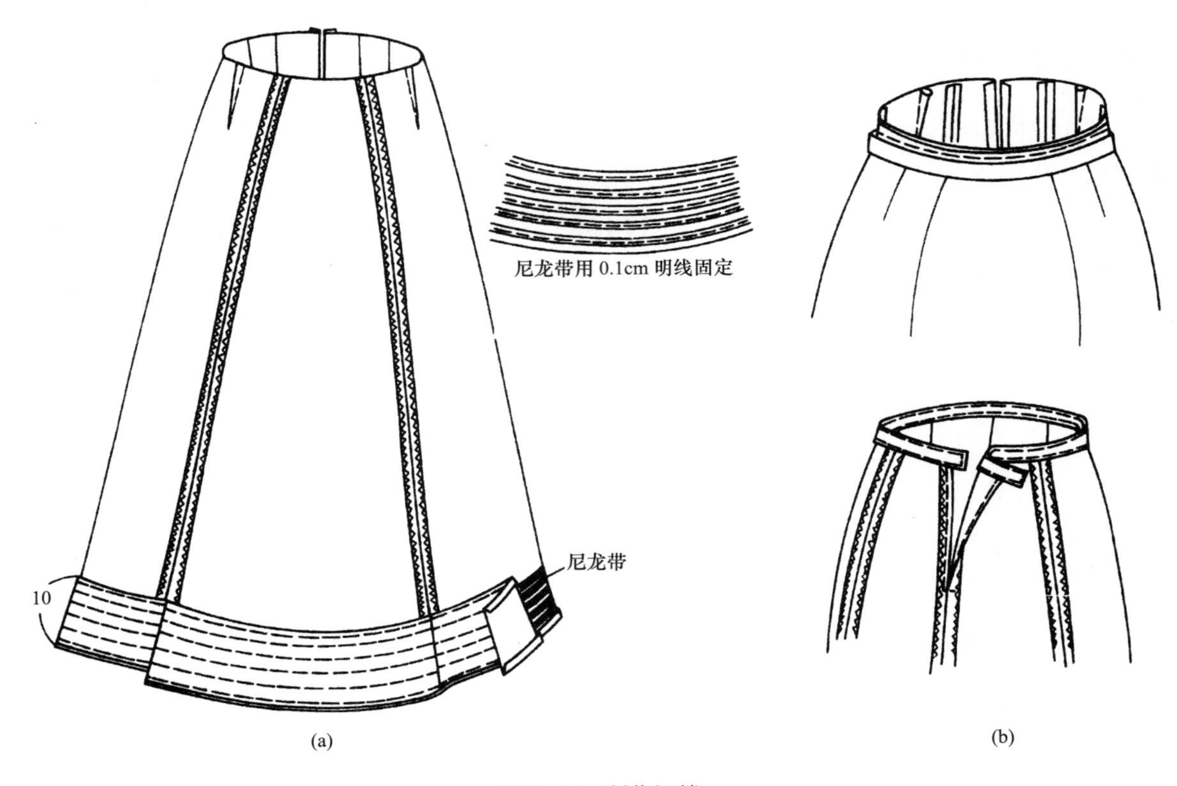

图10-19　制作裙撑

所示。

（2）褶布的大小要依据面料与裙子的造型而增减，用手针缩缝方法绱褶布，绱时要稍松一些，使其产生自然的膨胀感。还应注意的是第一层要从后面左右分开，如图 10-20（b）所示。

（3）最后再整体围一层裙撑造型褶布，上部前面收倒褶，后面抽碎褶后固定在裙撑基

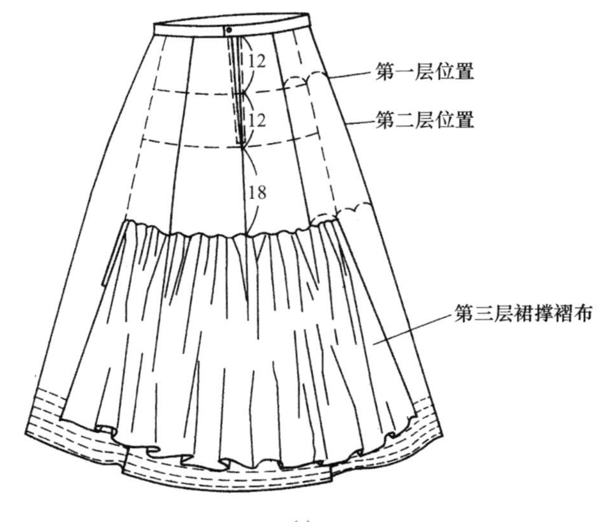

(a)

图10-20　缝制裙撑造型褶布

布裙上，其位置为从腰头向下 4 ~ 5cm。因后面有开口，重叠 20cm 的交叉位置应可打开。其上部可采用按扣或挂钩方法固定，使穿脱方便，也不破坏造型，如图 10-20（c）所示。

（八）制作蝴蝶结装饰带（图10-21）

蝴蝶结装饰带可以制作成双层形式，也可采用单层，但需要绣缝边饰，通过叠褶、调整，变化出理想造型后固定于后中腰节处。

图10-21　制作蝴蝶结装饰带

（九）制作头纱（图10-22）

（1）玫瑰花的制作。将玫瑰花的裁剪片折叠后包缝，再用小针脚绗缝，抽紧绗缝线形成自然碎褶，并从一端卷成花型，将花团底部收拢、拉紧、固定。制作 4 ~ 5 朵后，用手缝固定在发卡上，如图 10-22（a）所示。

（2）头纱的形式多种多样，其长度可以从头部及指尖或拖地，造型可以多层变化。制作长至指尖的头纱可选长 114cm、宽 50.8cm 的一块头纱料，再选稍短至肘位的头纱料一块，长 91cm、宽 50.8cm，从上端 10cm 处用手拱针法缝两道，抽碎褶使碎褶宽度与发卡长度相同，手缝于发卡上，使之形成自然飘逸的状态，如图 10-22（b）所示。

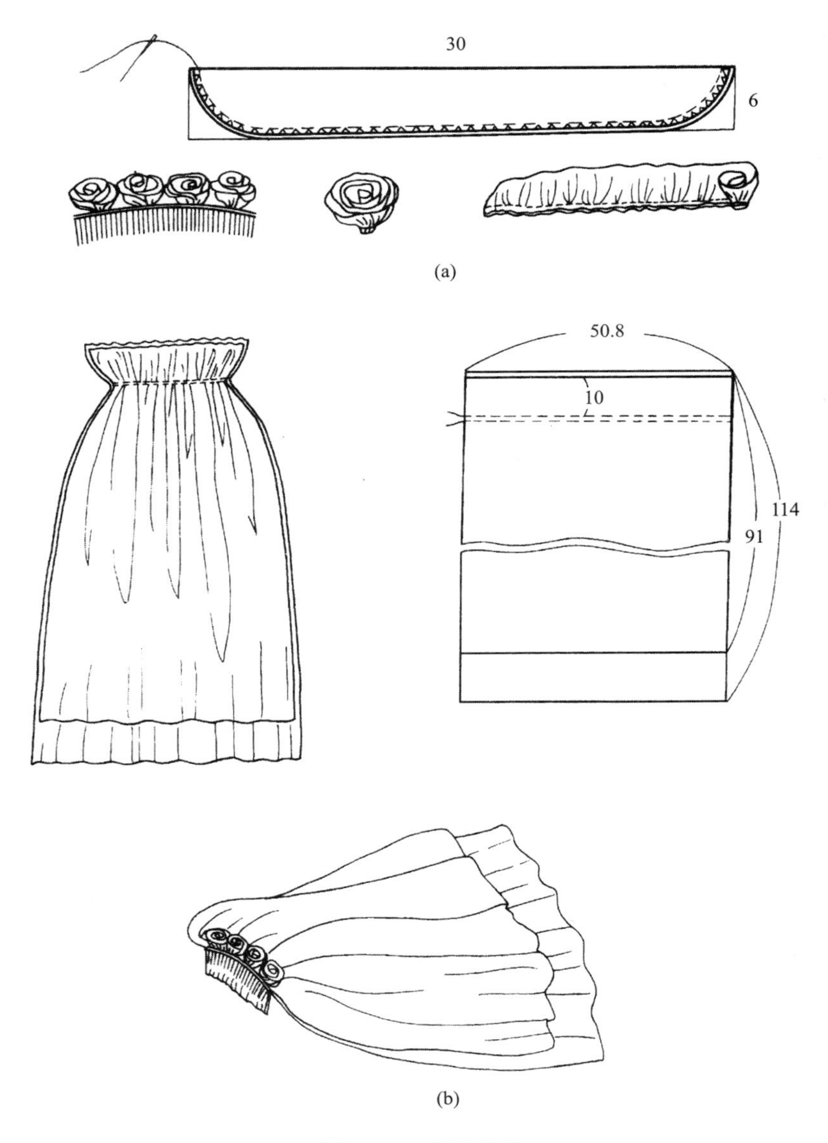

图10-22 制作头纱

参考文献

［1］中屋典子，三吉满智子．服装造型学（技术篇Ⅰ、Ⅱ）［M］．孙兆全，刘美华，金鲜英，译．北京：中国纺织出版社，2004.

［2］（日）中泽愈．人体与服装［M］．袁观络，译．北京：中国纺织出版社，2000.

［3］孙兆全．经典男装纸样设计［M］．上海：东华大学出版社，2010.

［4］孙兆全．成衣纸样与服装缝制工艺［M］．北京：中国纺织出版社，2010.

［5］中屋典子，三吉满智子．服装造型学（理论篇）［M］．郑嵘，张浩，韩洁羽，译．北京：中国纺织出版社，2004.

［6］孙兆全．服装设计定制工［M］．北京：中国劳动社会保障出版社，2003.

后记

本人从事服装教学工作多年，感触最深的是由于服装的时尚性太强，为了满足流行时尚无时不变的特点，服装设计技术手段也要不断更新、变化，以跟上应用需求，与此同时还要有正确的、严谨的科学性作为研究发展的支点。记得本人有幸在2000年聆听了日本服装专家三吉满智子教授在北京服装学院讲授她研究的日本文化式女子新原型，那时才真正体会到了服装技术研究的科学性与系统性的难度和方法真谛，这要付出大量的时间、精力与心血，三吉满智子教授做到了，当时就已是高龄的她把她的研究成果奉献给了服装界，感动了大家。

本人在2004年又参与了三吉教授主编的《服装造型学（技术篇Ⅰ、Ⅱ）》两册的翻译出版工作，更加感受到了日本文化式女子新原型的严谨性与科学性。所以本人在日后的女装结构、纸样设计、工艺教学中力求将这一成果与我国女性人体特点及我国服装穿着者的实际要求密切相结合。多年来在本专科、硕士研究生、职业技术培训等实践教学中、具体产品设计中都取得了非常好的成果，尽管还有不足之处，但已远比其他方法优越得多。在原型研究方面，本人认为国内还比较落后，尽管也有人经过努力推出原型，但由于各种条件所致，不得不承认也不难看出科学性和严谨性严重不足。

“它山之石可以攻玉”，这也是本书选择日本文化式女子新原型作为女装纸样设计、制图教学方法基础的主要原因。在正文中曾提到原型是工具，如何把它灵活运用好才是最重要的。本人更期待读者通过学习研究不断提高自身技艺，以满足目前各类女装时尚性的需求。

参加编写本书的还有崔婧，协助编写的有我的朋友和学生周锐锐、孙薇、耿洁、付杜鹏、李靖、马克华、路向东，在此一并表示感谢。尽管编著者投入了较大精力，但定会有不足之处，故盼专家、同行、服装爱好者和朋友们进行批评指正。

孙兆全

2019年1月